A REVOLUÇÃO DOS PSICODÉLICOS

O MOVIMENTO QUE TRANSFORMA A MEDICINA

JOANNA KEMPNER, Ph.D.

A REVOLUÇÃO DOS PSICODÉLICOS

O MOVIMENTO QUE TRANSFORMA A MEDICINA

TRADUÇÃO DE LÚCIA HELENA SEIXAS BRITO

Título original: Psychedelic Outlaws: *The Movement Revolutionizing Modern Medicine*

Editora: Lívia Oliveira
Projeto gráfico: Departamento Editorial da Editora Manole
Tradução: Lúcia Helena Seixas Brito
Diagramação: Amarelinha Design Gráfico
Capa: Ricardo Yoshiaki Nitta Rodrigues
Foto da capa: Freepik

CIP-BRASIL. CATALOGAÇÃO NA PUBLICAÇÃO
SINDICATO NACIONAL DOS EDITORES DE LIVROS, RJ

K42r

Kempner, Joanna
A revolução dos psicodélicos : o movimento que transforma a medicina / Joanna Kempner ; tradução Lúcia Helena Seixas Brito. - 1. ed. - Barueri [SP] : Amarilys, 2025.
432 p. ; 23 cm.

Tradução de: Psychedelic outlaws : the movement revolutionizing modern medicine
Apêndice
Inclui bibliografia e índice
ISBN 9788520456484

1. Cogumelos alucinógenos - Uso terapêutico. 2. Cogumelos alucinógenos - Pesquisa - História. 3. Medicamentos - Pesquisa. 4. Medicamentos - Desenvolvimento. I Brito, Lúcia Helena Seixas. II. Título.

25-96329 CDD: 615.7883
CDU: 615.214

Meri Gleice Rodrigues de Souza - Bibliotecária - CRB-7/6439

04/02/2025 10/02/2025

Edição – 2025

Editora Manole Ltda.
Alameda Rio Negro, 967 – cj 717
Alphaville – Barueri – SP
CEP 06454-000
Fone: (11) 4196-6000
www.manole.com.br | https://atendimento.manole.com.br/

Impresso no Brasil
Printed in Brazil

SUMÁRIO

NOTA DA AUTORA

ESTE LIVRO DIZ MUITO TANTO SOBRE JUSTIÇA COMO SOBRE DOR. AS HISTÓRIAS podem, algumas vezes, parecer ficção, mas o livro é alicerçado em anos de pesquisa e experiências vividas que colocam em questão as próprias normas da medicina e da justiça – ou ausência delas – incorporadas aos nossos sistemas de assistência à saúde.

Entre 2013 e 2023, acompanhei os Clusterbusters – uma comunidade de pacientes – a todo lugar para onde sua busca por alívio da dor me levou. Em muitas oportunidades, conheci pessoas nas reuniões da comunidade. Algumas vezes, fui até suas casas e seus escritórios. Porém, o usual era eles se comunicarem no ambiente on-line – em grupos de discussão, fóruns e troca de e-mails. O mergulho nesse terreno digital levou-me a conhecer suas batalhas cotidianas e ajudou-me a entender como eles desenvolveram esse movimento. O acompanhamento de sua jornada me apresentou a uma gama de mundos desconhecidos, desde a rede psicodélica subterrânea de comerciantes de esporos e químicos clandestinos até os prestigiosos cientistas credenciados que trabalham nas universidades da Ivy League em uma história épica de sobrevivência na vanguarda da medicina.

As citações feitas nestas páginas foram copiadas de gravações digitais ou registros históricos, ao lado de modificações, sem maior importância, destinadas a melhorar a condição de leitura e, quando necessário, adaptações nas informações de identificação. Os pseudônimos são marcados com um asterisco. Mais detalhes sobre esta pesquisa e suas limitações podem ser encontrados nas notas.[1]

Se você ou alguém que ama precisar de ajuda, procure-a. Nós oferecemos os recursos elencados a seguir como ponto de partida.

No Brasil, você pode entrar em contato com o Centro de Valorização da Vida (***https://cvv.org.br***) para obter apoio gratuito e confidencial 24 horas por dia, 7 dias na semana: **188**.

Fora dos Estados Unidos, os seguintes websites disponibilizam informações sobre como obter ajuda gratuita e confidencial:

Encontre uma linha telefônica de ajuda:

https://findahelpline.com/i/iasp

Befrienders pelo mundo: ***https://befrienders.org***

LINHA DO TEMPO

8000 a.C.: As evidências sugerem que os seres humanos em todo o globo terrestre usam drogas psicoativas, inclusive alucinógenos.

1799: O periódico *London Medical and Physical Journal* publica a primeira descrição médica de uma experiência com cogumelos psicodélicos, que são classificados como tóxicos.

1887: Quanah Parker, chefe do povo Comanche, dá cerca de 22.680 gramas de peiote seco para o arqueólogo do Instituto Smithsonian, James Mooney.

1888: Anna Nickels, uma comerciante de cactus, informa à empresa farmacêutica Parke-Davis que os mexicanos locais usam peiote para tratar dores de cabeça.

1894: Nasce María Sabina (data aproximada).

1896: O Dr. Webster Prentiss e Francis P. Morgan publicam um estudo sugerindo que botões de peiote são capazes de tratar "dor de cabeça nervosa".

1897: O Dr. Arthur Heffter isola a mescalina e demonstra, por meio de autoexperimentação, que ela é o componente psicoativo do peiote.

1906: O *Psilocybe cubensis*, um cogumelo psicoativo, é formalmente identificado e descrito pelo micologista norte-americano Franklin Sumner Earle, em Cuba, dando um decisivo passo para a documentação científica dos fungos psicoativos.

1912: A 3,4-Metilenodioximetanfetamina (MDMA) é sintetizada pela primeira vez pela empresa Farmacêutica Merck, na Alemanha.

1914: Nos Estados Unidos, foi promulgada a US Harrison Narcotics Tax Act (Lei Harrison de Narcóticos), a primeira tentativa no sentido de regulamentar e controlar a produção e a distribuição de opioides e produtos derivados da coca.

1918: James Mooney, o etnógrafo do Instituto Smithsonian que obteve peiote com o povo Comanche, redige um estatuto destinado a proteger os direitos dos nativos estadunidenses a realizar cultos religiosos com peiote, estatuto este que serve de base para a Igreja Nativa Americana.

1937: A Marihuana Tax Act (Lei do Imposto sobre a Maconha) impõe um imposto sobre o consumo da maconha, introduzindo uma importante guinada na política de drogas dos Estados Unidos, ao estabelecer os fundamentos para a futura criminalização da substância.

1938: Albert Hofmann sintetiza pela primeira vez a dietilamida do ácido lisérgico (LSD) nos Laboratórios Sandoz, na Basileia, Suíça.

1943: Albert Hofmann sintetiza a di-hidroergotamina (DHE), um medicamento de fundamental importância para tratamento da dor de cabeça.

1943: Albert Hofmann volta a sintetizar o LSD e descobre seu potencial psicoativo.

1953: A Central Intelligence Agency (CIA, Agência Central de Inteligência dos Estados Unidos) patrocina o Projeto MKUltra, um projeto que envolve a administração de elevadas doses de LSD a indivíduos usados como cobaia.

1953: Aldous Huxley publica *As Portas da Percepção*, detalhando suas experiências com a mescalina.

1957: A revista *Life* publica o relato de viagem de R. Gordon Wasson "Seeking the Magic Mushroom" (Procurando os Cogumelos Mágicos).

1960: Timothy Leary inicia o Projeto Psilocibina, na Universidade de Harvard.

1962: O congresso estadunidense promulga a US Kefauver-Harris Drug Amendments (Emendas Kefauver-Harris sobre Medicamentos).

1963: A Sandoz deixa expirar sua patente sobre o LSD.

1963: Federigo Sicuteri publica um estudo pioneiro que analisa o uso de LSD e metisergida (medicamento de prescrição) como tratamento preventivo da enxaqueca e da cefaleia em salvas.

1965: O congresso estadunidense promulga a US Drug Abuse Control Amendments (Emendas de Controle do Abuso de Drogas).

1965: A Farmacêutica Sandoz abandona a produção de LSD.

1966: A Califórnia criminaliza o uso recreativo de LSD.

1966: O National Institutes of Mental Health (Instituto Nacional de Saúde Mental) assume o controle do estoque de LSD da Sandoz.

1967: O evento The Summer of Love (O Verão do Amor), um expressivo fenômeno cultural, tem como tema central a explosão da contracultura e o uso em larga escala dos psicodélicos.

1970: O congresso dos Estados Unidos promulga a Controlled Substances Act (Lei de Substâncias Controladas), que reestrutura fundamentalmente o arcabouço legal em relação ao uso, a produção e a distribuição de várias substâncias, incluindo os psicodélicos. Essa lei resultou na criação de um sistema de classificação das drogas, sistema este que as categoriza em cinco classes definidas segundo o uso médico, o potencial para adição e a segurança. LSD e psilocibina são enquadradas na Classe I, a categoria mais restritiva, definidas como substâncias com elevado potencial para adição e nenhum uso medicinal aceito.

1971: A Convention on Psychotropic Substances, das Nações Unidas, (Convenção sobre Substâncias Psicotrópicas das Nações Unidas) restringe o uso de psicodélicos em âmbito mundial.

1973: O presidente Richard Nixon cria a Drug Enforcement Administration (DEA, Administração para o Controle de Drogas – agência nacional de investigações dos Estados Unidos, responsável pelo controle e a repressão aos narcóticos).

1976: É concluído o último ensaio clínico para teste do LSD em seres humanos, no Hospital Spring Grove em Baltimore, Maryland.

1985: O DEA enquadra o MDMA na Classe I.

1986: Rick Doblin funda a Multidisciplinary Association for Psychedelic Studies (MAPS, Associação Multidisciplinar para Estudos Psicodélicos).

1991: Alexander e Ann Shulgin publicam *PiHKAL: A Chemical Love Story* (PiHKAL: uma história de amor química), apresentando orientações detalhadas sobre síntese de vários compostos psicodélicos.

1993: George Greer e David Nichols fundam o Heffter Research Institute (Instituto de Pesquisa Heffter).

1994: Bob Jesse convoca o Council on Spiritual Practices (Concílio das Práticas Espirituais).

1995: Duas pessoas conhecidas pelos nomes "Earth" e "Fire" criam o Erowid, uma fonte de referências fundamental que disponibiliza informações sobre substâncias psicoativas.

1997: Alexander e Ann Shulgin publicam *TiHKAL: A Continuation*" (TiHKAL: uma continuação), fornecendo orientações detalhadas sobre síntese de compostos psicodélicos à base de triptamina.

1998: Craig "Flash" Adams posta sua primeira mensagem on-line sobre tratamento com psicodélicos contra cefaleia em salvas.

2002: Bob Wold funda o Clusterbusters.

2004: O Clusterbusters assina um acordo de colaboração com a MAPS e a Universidade de Harvard.

2006: Roland Griffiths publica um estudo pioneiro no periódico *Psychopharmacology*, atestando a capacidade da psilocibina para provocar uma expressiva experiência espiritual.

2006: R. Andrew Sewell, John H. Halpern e Harrison G. Pope publicam no periódico *Neurology* uma série de estudos de casos seminais, atestando que pessoas usam psicodélicos como tratamento para cefaleia em salvas.

2010: Matthias Karst, John Halpern, Michael Bernateck e Torsten Passie publicam uma série de casos sobre BOL-148 como tratamento preventivo da cefaleia em salvas.

2017: O FDA concede o título de "terapia revolucionária" para a terapia assistida por MDMA como tratamento do transtorno de estresse pós-traumático.

2018: O FDA concede o título de "terapia revolucionária" para a terapia com psilocibina contra a depressão resistente ao tratamento.

2020: O Oregon, por meio do Ballot Measure 109, torna-se o primeiro estado a legalizar a terapia assistida por psicodélicos, permitindo a "produção, entrega e administração" da psilocibina, um pró-fármaco psicodélico encontrado na natureza.

2023: A MAPS Public Benefit Corporation (agora denominada Lykos Therapeutics) submeteu à aprovação do FDA uma nova droga para terapia assistida por MDMA.

INTRODUÇÃO

OS COGUMELOS MÁGICOS SALVARAM A VIDA DE SEAN SLATTERY. Ele sofre de cefaleia em salvas, um nome um tanto risível para uma doença tão inclemente. O sintoma característico da assim chamada dor de cabeça é largamente considerado o fenômeno mais doloroso que um ser humano pode experimentar. Crises com potencial para durar de quinze minutos a três horas estimulam o nervo localizado atrás de um dos olhos, tornando-o avermelhado e lacrimejante. A pálpebra cai sob o peso da dor, o nariz escorre em um fluxo incessante e o corpo, tomado de extrema agonia, se agita e estremece sacudido pelo medo.

Em certa época, Slattery tinha um daqueles empregos dos sonhos, cuja função era divertir as pessoas em clubes noturnos e navios de cruzeiro. Então, a cefaleia em salvas transformou-o em um recluso. Ele passou anos em um exílio autoimposto, escondendo-se no porão semiacabado de sua casa, a fim de poupar sua família de presenciar suas crises violentas.

Seis vezes por dia, Slattery era abalado por uma crise que o forçava a ficar andando em círculos até o limite de suas forças, quando caía de joelhos, enterrava a cabeça na almofada da poltrona reclinável onde costumava dormir e gritava. Algumas vezes, no auge do desespero, ele batia a cabeça contra o frio chão de concreto, numa tentativa inútil de perder a consciência. Todavia, não haveria trégua, nem mesmo na inconsciência.

"Eu me dirigia então a Deus e suplicava, 'Por que você está fazendo isso comigo?'"

O coração de Slattery se despedaçou no dia em que ele ouviu seu filho implorando para que alguém fizesse alguma coisa. "Por que ninguém ajuda o papai?" Mas não havia a quem recorrer. Todas as opções médicas já se tinham esgotado.

"Nessas horas, você pensa que seria melhor morrer." A voz de Slattery fica embargada quando ele relembra os momentos mais sombrios. Seu corpo avantajado se curva sobre a pequena mesa do café, inclinando-se para que eu possa escutar todas as palavras. Ele não está de modo algum sozinho nesse desespero. Não é à toa que a cefaleia em salvas é denominada "dor de cabeça suicida".

A sorte de Slattery mudou depois que ele tomou conhecimento quanto a um estudo clínico realizado na escola médica da Universidade de Yale, estudo este destinado a verificar se a psilocibina, o princípio ativo dos cogumelos mágicos, seria eficaz como tratamento para a cefaleia em salvas. Slattery entrou em contato para se apresentar como voluntário, mas foi informado de que as inscrições ainda não tinham começado. A Dra. Emmanuelle Schindler, a médica à frente do experimento, sugeriu que, nesse meio-tempo, ele participasse de uma reunião de ativistas pelos interesses de pacientes, realizada em Chicago pela entidade Clusterbusters. "Eu acredito que eles poderão ajudá-lo." (Quando perguntei, ela esclareceu que os encaminhamentos para grupos de pacientes "não têm a finalidade específica de fornecer orientações sobre psicodélicos", mas sim tornar acessíveis o apoio pessoal e familiar e as importantes informações médicas que esses grupos oferecem e que são capazes de salvar vidas).

A organização Clusterbusters proclama que sua missão é "apoiar a pesquisa de tratamentos mais eficientes e a cura, ao mesmo tempo que defende a melhoria da condição de vida daqueles que travam uma difícil batalha contra a cefaleia em salvas"[1]. Até onde posso dizer, o verdadeiro propósito dessa entidade é ajudar as pessoas acometidas por cefaleia em salvas a sobreviver a um sistema médico que, com demasiada frequência, deixa de fornecer o tratamento adequado. Uma das principais ferramentas por eles utilizada para corrigir as enormes lacunas do sistema são os cogumelos psicodélicos.

Slattery seguiu o conselho de Schindler; e a aposta valeu a pena. Os participantes da reunião lhe ensinaram como obter cogumelos mágicos e usá-los para tratar sua doença com a maior segurança possível. A maioria das pessoas conseguia alívio com uma dose pequena, dose esta que descreviam como o equivalente psicodélico da ingestão de umas poucas cervejas. O mundo ao redor deles adquiria um pouco mais de vivacidade. As cores se tornavam mais intensas, as paredes oscilavam ligeiramente e o céu ganhava um tom azul escuro mais profundo. As emoções, tanto as aprazíveis quanto as adversas, afloravam com mais facilidade.

A Dra. Schindler também participou da reunião e apresentou sua atualização anual sobre o ensaio clínico em Yale. Os voluntários do estudo receberam três doses da psilocibina de grau farmacêutico, que reproduzia o que o Clusterbusters já havia desenvolvido como tratamento. De acordo com ela, o estudo mostraria que "os pacientes sabem muito mais sobre sua doença e sobre como tratá-la do que normalmente se acredita que sejam capazes".[2]

Slattery ficou satisfeito por não ter esperado o início do ensaio. Uma pequena dose de cogumelos, que, para ele, lembrava uma xícara de café forte, conseguiu suprimir suas crises por quase uma semana. O tratamento não foi perfeito, em especial dado o problema de acesso ao produto. Contudo, ele estava tomando café em uma cidade a três horas de distância do porão de onde nunca saía.

As drogas psicodélicas, anteriormente demonizadas, são agora aclamadas como um novo medicamento transformador, uma euforia fomentada por uma explosão de pesquisas científicas.[3] No momento em que escrevo, a agência Food and Drug Administration (FDA, Administração de Alimentos e Medicamentos), dos Estados Unidos, está analisando um pedido de comercialização de uma terapia assistida por MDMA para tratamento do transtorno de estresse pós-traumático (TEPT). Se tudo correr conforme planejado, os médicos norte-americanos poderão, em

2024, prescrever terapia assistida por MDMA. A aprovação do FDA para terapia assistida por psilocibina poderá sair já em 2025, dado o avanço conseguido nos ensaios clínicos que avaliam esse tratamento contra a depressão e a ansiedade de pacientes terminais.

Outros países já estão reformulando sua legislação. Em 2023, a Austrália aprovou a terapia psicodélica assistida por MDMA e psilocibina, dentro de um escopo limitado, para determinados transtornos de saúde mental. A Suíça, o Canadá e Israel permitem o uso compassivo de psicodélicos em circunstâncias restritas. Países como a Jamaica e o Brasil, que têm legislações mais lenientes, tornaram-se locais atrativos para refúgios voltados ao bem-estar, bem como para desenvolvedores de medicamentos e cientistas pesquisadores.[4]

Figuras do mundo empresarial, do bem-estar, dos esportes e dos entretenimentos, pessoas acostumadas a expressar abertamente suas opiniões, abraçam a ideia dos psicodélicos. Blake Mycoskie, fundador da empresa de sapatos TOMS, anunciou seu compromisso de conceder subsídio de US$ 100 milhões para a pesquisa de psicodélicos, ao longo dos próximos oito anos.[5] Tim Ferriss, guru da produtividade do Vale do Silício, já é um dos maiores investidores e filântropos nessa área.[6] O jogador da liga de futebol americano NFL, Aaron Rodgers, atribui sua melhor temporada a uma experiência com ayahuasca que o ensinou a “amar a si mesmo incondicionalmente”.[7] Mike Tyson “fuma o sapo” – uma referência a uma prática controversa que envolve a secreção “láctea” de uma espécie nativa do sudoeste dos Estados Unidos e do norte do México.[8] Will Smith e o Príncipe Harry falam sobre a forma como o mergulho interior despertado pelas cerimônias psicodélicas os ajudou a processar os traumas e as angústias da infância, enquanto Gwyneth Paltrow reconhece nesse movimento um apoio ao bem-estar.[9] Toda essa propaganda se reflete em uma corrida desenfreada para registro de patentes de moléculas psicodélicas.[10]

A opinião pública em relação aos psicodélicos também está mudando.[11] Eleitores em estados relutantes em aguardar o posicionamento do governo federal já legalizaram certas formas de terapia assistida por psicodélicos. Oregon e Colorado foram os primeiros a fazê-lo. Califórnia, Massachusetts e Washington parecem preparados para seguir o exemplo. Até mesmo estados conservadores, como o Texas, estão aprovando leis que ampliam a pesquisa com psicodélicos e o acesso a eles, em especial para veteranos e socorristas.

Contudo, enquanto tantas pessoas, de gurus da tecnologia a políticos, apregoam o potencial poder curativo dos medicamentos psicodélicos para doenças mentais e adição, a mais inovadora pesquisa sobre o uso dessas substâncias no combate à dor está acontecendo quase inteiramente nos subterrâneos da clandestinidade – tão distante das atenções que os cientistas estão apenas começando a se familiarizar com a ideia.

Eu conheci centenas de pessoas que, como Sean Slattery, estavam experimentando o uso de psicodélicos como droga para alívio da dor. As experiências dessas pessoas, agora documentadas em artigos revisados pelos colegas, oferecem esperança de ação lenitiva em meio a uma implacável epidemia de opioides. Essas histórias explicam o papel vital – e bastante carente de reconhecimento – que a ciência cidadã, que opera nas redes subterrâneas, vem desempenhando ao longo dos últimos cinquenta anos no desenvolvimento da terapia psicodélica.[12]

Há meio século, o presidente Richard Nixon, dos Estados Unidos, promulgou a Controlled Substances Act (Lei de Substâncias Controladas), de 1970, uma peça da legislação fundamentalmente importante na redefinição da política federal de drogas. Essa lei, responsável pela categorização das substâncias com base em seu potencial para adição, classificou a dietilamida do ácido lisérgico (LSD, na sigla em inglês) e a psilocibina como drogas da Classe I, a mais restritiva denominação. Os cientistas são obrigados a obter permissão governamental para desenvolver pesquisas com substâncias da Classe I – um requisito que acarretou uma proibição *de facto* para os estudos de substâncias psicodélicas.

Ou, pelo menos, é o que dizem. Na verdade, o efetivo efeito da proibição foi levar as experiências com psicodélicos para os subterrâneos da clandestinidade, onde são mantidas vivas por um conjunto heterogêneo formado por químicos clandestinos e psiconautas curiosos, idosos e uma confraria de guias da comunidade, etnomicologistas e cultivadores de cogumelos, curandeiros xamânicos e líderes indígenas, escritores e músicos, cyberpunks e visionários da tecnologia, fãs das subculturas Deadhead e Phish e buscadores espirituais da contracultura.

A medicina psicodélica encontrou seu caminho de volta às universidades graças a esses movimentos de resistência. Contudo, na perspectiva dos subterrâneos, o interesse renovado pela medicina psicodélica parece menos um renascimento e mais um ajuste de contas. A ciência que hoje vemos emergir em prestigiosas universidades, como a Yale, é mais bem entendida como um produto de anos de resistência, forjada por foras da lei e acadêmicos em um trabalho conjunto, algumas vezes em parceria e outras, em tensão.

E é nesse ponto que entra minha história.

Eu estudo a política da ciência e dos medicamentos. Dor, drogas e a indústria farmacêutica são a principal fonte de meu sustento. Passo meu tempo pensando em como as discordâncias ideológicas, as fontes de fomento e os escândalos – isto é, um esquema de marketing que impõe à população opioides com elevado poder de adição – moldam nossa visão coletiva em relação à saúde e à doença.

O problema da dor não é algo desprezível. De acordo com um relatório de 2023 do Centers for Disease Control and Prevention (CDC, Centros de Controle e Prevenção de Doenças), 20% dos norte-americanos adultos vivem sob dores crônicas. Dentro desse grupo, uma impressionante proporção de 7% sofre do que é conhecido como "dor crônica de alto impacto", uma doença que limita substancialmente as atividades diárias.[13] Esse número parece ser uma estimativa elevada demais até o momento em que consideramos tudo o que nos faz sentir dor: artrite, anemia falciforme, neuropatias diabéticas, doença renal, endometriose, doença arterial periférica e transtornos vasculares. Só a enxaqueca afeta mais de quarenta milhões de norte-americanos adultos e responde por cerca de quatro milhões de visitas a centros de emergência todos os anos.[14]

Trata-se de um grande desafio para a medicina – uma profissão que privilegia os sintomas passíveis de serem medidos, padronizados e verificados. Mas, obstinadamente, a dor se recusa a ser algo mais do que uma experiência pessoal. Só você, e mais ninguém, é capaz de sentir a sua dor.

Consequentemente, o acesso a tratamentos para a dor depende da capacidade dos pacientes de convencer outras pessoas de que sua dor é verdadeira e que eles merecem ajuda. A busca por assistência se traduz no enfrentamento a um extenso conjunto de dilemas morais, questões políticas e pressupostos sociais que envolvem verdade, culpa e responsabilidade. O fato de os opioides induzirem sensações de prazer complica ainda mais esses julgamentos morais. Pergunte a qualquer paciente acometido por dor e ele dirá que a necessidade de se esquivar de rótulos como "usuário de drogas" e "malandro" é uma eterna inquietação. Na mais cruel, se não mais previsível, das ironias, a população à qual cabe o fardo mais pesado da dor – as mulheres, as pessoas não brancas e os pobres – é a que recebe a menor parcela de assistência e empatia por sua doença. Imagine quão mais complicadas são essas avaliações morais no caso dos psicodélicos, um tratamento que inspira em algumas pessoas o temor de poderem estimular atos de rebelião política e transgressões.

Nunca é fácil lidar com a dor, mas o acesso a médicos que levam a sério o que dizem seus pacientes pode ajudar bastante. Vai aqui uma reflexão: se já é uma batalha conseguir que os profissionais de medicina acreditem nos relatos de dor de seus pacientes, que grande salto seria esperar que eles aceitassem esses mesmos pacientes como parceiros em pesquisas! Seria um avanço significativo pedir ao setor médico que não apenas reconheça as experiências dos pacientes, mas também que valorize a contribuição deles para o conhecimento médico.

As pessoas aprenderam que podem se organizar e lutar por reconhecimento.

Este livro relata uma história sobre o mundo clandestino da pesquisa com psicodélicos: pessoas que sofrem de cefaleia em salvas, unidas apenas pela dor e pela internet, desenvolveram seu próprio tratamento a partir de cogumelos mágicos cultivados em casa e têm lutado para transformá-lo em um medicamento legal. Contudo, o caminho que leva de um mundo ao outro é repleto de conflitos, desconfianças e mal-entendidos. Até mesmo as alianças mais robustas com os cientistas do universo convencional enfrentam barreiras excepcionais.

O trabalho dessas pessoas está produzindo frutos. Ainda é cedo, mas os pesquisadores estão agora examinando a possibilidade de os psicodélicos poderem tratar um vasto espectro de transtornos de dor, entre eles, enxaqueca, fibromialgia, artrite, dores nas costas e articulações, síndrome da dor regional complexa, síndrome do membro fantasma, dores pélvicas e síndrome do intestino irritável.[15] Até mesmo a excruciante dor associada ao TEPT e ao câncer pode ser abrandada quando tratada por meio dessa metodologia inovadora.[16]

Essa história é uma fonte de esperanças, mas também suscita muitas interrogações como, por exemplo, quanto de conhecimento se perdeu ao longo dos últimos cinquenta anos? Quais obstáculos políticos ainda obstruem o caminho? De que maneira as políticas em discussão sobre reformulação da questão das drogas afetam as pessoas às quais o uso dessas substâncias poderia beneficiar? Quem tem assento à mesa das discussões? Qual é o melhor caminho para incorporação dos conhecimentos detidos pelos pacientes ao desenvolvimento de terapias médicas?

Os membros da organização Clusterbusters – um grupo de pacientes cujo objetivo é o tratamento da dor física em contraposição à busca de iluminação espiritual – sempre foram estranhos no mundo dos psicodélicos. Mas, de novo, apesar de tudo o que se fala no mundo dos psicodélicos sobre a capacidade de tais moléculas para criação de uma humanidade compartilhada, aprendi que o uso da palavra *comunidade* para fazer referência àqueles que usam essas drogas oculta o quão fragmentado e contencioso esse universo pode ser.

Comunidades indígenas, que há longo tempo batalham para conseguir acesso à boa assistência médica ocidental, são agora obrigadas a enfrentar a existência de entidades corporativas que patenteiam o conhecimento ancestral desses indivíduos. Ao mesmo tempo, surge o medo de que tais esforços tenham dado vida à ideologia da "excepcionalidade psicodélica", que garante às pessoas brancas da classe média o direito de falar abertamente sobre jornadas espirituais e "medicamentos fitoterápicos", enquanto fazem vistas grossas para uma abordagem punitiva e racista a outras formas de uso das drogas. A terapia psicodélica pode ser um tratamento potente contra o trauma racial perpetuado pelo encarceramento em massa e o racismo médico, mas a maioria dos ensaios clínicos tem excluído sistematicamente indivíduos negros, e existem preocupações reais em relação ao quão acessíveis as terapias psicodélicas legalizadas virão a ser.[17] Mas, ao mesmo tempo que essas substâncias guardam um enorme potencial de cura, elas também expõem profundas desigualdades, bem como desafios éticos e abismos culturais. Os mesmos sistemas que poderiam se beneficiar das terapias psicodélicas são exatamente aqueles responsáveis pela perpetuação das injustiças que tornam necessárias essas terapias.

A Revolução dos Psicodélicos apresenta apenas um vislumbre dessa história – pacientes obrigados a desenvolver um extraordinário trabalho de investigação, por um sistema de saúde que, lamentavelmente, mantém-se indiferente às experiências deles. A compreensão das reviravoltas na jornada do Clusterbusters é um passo na direção do desenredamento desses relacionamentos, quem sabe, até mesmo, o início de um realinhamento da política de drogas no sentido de torná-la mais equitativa, compassiva e voltada para o paciente.

Parte I

AMBIENTE E CONTEXTO

Capítulo Um

QUEM SÃO OS FORAS DA LEI?

BOB WOLD SEMPRE ME PARECEU O MAIS IMPROVÁVEL LÍDER de uma rede clandestina de psicodélicos. Tudo em sua pessoa é despretensioso, desde o boné de beisebol, que ele nunca deixa de usar, até sua discreta modéstia de indivíduo do meio-oeste. Mesmo seu característico bigode grisalho avantajado é mais um testemunho de um homem cuja sensibilidade estética deixou de se desenvolver desde os anos 1970 do que uma manifestação da contracultura. Tudo o mais, a camisa de botões que ele usa quando precisa parecer apresentável e as calças confortáveis, são mais a personificação de um "Vovô no estilo *normcore*" do que de um "revolucionário".

Entretanto, não é seu visual convencional que me desconcerta; tampouco seu jeito simples de sujeito trabalhador, casado com a namoradinha do ensino médio, que criou quatro filhos e treinou o time da Little League muito depois de já ter filhos crescidos. Trata-se do sentimento generalizado de que ele prefere falar sobre seus netos e beisebol mais do que qualquer outra coisa.

Bob não escolheu ser um psicodélico fora da lei. De certo modo, a atividade o escolheu. Na verdade, muito embora possa ser descrito como líder de um movimento clandestino, Wold nunca guardou segredo sobre o fato de usar psicodélicos, assegurando que todas as pessoas, desde os familiares e amigos até os oficiais de polícia de sua pequena cidade, saibam o que ele está fazendo e por que assim age. Conforme costuma argumentar muitas vezes, não há vergonha no consumo de psicodélicos para a sobrevivência.

Wold é nada menos do que um verdadeiro apóstolo do poder terapêutico dos cogumelos mágicos – que salvaram sua vida. E ele os utiliza para salvar muitas mais. Essa é a razão pela qual, há muitos anos, eu o encontrei em uma abarrotada suíte de um hotel de aeroporto, jurando a quatro dezenas de pessoas lá reunidas que havia descoberto uma forma de tratar os ciclos de cefaleia em salvas que os acometia.

Todos já estavam bem animados – fenômeno que sempre acontecia quando se reuniam. O silêncio, porém, tomou conta do quarto quando Wold abriu uma caixa de papelão e começou a descarregar seu conteúdo em cima de uma mesa à sua frente.

"Isso custará 100 dólares e levará 45 dias, mas vocês podem produzir todo o medicamento de que necessitam para se tratar durante um ano."

Ele ergueu um pote de conserva vazio e acenou na direção de um saco de vermiculita. Conforme explicou, a maior parte do material necessário para cultivo de cogumelos mágicos pode ser facilmente obtida em uma loja de ferragens local. A aquisição de esporos de cogumelo – as "sementes" usadas para o cultivo de cogumelos mágicos – é legalizada em quase todos os estados dos Estados Unidos, devido a uma brecha: os esporos não contêm quaisquer dos compostos alucinógenos sujeitos a penalidades da lei. Wold enfatizou que o cultivo de esporos em casa é "*ilegal*", mas assegurou às pessoas lá reunidas que o processo de produção é simples e fácil de ser escondido.

"Eu garanto, honestamente, que é muito simples. Requer apenas uma hora na cozinha. Se você consegue assar um bolo, também consegue cultivar cogumelos."

Para comprovar o que dizia, Wold ergueu um saco plástico transparente e selado a vácuo, contendo cerca de 450 gramas de cogumelos.

Com o tempo, eu aprendi que o cultivo de cogumelos não é tão simples como assar um bolo, tampouco são mínimas as consequências legais.

Wold compreende as duas complicações, mas prefere não se preocupar com os problemas. Afinal de contas, há vidas em jogo.

Os Estados Unidos enfrentam o problema das drogas, que talvez possa ser descrito com mais precisão por meio da antiga palavra grega *pharmakon*. Essa palavra captura a ideia de que todas as substâncias são potencialmente curativas ou tóxicas, podendo produzir a cura ou causar danos em função da dose. Contudo, talvez, mesmo para os gregos antigos pode ter parecido desafiadora essa ambiguidade – a palavra *pharmakon* também significa "bode expiatório".

A maneira complexa e quase sempre contraditória de refletirmos sobre as drogas, interagirmos com elas e criarmos regras para seu uso tem um certo aspecto "farmacológico". Ao contrário de refletir qualquer avaliação objetiva quanto aos malefícios, ela deixa transparecer nossos medos mais profundos. De que outra forma podemos explicar a simultânea relação de amor e repulsa dos Estados Unidos pelas drogas psicoativas? Nossa veneração por substâncias capazes de alterar nosso estado mental está tão profundamente enraizada nas rotinas diárias que é subestimada. Todavia, aquele café matinal que nos ajuda a enfrentar o dia, aquele pedaço de chocolate que nos alegra, aquela cerveja após o expediente de trabalho, são todas substâncias químicas aceitáveis para dar uma turbinada. Até mesmo o açúcar, que injustificadamente consideramos alimento e não droga, afeta a mente e libera dopamina, o que nos torna alegres no curto prazo, mas, no final, irritáveis, sem foco e – a partir de certa quantidade – deprimidos. Daí, a razão pela qual observamos o que comemos. Alimento é remédio, lembra-se? Existe um impulso moralista no sentido de amenizar as indulgências e reprimir o prazer!

A lógica cultural e regulatória que determina o conteúdo de nossos armários de medicamentos, onde escondemos pequenas preciosidades, capazes de acalmar a ansiedade, elevar o humor, concentrar a atenção ou embalar gentilmente nosso sono, é ainda mais complicada. Pense no misto de suspeita e desdém que recai sobre aqueles que dependem de uma pílula para funcionar – em especial, se houver qualquer indício de uso não medicinal. As pessoas acometidas por dores suportam o fardo desse escrutínio, particularmente nesse momento, no meio de uma crise de opioides.

Enquanto o FDA concedeu permissão para que as empresas farmacêuticas comercializem opioides sem qualquer restrição, a agência antidrogas DEA classifica LSD, psilocibina e maconha como substâncias Classe I, apesar das evidências de que todas as três têm atributos de alívio da dor e baixa toxidade. Medidas objetivas, como segurança e eficácia, não explicam essas contradições. Além do mais, a implementação de tais leis reflete profundas desigualdades raciais. Os pesquisadores demonstram sistematicamente que os estadunidenses brancos usam e vendem drogas ilícitas na mesma proporção (ou quase) que os estadunidenses negros, mas são menos passíveis de punição por seus atos.[1]

Veja o exemplo da maconha. De acordo com a National Survey on Drug Use and Health (Pesquisa Nacional sobre Uso de Drogas e Saúde), do governo norte-americano, realizada de 2022, até 22% dos estadunidenses com idade acima de doze anos admitiram ter usado maconha pelo menos uma vez no ano anterior, apesar das leis federais que proíbem a venda e o uso da droga.[2] Muito embora para algumas dessas pessoas o consumo da maconha tivesse o respaldo legal das leis dos estados em que residem (com um valor estimado em US$ 14 bilhões em vendas), essa droga continua sendo o alvo prioritário dos agentes da lei. Um relatório recente da American Civil Liberties Union (União Americana pelas Liberdades Civis) mostra que chega a 6,1 milhões o número de prisões realizadas entre 2010 e 2018 que têm relação com a maconha. Uma espantosa parcela de 90% dessas prisões teve como motivo a posse e não o tráfico.[3]

A constatação de que um indivíduo negro tem 3,64 vezes mais chance do que um branco de ser preso por posse de maconha revela um fato perturbador: a lei de drogas dos Estados Unidos e sua implementação têm sido sempre uma demonstração de que a origem de nosso medo é *alguém* e não *alguma coisa*. As primeiras leis antidrogas dos Estados Unidos foram implementadas em resposta aos temores xenofóbicos quanto ao uso de opiáceos entre os imigrantes chineses e a alegações de cunho racista de que a "inalação de cocaína" pelas pessoas negras aumentava seu índice de criminalidade – com total descaso ao longo histórico de uso de drogas entre pessoas brancas.[4]

Como observa ironicamente David Herzberg, proeminente historiador que escreve sobre medicamentos, e autor do livro *White Market Drugs: Big Pharma and the Hidden History of Addiction in America* (Drogas do mercado formal: a poderosa indústria farmacêutica e a história oculta do vício nos Estados Unidos), nós criamos um sistema regulatório que, por um lado, é brando demais para impedir que as gananciosas empresas farmacêuticas envenenem nossos cidadãos, mas, por outro, é tão rigoroso que suas implacáveis condenações por uso de drogas geraram o maior estado carcerário do mundo. Só uma extraordinária tolerância a dissonâncias cognitivas consegue explicar uma incapacidade de compreensão quanto às desigualdades incorporadas na política de drogas.[5]

A cefaleia em salvas acomete pessoas dentro de todo o espectro racial; contudo, a maioria das que eu encontrei nas reuniões do Clusterbusters era branca. Muito embora, provavelmente, não desejassem infringir a lei, sua disposição para aparecerem no espaço público e falarem sobre o fato de estarem usando (ou virem a usar) psicodélicos deve ser interpretada no contexto de um sistema de justiça racista, que impõe punições cruéis aos cidadãos negros e pardos usuários de drogas, deixando livres seus compatriotas brancos. O medo é o agente legitimador de grande parte daquilo que consideramos criminoso. A pronta adoção de psicodélicos como medicamento não pode ser dissociada de sua branquitude.

De acordo com pesquisas realizadas pelo National Institute on Drug Abuse (NIDA – Instituto Nacional de Abuso de Drogas dos Estados Unidos), desde a primeira vez em que Bob Wold experimentou cogumelos mágicos, em 2001, o uso de drogas psicodélicas se tornou muito mais comum. Em 2002, 8% dos jovens adultos relataram terem usado um alucinógeno no ano anterior – um aumento acentuado em relação aos 4,5% que haviam reportado o uso de psicodélicos vinte anos antes. Entretanto, a curva de tendência não tem uma distribuição homogênea: o relato de uso cresceu drasticamente em 2020 e permaneceu elevado nos dois anos seguintes.[6]

Não é difícil imaginarmos o que pode ter mudado. Uma pandemia global gerou uma pressão sem precedentes sobre os sistemas de saúde, limitando o acesso aos serviços convencionais de assistência à saúde física e mental, enquanto, ao mesmo tempo, as pessoas vivenciavam um excepcional nível de disruptura econômica e isolamento. Nesse período, as overdoses causadas por opioides apresentaram um aumento de 30%, a despeito do vultoso financiamento de iniciativas de saúde pública e aplicação da lei.[7] Se somarmos a esse caos o alarde publicitário sobre os miraculosos benefícios dos "fitoterápicos", surpreende o fato de não ser maior o número de pessoas que usam psicodélicos.

A transgressão da lei não é um fato trivial. Contudo, não tenho como contar a história do Clusterbusters sem me perguntar se suas ações fazem deles "criminosos".

No entender de Bob Wold, nem ele nem outros membros do Clusterbusters são criminosos – não, quando sua sobrevivência está em jogo. A mesma opinião é compartilhada pelos médicos e advogados que trabalham com o grupo.

Ao me debruçar sobre os matizes raciais da história da criminalização do uso de drogas, achei-a fascinante e, além disso, mais do que simplesmente perturbador o fato de que a CIA tenha sido a maior financiadora de pesquisas sobre LSD nos anos 1950. Sua agora abominável operação secreta, MKUltra, procurou converter drogas capazes de alterar a consciência – como o LSD – em instrumentos de controle do comportamento humano. Indivíduos desavisados foram submetidos a uma tortura psicológica nesses experimentos, num claro exemplo do papel que o poder desempenha na caracterização da criminalidade.

A autoridade outorgada a figuras como Sidney Gottlieb, responsável pelo projeto MKUltra, permitia a requisição de seres humanos para submissão a quaisquer formas de violência, inclusive experimentos fatais.[8] O projeto MKUltra chegou ao ponto de contratar médicos nazistas com experiência na condução de experimentos com mescalina em prisioneiros de campos de concentração. Os centros de detenção secretos operados pela CIA na Europa e no Leste Asiático capturava agentes inimigos e outros indivíduos considerados "descartáveis" e os submetia a experimentos abusivos. Além disso, um prostíbulo operado pela CIA em São Francisco serviu de estrutura para agentes observarem secretamente profissionais do sexo ministrando LSD aos clientes – sem consentimento –, para depois tentarem extrair deles informações após o sexo.

Entretanto, nenhuma das pessoas que trabalhavam no MKUltra eram consideradas criminosas. Nem mesmo Sidney Gottlieb, o arquiteto da operação. Pelo menos, de acordo com os Estados Unidos.

Poder e medo determinam quem é um criminoso e o que o faz ser assim considerado.[9] Wold, a exemplo de outros ativistas que se opõem à Guerra contra as Drogas, é frequentemente obrigado a transgredir a lei para poder realizar o trabalho que considera importante. Todavia, se ele não é um criminoso, o que é então? Perguntei a ele certa vez, "O que você pensa da palavra 'fora da lei'?" Wold soltou uma risada. "Um fora da lei? Eu poderia viver com essa."

Aqui, em um país constituído por pessoas que não confiam na autoridade, nós temos uma queda por foras da lei – seja Billy the Kid no papel de um malandro irreverente, Bonnie e Clyde, os assassinos românticos, ou Timothy Leary, personalizando um líder espiritual da contracultura. Os foras da lei não apenas vivem de acordo com as próprias regras, como também protegem o povo contra o assédio do poder. E assim, admiramos seu comportamento, mesmo que a contragosto. A ordem social estabelecida não identifica, nem de longe, os atos associados com a branquitude como uma ameaça tão grande quanto aquela vinculada às identidades marginalizadas, permitindo assim a subsistência de um padrão duplo nas narrativas que fazemos a nós mesmos sobre rebeldes e foras da lei. Essa adoção seletiva de um arquétipo molda, e algumas vezes até mesmo determina, os parâmetros através dos quais interpretamos as ações transgressoras.

Ao escrever este livro num momento em que, mais uma vez, nosso país se engaja em um acerto de contas com as questões raciais em nível nacional, eu trago à tona esses problemas. As redes clandestinas têm sido um recurso especialmente importante para os negros estadunidenses, que se libertaram da escravidão por meio da Underground Railroad, uma "ferrovia" secreta. A violação do silêncio poderia facilmente resultar na perda da vida ou da liberdade.

Provavelmente, a denominação mais correta para os subterrâneos psicodélicos descritos neste livro seja uma "subcultura" – um território visível capaz de ocupar espaço na consciência pública, sem o menor temor de uma punição. O fato de a narrativa que se revela nestas páginas ser dominada por homens brancos reflete a capacidade destes para falar abertamente e ocupar o centro das atenções sem correr um risco efetivo de sofrer as consequências. O poder garante a eles uma plataforma e a condição de dominar a opinião pública, bem como os dólares da filantropia e, agora, as políticas públicas. Por outro lado, mulheres idosas desse subterrâneo têm sido uma presença muito mais discreta. Somente agora, à medida que esses medicamentos se tornam populares, começamos a ver pessoas falarem abertamente sobre o uso de psicodélicos como tratamento para traumas raciais.[10]

O poder, em todas as suas formas, será o permanente fio condutor deste livro, orientando a maneira como eu retrato o mundo dos psicodélicos e seu impacto no universo à nossa volta.

Capítulo Dois

MEDICINA DA SOBREVIVÊNCIA

AINSLIE COURSE, UMA ESCOCESA ALEGRE POR NATUREZA, LEVAVA SUA VIDA em consonância com as regras.

"Eu era uma pessoa sensata que sempre me oferecia como motorista para garantir que todos chegassem em casa com segurança. A ideia de experimentar qualquer coisa… me assustava. Eu vivia com medo de vir a ser a única pessoa a sofrer um efeito adverso, ou pior ainda, ser pega."

Até mesmo uma multa de estacionamento parecia transgressora demais, que dizer de um baseado... Ela achava ridículo quando alguém sugeria que um homem do outro lado do mundo, em Chicago, conseguiria ajudá-la a usar cogumelos mágicos para tratar as crises de cefaleia em salvas que já superavam sua capacidade de suportar. Contudo, os médicos nunca foram capazes de ajudá-la. Havia quase quinze anos que ela esperava obter um alento da parte deles, mas as coisas só faziam piorar.

As dores de cabeça começaram quando Course tinha dezenove anos. Ela acordava tomada por uma dor tão violenta e urgente que a levava a pensar que estava morrendo. Ela saltava da cama e andava pelo quarto numa frenética tentativa de se livrar da agonia. Course esfregava com força a palma da mão sobre a esfera ocular, até o ponto em que começava a bater contra sua cabeça os dedos fechados em punho. E então, a dor desaparecia.

A garota, que era na ocasião estudante de enfermagem, realizou um rápido processo de verificação dos sintomas, para avaliar se havia sofrido um AVC. Até onde ela conseguia saber, tudo parecia estar dentro da normalidade. Pelo menos, nada estava paralisado. Quem sabe, um tumor cerebral, mas não demandava urgência. Ela decidiu que não havia necessidade de acordar os pais, que dormiam no final do corredor. Ninguém no National Health Service (Serviço Nacional de Saúde) iria operar uma ressonância magnética às duas horas da madrugada. Portanto, Course controlou a inquietação e voltou a dormir.

A dor retornou dois dias depois. Dessa vez, colocou-a de joelhos em plena luz do dia. Nada ainda com que se preocupar, decidiu a garota. Ela enfrentou as crises diárias à custa de muito esforço e estresse durante outras tantas semanas, até tomar a decisão de procurar um médico.

"Permaneci lá por cerca de três minutos, e ele disse, 'Pois é, você tem enxaqueca. Tome aqui alguns comprimidos. Vá em frente. Se não melhorar, retorne'". Infelizmente, os comprimidos não deram resultado – e assim a história se repetiu durante anos.

Course acreditava na medicina, pois trabalhava em um hospital e, portanto, não desistiu. Ela continuou por um longo tempo procurando orientações de diversos médicos, na esperança de que o próximo pudesse, no mínimo, apresentar uma perspectiva nova. "Eu creio que experimentei algo em torno de cinquenta a sessenta remédios diferentes, sempre movida por uma esperança. Acreditava que deveria sempre experimentar mais um medicamento, pois talvez fosse ele o que faria a diferença."

Entretanto, conforme explicou, os médicos começaram a tratá-la como se fosse *ela* o problema. "Muito depressa, passei a ser considerada uma perda de tempo, uma pessoa que quer ser alvo das atenções. Em mais de uma ocasião, ouvi insinuações de que meus problemas eram mais psicológicos do que neurológicos", relatou. Ficava a impressão de que eles encaravam como sintoma de problema psiquiátrico sua otimista determinação em encontrar um medicamento eficaz. Possivelmente Course jamais perdoará o médico segundo o qual a melhor forma de tratamento para ela seria uma camisa de força.

Um diagnóstico só veio a ser obtido depois de quinze anos, uma viagem a Londres e uma dispendiosa consulta com um renomado especialista em dores de cabeça. Ele apresentou uma resposta em menos de cinco minutos. Tratava-se de um caso clássico de uma episódica cefaleia em salvas. Os médicos anteriores não tinham chegado a esse diagnóstico devido a uma estranha, mas outrora amplamente aceita, teoria médica segundo a qual a cefaleia em salvas atinge principalmente homens brancos, com olhos castanhos e pele com marcas e coriácea. O especialista classificou como mito essa teoria e assegurou a Course que as mulheres não estão imunes.

A garota desatou em lágrimas de alegria ao receber a notícia. O diagnóstico foi um alívio depois de anos de incerteza e dúvidas quanto a si própria. Conforme explicou, "[A cefaleia em salvas] afetou minha família, minha carreira e minhas amizades. As pessoas dizem, 'droga, ela está com uma daquelas dores de cabeça', e eu me sentia a ponto de começar a duvidar de mim mesma. 'Será que sou fraca? Sou incapaz de suportar essa dor?'".

O que Course ainda desconhecia era que o diagnóstico de cefaleia em salvas não garantia que tratamentos efetivos seriam oferecidos. O médico dela prescreveu um programa de tratamento padrão que incluía o uso de sumatriptano, um medicamento desenvolvido para enxaqueca e que obteve do FDA, nos Estados Unidos, e do National Institute for Health and Care Excellence (Instituto Nacional para Excelência em Cuidados e Assistência à Saúde), no Reino Unido, ampla aprovação para combate à cefaleia em salvas.

O sumatriptano, quando ministrado na forma de injeção subcutânea, consegue interromper uma crise dentro de quinze minutos. Porém, Course teve dificuldade em seguir a rigorosa advertência de seu médico no sentido de limitar o uso do medicamento a duas crises por dia, sob risco de o tratamento tornar essas crises mais duradouras e intensas.

A escolha de quais das crises diárias ela medicaria mostrou-se mais fácil no discurso do que na prática. Course conseguia suportar sem o medicamento apenas as crises leves, e qualquer episódio mais intenso ficava mais difícil de tolerar. De acordo com ela, ao longo do tempo, "você deixa de dar atenção aos aspectos de segurança... sabe como é, não? Você só quer tratar o que está incomodando.".

As advertências do médico de Course foram premonitórias. "Se eu tivesse tomado um para cada crise, teria sido perfeito, mas o que percebi foi que quanto mais sumatriptano eu tomava, mas eu precisava. Quanto mais intensos os ciclos se tornavam, mais intensas também ficavam as crises." Ela acabaria entrando naquilo que os pacientes de cefaleia em salvas algumas vezes chamam de "ciclo da morte do Imitrex", em referência ao nome comercial do sumatriptano nos Estados Unidos.

O fundo do poço chegou em 2002, quando ela já sofria de cefaleia em salvas há dezessete anos. "Eu tive uma crise dupla muito mais impactante do que o padrão. Em trinta e poucos anos, foram apenas quatro delas."

As crises de Course sempre foram predominantemente no lado direito, no entanto, durante esse ataque, a dor passou a atingir também o lado esquerdo. "Entrei no chuveiro, urinei, vomitei e defequei no chão de meu banheiro. A intensidade da dor foi simplesmente fora do comum. Eu me lembro de ter olhado para meu quarto através da porta do banheiro, observando a luminária e pensando, 'Será que esse adorável lustre de cristal suporta meu peso?' E pensei, 'é isso aí.'"

Contudo, ela ainda não estava derrotada. "De alguma forma, eu me recompus, me limpei e decidi que precisava encontrar outro caminho."

Seis meses mais tarde, depois de certa hesitação, bem como de diversos e-mails trocados com Bob Wold e uma cuidadosa dose de pesquisa e análise, Course se viu novamente fitando o teto. Dessa vez, ela contemplava Jesus, perguntando-se como ele chegara até lá. Apesar de toda cautela ao tomar uma minúscula dose de cogumelos, acabou-se constatando que ela tinha sensibilidade aos efeitos da psilocibina. Contudo, a esquisita viagem valeu a pena.

"Toda a pressão de meu cérebro se esgotou. A única comparação que consigo ver é com um ovo cozido. Retire a parte superior e introduza lá dentro uma lavadora de pressão e limpe toda a sujeira. Então, coloque a tampa outra vez e feche-a."

"Bob Wold me disse o que fazer, e também quando, como e com que frequência. Ele salvou minha vida."

Quando os médicos disseram a Course que ela tinha enxaqueca, o que lhe ocorreu foi, "Oh, meu Deus; essa pobre gente com enxaqueca... sabemos que é terrível." Será que as pessoas sofrem com essa intensidade quando têm uma crise de enxaqueca? Cada uma dessas crises a levava a pensar que poderia morrer. "Na verdade, eu [desejava] que me matasse logo, porque é insuportável."

É natural compararmos a enxaqueca com a cefaleia em salvas, e ficarmos imaginando, como eu fazia, se a experiência com uma das doenças poderia levar a uma compreensão sobre a outra. São muito mais comuns as crises de enxaqueca, uma doença que acomete 12% dos estadunidenses adultos e 7% das crianças. O número de pessoas que vive com enxaqueca é muito maior do que a população da Califórnia. A cefaleia em salvas é *muito* menos comum. Há estudos segundo os quais ela afeta entre um e três indivíduos em cada mil, ou seja, de 0,124% a 0,381% da população. Como base de comparação, a doença de Crohn atinge uma em cada quinhentas pessoas.[1]

Passei por um período difícil no que diz respeito à enxaqueca. Minhas dores de cabeça começaram quando eu tinha cinco anos de idade. Depois de adulta, acostumei-me a viver com duas a três crises de enxaqueca por semana (de acordo com os critérios de diagnóstico, cada crise normalmente envolve dor de cabeça de moderada a intensa em um dos lados, acompanhada de náusea, vômito e hipersensibilidade à luz ou ao som, enquanto fadiga óssea e dores no corpo costumam ser as características mais incapacitantes da doença).

Quando completei trinta anos, eu já fazia parte do universo de 1% a 2% da população que sofre de *enxaqueca crônica* – isto é, mais de quinze dias de dor de cabeça por mês, dos quais nove são classificados como "enxaqueca".[2] É extenuante a condição de viver com apenas uns poucos dias por mês livre da dor; portanto, entendi que podia ter certa afinidade com pessoas que sofrem de cefaleia em salvas. Quero registrar que não sou adepta a comparações sobre intensidade de experiências de dor, mas estou abrindo uma exceção neste caso.

A cefaleia em salvas é, de longe, muito mais torturante do que qualquer coisa que jamais imaginei.

Cada crise é tão intensa que bem pode ser considerada um caso de emergência médica. Ela é também acompanhada por um comportamento bastante estranho. Da mesma forma que uma pessoa tenta se livrar da dor aguda de um polegar batido contra um batente de porta, aquela que sofre de cefaleia em salvas balança o corpo, anda de um lado a outro e, algumas vezes, bate repetidamente um objeto duro contra a têmpora em dor. Então, depois disso, pode parecer que nada aconteceu.

O termo *cefaleia em salvas* refere-se à inconfundível periodicidade das crises. Elas acontecem em "ciclos" ou "surtos" que podem durar entre uma semana e um ano. A maioria termina dentro de seis a oito semanas.[3] Contudo, cerca de 15% a 20% dos indivíduos acometidos por cefaleia em salvas sofrem de uma forma "crônica" da doença, o que significa que nunca se livram verdadeiramente da dor. Se o surto persiste sem remissão por mais de um ano, como no caso de Sean Slattery, ele é classificado como cefaleia em salvas crônica.[4]

Os ciclos de cefaleia em salvas tendem a apresentar uma periodicidade anual em sincronia com as mudanças de estação – aproximadamente metade do conjunto de pacientes que sofre de cefaleia em salvas consegue prever a época do ano em que seu ciclo ocorrerá. As crises também seguem um ritmo circadiano. Cerca de 70% das pessoas acometidas pela doença conseguem predizer o momento exato do dia em que sofrerá um ataque.[5] A regularidade cronométrica das crises de cefaleia indica o potencial envolvimento do hipotálamo, uma porção do cérebro semelhante a uma amêndoa, que regula nosso relógio biológico – uma hipótese respaldada por estudos de imagens do cérebro.[6]

Muito embora a terminologia médica seja rigorosa, ela quase sempre deixa de capturar a experiência humana com a dor. Para preencher essa lacuna, a organização Clusterbusters financiou um estudo pioneiro – o mais amplo já realizado sobre a doença.[7] Os pesquisadores entrevistaram 1.604 indivíduos a fim de classificar a intensidade de suas crises de dor de cabeça numa escala de um a dez e indicar se eles sofreram outras formas de dor. Àqueles que responderam sim foi solicitado que classificassem também essas outras formas. A graduação nessa escala incluiu:

Ferimentos por facada: 4,6
Enxaqueca: 5,4
Ferimentos por arma de fogo: 6,0
Pedras nos rins: 6,9
Pancreatite: 7,0
Trabalho de parto sem medicação: 7,2
Cefaleia em salvas: 9,7

(Sim, a pesquisa incluiu 25 pessoas acometidas por cefaleia em salvas que tinham sobrevivido a ferimentos por arma de fogo, e outras 67 com cefaleia em salvas que haviam sido esfaqueadas.)

É isto o que traduz a afirmação, "o mais doloroso fenômeno que um ser humano pode experimentar".[8]

Portanto, não surpreende que os pacientes com cefaleia em salvas tenham julgado necessário o desenvolvimento de uma escala independente para classificação da dor, uma escala capaz de representar um nível de aflição que a maioria de nós jamais vivenciará. A chamada Escala de Kipple – que leva o nome de seu criador, Bob Kipple, um membro de longa data da comunidade on-line da cefaleia em salvas – é uma adaptação das escalas de dez pontos mais conhecidas, encontradas na maioria dos consultórios médicos. Ela varia de Kip 0 ("nenhuma dor, que vida maravilhosa!") até Kip 10 ("dor crucial, gritos, cabeça estourando; viagem ao pronto-socorro; depressão; impulso suicida"). Da mesma forma, as pontuações intermediárias são adaptadas a uma crise de cefaleia em salvas: enquanto um cinco numa escala de dor típica indica "Não pode ser ignorada por mais de 30 minutos", um Kip cinco se traduz como "Ainda não é um marchador, mas precisa de espaço".[9]

Repetidas vezes, tenho lido e escutado de pessoas que sofrem de cefaleia em salvas testemunhos sobre um nível de dor tão insuportável que as leva a fazer qualquer coisa para interrompê-la, até mesmo ao custo da própria vida.[10] A parte fundamental dessa compulsão é um desejo de alívio. Se a aplicação de pressão sobre as têmporas produz alívio, o passo seguinte pode ser amarrar firmemente um cinto ao redor da própria cabeça. Uma ação mais extrema pode ser comprimir um objeto rijo na fonte da dor. Algumas vezes, é um telefone. Mas também pode ser um martelo, ou, talvez, a cabeça possa ser batida diretamente contra a superfície mais dura existente na casa, em busca de uma desejada, mas nunca conseguida, perda de consciência. Um relatório médico documenta o caso de um paciente que tentou colocar um fim à dor nos olhos por meio de um projétil (ele sobreviveu, mas foi frustrado o esforço para interromper a dor).[11]

Apesar da violência dessa dor abissal, muitos pacientes de cefaleia em salvas não vão consultar um médico imediatamente após a primeira crise. Larry Schor, professor emérito de psicologia na Universidade da Geórgia Ocidental e psicoterapeuta que sofre de cefaleia em salvas desde 1983, relata às pessoas nas reuniões do Clusterbusters que, no início, ele considerou a experiência estranha demais para explicar aos outros. "A dor era tão indescritivelmente intensa que eu tive medo de que, ao falar sobre ela, acabasse nutrindo-a com mais vida. Havia esse nível de quase alucinação ou delírio que me fazia acreditar que, contando alguma coisa a alguém, a dor se tornaria mais real. E, quem sabe, ela fosse embora se eu fingisse que não existia. Era como se houvesse um alienígena na minha cabeça."

Após anos orientando pessoas que sofrem de cefaleia em salvas, Schor chegou à conclusão de que essas pessoas *queriam viver*, mas que a dor podia ser insuportável demais.[12] "Ela é tão incrivelmente forte que... muitos de nós acham que eu seria afetado de maneira negativa. Quero apenas exterminá-la."

Todavia, por que as pessoas acometidas por essa forma de dor têm tanta dificuldade para conseguir ajuda? Não dá para se conceber como uma doença tão intensamente terrível como a cefaleia em salvas pode ser negligenciada na medicina. Eu esperava que houvesse pelo menos algum interesse – senão urgência – por parte daqueles que se importam com o sofrimento. Não demorou muito para eu entender o que estava acontecendo.

Literalmente: minha investigação não precisou de muito tempo. Simplesmente, é escassa a pesquisa médica sobre o tema.

Datam do século XVIII as primeiras descrições feitas pelos médicos sobre um conjunto de sintomas semelhantes aos da cefaleia em salvas. Contudo, a medicina só começou a reconhecer o diagnóstico em 1939, quando o Dr. Bayard T. Horton, da Clínica Mayo, relatou a descoberta de uma nova síndrome insuportável, caracterizada por uma intensa dor em um dos lados da cabeça. A crise era disparada pela histamina, o que o levou a acreditar que a causa poderia ser alérgica. O tratamento pareceu draconiano: ele administrava pequenas doses subcutâneas de histamina e ia aumentando essa dosagem até que o paciente estivesse dessensibilizado, ou seja, até que elas não mais disparassem uma crise.[13]

(Desde então, descobri que esse tratamento ainda é adotado em um ambiente hospitalar. Bob Wold foi submetido a quatro ciclos de tratamento com histamina. Andrew Cleminshaw, paciente que sofre de uma forma crônica de cefaleia em salvas e é ex-membro da direção do Clusterbusters, passou por cinco ou seis ciclos. Ele classificou o processo como a "teoria segundo a qual, se fosse induzida uma dose suficiente de dores de cabeça, o corpo acabaria acostumado a elas".)

Os colegas de Horton saudaram sua descoberta da cefaleia em salvas e a classificaram como "um ponto de inflexão nos rumos da história médica"; porém, poucos deles seguiram as exortações do doutor no sentido de estudarem a doença. Três décadas depois da publicação do artigo original de Horton, apenas umas seis dezenas de artigos em língua inglesa sobre cefaleia em salvas tinham sido publicados nos periódicos médicos.[14] Horton foi autor de, pelo menos, alguns destes, incluindo o estudo que introduziu o oxigênio como tratamento para a doença.[15] Nem mesmo o Dr. Harold G. Wolff, conhecido como o "pai da moderna medicina da dor de cabeça", deu mais do que uma rápida passada de olhos pela "dor de cabeça de Horton".

Mas 1970 foi um ano excepcional para a pesquisa sobre cefaleia em salvas. Dez artigos foram publicados na literatura científica! Contudo, para desalento dos que sofrem da doença, o mais importante desses artigos criou um estereótipo completamente falso, mas extremamente persistente, dos pacientes com cefaleia em salvas.[16]

O Dr. John R. Graham, autor desse artigo clássico e fundador da primeira clínica para dor de cabeça em Boston, observou entre seus pacientes de cefaleia em salvas a preponderância de diversas características físicas e psicológicas bastante masculinas. Como a ampla maioria desses pacientes (ele estimava 90%) era formada por homens, o doutor levantou a hipótese de que poderia haver aí uma pista. O artigo propunha uma conexão biológica entre o sexo masculino e a doença.

Os pacientes do Dr. Graham tinham em comum o "visual" (cabelos cor de areia, olhos castanhos) e os traços "hipermasculinos": rosto "leonino", com muitas rugas, pele *peau d'orange* cheia de marcas, corpo mesomorfo e destreza atlética. Eles também compartilhavam alguns atributos de personalidade: bebiam "entusiasticamente", fumavam tabaco "sem inibição", tatuavam o corpo e assumiam riscos desnecessários no trabalho e nas atividades de lazer. O visual e o comportamento masculinizado das mulheres portadoras da doença confirmavam a regra. Uma mulher, por exemplo, tinha músculos fortes. Outra, uma personalidade determinada. Uma terceira contrariava as normas da feminilidade com sua pele *peau d'orange*.[17]

Leitores: não existe um visual masculino cheio de rugas e cicatrizes que seja um sinal distintivo de pessoas com essa doença. Tampouco há qualquer regra que vede a existência de mulheres determinadas ou musculosas, ou ainda (suspire) com pele ruim. Um experimento realizado nos anos 1990 analisou se especialistas em dor de cabeça seriam capazes de diagnosticar cefaleia em salvas a partir de fotografias dos pacientes: eles não conseguiram. Talvez não seja surpreendente, portanto, que pesquisa recente sugira que os homens são apenas pouca coisa mais propensos do que as mulheres a sofrer da doença.[18]

Hoje, mais do que nunca, as mulheres podem ter mais facilidade para obter um diagnóstico; porém, a exemplo de Ainslie Course, elas ainda são vítimas de um mito que parece saído das páginas de um livro de frenologia do século XIX.

O que deu errado?

A dor tem um longo histórico, mas alguns momentos importantes na medicina poderiam ter sido melhores. Para início de conversa, a medicina tem enfrentado muitos desafios para dar conta de fenômenos que tornam indistintas as fronteiras entre mente e corpo. Assim, persiste a ideia de que a dor pode agir da maneira proposta certa vez pelo filósofo René Descartes, do século XVII: como uma espécie de processo mecânico, semelhante a uma corda que conecta nossas terminações nervosas a nosso cérebro. Quando você machuca um dedo do pé, um cordão é tracionado, um alarme toca em seu cérebro e uma aguda sensação é registrada.

Foi durante esse período que o setor médico começou a dar prioridade às evidências físicas e aos dados empíricos em lugar dos relatos subjetivos de sintomas dos pacientes. Michel Foucault, o renomado filósofo francês, destaca essa era como um momento decisivo na história da medicina. De acordo com Foucault, foi esse o momento em que as práticas clínicas modernas passaram a enfatizar a observação, a investigação e a classificação das doenças com base em sinais visíveis em vez do testemunho dos pacientes.

Em outras palavras, os médicos deixaram de se preocupar com aquilo que os pacientes diziam, para concentrar sua atenção na busca de sinais observáveis de lesões no corpo – e que, em última análise, tornariam a vida mais difícil para as pessoas acometidas por dores.[19]

Isso não quer dizer que a dor tenha sido alguma vez uma especialidade consagrada na medicina. A enxaqueca ganhou impulso em meados do século XX, depois que Harold G. Wolff apresentou evidências experimentais comprovando que a dor da enxaqueca era "causada" por um mecanismo biológico. (A revista *Life* destacou esse experimento em uma capa[20]). No entanto, Wolff acreditava que a enxaqueca era causada pela mente. Todos os pacientes de enxaqueca que ele atendia tinham em comum os mesmos traços de personalidade: ambiciosos, bem-sucedidos, perfeccionistas e eficientes. Entretanto, esses eram apenas os homens acometidos pela doença. Segundo ele, suas pacientes do sexo feminino manifestavam sua personalidade tipo A via repressão sexual.

O "perfil psicológico da enxaqueca", defendido por Wolff, se encaixou como uma luva, dando legitimidade científica para ideias obsoletas sobre mulheres reprimidas. Assim, não causou surpresa o fato de seu aluno exemplar, Graham, ter procurado um conjunto semelhante de traços de personalidade em seus pacientes de cefaleia em salvas. Contudo, por que essa ideia subsistiu por tanto tempo? Nos anos 1990, Course e a maioria de seus médicos teriam olhado com desconfiança para o sexismo escancarado na velha literatura de pesquisa sobre dor de cabeça. Todavia, as pessoas ainda não estavam preparadas para ouvir falar da masculinidade apresentada como uma doença. Imagino que parecia plausível.

Os pacientes que sofrem de dor de cabeça são objetos de profunda estigmatização por parte da medicina. Muito embora injustamente, esses pacientes têm a reputação de serem "chorões", "difíceis", "ansiosos" e "depressivos". E, aparentemente, não são o tipo de pessoa que os médicos gostam de tratar. De acordo com a observação que um especialista em dor de cabeça me fez, "Os neurologistas que tratam de dores de cabeça são uma espécie de... casta mais inferior. O ato de se assumir interessado em dores de cabeças faz de você um provável alvo de estigmatização [entre neurologistas]. Você precisa ter consciência disso".[21]

A cefaleia em salvas pode afetar mais homens do que mulheres, mas ainda está sob a égide da medicina da dor de cabeça – um campo pequeno e subfinanciado. A enxaqueca, uma doença associada a mulheres, é o peixe grande que devora os parcos recursos e a pouca atenção que a especialidade recebe.

A medicina da dor de cabeça atrai um número insignificante de médicos. Os Estados Unidos contam com apenas cerca de seiscentos profissionais portadores da devida certificação médica, que são especialistas em dor de cabeça. Além disso, tanto estudantes como residentes de medicina aprendem muito pouco durante seus anos de formação sobre tratamento para dor de cabeça. Talvez isso explique por que os pacientes demoram cinco anos em média para receber um diagnóstico correto de cefaleia em salvas. Alguns esperam mais de dez anos. Também é árdua a busca por um médico que entenda como tratar a cefaleia em salvas.[22]

Uma estimativa aproximada indica que um paciente comum de cefaleia em salvas sofrerá 168 crises não medicadas por ano enquanto espera pelo diagnóstico correto e o tratamento efetivo. Isso significa que, enquanto um paciente comum consulta em média dois a cinco clínicos e recebe uma média de 3,9 diagnósticos incorretos, o sistema de saúde espera que ele sobreviva a 840 crises – cada uma delas, como sabemos, responsável por uma dor pior do que a dor de um parto sem sedação, de um ferimento a bala ou de pedras nos rins.

Um dos homens mais amáveis que conheci no Clusterbusters viveu com dor durante 45 anos antes de ficar sabendo que suas assim chamadas crises de enxaqueca eram, na verdade, crises de cefaleia em salvas. Eu nunca consegui entender como uma pessoa com o semblante tão sereno de Mr. Rogers poderia ter passado quase meio século indo dormir consciente de que acordaria noventa minutos depois e ficaria uma hora gritando, para, num momento seguinte, repetir o mesmo roteiro uma vez mais antes do início do dia de trabalho. Quem sabe, o otimismo garantisse certa proteção contra o que, na minha estimativa, foram 32.850 crises sem medicação.

Nesse meio-tempo, as pessoas são, invariavelmente, submetidas a uma série de intervenções invasivas, dolorosas e, em última análise, inúteis: exames cerebrais, cirurgia de sinusite, extrações dentárias, ablações de nervos e um vasto leque de terapias alternativas. O custo – não apenas em termos das ausências no trabalho como também da busca por cuidados – é astronômico.[23]

Existem tratamentos efetivos contra a cefaleia em salvas, mas o caminho que conduz ao alívio não é simples. Os provedores adotam uma metodologia do tipo "tentativa e erro" que, por sua vez, é "baseada em um número muito pequeno e exíguo de estudos que não satisfazem aos padrões modernos".[24] Em razão disso, os médicos sempre dependem de sua experiência clínica coletiva em lugar de dados robustos obtidos por ensaios clínicos, quando tratam de seus pacientes de cefaleia em salvas. Nesse cenário, os pacientes acabam se sentindo como cobaias. Conhecendo um pouco sobre as opções de tratamento para eles disponíveis, fica mais fácil compreender por que esses pacientes em particular podem ter desejado experimentar os psicodélicos muito antes de estes voltarem a aparecer no espaço público.

Os tratamentos se apresentam em três formas: medicamentos abortivos ou "agudos", os quais interrompem uma crise em andamento; medicamentos "ponte" ou transitórios, que suprimem temporariamente as crises; e medicamentos preventivos, que impedem o início de uma crise. Diretrizes de especialistas recomendam dois tratamentos agudos de "primeira linha": sumatriptano (administrado na forma injetável) e oxigênio de alto fluxo.[25]

De acordo com a experiência adquirida por Course, o sumatriptano tem fácil administração e, para muitas pessoas, consegue promover um alívio miraculoso. Contudo, se tomado com excessiva frequência, ele pode, paradoxalmente, aumentar as crises. O temido "ciclo da morte do Imitrex" é real demais.

O oxigênio de alto fluxo, por outro lado, pode ser usado para interromper tantas crises quanto necessário. Ele também apresenta um perfil de efeitos colaterais mais seguro do que a maioria dos outros medicamentos; contudo, os tanques são de difícil transporte. (A carga por avião pode ser especialmente devastadora). O acesso a essa forma de tratamento tem sido um problema permanente na comunidade. Ele não tem a aprovação do FDA, o que dificulta o reembolso dos seguros de saúde. Além do mais, os médicos não têm por norma a prescrição dessa opção e, mesmo quando o fazem, não orientam os pacientes quanto à maneira correta de realizar o tratamento.

Os medicamentos "ponte" ou transitórios oferecem um alívio decisivo para os brutais ciclos da cefaleia em salvas. Com frequência, é adotado um breve tratamento com esteroides ou outra estratégia, na esperança de uma supressão suficientemente longa das crises, que garanta condições para que as medicações preventivas surtam efeito ou que o ciclo natural se esgote.

Os portadores de cefaleia em salvas (Clusterheads) guardam uma relação de amor e ódio com os esteroides. Esses medicamentos apresentam uma ação muito rápida, mas o alívio tem tipicamente vida curta; as crises costumam reaparecer uma vez esgotada a ação do remédio. O uso prolongado de esteroides tem graves consequências: ganho de peso, diabetes, catarata, osteoporose e necrose vascular no quadril ou no ombro, uma enfermidade marcada por um colapso do tecido ósseo provocado pela insuficiência de fluxo sanguíneo. Obtém-se um alívio necessário, mas a um custo dramático.

Desse modo, os médicos vasculham suas maletas de remédios, em busca de qualquer coisa capaz de livrar as pessoas da experiência dessa dor extrema. Porém, o panorama geral é uma colcha de retalhos formada por tratamentos que parecem muito mais experimentais do que se poderia esperar.

As opções preventivas são limitadas. Por enquanto, digo apenas que o verapamil, uma droga aprovada pelo FDA para hipertensão, é considerado um tratamento preventivo de primeira linha contra a cefaleia em salvas, a despeito das evidências conflitantes quanto à sua eficácia. Os Clusterheads sempre temem a possibilidade de haver riscos associados com as altas doses a eles prescritas. A constipação é um conhecido efeito colateral do verapamil. Uma pessoa declarou: “Fui obrigada a ir ao hospital depois de duas semanas sem ir ao banheiro. Fazer cocô me custou US$ 1.800”. Um homem me relatou que não conseguiu “lembrar [sua] dose [de verapamil], mas ela era quatro ou cinco vezes a que normalmente se tomaria”. Disse-me também que, em uma reunião dos clusters, ele mencionou seu marca-passo e “cerca de cinco rapazes vieram e contaram sobre os problemas cardíacos que tiveram por causa do verapamil”.

O que acontece quando o tratamento não dá resultado?

Os etnógrafos usam o conceito de "saturação" como referência à experiência de saber que aprendemos tudo a respeito de um tema porque ouvimos a mesma história repetidamente. Mas, que nome adotamos quando a saturação não pode nunca ser atingida porque, ainda que na condição na qual as histórias falam da mesma má conduta na medicina, não tem fim o horror que elas revelam?

Um Clusterhead me falou sobre a ocasião em que seu médico, provavelmente frustrado pelo fato de nenhum dos tratamentos por ele prescritos estarem dando resultado, aconselhou-o, em suma, a se matar. "Bem", disse o médico, "você sabe que a única cura é um .357". O Clusterhead descreveu: "Eu refleti por um minuto; e então pensei, 'Jesus!'. Olhei para o médico e ele desviou o olhar. Daí eu disse, 'Você está propondo que a única maneira de eu encontrar alívio é estourando meus miolos?' E ele confirmou, 'É isso aí'. Então, questionei: 'Você não quer que eu volte aqui, não é mesmo?' E a resposta foi, 'Bem, você percebe que não está melhorando. Nós gostamos de ver as pessoas melhorarem'".

A história me deixou sem palavras – eu queria acreditar que não era verdade. Todavia, então, outro Clusterhead me contou que seu médico – em outra região completamente diferente do país – falara a ele em termos muito semelhantes. Como seria possível que os médicos, profissionais cujo juramento fundamental é se abster de causar danos, pudessem sugerir um processo de "tratamento" tão devastador para um paciente com elevado risco de se autoflagelar?

Pode ser desconcertantemente difícil o acesso à terapia que a maioria dos pacientes que eu conheci considerava a mais segura, mais efetiva e mais econômica do que tudo o que eles já haviam experimentado, além de poder ser usada com a frequência necessária sem qualquer risco de violação da lei, adição ou efeitos colaterais indesejados: a terapia de oxigênio.

Desde 1952, quando Horton propôs pela primeira vez o uso de oxigênio de alto fluxo como tratamento, os médicos sabem que essa forma de terapia consegue interromper crises de cefaleia em salvas. São muitos os desafios envolvidos. Para que o oxigênio opere adequadamente como meio abortivo do ciclo de uma doença, ele precisa ser inalado a uma elevada taxa de vazão (entre doze e quinze litros por minuto), usando uma máscara não reinalante que se ajusta perfeitamente ao redor da boca e do nariz, garantindo que 100% de toda a inspiração venha do tanque de oxigênio, excluindo, até mesmo, pequenas quantidades de ar proveniente do ambiente circundante.

No entanto, raramente os médicos prescrevem oxigênio de forma correta, quando prescrevem. Os Clusterheads vivem lamentando os desafios que enfrentam para obter esse oxigênio. Parece que muitas pessoas foram atendidas por médicos que não compreendiam a necessidade de o oxigênio ser administrado por meio de máscaras não reinalantes e, em vez delas, prescreviam uma cânula nasal. "É possível que recomendem a você Excedrin extraforte", relatou-me um paciente. "O meu, usei no meu tanque de peixes."

Em certa ocasião, ouvi um médico dando a seguinte sugestão para Clusterheads cujos médicos haviam prescrito uma cânula. "Você pega a cânula, divide-a em dois e coloca a primeira parte em volta do pescoço da pessoa que a prescreveu."

Há também médicos que se recusam a prescrever oxigênio por razões não muito claras. De acordo com seus pacientes, esses médicos têm preocupações quanto à segurança do oxigênio de alto fluxo, mas é difícil compreender o que exatamente justifica essa preocupação. Essa terapia é considerada uma das intervenções mais seguras, em especial diante do fato de que os pacientes que sofrem de cefaleia em salvas só utilizam o oxigênio por períodos curtos.

Os riscos associados ao uso de oxigênio de alto fluxo são facilmente mitigados por meio de pequenas intervenções. Por exemplo, é perigoso dormir com uma máscara não reinalante – há o perigo real de sufocamento caso o oxigênio do tanque se esgote, além do que, uma prolongada dose de oxigênio puro pode causar danos aos pulmões. Portanto, os Clusterheads compartilham entre si a advertência de usarem as mãos para segurar a máscara junto ao rosto em vez de prendê-la com as tiras. Desse modo, se caírem no sono, a máscara se soltará.

A terapia com oxigênio é um excelente exemplo do que a rede oferece a seus membros, dado que o restante do mundo simplesmente não tem acesso a ele. Os Clusterheads sabem que precisam do oxigênio, porque conhecem sua eficácia, mas aprenderam por um caminho árduo que o acesso a essa terapia é muito mais difícil do que deveria ser.

O website dos Clusterheads orienta seus membros sobre como obter uma prescrição de terapia de oxigênio de alto fluxo e, mais importante, sobre como usá-la com eficácia. Contudo, ao contrário dos grupos de ativistas tradicionais, os Clusterheads disponibilizam uma página de orientações que oferece uma variedade de sugestões não convencionais para obtenção do oxigênio. Segundo eles, os quartéis de bombeiros costumam ter técnicos de emergência médica que podem ser mais amistosos do que médicos e enfermeiros que trabalham nos centros de pronto atendimento. O website também traz o alerta de que existem pessoas que lançam mão de oxigênio próprio para soldagem quando não conseguem obter de seus médicos a prescrição do oxigênio de grau medicinal. As duas formas são idênticas; porém, o medicinal precisa ser armazenado em tanques esterilizados e certificados. Muitos estão dispostos a correr o risco de acidentalmente inalar um produto químico nocivo se a alternativa preferencial não estiver disponível.

Em relação a esse oxigênio industrial, os Clusterheads alertam enfaticamente (em negrito) "NÃO SE RECOMENDA o uso de qualquer outra coisa que não seja o oxigênio medicinal prescrito, e disponibilizado por um fornecedor certificado". Eles sabem que não devem indicar a ninguém o uso de algo tão perigoso. Mas também têm consciência de quão desesperados seus colegas Clusterheads estão. "Sim, essa é a isenção de responsabilidade."

Quando todo o restante não funciona, os Clusterheads ativam sua rede. Alguém em algum lugar terá um tanque de oxigênio para emprestar a uma pessoa em necessidade, mesmo que isso exija várias horas de estrada para chegar à salvação. Eles dedicam um bom tempo à atividade de se ensinar mutuamente truques para tornar a terapia de oxigênio mais eficaz: substitua o tubo curto que o fornecedor de oxigênio provê por algo mais longo que permita manter o fluxo regular. Tome de uma só vez uma bebida energética contendo cafeína e taurina, a fim de ampliar os efeitos benéficos. Empregue técnicas de respiração equivalentes à hiperventilação, para estimular uma ação ainda mais rápida do oxigênio. Cubra os orifícios da máscara não reinalante, para aumentar o fluxo de oxigênio ou, melhor ainda, invista em um regulador sob demanda.

A terapia de oxigênio, com seus mínimos efeitos colaterais e as comprovadas altas taxas de resultados positivos, aparece como um tratamento especialmente profícuo para aqueles que enfrentam torturantes surtos de ataques de cefaleia em salvas. Por que, então, é tão difícil o acesso à terapia de oxigênio? Por que, apesar das claras evidências e do ativismo apaixonado por parte daqueles que experimentaram seus benefícios, é tão complicada a obtenção do equipamento adequado e de instruções inequívocas sobre seu uso? Trata-se de apenas uma de tantas frustrações no mundo da medicina da dor, na qual as necessidades dos pacientes com muita frequência caem em ouvidos moucos.

Contudo, o ativismo dos pacientes está tornando o panorama mais animador. Muitas pessoas que sofrem de cefaleia em salvas vêm encontrando esperança em um novo tratamento revolucionário que deve muito à incansável batalha de Bob Wold em defesa da causa. Eli Lilly, a empresa farmacêutica responsável pelo Emgality (galcanezumabe) – um medicamento desenvolvido inicialmente para tratamento da enxaqueca – ampliou seu espectro para investigar a potencial aplicação da droga contra a cefaleia em salvas. Os resultados foram suficientemente promissores e a aprovação do FDA para seu uso em crises episódicas de cefaleia em salvas foi concedida em 4 de junho de 2019. O National Institute for Health and Care Excellence, do Reino Unido, e a União Europeia se recusaram a conceder a aprovação por falta de evidências.

A exemplo de todas as terapias, até mesmo um medicamento extraordinário tem suas limitações. O website do Clusterbusters adverte,

"O tratamento da cefaleia em salvas é largamente feito por meio de tentativas e erros". É comum que um medicamento que já operou maravilhas perca sua eficácia. Cumpre lembrarmos a natureza "tentativa e erro" do tratamento e mantermos a esperança de que uma dessas terapias apresente resultados positivos. E se os tratamentos convencionais fracassarem? O Clusterbusters e a comunidade que ele representa oferecem um amplo conjunto de terapias alternativas e truques criativos. Wold, sem dúvida, está sempre disposto a oferecer orientações claras sobre o protocolo dos psicodélicos. Outras estratégias, como tomar de uma só vez um café ou uma bebida energética contendo vitamina B_{12} e taurina ao primeiro sinal de uma crise, podem intensificar a eficácia de um tratamento abortivo regular. Além disso, um grande número de pessoas afirma categoricamente que a melhor medida preventiva é um regime de elevada dose de vitamina D fácil de ser seguido.

Bob Wold não tinha muita experiência com psicodélicos quando, no outono de 2002, Ainslie Course lhe enviou um e-mail pedindo ajuda. Algumas pessoas haviam encaminhado mensagens diretas a ele por intermédio do fórum de internet onde pacientes de cefaleia em salvas conversavam sobre o tratamento, mas ninguém havia tentado contato por e-mail antes – e de tão longe! A Escócia sempre estivera em sua lista de desejos.

Orientá-la, no entanto, era uma perspectiva assustadora. Wold, um empreiteiro da construção, desprovido de qualquer formação médica, usava cogumelos psicodélicos apenas para tratamento dos próprios surtos de cefaleia, havia um ano. Contudo, nada em seus 23 anos de experiência com a cefaleia em salvas jamais dera resultados tão positivos, ou tão rapidamente, e ele experimentara dezenas de terapias, incluindo mais de sessenta medicamentos que exigem receita médica, além de quatro internações hospitalares.

"Eu senti o profundo peso da responsabilidade [quando Ainslie] me contatou... Posso dizer, '[cogumelos] não ajudam todas as pessoas', e tudo o que quiser, mas no caso de alguém à beira do suicídio, a coisa mais importante que posso oferecer é esperança. Posso minimizar o quanto quiser, mas não posso dar uma resposta sem esperança".

A tarefa não era fácil então; e fica cada vez mais difícil. "Eu fico grato quando as pessoas me procuram e dizem que eu salvei a vida delas; mas isso apenas reforça a mesma responsabilidade quando outra pessoa chega até mim e, sem dizer qualquer palavra, está me pedindo para salvar sua vida."

É desgastante assumir para si a tarefa de remendar todo um sistema médico. Wold, agora com setenta anos, fica imaginando se, e quando, poderá se aposentar. Quem cuidaria de todos aqueles que escrevem e pedem ajuda? As pessoas o auxiliam – Ainslie Course é hoje uma de suas mais dedicadas voluntárias. Todavia, ele não consegue ignorar a preocupação com os que ainda necessitam de ajuda. Wold conhece muito bem o que é viver à beira do precipício. Ele agradece aos céus pelo estranho que conheceu no ambiente on-line e que lhe enviou cogumelos, no verão de 2001, em uma caixa de correio UPS Priority que trazia no endereço do remetente apenas a palavra "Atlanta".

Capítulo Três

O MICÉLIO SOCIAL

NOSSA CIVILIZAÇÃO CULTIVA ATITUDES AMBIVALENTES EM RELAÇÃO AOS FUNGOS. A própria palavra *fungo* evoca repulsa. Restos verdes e mofados. Pés prurientes e vestiários sujos. Bolor preto se espalhando atrás de paredes úmidas. Uma aversão profundamente arraigada alimenta um próspero setor de serviços de reparação, enquanto cogumelos silvestres – muito embora sejam há tempos a base das dietas humanas – são sempre encarados com reservas devido à toxidade e à letalidade de alguns. Os cogumelos cultivados parecem muito mais seguros, mas têm uma desvantagem: os agricultores que os cultivam correm o risco de desenvolver uma doença dos pulmões denominada pneumonite por hipersensibilidade, causada pelo excesso de exposição a uma grande quantidade de esporos.

Entretanto, os fungos também são fonte de prazer, alegria, alimento e cura. A medicina tradicional em todo o mundo tem se valido das propriedades terapêuticas do bolor e dos cogumelos, uma prática refletida na medicina "alopática" do Ocidente, a qual extrai desses mesmos elementos naturais muitos de seus fármacos mais potentes. A penicilina é derivada do bolor do pão; a lovastatina, um medicamento para colesterol, vem de um tipo de cogumelo conhecido como cogumelo-ostra; e a ciclosporina, um imunossupressor, provém de um fungo parasita. Atualmente, os cientistas estão realizando pesquisas baseadas em fungo, para encontrar um novo medicamento antiviral capaz de vencer a influenza, a varíola e a síndrome respiratória aguda grave (SARS).

E agora, o mundo do bem-estar, dotado de recursos financeiros abundantes, está aderindo ao "boom dos cogumelos". Há relatos que dão conta da existência de diversas espécies de cogumelo capazes de reforçar o sistema imunológico, aumentar as capacidades cognitivas, ajudar a saúde intestinal, reduzir os riscos de desenvolvimento de cânceres e diminuir os níveis de colesterol. Os consumidores interessados em suplementar sua dieta com cogumelos medicinais podem adquirir tinturas contendo extrato desses tipos de fungo ou, se preferirem, substituir o desjejum matinal por uma bebida saudável à base de cogumelos. Além disso, como se sabe, qualquer um de nós pode também consumir cogumelos como alimento.

É possível que os cogumelos contenham substância capaz de produzir efeito medicinal, mas essa é, dificilmente, o componente mais interessante ou importante do organismo dos fungos. Os cogumelos são apenas o fruto de uma estrutura fúngica muito maior, embora seja uma estrutura que nós, humanos, raramente vemos ou observamos. Esses frutos são importantes para a reprodução; eles produzem e espalham esporos – sementes essencialmente microscópicas. Em um ambiente adequado em termos de umidade, temperatura e nutrientes, alguns desses esporos germinam, dando origem a filamentos de células chamados *hifas*, os constituintes básicos dos fungos.

A verdadeira mágica acontece quando as hifas se unem e formam o *micélio* – filamentos finos e brancos que se ramificam como uma rede, absorvendo nutrientes de decomposição e, no processo, criam camadas de solo rico que nutre todo o ecossistema. Os finos filamentos de hifas podem ser pequenos demais para serem vistos; porém, uma vez interligados em esteiras miceliais, essas formas fúngicas constituem grande parte da matéria que sustenta a terra sob nossos pés. Um pequeno pedaço de pouco mais de 6 cm^2 de solo rico pode conter quantidade de micélio suficiente para cobrir uma extensão de mais de 12 quilômetros. E mais, mesmo sendo o micélio o elemento constituinte da maior parte das florestas do planeta, sua função seminal em nossos ecossistemas passou, até décadas recentes, despercebida no mundo da ciência.

Paul Stamets, talvez o mais conhecido patrono das redes fúngicas, defende que os fungos são as "espécies-chave" responsáveis pela sustentação dos ecossistemas, da flora e da fauna.[1] Os fungos não têm a capacidade de fazer fotossíntese como as plantas, o que se traduz na necessidade de consumir alimentos para obtenção de energia – um feito que eles conseguem, extraindo nutrientes de árvores, plantas e animais mortos. Esse processo gera um solo fértil, repleto dos nutrientes de que as plantas necessitam, como o nitrogênio e o fósforo. Atualmente, os cientistas estão procurando identificar uma forma de reproduzir a capacidade que os fungos têm de decompor moléculas orgânicas complexas, como produtos químicos tóxicos e plásticos, a fim de resolver os desafiadores problemas ambientais. Em um mundo ameaçado por mudanças climáticas provocadas pelos seres humanos, os fungos podem ser nossos redentores.[2]

Stamets defende a tese de que os micélios, com seus filamentos ramificados na forma de teia, exercem a função de rede neurológica da natureza. Essa comparação metafórica enfatiza o papel do micélio como elemento de comunicação que conecta os ecossistemas. Assim como a internet conecta comunidades, o micélio forma uma "Wood Wide Web" (rede florestal mundial) que confere às plantas – mesmo de espécies diferentes – a capacidade de compartilhar informações e recursos. Por exemplo, se uma árvore de bordo estiver deficiente de alguns nutrientes, o micélio poderá agir em conjunto com outras espécies a fim de transportar o sustento necessário. Do mesmo modo, quando uma árvore frutífera é atacada por formigas, uma rede de micélios pode alertar outras plantas na área e, simultaneamente, fornecer imunoterapia para a árvore afetada.

O conhecimento sobre essa rede subterrânea transformou minha maneira de entender o ambiente que me cerca. Minha casa fica em uma rua da cidade ladeada por carvalhos e bordos imponentes, intercalados com ginkgo odorífero e uma magnólia esplendorosa. Eu sempre enxerguei cada uma das árvores como uma estrutura individual, cada uma consagrando sua personalidade própria ao quarteirão. Contudo, hoje acredito que a vida real delas acontece embaixo da terra, onde todo um mundo subterrâneo de micélios e seus filamentos emaranhados trocam mensagens ao longo das rotas miceliais. Agora, eu fico imaginando, *Será que o carvalho na frente da minha casa está conversando com a roseira do jardim de trás? Estarão eles compartilhando nutrientes junto com fofocas amistosas? Estarão em conluio com as glicínias que sobem rastejando pela lateral da minha casa? Que segredos eles disseminam embaixo das calçadas e dos buracos da Filadélfia?*

Para olhos leigos, cada carvalho de meu quarteirão parece um ser frondoso que se desenvolveu a partir de uma bolota minúscula. Nós, humanos, com uma percepção limitada, podemos acreditar que um cogumelo nas raízes de um carvalho é um parasita que só está ali porque o carvalho provê aos fungos os nutrientes essenciais. Contudo, a maioria dos fungos oferece às árvores uma quantidade muito maior de alimento e água do que eles consomem. As redes fúngicas não são apenas necessárias para a sobrevivência dos carvalhos, mas sim, precondições essenciais para a existência deles.

A micologia diz muito mais à socióloga que eu sou do que à amante da natureza. O conceito de imaginação sociológica nos leva a entender o comportamento individual como sendo moldado e sustentado por influências estruturais e sociais muito mais amplas e quase sempre fora do alcance de nossa visão. No que têm de melhor, os fungos oferecem um modelo de vida simbiótica no qual todos se beneficiam. Ao incorporar uma imaginação sociológica, nós somos capazes de alcançar uma cosmovisão que reconhece a ação recíproca do comportamento individual e das forças sociais com as estruturais mais amplas que moldam nossa existência.

Essa lente da interconexão, refletida nas redes miceliais, destaca a importância do reconhecimento das forças sutis, muito poderosas, que moldam nossa vida. Tal perspectiva é relevante nos Estados Unidos, onde a crença predominante na meritocracia costuma eclipsar a influência das políticas governamentais na determinação do acesso a recursos tais como a assistência à saúde. Ao adotar esse raciocínio sociológico, conseguimos compreender mais claramente a complexa interação entre as ações individuais e as forças mais abrangentes que controlam nossa existência.

As pessoas, a exemplo das árvores, necessitam de uma ampla rede de suporte para sua sobrevivência.

A organização Clusterbusters disponibiliza esse tipo de suporte por meio da facilitação do acesso a treinamento, da criação de uma comunidade, do apoio de pares e da atuação em prol do interesse dos pacientes. Seus membros estão criando um conjunto paralelo de contribuições por meio da entidade MigraineBusters. Os dois websites disponibilizam informações sobre como *interromper a crise* (*to bust*) – termo empregado por eles em referência ao uso de psicodélicos para tratamento das síndromes de dor de cabeça.

De acordo com pesquisa do Clusterbusters, a enxaqueca e a cefaleia em salvas podem ser tratadas com psicodélicos clássicos, uma categoria que inclui a psilocibina (o composto psicoativo dos cogumelos mágicos), a amida de ácido lisérgico (LSA), que pode ser obtida a partir de sementes de glória-da-manhã (ipomeia) e a dietilamida de ácido lisérgico (LSD).[3] Todas essas substâncias têm uma estrutura química chamada *anel indol*, cuja forma é semelhante a um neurotransmissor de nome serotonina (5-hidroxitriptamina, ou 5-HT).

A serotonina atua sobre algumas das funções mais importantes do nosso corpo, entre elas o sono, a memória e o aprendizado, o humor e as emoções, o comportamento sexual, a fome e as percepções. Muitos dos medicamentos mais frequentemente prescritos contra depressão e dores de cabeça têm como alvo os receptores de serotonina, cada um deles responsável pela regulação de respostas fisiológicas distintas, desde as funções gastrointestinais até os complexos processos cognitivos.

Os psicodélicos clássicos produzem seus característicos estados de consciência alterada, porque guardam uma forte afinidade com o receptor de serotonina 2A (5-HT2A). Essa interação é a chave de seus potenciais efeitos terapêuticos no tratamento de doenças como a enxaqueca e a cefaleia em salvas, bem como de suas propriedades psicoativas mais largamente reconhecidas. Em doses suficientemente elevadas, essas substâncias desencadeiam uma sucessão de sinais químicos e elétricos que produzem alucinações e mudanças de percepção; contudo, doses abaixo do limiar da percepção (algumas vezes denominadas "microdoses") podem também afetar a maneira como esse receptor age.

O Clusterbusters oferece treinamento e suporte de pares para diversas substâncias psicodélicas clássicas. Entretanto, a maior parte das informações apresentadas no website diz respeito especificamente aos cogumelos psilocibinos, já que é possível (embora quase sempre proibido) forragear ou cultivar fungos psicoativos. Ainda assim, restam muitas opções para os Busters, dado que existem mais de 180 espécies do gênero *Psilocybe* de cogumelos.

Os forrageadores recorrem a qualquer cogumelo contendo psilocibina que cresça perto de onde estão. No Reino Unido, é a *Psilocybe semilanceata* (*Liberty Caps*), um feio e minúsculo cogumelo marrom que pode não atrair muita atenção, exceto por sua capacidade de induzir estados psicodélicos. Os forrageadores na região noroeste do Pacífico contam com mais opções, incluindo o potente *Psilocybe azurescens*. Entretanto, a ação de forragear exige confiança na própria capacidade de distinguir as espécies corretas de outras semelhantes, mas tóxicas.

A maioria das pessoas recorre ao *Psilocybe cubensis*, um fungo de fácil cultivo, cujo conteúdo de psilocibina é confiável. Mesmo que o uso fique limitado ao *Psilocybe cubensis*, é possível que se faça confusão, dado que ele existe em uma ampla gama de cepas. A aparente diferença entre um "Golden Teacher" e um "Penis Envy" pode facilmente levar à errônea conclusão de que eles pertencem a espécies diferentes. Pode-se fazer um paralelo com os tomates: enquanto os da variedade Brandywine são grandes e têm sabor intenso, o tomate cereja, por outro lado, é pequeno e doce.

O cultivo normalmente começa pela introdução dos esporos – comprados via on-line – em recipientes de conserva contendo um substrato estéril e úmido, para depois deixá-los em incubação em um ambiente quente e escuro durante várias semanas. Os recipientes nos quais a incubação é bem-sucedida logo aparecem repletos de micélio – a estrutura radicular dos cogumelos. Nesse ponto, o conteúdo deles é transferido para uma "câmara de frutificação". Sob condições adequadas, o micélio logo dá origem a cogumelos. Instruções sobre o cultivo de cogumelos psicodélicos são facilmente encontradas no ambiente da internet, e o material necessário pode ser adquirido em qualquer lugar. O substrato pode ser produzido a partir de arroz integral e vermiculita; um contêiner grande, feito de borracha, pode servir de base para a criação de uma câmara de frutificação; um frasco de *spray* simples serve de fonte de umidade; e a temperatura da instalação completa pode ser mantida por meio de um aquecedor de aquário de baixo custo, encontrado à venda em qualquer loja de animais de estimação.

Aqueles que valorizam a conveniência ou, como eu, não confiam na própria capacidade para criar um ambiente estéril em qualquer parte de sua casa podem se sentir aliviados ao saber que é possível comprar via on-line kits de cultivo pré-estruturados e esterilizados.

O website do Clusterbusters disponibiliza orientações sobre como interromper efetivamente uma crise e, ao mesmo tempo, minimizar os riscos de malefícios. De acordo com as orientações do website, a interrupção de uma crise (*busting*) é um instrumento multifuncional. Ele consegue interromper um ciclo de cefaleia em salvas, bem como prevenir a ocorrência de um ciclo e/ou abortar uma única crise.

Muitos indivíduos encontram alívio por meio de um regime de três "doses baixas" de psicodélicos administradas com intervalo de cinco dias. Diferentemente de uma microdose, que é um psicotomimético leve e não deve causar efeitos perceptíveis, uma dose baixa induz um nível moderado de euforia. Bob Wold compara essa sensação ao estado relaxado do "barato gerado por duas cervejas". "Conte com um céu azul, muito azul. Sua música favorita parecerá melhor do que nunca, [e espere um] sorriso no seu rosto por 4 a 5 horas."[4]

O website adverte que a potência dos cogumelos pode variar. Algumas pessoas são mais sensíveis aos efeitos e outras, menos; portanto, o Clusterbusters recomenda que se inicie com uma dose baixa de um quarto de grama, dose esta que não costuma causar efeitos perceptivos e ajuda no ajuste gradual da dosagem da substância. Em sua experiência, muitas pessoas se sentem melhor com uma dose de um a dois gramas, capaz de gerar sensações de mais euforia e um sentimento de conexão com algo maior, tornando indistinta a percepção de si mesmo e causando sentimentos de unidade com o universo. À medida que a dose é aumentada, as alucinações podem incluir alterações na percepção das cores e formas ou também experiências sinestésicas do tipo "escutar" as cores e "enxergar" os sons. O eu pode se dissolver completamente. A experiência pode ser acolhedora e estimulante para algumas pessoas e avassaladora para outras.

Os psicodélicos clássicos não são considerados viciantes e apresentam pouco risco de toxicidade para o corpo. Eles podem, no entanto, levar algumas pessoas a experimentarem sofrimento físico durante o período sob ação da substância. O LSD e a psilocibina podem causar elevação da pressão sanguínea, da frequência cardíaca e da temperatura corporal, bem como dilatação das pupilas. Além disso, a psilocibina pode provocar náuseas e vômito.[5]

Os riscos psicológicos são mais preocupantes. Medo, ansiedade, tristeza, confusão e, até mesmo, sentimentos de insanidade e isolamento, ou paranoia são sintomas capazes de provocar uma experiência "complicada". (O termo *bad trip* está fora de moda). Uma viagem tem também condições de causar uma reação dissociativa, um sentimento de que nada é real. Enquanto muitas pessoas tiram proveito de uma experiência desafiadora, ou fazem descobertas a partir dela – Wold acredita que a medicina psicodélica pode curar o trauma que é viver com cefaleia em salvas –, é possível que, vez ou outra, a solução para os problemas demore um longo tempo.

A preparação é uma providência valiosa, capaz de minimizar os riscos. Os psicodélicos amplificam a atividade mental da pessoa; portanto, a interrupção da crise logo após uma terrível perda de controle ou durante o período de tristeza pode ser especialmente difícil. Experiências psicodélicas podem, algumas vezes, causar consequências de longo prazo. Existe um pequeno risco dos chamados *flashbacks*, cuja denominação formal é *transtorno perceptivo persistente por alucinógeno*, que ocorre quando os distúrbios perceptivos subsistem bem depois do fim da experiência. Algumas pessoas não se importam com isso, mas outras o consideram perturbador. Uma pesquisa on-line destinada a entender as experiências desafiadoras que as pessoas tiveram com psicodélico constatou que 24% delas tiveram sintomas psicológicos negativos – como medo, ansiedade ou depressão – durante uma semana ou mais depois de ter consumido sua dose, enquanto para 10% esses sintomas persistiram por mais de um ano. Curiosamente, o grau de dificuldade sentido foi proporcional à relevância da experiência psicodélica no nível pessoal. Um contexto que promova uma sensação de segurança é um pré-requisito. Não é recomendado que alguém tome o medicamento estando sozinho. De longe, é muito melhor estar na companhia de uma pessoa de confiança e, preferivelmente, sóbria. Os psicodélicos amplificam a atividade mental; desse modo, a interrupção da crise logo após uma terrível perda de controle ou durante o período de tristeza pode ser especialmente difícil.

Houve relatos que deram conta da ocorrência de violência sexual em ensaios clínicos destinados a testar terapias com psicodélicos, bem como nos subterrâneos dos psicodélicos. Sem dúvida, o mercado ilegítimo de drogas aumenta o risco. A garantia da segurança e da qualidade das substâncias é dificultada pela falta de regulamentação, e o fato de as pessoas serem estimuladas à prática clandestina dessas atividades desencoraja a busca pela ajuda de que elas necessitam.

O Clusterbusters oferece treinamento e suporte dos pares com o propósito de reduzir os riscos de danos, mas não consegue eliminá-los. Independentemente do que aconteça, os membros dessa organização exortam as pessoas a serem pacientes. Eles são apenas um pequeno grupo de indivíduos que tentam remendar um sistema falido.

A metáfora do micélio social proporciona um importante contraponto para a noção romantizada de progresso científico: a ideia de um gênio solitário, postado sobre os ombros de gigantes, com os braços cada vez mais estendidos na direção do Sol, como uma árvore, o tempo todo fazendo uso de uma rede entranhada de raízes que extraem conhecimento da terra. É uma narrativa poderosa – mas tem seu custo.

O enaltecimento do gênio que opera o laboratório invisibiliza a natureza colaborativa da ciência, bem como a histórica contribuição de um sem-número de cientistas que ofereceram seu quinhão para nosso conhecimento coletivo. Algumas vezes, isso se traduz no descaso pela contribuição de um colega iniciante, de um pesquisador assistente, um aluno de pós-graduação ou de um parceiro. Quase sempre isso significa que mulheres, pessoas de cor e outros grupos marginalizados são privados do reconhecimento de seu papel na realização de importantes descobertas.

As redes miceliais também traduzem a forma como a ciência é feita. Imagine a ciência não como uma torre de marfim a partir da qual o conhecimento é difundido, mas sim como uma rede micelial entrelaçada. Nessa rede, cada filamento – cada hifa – representa um campo científico diferente ou, até mesmo, um indivíduo pertencente a esse campo. A exemplo de uma rede micelial, na qual nutrientes e informações são constantemente trocados, a ciência também envolve um intercâmbio dinâmico de ideias dentro de uma vasta rede.

A metáfora da torre de marfim propõe que a sabedoria emerge de uma fonte singular e onisciente; no entanto, a realidade da ciência é muito mais comunitária e interconectada. Trata-se de um sistema em permanente crescimento e investigação, no qual cada participante – desde cientistas credenciados com mestrados e doutorados, até pessoas comuns em desesperada necessidade de alívio – contribui com sua experiência e seus conhecimentos, ajudando a rede toda a prosperar, adaptar-se e expandir nossa perspectiva coletiva.

* * *

De maneira muito semelhante aos estudos com cogumelos, a moderna pesquisa sobre psicodélicos opera dentro de um complexo ecossistema.

Muitos de nós conhecemos o "mundo convencional" – isto é, as pesquisas com substâncias psicodélicas e o ativismo em favor delas, que ocorrem legalmente dentro de instituições muito respeitadas e sujeitas a regulamentações bem estabelecidas, como universidades, empresas farmacêuticas, organizações filantrópicas e entidades sem fins lucrativos. Porém, a verdade é que o mundo convencional dos psicodélicos é formado por um grupo menos numeroso, sobretudo porque os regulamentos governamentais impõem uma extraordinária dificuldade para a prática desse tipo de ciência. Consequentemente, o trabalho do mundo convencional depende de uma extensa rede que opera nos subterrâneos da clandestinidade.

Fazem parte do "mundo subterrâneo" todos os colaboradores da pesquisa psicodélica que não possuem autoridade legal e institucional para realizar tal trabalho. (Algumas pessoas sustentam que a expressão *subterrâneo psicodélico* diz respeito a uma subcultura particular de psiconautas interessados na investigação da consciência. Este livro adota uma definição mais ampla e inclusiva que abarca as comunidades indígenas habituadas há tempos ao uso dessas substâncias, bem como químicos clandestinos cujos laboratórios desenvolvem pesquisas com substâncias químicas capazes de alterar a consciência, curandeiros tradicionais com treinamento de xamãs, psicólogos e psiquiatras que oferecem orientações "integradas", executivos técnicos do Vale do Silício que consomem microdoses a fim de aumentar sua produtividade, sujeitos criativos que procuram uma mudança de perspectiva, casais em busca da intimidade proporcionada por uma sessão de MDMA, pais desesperados para tirar umas férias de seus filhos e, como não poderia faltar, um grupo cada vez maior de pessoas doentes, deprimidas e ansiosas que buscam incansavelmente uma forma mais eficaz para tratar sua saúde).

A exemplo de qualquer cultura vibrante, o mundo subterrâneo tem suas superestrelas e seus *bon-vivants*, além do que, é repleto de dramas e significados subjacentes que, por vezes, consomem parte expressiva de seu oxigênio. Observa-se também uma devoção quase religiosa por líderes que oferecem uma experiência sacramental supostamente capaz de proporcionar uma conexão divina. Todavia, o mundo subterrâneo não fetichiza as credenciais e a autoridade da mesma forma que as instituições do mundo convencional. Ao contrário, ele respalda um vasto espectro de competências, desde cientistas e médicos detentores de múltiplos graus acadêmicos avançados e anos de experiência clínica e laboratorial até aqueles sem qualquer tipo de educação formal, que contribuem com dados vitais e produzem conhecimento valioso sobre experiências psicodélicas.

No entanto, os pesquisadores do subterrâneo suportam o ônus de fazer seu trabalho sem o mesmo respaldo institucional – e, tampouco a proteção – de que seus pares do mundo convencional desfrutam. A despeito disso, as pesquisas clandestinas desenvolveram com o passar do tempo sofisticadas maneiras de criar e difundir seus estudos. A princípio, os materiais impressos e o boca a boca foram as principais formas de comunicação do conhecimento gerado pelo mundo subterrâneo. Nos anos 1970 e 1980, as livrarias que comercializavam livros e revistas, como *The Anarchist Cookbook* (O livro de receitas do anarquista) e *High Times* (*Momentos de êxtase*), foram espaços importantes para difusão do conhecimento psicodélico.

Durante os anos 1990, a internet passou a ser uma poderosa plataforma mundial para criação e compartilhamento de informações sobre substâncias psicoativas. Entre as fontes pioneiras de tal conhecimento destacam-se grupos de Usenet frequentados por simpatizantes das drogas. Em 1995, um casal de estadunidenses conhecidos pelos nomes Earth e Fire criaram um website chamado Erowid, no qual postavam informações sobre drogas psicoativas, incluindo histórias, dosagem, situação legal e segurança, bem como "relatos de experiências" escritos por pessoas que haviam consumido essas drogas. Um processo de triagem ajuda a garantir que as informações sejam "objetivas, acuradas e isentas de preconceito".[7] No novo milênio, os "relatos de viagens" sob curadoria do Erowid se converteram em recurso fundamental para os interessados em compreender os efeitos, os riscos e as vantagens de diferentes substâncias, sejam esses interessados "entusiastas das drogas" na busca de uma nova forma de explorar sua consciência ou médicos que nutrem a esperança de ampliar seu conhecimento quanto à maneira como essas drogas afetam seus pacientes.

O Erowid, contudo, era apenas um entre muitos websites que disponibilizam informações a respeito de drogas psicoativas.[8] Fóruns on-line, como o Shroomery e o Mycotopia, ofereciam orientações detalhadas sobre cultivo, identificação e uso de cogumelos psicodélicos. As minuciosas instruções do Shroomery acerca do cultivo de cogumelos, ao lado de sua vibrante comunidade, contribuíram para o desenvolvimento da rede clandestina, proporcionando, ao mesmo tempo, uma forma nova e essencial de disseminação das redes miceliais de cogumelos. Com o tempo, foram criados fóruns como o Clusterbusters. A comunidade na qual o micélio conseguiu ampla penetração, bem como também o mundo convencional, logo seria largamente beneficiada pelo crescente alcance da World Wide Web.

Não causa surpresa o fato de a proibição das drogas ter fomentado o crescimento das redes clandestinas. O povo indígena das Américas preservou seu costume de usar substâncias psicodélicas nos ritos sacramentais, ainda que secretamente, apesar da proibição espanhola dessas substâncias. Bares clandestinos e bebidas alcoólicas ilegais controlados pela máfia mantiveram os estadunidenses saciados durante o breve flerte do país com a proibição do álcool. A criminalização da maconha, da heroína e da cocaína gerou uma lucrativa economia clandestina.

Antes dos anos 1960, o uso de psicodélicos não era comum na cultura ocidental, sendo a experimentação largamente limitada a cientistas, médicos e alguns poucos intelectuais notáveis. Essas substâncias só vieram a ganhar popularidade nos Estados Unidos e na Europa depois do surgimento de influentes ativistas e figuras do mundo da cultura. Pioneiros como Allen Ginsberg, Ken Kesey e os antigos professores de Harvard, Timothy Leary e Ram Dass (nascido Richard Alpert), tiveram um importante papel na popularização do LSD dentro da comunidade jovem. Figuras-chave como os químicos clandestinos Augustus Owsley Stanley e Melissa Cargill forneceram ácido de qualidade aos membros da subcultura Deadheads, enquanto Nick Sand e Tim Scully produziram a famosa versão "Orange Sunshine" do LSD, distribuída pelo grupo conhecido como Brotherhood of Eternal Love. A ampla contribuição de Alexander "Sasha" Shulgin ao universo das drogas ajudou a alargar o alcance e a aceitação dessas substâncias.

As redes psicodélicas subterrâneas inspiradas e, algumas vezes, encabeçadas por essas figuras icônicas deram origem a "espaços seguros" nos quais a investigação, o desenvolvimento e a promoção de psicodélicos teve condições de prosseguir, a despeito das restrições legais e do estigma cultural. Essas redes, à semelhança do resiliente micélio do mundo natural, conseguiam desacelerar ou entrar em estado de dormência quando confrontadas com condições desfavoráveis, preservando assim sua estrutura e seu potencial para crescimento futuro. Na opinião da socióloga Verta Taylor, os movimentos sociais conseguem sobreviver aos desafios e, até mesmo, à opressão dos ambientes políticos, quando são capazes de encontrar um espaço seguro – uma "estrutura de latência" – no qual têm condições de se reagrupar enquanto esperam por um contexto solidário.[9] No caso do movimento psicodélico, essa capacidade semelhante à dos micélios para resistir e se adaptar permitiu que os ideais e as práticas subsistissem e estivessem prontos para voltar a florescer quando a aceitação da sociedade e os cenários jurídicos mudassem.

Embora, com frequência, nós vejamos essas redes psicodélicas como uma contracultura isolada e unificada, elas são, na verdade, constituídas por diversos segmentos, cada um dos quais norteado por diferentes interesses, filosofias e práticas. Para os buscadores espirituais, o LSD era uma forma de sacramento para comunhão com o sagrado. Para os tecnólogos, essa droga era um expansor cognitivo, capaz de estimular a inovação. Os artistas procuravam no LSD uma forma de despertar a criatividade, enquanto os fãs da banda Grateful Dead utilizavam-no para aprofundar seu deleite musical. Até mesmo na utópica comunidade do Tennessee chamada "The Farm", as parteiras administravam LSD para auxiliar as mulheres em trabalho de parto.

Nem todos os segmentos miceliais prosperaram e se converteram em uma rede duradoura; além do que, alguns, como o famoso culto de Charles Manson, causaram danos permanentes à reputação das drogas psicodélicas. Ainda assim, esses esforços coletivos não apenas preservaram o conhecimento e as técnicas do uso de psicodélicos em uma época de proibição generalizada, como também estabeleceram os alicerces para o ressurgimento do interesse e da aceitação nos tempos modernos.

Um local desempenhou um papel fundamental na blindagem do movimento psicodélico durante os dias inflamados da Guerra às Drogas – um lugar tão verdejante que as pessoas que se reuniam nesse santuário recém-descoberto podiam, vez ou outra, perder de vista o fato de que seu movimento estava em compasso de espera, adormecido, sem ser notado.

Fundado em 1962, o Esalen Institute, em Big Sur, Califórnia, um autêntico Éden empoleirado sobre um penhasco com vista para o Pacífico, é um deslumbrante refúgio do movimento cultural e espiritual Nova Era, cujo objetivo é o cultivo do potencial humano. A inspiração dos cofundadores do local, Richard "Dick" Price e Michael Murphy, veio de um de seus mais primevos visitantes, o escritor britânico Aldous Huxley. A forma de exploração da consciência defendida pelo escritor – potencializada por substâncias psicodélicas – encontrou eco no florescente interesse da contracultura por experiências transcendentes. Ela serviu de modelo para o instituto de Price e Murphy, levando-os a adotar uma abordagem multifacetada do crescimento pessoal, baseada na introspecção e na exploração de estados alterados de consciência como caminhos para o autoconhecimento.

Huxley não testemunhou a duradoura influência do Esalen na espiritualidade ocidental – ele faleceu antes de poder ver o total alcance de seu impacto. No entanto, as ideias e a filosofia do escritor não morreram com ele – sua viúva, Laura Huxley, fez delas uma bandeira. Ela subsidiou o instituto, moldando seu espírito e orientando sua jornada numa direção alinhada com o compromisso de seu falecido marido no sentido de explorar e expandir o potencial humano, um espírito que manteve o ativismo de Huxley em favor do uso terapêutico do LSD.

É possível que tenha colaborado o fato de *A Ilha*, o último romance de Huxley, prefigurar uma sociedade utópica, na qual uma droga muito semelhante ao LSD tem papel preponderante na promoção de uma comunidade alicerçada na conscientização, na empatia e na autorrealização.[10] Não podemos deixar de traçar um paralelo entre a utopia idealizada no romance e o espaço físico e real do Esalen, um paraíso de investigação e crescimento espiritual, que germinou no mesmo horizonte temporal, como se prestando testemunho da provável realização do sonho de Huxley.

Através de décadas, o Esalen hospedou os mais reconhecidos nomes da espiritualidade da Nova Era *e* as superestrelas do mundo psicodélico, entre as quais Alan Watts, Ram Dass, Timothy Leary, Andrew Weil e Stanislav Grof. Os seminários conduzidos por eles sobre fitoterapia, espiritualidade, consciência e modalidades alternativas de terapia atraíam tanto os psicodélicos mais velhos quanto os novatos nessa seara. O campus se convertia em um refúgio no qual cientistas, psicoterapeutas, intelectuais e simpatizantes conseguiam encontrar abrigo e fraternidade, preservando, ao mesmo tempo, a integridade e a continuidade da investigação psicodélica. Ao longo do tempo, pequenas redes de pessoas travaram discussões em busca da melhor maneira de entregar ao mundo convencional importantes trabalhos sobre medicamentos psicodélicos.

Pelo menos três iniciativas significativas foram instituídas por essas redes: a Multidisciplinary Association for Psychedelic Studies (MAPS, Associação Multidisciplinar para Estudos Psicodélicos), de Rick Doblin, o Heffter Research Institute, de David Nichols, e o Council on Spiritual Practices (CSP, Concílio das Práticas Espirituais), de Robert "Bob" Jesse. Todas essas organizações oferecem o apoio fundamental de que as redes psicodélicas clandestinas necessitam para frutificar nos ambientes convencionais. Entretanto, foram bastante diferentes as estratégias empregadas por cada uma delas [11]

••⋯⋯◇⋯⋯••

Rick Doblin fundou a MAPS em 1986, em resposta à decisão do DEA no sentido de enquadrar permanentemente o 3,4-metilenodioximetanfetamina (MDMA) como droga da Classe I. Atualmente, a maioria das pessoas ainda conhece o MDMA como uma droga ilegal das ruas, chamada Ecstasy (quando vendida na forma de comprimido) ou Molly (quando vendida na forma de cristal). O que poucos sabem, no entanto, é que o MDMA foi usado legalmente durante, pelo menos, quinze anos, antes de o DEA decidir criminalizar seu uso.

MDMA, uma droga sintetizada pela primeira vez em 1912 pela empresa farmacêutica Merck, é um estimulante que gera uma sensação de euforia, acompanhada de um profundo sentimento de empatia e proximidade com os outros. Nos anos 1970, uma rede de terapeutas psicodélicos clandestinos, muitos dos quais se conheceram no Esalen, começou a adotar em suas práticas de psicoterapia o MDMA, que eles denominavam Adam. Quando tomado simultaneamente à psicoterapia, o Adam permitia que seus pacientes enfrentassem até mesmo as memórias mais traumáticas e ameaçadoras, com muito amor e ternura.[12]

Os terapeutas que adotavam o MDMA apelavam para que a prática fosse mantida em segredo, pois temiam que o governo dos Estados Unidos viesse a criminalizar a substância se tomasse conhecimento de seu uso. Esse temor se tornou realidade quando as autoridades perceberam que uma enorme quantidade do produto estava sendo vendida em boates e bares no Texas. O DEA tornou pública sua intenção de enquadrar o MDMA na Classe I do Controlled Substances Act. [13]

Como seria de se esperar, o Esalen se converteu no quartel-general onde a comunidade clandestina encontrou condições de se mobilizar contra essa nova injustiça. Sem perda de tempo, Dick Price organizou uma reunião no paraíso do Pacífico, para que a velha guarda dos psicodélicos pudesse debater ideias visando deter as ações do DEA. A presença de Rick Doblin, que tinha apenas 28 anos de idade naquela ocasião, não se justificava, mas sua forma inovadora de defender o MDMA havia chegado aos ouvidos de ninguém menos do que Laura Huxley. Ela ficou tão impressionada que procurou garantir que ele fosse convidado.[14]

Doblin não se intimidou em expressar suas opiniões nem em assumir o comando, apesar de ser o mais jovem no grupo. Confrontar o DEA não era uma brincadeira, e ele não acreditava que a Association for the Responsible Use of Psychedelic Agents, recém-fundada pelos mais velhos, tivesse a coragem exigida pela tarefa. Portanto, Doblin tomou a dianteira.

Ele começou assumindo o controle de uma ONG inativa de um amigo, chamada Earth Metabolic Design Laboratories, que operaria como base a partir da qual ele coordenaria uma resposta ao DEA.[15] Doblin moveu então uma ação contra a agência na forma mais pública possível.[16] As cortes concordaram com Doblin – duas vezes. O DEA, contudo, não foi obrigado a aceitar nenhuma das decisões. A agência enquadrou o MDMA na Classe I em caráter permanente.

Rick Doblin abraçou com fervor missionário sua posição de líder psicodélico público fora da lei. Ele acreditava – com toda convicção – que o MDMA podia oferecer o despertar espiritual capaz de promover mais paz para a humanidade. E a necessidade de os verdadeiros crentes testemunharem.

Assim como os evangélicos mais convictos, Doblin é um otimista – tanto é que em 1986, bem no meio de uma década marcada pela disseminação do medo em relação às drogas ilegais, incluindo os psicodélicos, ele fundou a MAPS, uma "organização de pesquisa e formação que visa ao desenvolvimento de contextos médicos, legais e culturais, destinados a ajudar as pessoas a colher benefícios no uso criterioso dos psicodélicos e da maconha".[17] Divulgações de utilidade pública alertando que as drogas causadoras de danos cerebrais fossem condenadas.

Doblin não alterou seu estilo evangélico, e também projeta um notável grau de autenticidade. Tem-se a impressão de que ele é exatamente aquilo que aparenta ser. Assim, muito embora a existência da MAPS seja voltada ao fomento de um tipo de pesquisa capaz de conduzir à legalização do MDMA e de outras drogas psicoativas, ele não se furta a abraçar a defesa do uso recreativo de substâncias psicodélicas ou se engajar na luta pela descriminalização das drogas.

Essa é uma estratégia incomum numa comunidade psicodélica em alerta máximo para uma possível interferência governamental. Mesmo hoje, com o grande avanço alcançado pelo movimento subterrâneo na direção da legitimidade, toda a comunidade ainda se sente em um equilíbrio precário sobre o fio da navalha de uma potencial repressão regulatória.

O Heffter Research Institute, a segunda maior entidade filantrópica dos psicodélicos – uma entidade nascida das redes do Esalen –, implementou uma estratégia muito mais cautelosa. O professor David Nichols, um partidário com raízes no mundo convencional da academia, encabeçou a meticulosa abordagem do Heffter. Seu cargo de professor de farmacologia na Purdue University (antes da aposentadoria, foi agraciado com o prestigioso título Robert C. and Charlotte P. Anderson Distinguished Chair) assegurou a ele uma perspectiva que abarcava os domínios do proibido e do convencional na pesquisa com drogas.

Nichols é um dos poucos pesquisadores da academia, que logrou estudar as substâncias psicodélicas durante toda a sua carreira. O interesse dele por esses compostos vem do final dos anos 1960, quando, na qualidade de aluno de doutorado, estudou a mescalina. Nichols conseguiu levar adiante esses estudos na Purdue, porque os cientistas de laboratório não enfrentavam tantos obstáculos restritivos para estudar drogas da Classe I quanto os pesquisadores que realizavam ensaios clínicos com seres humanos. Ele conseguiu até uma licença concedida pelo DEA para sintetizar drogas da Classe I. A maioria das substâncias psicodélicas testadas nos ensaios clínicos atuais foi produzida nesse laboratório.

No entanto, Nichols se inquietava com a falta de pesquisas clínicas sobre os psicodélicos. Os experimentos de laboratório eram limitados em sua capacidade de revelar como essas drogas afetavam a consciência humana. No entanto, até o outono de 1984, quando viajou para Esalen a fim de tomar parte no movimento de resistência de Dick Price, ele não havia conhecido muitos médicos dispostos a realizar esse tipo de pesquisa. Como seria de se esperar, Rick Doblin estava lá, junto de um grande número de lendas da área a quem Nichols admirava, mas que nunca havia encontrado.[18]

Relembrando essas reuniões, Nichols descreveu como ficara impressionado diante da convicção de todos quanto ao potencial curativo das substâncias psicodélicas. Por isso, foi grande o seu desalento ao saber quão poucos dos cientistas presentes acreditavam verdadeiramente na possibilidade de o governo voltar a permitir o uso. Talvez, a opinião de Nichols fosse diferente devido à sua experiência como cientista de laboratório, mas ele acreditava que os outros estavam sendo pessimistas demais. Um cientista do mundo convencional, atuando em uma prestigiosa instituição, deveria ter condições de obter as necessárias aprovações. Até onde ele conseguia entender, o maior desafio seria o financiamento. Uma entidade filantrópica comprometida com a concessão de subsídios e apoio financeiro para essa pesquisa faria uma grande diferença.

Em 1993, com o propósito de servir a essa missão, Nichols fundou o Heffter Research Institute (Instituto de Pesquisa Heffter) junto com o psiquiatra George Greercom. O instituto levava o nome do Dr. Arthur Heffter, um químico e médico alemão, reconhecido pelo mérito de ter separado a mescalina do peiote. O alinhamento dos objetivos do instituto aos de Heffter – uma figura que era sinônimo de "trabalho científico excepcional" – representaria o compromisso com a excelência e o espírito pioneiro de investigação no estudo científico dos psicodélicos.[19]

Entretanto, um alinhamento com a ciência convencional também implicava o distanciamento em relação ao mundo subterrâneo e à contracultura. Para isso, eles estabeleceram uma meta clara e objetiva: respaldar o mais elevado padrão de qualidade em pesquisas científicas realizadas em renomadas instituições e submetidas a rigorosa validação por outros especialistas da área. A consecução desse propósito exigia um esforço concentrado no sentido de evitar dissensões. O LSD e o MDMA podiam oferecer benefícios terapêuticos, mas, infelizmente, sua bagagem cultural era pesada demais. Portanto, Heffter preferiu se concentrar na psilocibina, porque a maioria das pessoas do setor público ainda não ouvira falar sobre ela. O suporte financeiro concedido por Bob Wallace, uma figura-chave dos dias pioneiros da Microsoft e defensor apaixonado da pesquisa com psicodélicos, permitiu que Heffter forjasse um caminho dedicado à investigação criteriosa, séria e segura do potencial encerrado na psilocibina.

A rede dos veteranos dos psicodélicos de Esalen se mostrou indispensável para Bob Jesse quando ele começou a organizar o Council on Spiritual Practices (CSP), que é hoje uma das mais influentes organizações do movimento a usar as substâncias psicodélicas para transformar a medicina moderna. Jesse, que, naquela ocasião, ocupava o cargo de vice-presidente de desenvolvimento de negócios da Oracle, via os psicodélicos mais como um meio de despertar a transformação espiritual do que como tratamento médico. Porém, ele considerava fascinante a velha pesquisa científica sobre o LSD.

A exemplo da maioria dos executivos de tecnologia, Jesse vivia na Bay Area, um ponto concentrador dos entusiastas dos psicodélicos. De acordo com Michael Pollan, Jesse lavava pratos na cozinha de Shulgin, quando ficou sabendo que, em janeiro de 1994, Esalen sediaria um encontro dos veteranos que estavam tramando uma volta da ciência dos psicodélicos.[20] Reuniões como essa eram restritas, eventos exclusivos, mas Jesse conseguiu dar um jeito de participar.

O encontro foi profícuo. Além de consolidar suas relações com uma rede de veteranos, Jesse soube que era muito mais otimista a situação política no nível federal. O FDA havia decidido que as solicitações de estudo com substâncias psicodélicas seriam avaliadas com base no mesmo conjunto de critérios propostos para qualquer outra droga. E não parecia ser apenas da boca para fora. O FDA deu o sinal verde para um ensaio clínico destinado a testar em seres humanos saudáveis os efeitos da dimetiltriptamina (DMT) – um potente alucinógeno – na Universidade do México.[21]

A notícia de tanto entusiasmo pela retomada da pesquisa com medicamentos psicodélicos inspirou Jesse a fundar o CSP, com o intuito de contribuir com o desenvolvimento de pesquisas científicas sobre o uso de psicodélicos para fins mais espirituais. Em 1996, ele promoveu no Esalen sua própria reunião, sob a égide do CSP.

Jesse costuma ser descrito como um sujeito meticuloso; portanto, não tenho dúvidas de que ele havia escolhido cuidadosamente as quinze pessoas presentes. A maioria era de veteranos psicodélicos, como Brother David Steindl-Rast, Huston Smith e Jeffrey Bronfman, que era então chefe da filial norte-americana da União do Vegetal, uma sociedade religiosa que considerava a ayahuasca um sacramento. No entanto, Jesse convidou também pelo menos duas pessoas que habitavam o mundo da ciência "convencional": Mark Kleiman, professor da Harvard Kennedy School, um influente estudioso da política de drogas, conhecido por seu interesse em mercados legais para a maconha, sujeitos a boa regulação, e Charles "Bob" Schuster, ex-diretor do National Institute on Drug Abuse nos governos de Ronald Reagan e de George H. W. Bush.

Para Schuster, uma pessoa um tanto estranha ao grupo, as conversas foram bastante fascinantes e o motivaram a apresentar Jesse a seu colega Roland Griffiths, da Faculdade de Medicina da Johns Hopkins University. Griffiths, apesar de sua carreira voltada ao estudo das características viciantes das substâncias psicoativas, nutria um interesse crescente na questão da espiritualidade, interesse este estimulado por uma prática pessoal da meditação.

Jesse vislumbrou em Griffiths um potencial aliado e o convenceu quanto ao decisivo espaço de pesquisa que a psilocibina abria para investigação de estados alterados de consciência na pesquisa clínica. Em 1999, Griffiths iniciou sua pesquisa sobre o potencial terapêutico da psilocibina. A colaboração entre os dois foi frutífera. Em 2006, Griffiths e Jesse realizaram, em coautoria, um estudo histórico registrando que a psilocibina podia "ocasionar" estados místicos de consciência. Atualmente, Jesse é descrito como a "força silenciosa" por trás das pesquisas que, desde então, têm sido produzidas na Johns Hopkins. O nome do novo centro da Johns Hopkins dedicado a esse trabalho, o Center for Psychedelic and Consciousness Research, é um testemunho da influência de Jesse.

Mais uma iniciativa, fundamental para o ressurgimento da pesquisa com psicodélicos, muito embora não produzida em Esalen, está firmemente alicerçada na arena subterrânea. A Beckley Foundation, criada em 1996 com o nome de Foundation to Further Consciousness – nome alterado em 1998 –, fomenta pesquisas científicas sobre substâncias psicodélicas e colabora com líderes políticos e pesquisadores na reformulação da política de drogas. Sua fundadora, Lady Amanda Feilding, figura de destaque no movimento psicodélico da Europa, dirige a Beckley Foundation a partir da casa onde passou sua infância, um imponente pavilhão de caça da era Tudor, nas exuberantes colinas verdes de Oxfordshire. Assim como Doblin, Feilding também não faz segredo com relação às suas experiências com drogas psicodélicas, em seu ativismo em favor de uma reforma. Desde meados dos anos 1960, ela guarda uma impressão positiva da capacidade do LSD para provocar estados místicos de consciência e incrementar a criatividade.

Há tempos, a Beckley Foundation vem atuando como uma força concreta na canalização de recursos financeiros do mundo clandestino dos psicodélicos para as universidades europeias. O apoio dessa instituição viabilizou grande parte da pesquisa fundamental de psicodélicos baseada em neuroimagem, realizada no Imperial College London, a principal universidade britânica de ciência e engenharia.

Qual é a relação existente entre essas vastas redes subterrâneas e os pesquisadores do mundo convencional que agora proliferam no recente redespertar dos psicodélicos? Aqueles indivíduos envolvidos na reabilitação da medicina psicodélica se esforçaram muito para se distanciar dos estigmas morais e legais que sufocaram toda a iniciativa nos anos 1960. Os financiadores das pesquisas com psicodélicos têm uma incontestável preferência pela colaboração com as universidades de maior prestígio; aqueles que fazem pesquisas com psicodélicos trajam paletó e gravata a fim de aparentar respeito e emanar autoridade; alguns nesse domínio chegam até a mostrar recusa em falar sobre se alguma vez usaram psicodélicos.

Raras reportagens da mídia tradicional conectam o uso ilegal de drogas psicodélicas a esse movimento, apesar de não ser segredo para nenhuma pessoa atenta.[22] Eu suspeito que a escassa cobertura da mídia está ligada ao medo de reações adversas do governo: pelo menos, foi o que me disseram extraoficialmente muitos dos líderes da medicina psicodélica. Qualquer coisa capaz de ameaçar a medicação final com psicodélicos tem que ser abafada.

A ocultação da fonte do conhecimento que os cientistas agora produzem tem seus próprios problemas éticos – se a origem é a sabedoria de muitas gerações de indígenas ou a população de pacientes dos subterrâneos da clandestinidade. E, na verdade, a relação entre esses mundos guarda uma semelhança muito maior com a associação simbiótica existente entre os fungos e os carvalhos: o renascimento psicodélico no mundo convencional carrega os frutos de um movimento muito mais profundo que acontece no mundo subterrâneo. Na verdade, as redes subterrâneas estão não apenas produzindo parte do melhor conhecimento que temos sobre o uso terapêutico de drogas da Classe I, como os cientistas do mundo convencional dependem dessas iniciativas clandestinas para organizar, projetar e legitimar seus ensaios clínicos. Enquanto isso, o subterrâneo oferece recursos fundamentais para as pessoas que chegaram a um beco sem saída com seus médicos regulares.

O Clusterbusters está longe de ser o único grupo de pacientes que criou uma rede subterrânea destinada a desenvolver terapias psicodélicas. Esses movimentos abarcam diversos desafios médicos. Nos anos 1980, Howard Lotsof foi pioneiro em uma iniciativa conduzida por pacientes, com vistas ao uso de iboga para tratamento da adição, depois de ter tido uma experiência pessoal aos dezenove anos, que o levou à percepção de que a substância fizera cessar sua dependência em heroína. Dentro dos esportes profissionais, o potencial curativo dos psicodélicos para as concussões levou muitos atletas a investigar esses tratamentos. Reconhecendo tal tendência, o ex-jogador profissional de hóquei, Daniel Carcillo, fundou a Wesana, uma empresa cujo foco é o desenvolvimento desses tratamentos. Os fóruns de internet se converteram em pontos de encontro onde pessoas com autismo conversam sobre maneiras de usar MDMA para mitigar a ansiedade social. (Um recente ensaio clínico que testou a capacidade do MDMA para reduzir a ansiedade social atendeu às demandas feitas por pacientes no ambiente on-line[23]).

Os pacientes se valem também de redes subterrâneas para muitas outras espécies de tratamento. Desde os anos 1960, indivíduos transgênero vêm criando redes secretas voltadas ao tratamento com hormônios, quase sempre motivados por interpretações infundadas da sociedade e barreiras legais. Os anos 1970 testemunharam o ativismo da rede Jane's Collective, que ajudava mulheres a ter acesso a aborto seguro, numa época de rigorosas restrições legais. No mundo da epilepsia infantil, alguns pais se uniram para desenvolver, por conta própria, tinturas com alto teor de CBD, antes de elas serem liberadas para compra. Talvez, o caso mais emblemático seja o surgimento, estimulado pela crise da Aids, de "clubes de compradores" clandestinos cujo propósito era importar e compartilhar drogas experimentais ainda não liberadas pelo FDA.[24] Essas iniciativas coletivas refletem uma tendência humana comum para buscar esperança e cura, mesmo em face de deficiências institucionais e restrições legais.

Parece um tanto risível que, dependendo de nossa orientação política, a solidariedade que temos pelos foras da lei possa oscilar de um lado para outro. A fiscalização governamental – e social – do uso de drogas ilícitas sempre foi desigual. O FDA sabia que os pacientes de AIDS importavam drogas ilegais, mas fazia vistas grossas. A polícia não apenas deixava de importunar os pais de crianças com epilepsia, como também a situação difícil desses pais despertou tanta comiseração que os defensores da maconha medicinal transformaram essas crianças em peças de suas campanhas em favor da maconha medicinal. E, muito embora as pessoas possam ser – e sejam – detidas por transgressões relacionadas aos psicodélicos, o sistema de justiça não parece interessado em ir atrás de foras da lei como Rick Doblin ou Bob Wold.

Em outros contextos, a fiscalização policial classifica como comportamento criminoso certas práticas comuns de automedicação – sem orientação médica. Por exemplo, um número assustador de pessoas pobres é encarcerado pelo simples fato de portarem um medicamento controlado cuja prescrição médica não está em nome delas.[25] E não resta a menor dúvida de que o fator motivador do uso de opioides pelas pessoas – pelo menos inicialmente – é o fato de essas substâncias elevarem o humor e reduzirem a dor. E por que muitos de nós consideramos que os mercados de drogas opioides a céu aberto são uma forma de acesso à automedicação?

A quem cabe estabelecer limites?

O mapeamento da "farmacologia" de um ecossistema psicodélico revela uma complexa rede subterrânea que alimenta um sistema burocrático e sujeito a regulamentação, constituído por universidades, *startups* de biotecnologia, empresas farmacêuticas, entidades filantrópicas privadas, agências governamentais, ONGs, legisladores, comunidades indígenas, sistemas de crença religiosa, um mercado midiático faminto por notícias a alardear e a Guerra às Drogas imposta pelos Estados Unidos, com seu sistema carcerário abarrotado e racista.

Se eu quisesse entender o Clusterbusters e seu caminho que conduz do mundo clandestino de orientações on-line sobre dosagem de psicodélicos até os muros de Harvard, bastaria selecionar e seguir cada uma de suas linhas de conexão e observar aonde elas me levam.

Todavia, como rapidamente descobri, cada linha selecionada revelava uma rede mais densa e mais emaranhada do que eu poderia imaginar. Eu carecia de uma heurística que me ajudasse a escolher as vias investigativas. Que melhor lugar então para começar do que os filamentos emaranhados de micélio, que conduziram centenas de pessoas acometidas por dores em uma peregrinação até os hotéis de alta rotatividade em aeroportos todo mês de setembro?

Parte II

ENCARNAÇÕES

Capítulo Quatro

COMUNIDADE

EU GAGUEJEI E TROPECEI MAIS DO QUE O NORMAL QUANDO PROPUS ESTE ESTUDO a Bob Wold. Nós nos conhecemos em 2012, num evento anual de militantes denominado Headache on the Hill, que levou ativistas a Washington, DC, para se reunirem durante um dia com seus representantes do congresso. Estive presente como parte de minha pesquisa para um livro que eu estava escrevendo sobre enxaqueca e estigma, e já me acostumara a ver os mesmos semblantes sérios. Naquela ocasião, o evento foi pequeno, contando com apenas poucas dezenas de especialistas em dores de cabeça – predominantemente um grupo de neurologistas sisudos com trajes elegantes e descontraídos, sujeitos que se cumprimentavam com calorosos apertos de mão antes de se refugiarem na frente de suas telas durante o tempo de inatividade. Eu sabia que os organizadores queriam que houvesse mais participação de defensores dos pacientes, mas eles levaram algum tempo para entender como estabelecer conexão com grupos liderados por pacientes. Verdade seja dita, não havia ainda na época muitas comunidades lideradas por pacientes.

Portanto, chamou minha atenção o fato de Bob Wold e uma turma de Clusterheads aparecerem no Capitol. Antes de mais nada, a simples presença de todos fez que, de repente, o Headache on the Hill parecesse um acontecimento muito maior, uma iniciativa de militância muito mais substancial. No entanto, eles também transformaram a atmosfera do evento.

Os membros do Clusterbusters se diferenciavam dos demais participantes tanto na aparência quanto nas atitudes. Seus trajes estavam mais para casuais do que profissionais. E, ao contrário dos médicos, pareciam curtir genuinamente a companhia uns dos outros. Eles trocavam abraços ao se encontrar, saíam juntos, contavam histórias e piadas e gargalhavam com muita estridência.

Os Clusterbusters também sofriam – algumas vezes visivelmente. Grandes tanques de oxigênio – uma necessidade para aqueles que enfrentavam um ciclo – acompanhavam o grupo onde quer que estivessem. Eu observei pelo menos uma ativista enfrentando uma crise de cefaleia em salvas durante o treinamento em defesa de direitos – pude ver, pela maneira como ela apertava as têmporas e usava as mãos para balançar a cabeça repetidas vezes, que não se tratava de uma enxaqueca banal. Outro participante, que fizera par comigo no dia seguinte no Capitol Hill, contou-me que tivera durante toda a noite múltiplas crises de cefaleia em salvas no quarto de hotel. A exemplo da maioria das pessoas que sofrem de cefaleia em salvas, o sono REM desencadeara suas crises. Temi que ele não tivesse condições de aguentar o dia todo, porém me assegurou que estava acostumado. Sua cefaleia em salvas era crônica; portanto, há décadas não apenas ele não sabia o que era passar uma noite sem uma crise, como o próprio estado de sono o apavorava.

Decidi perguntar a Wold se nós poderíamos almoçar juntos no ano seguinte. Ele tornara público seu hábito de usar psicodélicos, mas nós estávamos em 2013 – antes de a explosão de cogumelos ter convertido os psicodélicos na última moda em termos de bem-estar, e me pareceu que seria um tanto demais de minha parte convidá-lo, à queima-roupa.

Minhas explicações ficavam mais longas cada vez que ele mudava seu frango Caesar de um lado a outro do prato. Acabei descobrindo que Wold gosta de ouvir.

Eu não precisava ter me preocupado. Como estava claro, Wold não sentia nem a mais remota necessidade de esconder. Ele encarou meu interesse no Clusterbusters como uma oportunidade de aumentar a conscientização.

No final de nosso primeiro almoço, Wold havia me disponibilizado acesso a quaisquer materiais que eu necessitasse para minha pesquisa. Cinco meses depois, quando participei de meu primeiro encontro anual no Clusterbusters, toda a comunidade foi igualmente acolhedora. Tanto que, ao me apresentar, a plateia me recebeu com efusivos aplausos, quase me afogando em um coro de agradecimentos. A gratidão deles me deixou emocionada. Eu não fizera nada além de dar as caras.

Acabei sabendo que a força motriz da gratidão deles era a devastação provocada por sua doença, associada à certeza de que ninguém mais se importava, ninguém mais compreendia e, com exceção de umas poucas pessoas, eles estavam completamente sozinhos. "O sofrimento", observa o autor Kate Bowler, "é um lugar solitário… Todavia, quando alguém testemunha esse sofrimento, alguém que vê você nele – alguém que ficará *junto* com você –, então não se está mais sozinho com essa sufocante vulnerabilidade, e isso fica suportável".[1]

Eu simplesmente não sabia o que esperar quando compareci à reunião do Clusterbusters. Estariam as pessoas usando roupas elegantes e descontraídas ou um padrão chique psicodélico? Eu encontraria no hotel de aeroporto um ambiente próximo da mágica serenidade de imergir nas fontes termais do Esalen Institute em uma noite límpida e escura? Iríamos nós abrir chacras ou explorar vidas passadas?

Como seriam as pessoas? Iria eu ser saudada por uma lasciva contracultura repleta de nudistas recendendo a patchouli? Ou tudo se pareceria mais com uma estética futurista, como o tipo de experimentação psicodélica desenfreada que acontece no Burning Man, um festival anual no deserto de Nevada que celebra a arte, a comunidade, a autoexpressão e a autossuficiência e no qual os participantes interessados podem assistir a palestras sobre "meditação orgásmica", "autoasfixia xamânica" e "ecossexualidade" como prelúdio para um mergulho num poço de carinho ao pôr do sol?.[2]

Ou, quem sabe, os Clusterbusters que eu iria conhecer seriam condizentes com a versão cada vez mais comum dos entusiastas psicodélicos vistos em grupos de bem-estar – mais parecidos com os frequentadores dos refúgios de luxo que Gwyneth Paltrow promove no Goop: espaços de cura onde cada "meditação" é "integrada" com "experiências" de "ioga, trabalho respiratório, anotações em um diário, expressão criativa [e] banhos florais" em um ambiente que, de certa forma, é verdejante e sempre está a poucos passos do oceano.

Entretanto, não passava de minha imaginação excitada ao extremo. Não venha ao Clusterbusters em busca de um refúgio de luxo, porque você se decepcionará. Seus membros se reúnem em um hotel simples. Essas pessoas se confundiriam com a multidão em qualquer centro de comércio suburbano. Não se percebe qualquer sinal de espiritualidade. Não há ioga durante os intervalos de descanso nem rodas de tambores, tampouco um simples *namastê*.

Em vez disso, encontrei um grande número de pessoas reunidas na frente do hotel, agrupadas em torno do café, de um cigarro e de latas de Red Bull, trocando histórias e piadas – apenas passando o tempo enquanto aguardavam acolhimento para sua dor.[3]

Substitua Black Rock Playa por uma sala de reuniões de hotel, toda bege e insípida, troque protocolos nutricionais personalizados por recipientes com café morno que nunca acaba, e não espere palestras sobre "despertar da energia sagrada feminina consumindo enteógenos e o tantra de nossa menstruação".[4] Mais provavelmente, você assistirá a seminários detalhados sobre o uso médico de oxigênio de alto fluxo e técnicas baratas de cultivo de cogumelos.

Não demorei a descobrir que cada conferência de três dias mais se parece com uma reunião de grupos de ajuda mútua do que com um ambiente de psiconautas. Os organizadores deixam, em uma sala de descanso vazia, latas de Red Bull e dezenas de tanques gigantes de oxigênio. Uma brigada de voluntários, incumbida da assistência a qualquer pessoa vivendo um ciclo da doença que esteja tendo uma crise, cuida das necessidades adicionais.

Para falar a verdade, há um toque de contracultura. Muitas pessoas usam roupas tingidas pela técnica *tie-dye*, e há drogas à disposição de quem quiser. A maconha está por toda parte. Os psicodélicos também estão disponíveis para qualquer um que saiba como travar as conversas codificadas que terminam em apertos de mão nos quais as drogas são passadas.

Porém, quando comecei a conhecer o grupo, ficou claro que esses eventos são momentos de raro prazer na vida daqueles que sofrem de cefaleia em salvas – um encontro de três dias com seu grupo. Muito embora cada dia seja ocupado por sessões marcadas pelo tipo de liberação de emoções reprimidas que podemos encontrar no Programa de Doze Passos [dos alcoólicos anônimos], as noites são repletas de um deleite imersivo que brota do tempo passado em convivência harmoniosa com pessoas totalmente solidárias com o problema. Todas elas já viveram a experiência de uma dor excruciante, solitária e recorrente, encararam a tentação do suicídio e, de algum modo, retornaram mais uma vez para essa conferência. As drogas no ambiente não criam esses sentimentos, mas os amplificam, sem dúvida alguma. Num indefinível hotel de aeroporto, eu presencio o bacanal mais emocional que jamais testemunhei.

Imagine-se sentado à beira da piscina no O'Hare Hilton, sentindo um profundo deslumbramento psicodélico na companhia de um amigo que você conheceu nas conferências anteriores, uma pessoa que, poucos anos atrás, não passava de um recém-conhecido, mas agora é alguém que você considera mais importante do que pessoas que fazem parte de sua vida desde sempre. No momento seguinte, você sente um tapinha em seu ombro. É uma participante novata da conferência, que busca coragem para lhe falar sobre os últimos sete anos da vida dela, um período durante o qual enfrentou uma dor excruciante, com potencial para levar ao suicídio, e praticamente carente de diagnóstico. Ela passou a noite toda bebericando o mesmo coquetel e não aceita se sentir fora de controle; portanto, a ideia de usar psicodélicos a assusta, mas não tanto quanto a perspectiva da próxima crise de seu ciclo. Na conferência, ela conheceu muitas outras opções de tratamento. Conta que nunca na vida sentiu uma conexão mais profunda com alguém do que com as pessoas que conheceu naquele dia. Algo que, em outro contexto, podia soar como uma interrupção incômoda, parece perfeito no momento presente. Uma aura azul emana da cabeça dela, quando você a abraça. Vocês choram por um longo tempo e você lhe diz que agora ela faz parte de sua família, que agora está segura. Ela a aperta com mais força, porque sabe que você está falando a verdade.

Depois de ouvir histórias comoventes, eu finalmente comecei a entender por que as pessoas procuram o Clusterbusters. Eles são refugiados. Seu propósito não é tanto *buscar* alternativas à assistência médica, mesmo tendo chegado logo depois de conseguirem *sobreviver* a duras penas à assistência médica disponível.

Seria errado considerar o Clusterbusters uma organização psicodélica. Ela não pode se permitir – são demasiadas as necessidades prementes de seu público-alvo, muitas das quais têm precedência sobre o tratamento.

Bob Wold parece ter tido uma intuição de que as pessoas precisavam estar no mesmo espaço que os demais. Posteriormente, eu viria a saber que ele conhecera diversos Clusterheads nos anos 1990, quando esteve internado na Diamond Headache Clinic, de Chicago, uma das raras instalações que possui um andar dedicado a pacientes acometidos por dores de cabeça. Esse encontro fez dele outra pessoa.

Wold falou: "Toda pessoa que eu acabava de conhecer no mesmo instante se convertia em amigo, porque sempre que eu dizia alguma coisa, ouvia, 'sim, é isso, eu também'. Era realmente incrível ter alguém que entendia sobre o que eu estava falando. Não precisava explicar nada. E até aquele momento, tudo o que eu queria era conversar com alguém que entendesse o que eu estava enfrentando".

As reuniões ofereciam àqueles que participavam uma semelhante experiência transformadora. Apesar dos dias passados em uma sala de conferências fria e dividida, escutando palestras, o evento anual era sempre prazeroso. Um sem-número de pessoas retorna ano após ano – afinal de contas, o Clusterbusters é basicamente uma família. A atmosfera é receptiva e amistosa. Entretanto, basta ficar por tempo suficiente para encontrar também fofocas e uma esporádica corrente subterrânea de ressentimentos. É como eu disse: uma família.

Todas as conferências de três dias começavam com uma recepção na noite de quinta-feira, na qual as pessoas podiam se registrar e então tomar um drinque e beliscar alguns petiscos. As palestras com propósito informativo começavam às 9 horas da manhã seguinte, "Essas conferências são de fato fantásticas", disse um homem sentado na fileira à minha frente, expressando com os olhos sua satisfação. "Estou fascinado. Você acredita que acabei de conhecer um sujeito que sofre de cefaleia em salvas há seis anos, e fui eu a primeira pessoa que ele conheceu que tem a mesma doença?" Ele balançou a cabeça. "As pessoas não entendem como é incrível conhecer alguém que sofre de cefaleia em salvas."

As conferências sempre têm um mestre de cerimônias carismático. Nesta, foi Dan Ervin – um Clusterhead de cabelos cor de prata, com um sorriso largo – quem tomou seu lugar no palco. Ervin tem facilidade para lidar com o público, uma personalidade ao mesmo tempo terna e grandiloquente.

"Bem-vindos todos vocês", falou ele, com o som de sua voz reverberando nas paredes. "Eu gostaria que vocês dissessem seu nome, o lugar de onde vêm e também se sua cefaleia é episódica ou crônica." Todos os olhos se voltaram para ele, aguardando outras instruções. Na vida real, Ervin era proprietário de uma loja de bebidas, mas, nesta sala, era um sujeito comum. Ele havia participado de um programa da National Geographic, no qual falou sobre o uso medicinal que fazia da psilocibina obtida de cogumelos cultivados em casa. Ervin abriu outro sorriso e deu início às apresentações: "Eu sou de Abilene, Texas, e passei uma vida inteira com a forma crônica, depois se tornou episódica, e então voltou a ser crônica".

Mary, a esposa de Bob Wold, pegou o microfone e entregou-o a um homem sentado na primeira fileira da sala, para a próxima apresentação. E assim foi, de fileira em fileira, à medida que as pessoas se apresentavam.

Alguns participantes explicaram em sua apresentação que estavam com dor e buscavam informações sobre novos tratamentos. Outros, disseram que haviam "interrompido a crise" de dor, mas estavam ali "para ajudar as pessoas". Muitos se apresentaram como cuidadores de pessoas que têm cefaleia em salvas. A participação não parecia ter um objetivo individual. Muito embora os presentes ao evento não estivessem acompanhados dos filhos, alguns participantes mais jovens levaram os pais. Havia muitos casais; e, nesse caso, um dos dois se apresentava como paciente e o outro como seu cuidador.

Quase metade dos participantes se descreveram como "sustentáculos" – aqueles que lá estavam para cuidar de um ente querido. Esse grupo, formado especialmente por "mães de doente de cefaleia em salvas" ou "pais de doente de cefaleia em salvas", algumas vezes comparecia por conta própria, em busca de informações úteis que pudesse levar para casa. Conforme observei, os sustentáculos sempre eram muito aplaudidos pela plateia. Na sua vez de falar, um dos participantes relatou: "Ninguém aqui é apenas um apoio. Não sei o que eu faria sem a minha mãe".

Era como se pessoas que frequentam o AA levassem com elas para o encontro anual todos os membros do Al-Anon, a fim de encontrar outros simpatizantes; contudo, eu imagino que se tratava também de uma necessidade prática. No caso de ocorrer uma crise em um evento como esse, muito longe de casa, as pessoas iriam precisar de ajuda para lidar com o lancinante início dos sintomas.

Em se tratando de uma doença causadora de dor tão intensa, tanto física como psíquica, pode-se dizer que esses encontros transbordam de alegria. Ao longo dos anos, conheci muitos Clusterheads que tentaram me explicar a profunda força emocional dessas reuniões. Aaron*, um participante de longa data, comparou a experiência à aterrissagem em um planeta no qual você finalmente encontra a sua gente.

Ashley Hattle, escritora profissional e autora de um conhecido guia de autoajuda para aqueles que vivem com cefaleia em salvas, chorou durante a maior parte da primeira conferência de que participou, liberando as emoções represadas em sete anos de cruel interação com médicos que se recusavam a acreditar na intensidade da dor que ela sentia.[5] Três anos depois, Hattle se casou com Andrew Cleminshaw, um Clusterhead crônico que ela conheceu na primeira conferência. O casamento, que foi oficiado por um companheiro do Clusterbusters, aconteceu na mesma data de uma conferência do grupo, para facilitar a presença de outros membros – a família que eles adotaram. Abraços apertados, lágrimas e acenos de aprovação do que Ashley descreveu como "profunda legitimação" substituíram a usual conversa fiada.

Com o tempo, acabei sabendo que não é raro que indivíduos acometidos por cefaleia em salvas façam segredo quanto a seu diagnóstico. São várias as razões pelas quais as pessoas se escondem durante os ciclos. Algumas de suas atitudes são tão estranhas que elas se perguntam se podem estar perdendo a sanidade. O temor – muitas vezes ditado pela experiência – é que os outros não entendam como uma dor de cabeça pode ser tão terrível. Os doentes se escondem para poupar os outros do trauma de testemunhar uma crise; mas também se escondem para proteger a si mesmos. Eles temem que estranhos possam interpretar erroneamente a estranheza de um ataque e o comportamento algumas vezes assustador como um surto psicótico.

As populações marginalizadas podem ter mais motivos de medo, em especial os homens negros, que já vivem amedrontados com a brutalidade da polícia. "As pessoas podem achar que você está drogado ou enlouqueceu", explicou Andy Berry*, participante assíduo das conferências. "Sendo um homem negro, se eles chamarem a polícia, fica ainda pior. Não quero as mãos de ninguém em cima de mim."

A reserva que cerca a cefaleia em salvas não apenas serve de escudo contra os mal-entendidos, mas também ergue barreiras à empatia e ao apoio. O sigilo, uma grave consequência do estigma, amplia o medo da solidão no sofrimento, reforçando um pesadelo da percepção de isolamento.

A mudança radical chega com o momento de conexão – a descoberta de alguém que suporta o mesmo fardo invisível. Isso age como uma revelação, semelhante a um espelho que reflete nossa experiência, rompendo os muros da solidão por meio do reconhecimento de uma realidade compartilhada.

Essa profunda conexão também gera espaço para o compartilhamento de uma emoção muito mais conturbada e transgressiva: o desejo de colocar fim à própria vida. Para alguns, essa é a primeira vez que estão na mesma sala com pessoas capazes de compreender como uma dor de cabeça os fez desejar se matar ou, pior ainda, motivou uma tentativa real de suicídio.

A coragem exibida nessas conferências é palpável. Os indivíduos compartilham experiências que, em outro contexto, poderiam permanecer envoltas em segredo. Conversas ligadas assim a questões tão pessoais são baseadas na confiança e compreensão mútuas. Essa confiança se estende para além das histórias pessoais: ela forja o próprio tecido da comunidade, determinando quem é convidado para esses espaços. Os membros do Clusterbusters fazem a curadoria desses eventos, dando as boas-vindas àqueles médicos e profissionais que apoiam sua causa, enquanto os representantes da indústria farmacêutica, quando presentes, colocam-se na posição de observadores silenciosos. A ausência de autoridades policiais, exceto no caso de esporádicas queixas do barulho, revela um senso de segurança e autonomia.

No entanto, essa aceitação em termos de receptividade e segurança dá margem a reflexões sobre os ausentes de tais reuniões. A forte homogeneidade racial dentro da sala reflete uma questão mais ampla, que se estende para além das fronteiras dessas conferências, deixando transparecer um sério problema de equidade que permeia tanto a medicina psicodélica quanto o tratamento da dor.

A dor suscita dúvida, fazendo que os acometidos tenham que provar na justiça sua integridade moral. Na ausência de provas dando conta de que a dor é "real", as pessoas são sujeitas à reputação de "malandro", "usuário de drogas", "neurótico", "hipocondríaco" e "melindroso". A epidemia dos opioides só serviu para aumentar os riscos. Todos nessa conferência têm plena consciência do que significa o descrédito de sua experiência por parte das outras pessoas.

Nem todos os pacientes são entendidos como narradores confiáveis dos próprios sintomas. As mulheres, mais do que os homens, têm mais chance de serem consideradas fracas, melindrosas e complicadas. A situação de pobreza aumenta a probabilidade de as pessoas serem taxadas de usuárias de drogas. Ao mesmo tempo, os pacientes negros, ainda hoje, batalham para conseguir por parte dos médicos o reconhecimento de que também eles são passíveis de sofrer com dores – um resquício das ideias de cientistas dos séculos XVIII e XIX, segundo os quais a constituição biológica dos descendentes do povo africano tornava-os capazes de suportar as condições inumanas de sua escravidão.[6]

Foi para mim um alívio ter encontrado nessas conferências tantas mulheres que sofrem de cefaleia em salvas, mesmo sendo preocupante saber que tantas delas ainda enfrentam dificuldades para obter um diagnóstico da doença, visto que seus médicos ainda acreditam em mitos antigos e já desmentidos. A superação desses estereótipos é ainda mais árdua para as mulheres negras. Assim testemunha Bernice Clark*, cujo médico lhe disse que não acreditava na possibilidade de ela sofrer de cefaleia em salvas. "Em primeiro lugar, as mulheres não têm essa doença. Segundo, as negras não têm essa doença." Como seria de se esperar, o caso de Bernice provou que ele estava redondamente enganado.

Obviamente, as pessoas negras podem ser acometidas por cefaleia em salvas. Contudo, mesmo que sejam brindadas com a sorte de chegar a ser diagnosticadas, o acesso a tratamentos ou uma forma de alívio é outro obstáculo a ser superado.

Tanto Bob Wold como seu braço direito, Eileen Brewer, presidente do conselho, já me confessaram diversas vezes que se sentem frustrados com tanta dificuldade para criação de um ambiente mais inclusivo. Brewer me contou que o tempo todo ela é procurada por pessoas negras e de diferentes grupos étnicos; mas poucas delas acabam participando das conferências. A criminalização dos psicodélicos representa um risco real para muita gente. Segundo Brewer, pessoas negras com cefaleia em salvas são especialmente temerosas em relação à polícia. Ela diz que manteve pelo menos algumas dezenas de conversas que terminaram com as pessoas admitindo: "Se eu experimentar esses medicamentos, e for preso, serei baleado. Vou acabar morrendo".

Brewer leva a sério as preocupações dessa gente. "Ao longo dos anos, já tivemos pessoas que ameaçaram chamar a polícia, mas isso nunca aconteceu. Muitas não viriam às conferências se houvesse o risco de seus empregadores ficarem sabendo que elas estiveram aqui. Portanto, tentamos manter a confidencialidade em relação a isso", disse-me Eileen. "Mas, honestamente, se a polícia aparecesse e me prendesse, eu ficaria eufórica. Ligaria para todos os meios de comunicação do país."

Quando perguntei se ela mudaria de opinião caso a reunião não fosse tão branca, a resposta foi: "Com certeza".

O risco de detenção e encarceramento não é teórico – isso acontece. Um Clusterhead com quem conversei enfrentou sérias consequências depois que a polícia descobriu uma pequena quantidade de cogumelos em seu carro durante uma *blitz* de trânsito. Ele foi acusado de ter cometido um delito de quinto grau, uma sentença que se traduzia em reabilitação obrigatória, participação em um programa de recuperação de doze passos e liberdade condicional.

Brewer tem amigos que cumprem penas na prisão por acusações relativas a drogas (não ligadas a uso medicinal). Ela também teve seus confrontos com a lei, mas é uma mulher branca que nunca precisou temer a brutalidade policial. "Eles estão de fato tentando confrontar a alternativa 'Vou acabar morrendo de cefaleia em salvas' com 'Serei baleado por um policial'."

Os imigrantes enfrentam dilemas semelhantes. "Conversei com cidadãos de países onde isso é absolutamente ilegal. E a penalidade não se limita a ficar uns poucos anos em uma prisão pavorosa, mas sim a pena de morte por causa do uso dessas substâncias. Desse modo, tais indivíduos são obrigados a decidir se deixam sua família, sua tradição e sua cultura para buscar tratamento com mais segurança." Ela se sentiu devastada depois de conversar com pessoas sobre a necessidade de escolher entre a vida e a liberdade e, assim como eu, julga insensíveis a maioria das conversas sobre tratamento com psicodélico que não levam em conta as questões raciais. Vamos considerar, por exemplo, o tipo de orientação genérica normalmente oferecida sobre como fazer uma "viagem propícia". Encontrar um "espaço seguro e conhecido" onde se possa ficar "tranquilamente" durante cinco a sete horas; de preferência "uma casa com um jardim cercado ou outro espaço externo", em um dia livre da "obrigação de trabalhar ou de cuidar de outros, inclusive de crianças", é um padrão elevado para quase todas as famílias que conheço na cidade. Casas cheias de gente, a falta de segurança e de espaço verde, o medo da polícia e a necessidade de trabalhar e cuidar de outros fazem dessas recomendações um sonho inalcançável para muitas pessoas. Brewer não sabe ao certo como tornar o Clusterbusters uma organização inclusiva, mas ela está fazendo o melhor que pode no sentido de militar em defesa de políticas legislativas capazes de promover a equidade e o acesso.

Para Bob Wold, o recebimento de tantos e-mails e telefonemas de pessoas às quais foi dito que ele seria sua última esperança é um fardo enorme. Ele não deixa ninguém sem resposta, não importa quão emocionalmente esgotado esteja. Um número grande demais de Clusterheads conhecidos já perderam a vida. Wold sabe bem como é o fundo desse poço, em particular; e sabe também que pode ajudar essas pessoas.

A fama de Wold nas reuniões do Clusterbusters é, pelo menos em parte, catalisada pelas incontáveis pessoas que atribuem sua sobrevivência à intervenção dele, muitas delas expressando a gratidão por ele ter salvado suas vidas. Wold se mostra sempre muito feliz quando fica sabendo que alguém está se sentindo melhor. Mas ele não dá importância às efusivas demonstrações de gratidão, mais ou menos da mesma forma que uma pessoa responde com um simples aceno de cabeça quando alguém lhe agradece por ter segurado a porta aberta.

Wold se sente compelido a ajudar. Há pessoas em risco, e ele não consegue ver outro caminho. Fica a impressão de que é tão premente esse imperativo moral de impedir todo e qualquer potencial suicídio que ele dificilmente se afastaria de seu trabalho com a cefaleia em salvas mesmo diante de uma situação de real perigo, como a de uma criança correndo na frente de um carro.

Nas conferências anuais, Wold infunde esse mesmo espírito em todos os afiliados do Clusterbusters. Os esforços dele nesse sentido deixam uma vívida impressão. Conforme explica para os participantes, a ciência e a medicina são extraordinárias, e esse é o motivo pelo qual o Clusterbusters fomenta a pesquisa acadêmica. Mas ele precisou trilhar um árduo caminho até descobrir que os portadores de cefaleia em salvas não podem esperar pelo socorro vindo da ciência e dos médicos. A ameaça permanente de suicídio significa que esses pacientes podem e devem assumir a responsabilidade e fazer por conta própria esse trabalho, se quiserem que seja feito.

Nesse ponto da reunião, são exibidos para a plateia slides de participantes do ano anterior que já não estão vivos. "Sim; é importante estudar e reunir dados. Mas, enquanto estamos coletando dados – a imagem de uma mulher é exibida na tela –, a família e os amigos de Sarah* estão reunindo pedaços de sua vida e tentando se refazer." Em seguida, vem o próximo slide. "Pierre* esteve aqui desde nosso início, mas as crises da doença se tornaram um fardo pesado demais, e ele tirou a própria vida."

Depois de apenas duas conferências, reconheci alguém que foi mostrado na tela. Walter Roberts*, um homem negro robusto, de meia-idade – um dos únicos indivíduos que conheci nas conferências que não era branco. Perdi o fôlego enquanto Wold continuava: "a senhora Walter Roberts está recebendo benefícios de viúva, e Walter esteve exatamente aqui em 2013".

O slide seguinte mostra um recorte de um artigo de jornal descrevendo a entidade Clusterbusters como um exemplo clássico de "cientistas amadores" que "persuadiram os especialistas da ciência a validar aquilo que suas experiências haviam mostrado e a projetar ensaios e outras pesquisas para levar adiante os tratamentos".[7] Wold destaca que os membros do Clusterbusters conseguem promover esses avanços com muita celeridade, porque são cientistas amadores.

"Um ponto favorável do Clusterbusters é que nem sempre seguimos as regras, e nem sempre estamos presos às mesmas restrições que tolhem os profissionais; portanto, conseguimos fazer as coisas um pouco mais depressa." A liderança de Wold é baseada na inspiração e no trabalho árduo. "Estamos fazendo grandes avanços", diz ele para os membros reunidos do Clusterbusters. "Mas ainda não é suficiente. Nós precisamos fazer um trabalho positivo em um ritmo maior." Eles não podem esperar que o sistema acompanhe, porque são eles a parte mais importante do sistema. "Precisamos unir nossas forças. Precisamos continuar batendo em todas as portas. Não basta apenas pedir, precisamos exigir atenção."

Wold é um sujeito sociável, com um senso de humor zombeteiro, e curte as festas agitadas que acontecem todas as noites depois que as reuniões terminam. Felizmente, o homem não brinca em serviço. "Olhe em volta", pede ele. "Observe a pessoa sentada ao seu lado; a pessoa sentada à sua frente; a pessoa sentada atrás de você. Você pode salvar a vida delas. Elas podem salvar a sua."

O hábito de fumar, que vem de longa data, tornou áspera a voz de Wold, uma voz que paira no ar à nossa volta. Eu olho ao redor, depois para cima e para trás em cada fileira de participantes, enquanto também eles varrem a sala com os olhos. Será que se veem nos vaticínios de Wold? Estará cada um se perguntando se será o próximo a entrar para o memorial? Ou, quem sabe, estejam começando a acreditar que serão a salvação de alguém?

A comunidade que surge desse abandono é habilidosa, inventiva e comprometida com a criação de um sistema que salve vidas. No entanto, os psicodélicos nunca são a primeira opção de tratamento de ninguém. O trabalho do Clusterbusters começa com o incentivo às pessoas para que atuem junto com seus médicos na busca de tratamentos eficazes e legais. Além disso, disponibiliza um vasto espectro de instrumentos destinados a ajudar as pessoas a militarem por sua causa dentro da estrutura médica existente. Wold e sua diretoria colaboram com médicos, bem como com organizações profissionais que atuam em defesa dos portadores de dor de cabeça e empresas farmacêuticas, visando facilitar a vida de pacientes e cuidadores.

Contudo, comer um cogumelo pode parecer uma transgressão de menor gravidade quando o que está em jogo é a sobrevivência.

Capítulo Cinco

O DESBRAVADOR DE SOLUÇÕES

BOB WOLD NUNCA TOMOU PARA SI O MÉRITO DE TER INSPIRADO O INTERESSE DOS CLUSTERHEADS pela terapia psicodélica. Ele busca as origens do movimento ao longo de uma linha micelial que leva até um fórum on-line dedicado ao apoio aos pacientes de cefaleia em salvas, o *clusterheadaches.com* (*CH.com*), criado em abril de 1998.

Três meses depois, chegou até ele uma mensagem proveniente da Escócia, postada por um estranho que afirmava ter tratado com psicodélicos seus ciclos de cefaleia em salvas. Anos marcados por diagnósticos errôneos e tratamentos inadequados tinham feito do ceticismo a moeda corrente da comunidade. A voz de Wold fica mais baixa quando ele recorda o desinteresse e a dúvida. Porém, alguma coisa da postagem permaneceu, um traço tênue de esperança em meio ao desespero.

Acompanhei as pegadas digitais até sua origem. Como afirmado, havia uma postagem, preservada como um manuscrito antigo, datada de 28 de julho de 1998. Um homem chamado Craig Adams tivera coragem suficiente para escrever, "Eu uso pequenas doses de LSD para tratar a cefaleia em salvas".

Uma resposta não tardou a chegar – uma advertência –, encoberta por uma sábia cautela: "Boa sorte", respondeu uma pessoa chamada James*. "Espero que você tenha usado um pseudônimo. Não confie em ninguém."

Craig Adams acatou essas palavras. Ele desapareceu, engolido pelo vazio virtual; mas, seis meses mais tarde, foi seguido por uma nova voz, "Flash", enaltecendo as virtudes terapêuticas dos psicodélicos.

Por que, matutei, alguém daria importância à recomendação de um estranho surgido das sombras digitais, especialmente a uma pessoa incentivando a experimentação com uma substância *ilícita*? O fórum era formado por uma colcha de retalhos de iniciativas desesperadas para encontrar alívio: regimes extremos de exercícios cardiovasculares, dietas antifúngicas e medicamentos, além de uma prática denominada "Água Água Água", um tratamento envolvendo tal intensidade de hidratação, que beirava o envenenamento com água.

Tentei encontrar alguém que conhecesse Adams, para que eu pudesse compreender um pouco mais como a história se desenrolou. Veteranos dos painéis on-line lembravam-se dele como Flash. Eles ficavam com os olhos marejados ao relembrar a solicitude demonstrada por Adams nos momentos em que enfrentaram as crises mais terríveis. Ninguém parecia conhecer muitos detalhes sobre ele, no entanto, a versão mais longa de seu nome, "Flash of Aberdeen", dava indícios de sua localização: uma pequena cidade na Escócia.

Felizmente, nos arquivos meticulosos de Bob Wold encontrei um endereço de e-mail há muito ali esquecido. Quando tentei contatá-lo, eu fazia apenas uma aposta. Para minha grande perplexidade, Adams respondeu, ansioso para compartilhar sua história. Poucos meses depois, enquanto eu arrumava as malas para ir visitá-lo em Aberdeen, meu filho, que tinha oito anos, deu um grito de admiração quando lhe contei que estava indo encontrar um homem que havia descoberto o potencial de um cogumelo para ajudar as pessoas com dores.

"Flash?", perguntou ele. "Parece o nome de um super-herói."

Encontramo-nos no saguão do meu hotel, duas figuras conectadas por uma linha digital que agora estavam frente a frente no mundo tangível. Flash (o apelido preferido dele na vida real) usava um figurino impactante para seu alter ego de super-herói: um pai branco hipster da geração X, vestindo jeans de corte reto e tênis retrô, uma camiseta de corte ajustado com o logotipo do Krakatoa – o "autêntico bar Tiki de Aberdeen e espaço onde se ouve música popular".

Não obstante, logo descobri que Flash tinha diversas qualidades em comum com o clássico arquétipo do super-herói: uma energia inesgotável que alimenta a compulsão a encarar até mesmo os problemas mais espinhosos como um quebra-cabeça cuja solução ele consegue encontrar; uma bússola moral orientada na direção do bem público; e a capacidade, o espírito de liderança e a coragem para levar a cabo suas ideias – independentemente de quão estúpidas possam parecer para a maioria das pessoas.

Para minha sorte, Flash se sente hoje muito mais à vontade para falar sobre psicodélicos do que antes. Há anos, ele não sofre uma crise de cefaleia em salvas; portanto, não tem tido necessidade de usar drogas psicodélicas. E também é favorável a circunstância de ele estar financeiramente estável. Na década de 1990 e no início dos anos 2000, Flash temeu que o fato de usar uma droga ilícita pudesse prejudicar a empresa que ele estava tentando criar. Essa empresa é hoje uma companhia multinacional que lhe garante uma renda passiva.

Entretanto, ele prontamente se define como muito mais um rebelde do que um sujeito típico da tecnologia. Flash é um subversivo, um anticapitalista dedicado à redistribuição da riqueza por meio de sindicatos setoriais e propriedade do trabalhador.[1] Sua orientação ideológica define o projeto de sua empresa de TI. Em vez de reproduzir as estruturas hierárquicas convencionais, Flash preferiu um modelo bem mais horizontalizado, com opções de participação acionária distribuídas entre todos os trabalhadores. A confiança dele nesse modelo era tão profunda que o motivou a implementá-la de modo ainda mais radical no Krakatoa, o espaço que ele administra junto com o Black Cat Collective, uma cooperativa de trabalhadores não hierárquica e sem fins lucrativos. No tempo livre, Flash se dedica ao planejamento de uma forma de substituir o agonizante setor petrolífero de Aberdeen por uma economia mais sustentável e circular, baseada em uma rede de cooperativas de trabalhadores.

E o que dizer sobre o Porsche que ele dirige todos os dias para ir ao trabalho? Flash dá uma resposta sagaz: "Todos deveriam ter um!".

Certamente, pão e rosas.

Os princípios de Flash podem parecer paradoxais, mas uma combinação de inovação e equidade fizeram dele a pessoa mais adequada para colocar em operação uma rede clandestina de pesquisa.

Depois de uma longa conversa regada a café, retornamos para a casa de Flash na área rural, uma bela residência feita de pedras, que outrora abrigou os pastores da igreja vizinha. Flash concluíra recentemente uma trabalhosa reforma da casa paroquial. O porão foi equipado como uma enorme "academia" para seus dois papagaios. Quando está em casa, Flash permite que os pássaros voem livremente sobre a campina cor de esmeralda. O desvelo para com os pássaros é um dos motivos pelos quais ele não vai embora de Aberdeen. Papagaios exigem estrutura. Além disso, ele tem muito medo de avião. (Estou começando a entender por que Flash é mais um mito do que um homem na comunidade dos Clusterheads).

As reformas da casa de Flash refletem também sua forma de enxergar a medicina. A maioria das pessoas usa paredes de gesso acartonado, mas ele revestiu toda a casa com um isolamento de lã de carneiro historicamente considerado correto, e utilizou tintas à moda antiga, para permitir que a casa respirasse. Virando-se para sua namorada, Dee, ele afirma: "o custo e o trabalho foram recompensadores, não é verdade?". Ela balança a cabeça confirmando. Desde que moram lá, o máximo que tiveram foi um resfriado.

A experiência de Flash com os médicos ao longo dos anos abalou sua confiança no conhecimento deles, e tornou-o reticente em relação a uma "indústria farmacêutica, com seus volumosos orçamentos para propaganda, seus vínculos com a mídia e o poder dos *lobbies*".

Algumas vezes, ele chega muito próximo de teorias da conspiração já desmentidas na medicina... bem, não há como evitá-las. Depois de estarmos conversando há um bom tempo, Flash começa a "fazer perguntas" sobre discussões científicas arraigadas, como a questão das vacinas e do autismo e da veracidade da ciência do clima. É preocupante, mas compreensível. Como ele gosta de dizer: "A ortodoxia médica frustrou as pessoas portadoras de cefaleia em salvas, mas descobriu-se que sempre houve uma maneira de tratá-la... e que era provavelmente conhecida. Para quais outras doenças vale a mesma coisa?".

Nesse estágio da vida, Flash parece pronto a se estabilizar. Ele e Dee passaram a viver juntos como pais solteiros – cada um deles trazendo um filho de um relacionamento anterior. Archie, de seis meses, preenche a cozinha com os mais alegres sorrisos gengivais. Dee se mostra tão encantadora quanto Flash e, muito animada, dirige a mim perguntas educadas durante um jantar de menu turco.

Surpreende-me saber que Dee sabe muito pouco sobre a razão de minha visita e, menos ainda, a respeito da jornada de Flash com o Clusterbusters. Porém, após passar tanto tempo com ele naquela tarde, consigo imaginar que Flash tem um volume tão grande de ideias para discutir e problemas para resolver que, apesar de todo o tempo que estão juntos, provavelmente esse tema nunca veio à tona.

"Dee, você sabia que Flash sofria de cefaleia em salvas?"

Ela faz um ligeiro aceno de concordância com a cabeça. Ela sabia que ele tinha terríveis dores de cabeça. "Mas parece que não tem mais", acrescenta.

Como é possível ela não saber? Já são mais de 9 horas da noite quando eu lhe pergunto isso, e fico imaginando se eles estariam querendo fazer uma pausa em nossa conversa para colocar Archie na cama. No entanto, o Sol ainda está alto naquele céu do verão setentrional, então nós continuamos. Flash coloca água na chaleira para fazer uma jarra de chá, e Dee inclina-se para trás e relaxa, ansiosa para ouvir falar sobre a ocasião em que Flash encontrou uma solução inovadora para o mais premente problema de saúde de toda uma comunidade de pacientes.

Flash tinha dezesseis anos quando começou a ter diversas e violentas dores de cabeça todos os dias. O médico lhe disse que não precisava se preocupar – provavelmente a causa era seu hábito de ranger os dentes. Flash deu razão ao médico, pois as dores de cabeça desapareceram após algumas semanas. No entanto, sete meses depois, com a reincidência das dores, ele ficou em dúvida.[2]

Sendo por natureza um sujeito curioso, Flash se dirigiu à biblioteca local a fim de fazer uma pesquisa por conta própria. Não demorou para ele entender o que estava errado com sua saúde: o rapaz se reconheceu imediatamente em uma descrição de cefaleia em salvas que encontrou em um compêndio sobre dor de cabeça. A ilustração ao lado do diagnóstico traduzia tudo o que ele sentia: um rosto com uma mancha escura sobre um olho, indicando a localização da dor provocada pela cefaleia em salvas. Flash quase conseguia sentir a tinta atravessando a órbita ocular do homem.

Ele levou uma cópia da descrição para seu médico, que concordou de imediato. Contudo, como um exército de outros pacientes de cefaleia em salvas sabe muito bem, um diagnóstico adequado raramente se converte em tratamento profícuo. Tudo o que o médico prescreveu foi inútil, ou pior, provocou terríveis efeitos colaterais.

Flash ficava bem em dez meses do ano. Entretanto, as crises o impediam de dormir, comer ou sair de casa durante um mês inteiro, duas vezes no ano. No final de cada ciclo, sua estrutura delgada mais se assemelhava a um esqueleto. Parecia impossível manter relacionamentos. Ele até podia começar a namorar com uma garota, mas não tinha a menor ideia de como explicar essa estranha doença debilitante para alguém de quem realmente gostava, menos ainda submetê-la ao horror de enfrentar os ciclos ao lado dele.

Aos 21 anos de idade, ele não conseguia acompanhar as aulas na universidade. Os ciclos de cefaleia em salvas aconteceram no outono e na primavera, bem nas ocasiões em que ele deveria dedicar-se com mais afinco aos estudos. As notas de Flash foram desoladoras; sua vida social estava em frangalhos; seu humor, deprimido.

Os amigos pensaram que Flash estava "fazendo piada" quando ele contou que precisava deixar a universidade por causa de suas dores de cabeça. Para eles, o amigo queria apenas chamar a atenção; ou era indolente; ou estava muito, muito cansado. Provavelmente, pareceu-lhes estranho, pois, até onde conseguiam ver, ele se mostrava bem a maior parte do ano, e, de repente, desaparecia por semanas a fio. Eles não conseguiam compreender como uma dor de cabeça poderia ser tão devastadora. Os professores também demonstraram a mesma falta de empatia.

A vida de alguém que abandona a universidade era penosa. Flash não via perspectivas de uma carreira, e sua atitude em relação ao futuro se tornava cada vez mais niilista. Incapaz de manter um emprego adequado, um conhecido de um bar lhe ofereceu uma pequena quantidade de LSD "em consignação". Como não era um usuário de drogas – com exceção do ocasional fumo recreativo de maconha –, Flash se sentiu "eticamente" compelido a experimentar a droga antes de tudo. Além do que, poderia ser divertido; e ele de fato precisava de um pouco de divertimento.

Pensando em retrospectiva, ele contou, com um sorriso malicioso, que seu primeiro comprimido de ácido deve ter sido potente, porque "foi uma experiência e tanto. Superou tudo o que eu já havia tomado antes. O tempo ficou lento, muito lento", até o momento em que a própria consciência de si mesmo se fundiu com o ambiente que o cercava.

Tudo começou com o conjunto de bolinhas do tecido de uma capa de edredom pulsando junto com a respiração. Em seguida, "parecia que eu tinha saído de meu corpo e me aproximado do edredom, como se flutuasse sobre ele; e, enquanto eu flutuava sobre ele em câmera lenta, olhei para baixo, e todas essas lâmpadas estavam pipocando, como circuitos de duas fases saindo do edredom. Estavam todas iluminadas, em vermelho, azul, verde, amarelo e tudo o mais".

O assombro tomou-o de assalto outra vez quando ele foi para fora. A caminhada colina acima desde seu apartamento fez que se sentisse pequeno contra o pano de fundo dos edifícios mais altos da cidade. Já a descida deu-lhe a sensação de ser um gigante. Flash se sentiu fascinado em ver como as outrora conhecidas ruas da cidade de Aberdeen cintilavam com luzes tão brilhantes como a pista de dança em *Saturday Night Fever*. Que sorte viver em uma cidade tão antiga e mágica! Relembrando os acontecimentos, ele se deu conta de que o efeito discoteca não passara do reflexo das luzes do trânsito nas escorregadias ruas de granito.

O tráfico de drogas e seu estilo de vida decorrente atenderam às expectativas de Flash durante um tempo, em especial quando o previsto ciclo de cefaleia deixava de ocorrer conforme esperado no mês seguinte. O fornecedor entregava um novo lote na quinta-feira. Ele se entregava a uma bebedeira de quatro dias, regada a álcool e maconha, com os clientes lhe oferecendo comida e bebida. Dormia todo o dia de segunda-feira, viajava na terça, dormia toda a quarta, e depois repetia o mesmo roteiro. "'Highway to Hell' era a trilha sonora da minha vida", contou-me.

Mas Flash nunca teve a menor inclinação para a preguiça nem a criminalidade. Em setembro de 1993, após se dar conta de que passara um ano sem qualquer sinal de dor de cabeça, ele voltou para a universidade a fim de concluir sua graduação.

Como agora estava se sentindo bem, a escola ficou mais fácil. Flash se formou em 1994 com boas notas, um diploma de ciência da computação e um namoro firme. Naquele verão, ele tomou o comprimido remanescente do ácido e, então, criou sua empresa de TI. O niilismo anterior deu lugar a um objetivo empresarial e um espírito idealista.

Flash tentou não se preocupar quando, em abril de 1995, sentiu aquela temida, mas conhecida e progressiva sensação latejar na parte de trás de sua cabeça. Como sempre, o médico tinha pouco a oferecer tanto em termos de orientação como de ajuda. O ciclo durou apenas umas poucas semanas, mas ele ficou devastado. Em setembro daquele ano, Flash conseguiu um contrato fundamental para sua empresa – um trabalho com potencial para alavancar ou quebrar a companhia. Como ele conseguiria trabalhar, se o ciclo retornasse?

O mês de novembro seguinte, quando provavelmente viria o golpe do próximo ciclo, era o prazo limite para que ele encontrasse um tratamento. Uma coisa era sofrer com debilitantes dores de cabeça sendo um traficante de drogas com vinte e poucos anos, em precária condição de habitação, outra, era ter uma base de apoio em um negócio lucrativo. Havia muito a perder com o retorno a uma vida marcada por múltiplos ciclos de cefaleia em salvas por ano.

Flash começou a se perguntar se, durante os anos livres da doença, ele estava fazendo alguma coisa para evitar que os ciclos retornassem. "Em desespero, decidi elaborar uma lista de tudo o que eu fizera de maneira diferente entre [agosto de 1992 e abril de 1995]." Foram horas de reflexão até chegar a uma "lista extraordinariamente curta, formada por apenas três letras: L.S.D." Mas como poderia o LSD ter sido a diferença?

Certa vez, fazendo uma pesquisa na biblioteca local, Flash encontrara uma razoável explicação para sua dor de cabeça. Em 1995, as pessoas que tinham acesso à internet dispunham de um volume potencialmente muito maior de informações ao alcance das mãos. A maioria dos escoceses ainda não tinha acesso à web, mas Flash comandava uma empresa de TI. Ele podia acessar a internet no local de trabalho. Assim sendo, carregou o Netscape em um computador de trabalho e digitou, "cefaleia em salvas && LSD". (Nos primórdios da internet, os dois sinais tipográficos && indicavam um "e" para o mecanismo de busca). Sem respostas.

Flash me fez lembrar que a internet naquela época "era muito limitada": fundamentalmente informações técnicas sobre Unix e – ele brincou – uma "foto solitária de Sharon Stone nua".

Ele ampliou sua busca. Quem sabe apenas a expressão "cefaleia em salvas" trouxesse alguma informação. Ainda assim, nada.

"LSD", por outro lado, retornou um volume excessivo de informações. Portanto, ele tentou limitar a busca a "enxaqueca && LSD".

Foi então que viu pela primeira vez o nome Albert Hofmann.

O livro de memórias de Albert Hofmann, *LSD: My Problem Child* (LSD: meu filho problemático) dissipou todas as concepções equivocadas que Flash nutria sobre a droga das ruas que ele anteriormente vendia. Hofmann, um químico pesquisador que trabalhava na Sandoz, importante empresa farmacêutica suíça, não tinha qualquer intenção de criar um potente alucinógeno quando descobriu o LSD – tudo não passou de um acidente no processo cotidiano de desenvolvimento de uma droga medicinal.

Em suas memórias, Hofmann descrevia uma época na qual cientistas e médicos desenvolviam estudos legítimos e profícuos com LSD. Ele desfrutou do sucesso do LSD, enquanto durou, mas infelizmente a "alegria proporcionada pela paternidade do LSD foi maculada depois que essa droga foi arrastada pela enorme onda de uma mania inebriante que começou a se espalhar no mundo ocidental, principalmente nos Estados Unidos, no final da década de 1950".[3]

Mesmo assim, o LSD acabou rendendo alguns extraordinários desenvolvimentos médicos, um dos quais representou um importante progresso na medicina da dor de cabeça. Em uma prescrição médica que ele nunca utilizou, Flash reconheceu o nome do medicamento – metisergida, comercializado como Sansert. A lista de efeitos colaterais era muito mais do que assustadora: ansiedade, tontura, significativos problemas gastrointestinais, edema, ganho de peso e cãibras; em casos raros, se usado por um período prolongado, podia causar uma fibrose grave com efeitos danosos para o coração. No entanto, o médico *não dissera* a ele que a metisergida era uma versão modificada do LSD.

Flash não precisou de mais detalhes. Ele estava desesperado no momento, e o livro oferecia o encorajamento necessário. Só lhe faltava saber onde encontrar LSD naquela época. Uma opção seria voltar aos bares decadentes que ele frequentara quando jovem.

"Eu não queria me ligar novamente aos antigos parceiros." Ele não poderia permitir que sua sombria vida pregressa de traficante de drogas comprometesse seu futuro.

Flash tentou pensar em uma solução alternativa aceitável. Então, lembrou-se: estavam em setembro – a temporada dos cogumelos mágicos.

O forrageamento é praticamente um estilo de vida em Aberdeenshire, local onde o clima gelado e úmido alimenta pastagens verdejantes e uma vibrante cultura de fungos. Cantarelos, cogumelos, algas marinhas e bagas pontilham as montanhas, os vales, os lagos, os rios e as costas. O acesso a terras na Escócia é bastante democratizado por meio da antiga norma estatutária "right to roam" (direito público de acesso à natureza). Todas as pessoas têm acesso a quase tudo – com poucas restrições –, independentemente da localização e de quem sejam os proprietários. Qualquer um pode fazer uma festa do forrageamento, desde que seja capaz de distinguir entre os apetitosos e os mortais.

Flash, infelizmente, não sabia o que estava fazendo. Ao longo dos anos, havia assimilado algumas informações, obtidas aqui e acolá, sobre os cogumelos mágicos que cresciam nas redondezas de sua terra natal. Seria difícil deixar de ir, dado o grande número de pessoas da região – inclusive sua namorada na época – que curtiam as viagens ocasionais.

Flash imaginara, erroneamente, que esses pequenos fungos forneceriam o LSD de que ele necessitava. Contudo, o LSD é uma substância química sintética, produzida em laboratório. Os cogumelos mágicos contêm os compostos psicoativos psilocibina e baeocistina.[4]

O forrageamento de fungos psicodélico tinha uma importante vantagem em relação ao LSD. Uma brecha na regulamentação – em outros aspectos restrita – aprovada em 1971 pelo governo britânico, a Misuse of Drugs Act – equivalente à US Controlled Substances Act – tornava os cogumelos mágicos tecnicamente legais. A lei estabelecia a ilegalidade da psilocibina e da psilocina. Porém, antes de 2005, quando os legisladores a reformularam, os britânicos podiam foragear, possuir e, até mesmo, vender cogumelos psicodélicos frescos, pois a lei bania apenas as substâncias químicas isoladas.

Entretanto, a lei impunha limitações em relação àquilo que as pessoas podiam fazer com esses cogumelos. Ingerir um cogumelo mágico ou usar métodos de conservação para preservá-los eram ações capazes de causar problemas para quem o fizesse. Mas Flash estava disposto a admitir algumas pequenas transgressões; por outro lado, recorrer a traficantes de drogas era um risco que ele se recusava a aceitar.

Assim, em uma manhã nublada de setembro, Flash foi de carro até uma praia logo ao norte da cidade onde ele e os amigos costumavam curtir um baseado. Um companheiro lhe contou certa vez que vira uma plantação de Liberty Caps crescendo em um amplo pasto de gado bem atrás das dunas gramadas. Flash levou consigo um manual local sobre cogumelos, para ajudar na identificação, ignorando a descrição de Liberty Caps como não comestível.

Minúsculos espécimes cônicos de Liberty Caps (*Psilocybe semilanceata)* floresciam no solo rico em fósforo e potássio dos pastos e gramados onde pastavam ovelhas e vacas. Ao contrário de alguns cogumelos, os da espécie Liberty Caps decididamente não têm uma aparência muito bonita. Eles são fungos esqueléticos, na cor marrom, os quais, quando molhados (e o clima é sempre úmido na Escócia), desenvolvem uma membrana viscosa, acastanhada e pouco apetitosa chamada *película*.

Flash retornaria ao mesmo campo muitas vezes nos anos seguintes, mas nunca – contou-me ele, denotando em sua voz um profundo respeito por esse momento inesquecível – vira tantos cogumelos como viu então. Naquele dia, ele não precisou de um manual. Todo o campo estava coberto com minúsculos cogumelos marrons, "como pequenos soldadinhos de brinquedo espalhados sobre a grama".

Flash teve a esperança de que esses fungos horríveis, que cresciam em pilhas de excremento, pudessem lhe oferecer uma chance, mesmo que diminuta, de se libertar de uma dor que beirava o insuportável. Talvez seus característicos chapéus cônicos com bicos – cujo nome fora inspirado nos chapéus frígios usados no passado pelo povo escravizado da Roma antiga, como sinal de liberdade – fossem indícios de bons presságios.

A ideia de consumir cogumelos sozinho pareceu um tanto depressiva para Flash; portanto, ele convidou alguns amigos para participarem. Não informou ao grupo o verdadeiro motivo do convite – sua experiência na universidade lhe havia ensinado que as pessoas não compreendem quão devastadora uma "dor de cabeça" pode ser. Entretanto, ninguém fez perguntas mais detalhadas. Todos estavam dispostos a curtir uma noite de diversão.

Seguindo as instruções de um parceiro, Flash preparou um chá com o produto de sua colheita, e o dividiu em porções; mas seus amigos acharam que a quantidade de infusão não seria suficiente. O parceiro os havia orientado a não comer os pedaços encharcados do cogumelo, depositados no fundo de cada xícara; porém, eles avaliaram que não faria mal. Quinze minutos depois, o estômago de Flash sofreu uma forte contração. Ele foi para o banheiro e tentou vomitar. Nada aconteceu. Sentou-se no *toilete*, taciturno, e pensou, "Tarde demais. Eu me envenenei e dei veneno a todos nesta casa. Vamos todos morrer".

"E então, repentinamente, consigo ouvir na casa todas as pessoas começando a rir, certo? E todo mundo estava soltando puns como loucos, o que tornava a situação ainda mais divertida."

Os cogumelos produzem um feitiço hipnotizante. Flash, que é sempre o DJ, conseguia naquele momento fazer as paredes pulsarem em sincronia com a batida; cada nova canção impregnando o ambiente com um caleidoscópio de cores vívidas. As risadas, agora harmonizadas, tinham o poder de elevar o espírito de qualquer um.

No mês seguinte, Flash convidou de novo os amigos, para "darem conta de seu estoque". A estratégia deu certo. Novembro começou e acabou sem uma única crise sequer. Quando chegou o Hogmanay – a tradicional celebração escocesa do Ano-Novo –, ele compartilhou sua terceira dose, uma enorme garrafa de dois litros de chá. Flash e os amigos festejaram na antiga fortaleza de Stonehaven, uma verdadeira joia encravada majestosamente acima das ondas frias do Mar do Norte, numa noite embalada pela música que fundia as paredes verde-musgo com o céu tempestuoso e os padrões entrelaçados dos tartãs familiares.

O fato de o ciclo do outono da cefaleia em salvas não ter ocorrido era uma robusta evidência de que os cogumelos haviam funcionado como medicamento preventivo. Contudo, a continuidade do experimento exigiria que Flash aprendesse a ser um fora da lei psicodélico mais bem preparado. A temporada de cogumelos se encerrara, e a curiosa brecha legal na legislação britânica, que permitia a posse e a venda de cogumelos *Psilocybe* frescos antes de 2005, proibia estritamente a maioria das técnicas de conservação. No entanto, ele descobriu mais uma brecha: muito embora a secagem e o congelamento de cogumelos da espécie Liberty Caps fosse ilegal, seu armazenamento em mel era tecnicamente permitido. Por quê? De certa forma, o mel preserva o fungo e, ao mesmo tempo, mantém-no fresco.

A desvantagem: esse método de armazenamento tornava mais desafiador o cálculo da dosagem, pois o mel absorvia psilocibina dos cogumelos. Entretanto, a técnica observava à risca a determinação da lei, se não seu espírito.

Naqueles meses intermediários, Flash descobriu também que havia maneiras melhores e piores para se tomar cogumelos mágicos. Uma quantidade menor de Liberty Caps produzia uma viagem mais tranquila e relaxante do que as doses mais altas que ele tomara em festas. Além do que, como sempre acontece com psicodélicos, o "contexto" e o "ambiente" eram fundamentais. O estado de espírito da pessoa (contexto) e a estética e o espaço local (ambiente) podiam produzir ou frustrar uma viagem.

Mas entender o que lhe dava prazer exigia experiência. A música que ele curtia em outro lugar deixava-o tenso quando estava drogado.

"Tudo o que as pessoas pensam que desejam ouvir quando estão viajando, coisas como Pink Floyd, não dá certo; é assustador demais, aterrorizante demais. Você deve escutar coisas do tipo *country* e *western*, que são agradáveis e seguras. Essa é toda a excitação com que você consegue lidar", disse-me ele.

Com o tempo, Flash deixou de curtir as viagens psicodélicas recreativas. Talvez ele tenha perdido o interesse porque a novidade foi se esgotando. Ou, quem sabe, a experiência começou a parecer solitária. Se as experiências psicodélicas expandem o estado mental da pessoa e o concomitante ambiente físico e sociocultural, eu suspeito que a tentativa de se curar por meio de viagens psicodélicas pode se tornar extenuante quando cercada por outros que usam a mesma droga para fins de diversão.

A namorada de Flash era a única das pessoas em cuja companhia ele consumia cogumelos que conhecia o motivo do repentino interesse dele por Liberty Caps. Entretanto, Flash sentia com frequência que ela só se importava com a dor dele na medida em que esta afetava a vida dela. E Flash continuou guardando para si seu histórico de saúde, pois aprendera há tempos que a maioria das pessoas carecia de um referencial que permitisse avaliar o terror existencial desencadeado pelo início de um ciclo de cefaleia em salvas.

Ele concluiu que o segredo estava em descobrir a menor dose terapêutica necessária para evitar um ciclo. Para tanto, realizaria experimentos, nos quais seria tanto o cientista como o objeto de estudo. Será que o ciclo retornaria se ele diminuísse a dose a uma dezena de cogumelos? O que aconteceria se ele reduzisse para oito cogumelos? O efeito se manteria se ele usasse apenas seis em sua mistura? Com que frequência ele precisaria consumir cogumelos? Seria possível estender para seis meses o período entre as doses? Para nove meses? Poderia ele ir ainda mais longe? Ele usou o início previsível e sazonal de um ciclo como controle: seu próprio corpo foi o melhor instrumento de medida do sucesso ou do fracasso.

Quatro cogumelos, a menor dose que ele testou, clareou sua cabeça e o fez dar risadinhas, mas agravou sua crise. Oito cogumelos foi a menor dose capaz de interromper efetivamente uma crise; porém, doze deles evitaram, de forma regular, a formação de um ciclo. Havia variações de potência entre os lotes de cogumelos; assim, ele acabou decidindo por uma dose de dez a doze Liberty Caps, consumidos frescos, como aquela que, sempre e efetivamente, evitava seus ciclos com o menor número possível de efeitos psicodélicos. Flash descreveu esses efeitos como "viagenzinha", porque ele "tinha apenas algumas visões amenas". Entretanto, se consumia um pouco menos que fosse, sentia uma ligeira pontada, indicando o iminente início de um ciclo.

Qualquer pessoa que tenha conseguido controlar uma doença crônica sabe que só um tolo mudaria um tratamento médico que funciona. Mas Flash conciliou sua curiosidade aventureira por meio de uma abordagem de grande racionalidade à solução de problemas – um popperiano intuitivo, desejoso de submeter até mesmo suas mais estimadas teorias a experimentos cujo objetivo é provar que são falsas. Ele sabia que só ficaria satisfeito quando conseguisse demonstrar que os cogumelos estavam de fato impedindo seus ciclos de cefaleia em salvas.

Flash decidiu que a melhor maneira de verificar quanto tempo levaria até o surgimento do ciclo seguinte seria não participar da colheita de cogumelos do outono de 1996. Naquele ano, ele conseguiu ficar pouco mais de doze meses sem tomar a dose antes de sofrer uma crise. O Natal e o Ano-Novo seguintes foram um verdadeiro inferno.

Um médico lhe prescreveu analgésicos. Flash tomou a dose máxima e passou uma semana sem dormir e vomitando sangue. "Chegou ao ponto em que eu tinha crises seis vezes por dia, com três horas de duração cada uma... eu não sabia onde estava." Ele sucumbiu na frente do médico. Segundo me contou, a última vez em que chorou com tanta intensidade foi em 1978, enquanto assistia Bambi depois de uma ida ao dentista.

O médico lhe disse que o ciclo tinha sido assim tão severo porque ele estava tomando analgésicos demais, o que era verdade. Ninguém lhe advertira de que as drogas tinham esse efeito. O médico o orientou a abandonar os opioides imediatamente, e prescreveu propranolol, um betabloqueador.

Mas Flash então falou alguma coisa que tornou a situação ainda pior. Ele pediu a opinião do médico.

"O que o senhor acha de LSD ou cogumelos para tratamento?"

O doutor ameaçou expulsá-lo do consultório e o acusou de ser um "drogado" que só queria "drogas pesadas".

Flash abandonou os analgésicos. Ninguém o advertira de que eles podiam piorar a dor. O médico estava certo: parar de tomar aqueles medicamentos ajudou.

Todavia, nada mais nessa interação médica deu certo. A exemplo da maioria dos tratamentos para cefaleia em salvas, o propranolol é uma droga antiga, que foi desenvolvida para hipertensão. Os médicos o prescrevem como medicamento "*off-label*" para tratar enxaqueca e cefaleia em salvas; porém, são insuficientes as evidências experimentais quanto a essas indicações, em especial no caso da segunda delas.

O efeito da droga foi danoso para Flash. "Minha pressão arterial deve ter caído muito. Minha pulsação ficou tão fraca que foi realmente assustador; abaixo de cinquenta, quando, em geral, é bastante rápida. Uma situação apavorante, e eu de fato comecei a perder a confiança nos médicos".

Então foi assim. Parece que a medicina ocidental estava tentando matá-lo.

Flash me levou até a pastagem onde havia colhido Liberty Caps pela primeira vez. Quando nos aproximamos da área, ele me falou um pouco sobre sua família. A mãe tinha um medo tão profundo de vir a ocorrer uma III Guerra Mundial que não conseguia ler as notícias. "Quando começava o noticiário, nós precisávamos sair da sala. Tudo o que tínhamos era o tabloide *National Enquirer*."

Nós fomos caminhando ao lado do gado até chegarmos ao topo das dunas, onde fomos brindados por uma vista espetacular do Mar do Norte. Um lugar tão deslumbrante que Donald Trump construíra um campo de golfe naquele exato local.

"Devemos atravessá-lo?", perguntou Flash, apontando para os limites do campo. Ele acabara de me contar uma história alarmante sobre um aposentado local que fora preso por ter urinado em uma duna próxima da propriedade – se movido pelo desespero ou por um gesto político, não tínhamos como opinar –, mas seguimos adiante, de qualquer maneira.[5]

Enquanto caminhávamos, Flash foi me falando sobre sua mãe, sempre rindo ao lembrar a sequência da história. Certo dia, a professora de gramática dele pediu que todos os alunos levassem jornais de casa, e foi assim que ele ficou sabendo que antigos casos não solucionados de assassinato e abduções por forasteiros não eram considerados notícias.

Seria esse súbito despertar para a realidade a origem de seu ceticismo em relação ao conhecimento formal? Talvez, mas todas as experiências que tivera com a medicina ocidental, até então, haviam minado sua confiança em toda a instituição. Segundo me contou, ele não tinha, naquele momento, certeza quanto à segurança das vacinas que o pediatra recomendara para seu filho Archie. Flash se recusava a aceitar as orientações de um médico sem antes fazer pesquisas por conta própria.

A experiência de Flash com seu médico não apenas o convenceu de que os cogumelos psicodélicos eram a única alternativa capaz de lhe trazer alívio, como também o motivou a buscar uma forma – qualquer uma – de compartilhar suas descobertas com outras criaturas que, como ele, necessitavam de um tratamento efetivo e nunca encontraram qualquer pessoa ou qualquer coisa capaz de ajudar.

Flash começou sua campanha de divulgação, telefonando para um neurologista em Londres – um dos mais proeminentes especialistas do mundo em cefaleia em salvas. O doutor escutou até o momento em que Flash se atrapalhou em certo jargão médico. “Diga-me em inglês o que você está tentando falar, e eu serei o médico. Pare de usar palavras cujo significado você não entende.” Ele sabia perceber quando estava sendo tratado com menosprezo. Na opinião dele, os médicos acreditam que sabem mais do que os pacientes, mas “só conseguem se guiar por aquilo que os pacientes relatam ou pelo que mostram os exames de sangue”. Eles “na verdade, não sabem o que se passa internamente”.

Os médicos simplesmente não faziam o esforço necessário para serem úteis. No entanto, Flash nunca foi o tipo de pessoa que desiste ao se deparar com um impasse. Neste mundo, os problemas existem para serem enfrentados.

Apesar de duvidar do comprometimento dos especialistas no sentido de resolver os problemas, Flash tinha certeza de que as pessoas podiam produzir mudanças por meio de uma ação direta. Era necessário fazer sua mensagem chegar até elas. E ele sabia exatamente como fazê-lo: pela internet.

Foi assim que, durante o verão de 1998, Flash se viu passando um pente fino em todas as postagens no *CH.com*. Postar uma mensagem sobre psicodélicos não era uma decisão trivial. Ele imaginou que poderia ser alvo de duras críticas; ou pior ainda, poderia fazer alguma postagem que causasse problemas para alguém.

Na mensagem postada, Flash se descreveu como uma pessoa racional. "Eu administro uma bem-sucedida empresa de TI, que emprega doze funcionários." Flash queria deixar claro para todos que ele estava consciente das implicações morais de seu comportamento: "Estou prestes a fazer algo abominável, em um esforço para impedir o ressurgimento da cefaleia em salvas por algum tempo. Vou tomar uma dose muito pequena de uma substância com propriedades semelhantes às do LSD, uma substância obtida a partir de cogumelos Liberty Caps".

Flash já sabia então que os cogumelos Liberty Caps continham psilocibina e não LSD. Entretanto, é possível que substâncias "tipo LSD" fossem mais conhecidas para as pessoas. Ele próprio tomara conhecimento da psilocibina apenas alguns anos antes.

"Essas dores de cabeça são terríveis", continuou ele. Mas os cogumelos produziam "alívios periódicos". Flash contou o restante de sua história de uma só vez, explicando como descobrira e por que decidira continuar tomando Liberty Caps "durante o futuro próximo".

A memória é uma coisa engraçada. Todos aqueles com quem conversei sobre os primórdios dos experimentos psicodélicos descreveram as discussões em torno dessas substâncias como polêmicas. As lembranças de Flash também apontavam na mesma direção. Quando examinei os fóruns, contudo, ocorreu-me que as pessoas mostravam certa receptividade à ideia.

Na verdade, Flash não apenas foi poupado das críticas moralizantes que ele temia, como suas primeiras postagens conquistaram apoio, aplausos e interesse por parte daqueles que se lembravam do prazer proporcionado pelo LSD nos tempos da faculdade.

Mesmo assim, havia preocupações. O forageamento de cogumelos proibidos era acompanhado de graves riscos: existia a possibilidade de algo venenoso ser colhido erroneamente como se fosse cogumelo psicodélico. Pelo menos um Clusterhead envolvido sabia que o LSD e a metisergida legalmente prescrita tinham propriedades semelhantes. Ele quis saber por que Flash não pedia que um médico lhe prescrevesse o Sansert (metisergida). Considerando-se que essa droga legal, não alucinógena e amplamente disponível "é muito próxima daquela velha estrutura química", por que estaria ele procurando encrenca?

Flash tinha consciência de que a promoção desse tratamento seria desafiadora.

Ao longo dos meses seguintes, ele levaria ao fórum novidades pontuais relativas ao tratamento. Todas as mensagens que postou foram alvo dos mesmos aplausos zelosos e de ocasionais comentários de preocupação. *Não teria ele temor de vir a sofrer uma crise de cefaleia em salvas durante uma viagem psicodélica*? Uma experiência psicodélica podia ser desafiadora por si só – de que maneira Flash lidaria com o medo de uma crise enquanto perdido nas profundezas de sua mente?

Em outubro de 1999, ele embarcou em um experimento arriscado, um experimento envolvendo a indução de uma terrível dor de cabeça por meio de um copo de uísque. "Isso sempre provoca dor de cabeça, e sempre uma horrível dor de cabeça... O experimento foi amedrontador, porque poderia ter tido um resultado horrível, muito horrível, sabe? No entanto, eu já vivenciara viagens ruins antes, portanto, estava preparado para o pior."

O medo era real, mas também a determinação dele. Como seria de se esperar, a dor de cabeça aconteceu, imediata e muito feroz, um turbilhão de dor que ameaçava tragá-lo. Mas Flash estava preparado, armado com seu único remédio: um chá fermentado a partir de cogumelos psicodélicos. Dotado de uma mistura de esperança e apreensão, ele engoliu o chá tão logo as ondas de dores começaram. Seu coração batia forte à medida que os segundos se passavam, cada momento parecendo uma eternidade, enquanto ele esperava o resultado de seu ousado experimento.

Quinze minutos depois, a cefaleia em salvas havia desaparecido. Derrotada.

Capítulo Seis

TOME DOIS COMPRIMIDOS E ME LIGUE DE MANHÃ

A VISITA A FLASH ME PERMITIRA TER CERTA PERCEPÇÃO DA ORIGEM do Clusterbusters; contudo, a história dele suscitou dúvidas quanto ao papel que o LSD teve no desenvolvimento dos medicamentos contra dor de cabeça. E eu não conseguia parar de pensar sobre a audácia desse experimento com uísque. O desencadeamento de uma crise tão dolorosa apenas para confirmar se uma intervenção teria condições de funcionar exigia um compromisso verdadeiro com a investigação empírica.

A exemplo de Flash, eu queria saber como esse simples chá poderia ter conseguido o que anos de tratamento médico não conseguira. E não pude deixar de me perguntar se o setor farmacêutico, como Flash suspeitava, já conhecia a resposta.

Para desvendar essa história eu teria que seguir, de volta no tempo, os segmentos miceliais que conectavam o tratamento psicodélico de Flash. A escolha da primeira parada nessa jornada parecia bastante simples. Eu precisava colocar as mãos nas memórias de Albert Hofmann.

Albert Hofmann (1906-2008) é detentor de um prestígio icônico no mundo dos psicodélicos, uma posição que se tornou tangível por meio de um próspero mercado para as suas memórias. Camisetas, chapéus, canecas, quebra-cabeças, fivelas de cinto, sungas de boxeador e, naturalmente, peças de arte em papel mata-borrão, tudo adornado com o rosto de um homem de meia-idade cujo cabelo grisalho e ralo e as sobrancelhas rebeldes emolduram um olhar intenso que transmite sabedoria. Entre as diversas descrições, a versão mais popular mostra Hofmann fazendo malabarismo com uma molécula grande demais de LSD, enquanto outras imagens têm o objetivo de transmitir uma estética instigante. Como não poderia deixar de ser, seu fascínio pela comunidade psicodélica tinha muito mais a ver com sua visão de mundo do que com sua aparência. Ao contrário de seus contemporâneos, que costumavam erguer rígidas barreiras entre o mundo da ciência e o da espiritualidade, Hofmann impregnava seu trabalho com a investigação pessoal da ação recíproca entre a natureza e a capacidade da psiquê humana para recorrer a momentos de profunda veneração, transformação e conexão unificada com o cosmos.

Hofmann identificava a origem de sua inclinação espiritual com uma infância de perambulação em meio a prados e florestas na Suíça, embalado pelo ritmo das mudanças de estação. As pessoas próximas a ele, incluindo os pais, consideravam estranho que uma criança tão arrebatada pelas artes, as humanidades e a beleza da natureza tivesse atração pela precisão da pesquisa química. Todavia, o interesse de Hofmann estava muito mais ligado à química do mundo das plantas, cujas conexões "profundamente emocionantes" com a natureza despertaram nele a curiosidade de descobrir o que mais a floresta ocultaria.[1] A obtenção de um doutorado em química era também uma opção pragmática que lhe abria a possibilidade de uma carreira capaz de conciliar sua paixão com um trabalho bem remunerado. A Basileia, na Suíça, era a sede de um setor farmacêutico em grande expansão, no qual as plantas foram a gênese de poderosos medicamentos.

Vamos pensar sobre o profundo impacto que as plantas com propriedades psicodélicas tiveram na formação das economias coloniais da Europa. Impérios foram erigidos com base no comércio do chá, graças a seu conteúdo de cafeína. Em todos os continentes, o cacau, quando transformado em chocolate, contribuía para um estímulo geral do humor devido à sua mistura de compostos indutores da euforia. Os europeus nutriam uma intensa ligação com o vinho, uma bebida obtida pela fermentação de suco de uva e que provocava sentimentos de prazer. O tabaco e a cana-de-açúcar – ambos capazes de ativar os circuitos de recompensa do cérebro – se tornaram dois dos mais lucrativos produtos de importação provenientes do Novo Mundo.[2]

A indústria farmacêutica surgiu no século XIX, um tempo de explorações desenfreadas das potenciais aplicações de substâncias derivadas de plantas bioativas e dos fungos. Entre os de maior destaque estavam os oriundos do ópio extraído da papoula. No começo do século XIX, avanços obtidos nos processos químicos levaram ao desenvolvimento da morfina, uma droga aclamada como bálsamo eficaz – e inicialmente não viciante – para as dores. Friedrich Sertürner, o farmacêutico alemão a quem foi creditada a descoberta da morfina, comercializava-a como tratamento para a adição, a despeito do fato de ter se tornado dependente dela. A droga podia ser comprada em qualquer farmácia sem necessidade de receita médica (na verdade, ainda não haviam surgido as receitas médicas). A invenção da seringa, em 1855, fez crescer sobremaneira a adição em morfina. As injeções dessa droga, todavia, adquiriram prestígio dentro da elite, a tal ponto que muitas pessoas tinham as próprias seringas hipodérmicas personalizadas. A inalação da morfina, por outro lado, era considerada falta de polimento social – associada com a pobreza e os imigrantes chineses. Em 1898, a empresa farmacêutica alemã Bayer lançou no mercado sua nova "heroína" como substituto não viciante da morfina, uma substância suficientemente segura para ser vendida como xarope contra tosse e tratamento para dor de cabeça. A heroína provavelmente fazia cessar tosses e dores de cabeça, mas tinha um poder viciante muito superior ao da morfina. A campanha de marketing da Bayer pouco contribuiu para a redução da epidemia de opioides daquele século.[3]

Nem todo remédio que tratava a dor gerou um enorme problema de saúde pública. De fato, na mesma semana do lançamento da heroína, a Bayer colocou também no mercado a aspirina, uma droga verdadeiramente milagrosa extraída da casca do salgueiro. A cannabis, um medicamento relativamente brando, encontrou defensores entre médicos influentes, como Sir William Osler, que enaltecia as virtudes da substância para tratamento da enxaqueca. Algumas poucas pesquisas sugeriam a capacidade do mescal (peiote) – um psicodélico clássico – para tratar certas formas de dor de cabeça.

Anna Nickels, proprietária de um viveiro de cactos em Laredo, Texas, chamou pela primeira vez a atenção da empresa farmacêutica Parke-Davis sobre o peiote, em 1888, depois de testemunhar o uso da substância pelo povo indígena para tratamento de dores de cabeça.[4] Sua observação estimulou o interesse científico, culminando, no ano de 1896, em um pioneiro estudo realizado pelos doutores D. Webster Prentiss e Francis P. Morgan. Eles encontraram no peiote potencial para tratamento contra o nervosismo, a tosse irritante e a "dor de cabeça nervosa" – nome dado à enxaqueca.[5] Por outro lado, dados de autoexperimentações publicados por figuras influentes, como o neurologista Silas Weir Mitchell e o psicólogo britânico Havelock Ellis, lançaram dúvidas em relação aos efeitos terapêuticos da droga, mas havia centenas, talvez milhares, de outras fascinantes plantas bioativas que um aspirante a químico pesquisador como Albert Hofmann podia estudar, na esperança de descobrir o próximo extraordinário milagre terapêutico.[6]

Albert Hofmann recebeu seu título de doutor em circunstâncias privilegiadas, agraciado com ofertas de trabalho de todas as três empresas farmacêuticas da Basileia, Suíça. A Farmacêutica Sandoz, embora oferecesse o menor valor de salário e benefícios, chamou a atenção dele e acabou conquistando-o, porque o foco da empresa era a química das plantas naturais, conhecidas por seu valor medicinal, porém subutilizadas em aplicações terapêuticas.

Havia um duplo desafio imposto por essas substâncias naturais: elas costumavam ser instáveis, e a determinação de uma dosagem correta, quando usadas na forma natural, era repleta de dificuldades; e foram exatamente essas dificuldades que despertaram a curiosidade de Hofmann. Ali estava uma oportunidade de aplicar sua experiência científica no esforço de obter estabilidade e precisão para os medicamentos derivados da natureza. O fascínio não era uma recompensa financeira, mas sim uma empreitada intelectual, a chance de desvendar o potencial terapêutico de substâncias que até então haviam desconcertado a medicina convencional.

Arthur Stoll, bioquímico que criou o departamento de farmacologia, e aquele que viria a ser chefe de Hofmann, conquistou proeminência por seu trabalho de padronização do esporão-do-centeio (ou cravagem), um fungo parasita que ataca grãos de cereais e gramíneas silvestres, em especial o centeio. Esse fungo era mais conhecido pela enorme intoxicação que causou em toda a Europa, culminando na devastação de aldeias inteiras. Entre os sintomas destacavam-se: diarreia, vômito, convulsões, alucinações e a gangrena, que necrosava as extremidades do corpo. A dor lancinante, usualmente descrita como um "fogo sagrado", acabou recebendo o nome de Fogo de Santo Antônio, devido à incumbência atribuída a esse santo: cuidar das pessoas acometidas pela doença. Alguns historiadores chegam a especular que a epidemia de esporão-do-centeio deve ter incitado o pânico da caça às bruxas, pois os delírios paranoicos provocados pela dor podiam induzir acusações de feitiçaria. Por sorte, os envenenamentos diminuíram drasticamente depois que o esporão-do-centeio foi identificado como causa desses surtos.

A despeito de sua reputação, o esporão-do-centeio tinha também um lado positivo. Havia tempos, as parteiras e os médicos reconheciam suas propriedades medicinais. O potencial da substância estava em sua poderosa capacidade de constrição dos vasos sanguíneos, inclusive daqueles situados no útero. Essa característica fazia do esporão-do-centeio um valioso recurso tanto para fins abortivos como na assistência ao parto. Seu poder de intensificar as contrações ajudava no momento do parto, e sua eficácia na contenção de hemorragias durante e após o nascimento era essencial em uma época na qual o sangramento anormal aparecia como principal causa de mortalidade materna. Entretanto, o potencial do esporão-do-centeio carecia de consistência e previsibilidade. Uma dose terapêutica logo se convertia em danosa; o excesso podia até mesmo vir a provocar ruptura uterina. Assim, os riscos inerentes quase sempre superavam os potenciais benefícios, em especial nos casos de possível ocorrência de hemorragia durante e após o nascimento.

A necessidade de uma forma padronizada e mais segura do esporão-do-centeio fez dele um fungo atraente para um químico pesquisador cujos estudos envolviam a busca de um novo medicamento. Em 1918, Stoll sintetizou a ergotamina, um derivado desse fungo delicado e instável. Tal síntese foi uma realização de grande importância, ao transformar uma substância antes carregada de riscos e variabilidade em uma forma padronizada e consistente.

Originalmente, a Sandoz comercializou a ergotamina para uso obstétrico, devido ao seu sucesso no controle da hemorragia. Em 1925, o Dr. Ernst Rothlin, colega de Stoll e professor na Universidade da Basileia, administrou ergotamina para dois de seus pacientes que sofriam de enxaqueca e não estavam respondendo a nenhum outro tratamento. A droga cessou a dor imediatamente.[7] Nos quinze anos seguintes, a ergotamina se tornou um tratamento médico padrão na Europa e nos Estados Unidos. Lamentavelmente, os efeitos colaterais dificultavam a tolerância, em especial nos pacientes portadores de problemas cardiovasculares. Stoll decidiu que a pequena equipe de pesquisa da Sandoz deveria redirecionar seus esforços para outros vegetais e fungos menos tóxicos e mais fáceis de manusear.

O interesse pelo esporão-do-centeio, no entanto, persistiu em todo o mundo. Em 1934, cientistas estadunidenses haviam identificado com sucesso a estrutura química do ácido lisérgico, componente fundamental dos alcaloides do esporão-do-centeio. Reconhecendo o potencial desse passo revolucionário, Hofmann, que dedicara seus primeiros cinco anos na empresa ao trabalho com outras plantas medicinais, chamou a atenção da Sandoz para a possibilidade de a companhia comprometer sua posição no mercado caso deixasse de investigar integralmente essas hipóteses. Ele argumentou que a empresa deveria direcionar novamente seu foco para a pesquisa com o esporão-do-centeio – uma iniciativa que ele gostaria de liderar. Stoll agradeceu.

Hofmann acreditava em sua capacidade para descobrir rapidamente um medicamento derivado do esporão-do-centeio. Um concorrente produzira um estimulante de nome coramina, derivado da dietilamida do ácido nicotínico. Conseguiria ele produzir um composto similar usando ácido lisérgico como base?

Seu laboratório começou a desenvolver novos derivados do ácido lisérgico. De acordo com o protocolo, ele enviou ao departamento de farmacologia cada uma das versões – inclusive o 25.º derivado, que ele criara em 1938 –, para que passassem por um teste de bioatividade. Nenhum desses trabalhos chegou a impressionar o departamento de farmacologia, muito embora tivessem observado que os animais ficavam mais relaxados do que o usual quando administravam a eles a dietilamida-25 de ácido lisérgico (LSD-25). Apesar disso, na avaliação geral, o LSD foi um fracasso.

Embora os derivados do ácido lisérgico não estivessem apresentando bons resultados, aquele mesmo ano – 1938 – foi, ainda assim, importante para a Sandoz e o esporão-do-centeio. Um neurologista estadunidense Harold G. Wolff e seu pupilo John R. Graham publicaram um trabalho de pesquisa sobre o uso da ergotamina, trabalho este baseado em um brilhante experimento que revelou um mecanismo biológico responsável pela dor da enxaqueca.[8]

Muito tempo atrás, alguns médicos haviam apresentado uma teoria segundo a qual as crises de enxaqueca estavam de certo modo ligadas com o sistema vascular do crânio, que se expandia e/ou contraía. O experimento de Wolff e Graham verificou o que de fato acontecia dentro da cabeça das pessoas. Wolff já demonstrara que uma injeção de histamina induzia uma dor de cabeça semelhante à enxaqueca, e ninguém ignorava que a ergotamina conseguia fazê-la cessar. A inovação foi uma máquina no estilo Rube Goldberg que ele inventara para medir a expansão e a contração dos vasos sanguíneos do crânio.

Vinte voluntários concordaram em se submeter a uma enxaqueca induzida por histamina, uma crise que os pesquisadores interromperam por meio de ergotamina. E vejam só: a vascularização craniana de fato se expandiu no período de dor causada pela crise de enxaqueca. A ergotamina, um conhecido vasoconstritor, fez a crise cessar. O estudo realizado em 1938 por Wolff e Graham se converteu imediatamente num clássico na medicina da dor de cabeça. Harold G. Wolff se tornou uma lenda da especialidade.

E Hofmann? Ele convenceu Arthur Stoll de que eles deveriam voltar a trabalhar com a ergotamina. Em 1943, os dois sintetizaram a di-hidroergotamina (DHE), uma droga pouco conhecida que causou um enorme impacto na medicina da dor de cabeça.[9] Contudo, como sabemos, não foi a ergotamina nem a di-hidroergotamina a droga que chamou a atenção de Flash nas memórias de Hofmann. Ao contrário, outra descoberta feita por Hofmann com aquela droga deixada de lado em uma prateleira em seu laboratório viria a mudar o mundo de Flash.

Uma vez que o departamento de farmacologia da Sandoz tivesse decidido arquivar uma substância que um químico sintetizara, experimentos adicionais eram descontinuados. No entanto, Hofmann nunca concordara com a avaliação que seus colegas fizeram de seu 25.º derivado, a dietilamida-25 de ácido lisérgico. Ele mesmo não sabia dizer por quê – talvez uma manifestação de seu lado espiritual –, mas alguma coisa em relação ao LSD-25 o "instigara".[10]

Cinco anos depois, Hofmann voltou a sintetizar o LSD-25. Seu relato para Arthur Stoll, datado de 16 de abril de 1943, uma sexta-feira, descrevia um problema com o experimento. Após produzir a substância química, ele começou a sentir sintomas estranhos. "Uma extraordinária inquietação, associada a uma leve tontura... uma condição não desagradável, semelhante à embriaguez, caracterizada por uma imaginação extremamente estimulada.

Em um estado onírico, com os olhos fechados (a luz do dia me pareceu desagradavelmente ofuscante), percebi um fluxo ininterrupto de imagens fantásticas, formas extraordinárias com intenso jogo caleidoscópico de cores. Depois de cerca de duas horas esse distúrbio se dissolveu.[11]

Ocorreu a Hofmann a possibilidade de ter sido intoxicado pela substância que ele produzira naquele dia. Porém, não conseguia entender como isso seria possível, já que qualquer contágio teria sido muito insignificante para produzir um efeito tão drástico. A providência lógica seria uma autoexperimentação na segunda-feira, quando ele retornasse ao consultório. (Se, pelo menos, todas as nossas segundas-feiras no consultório guardassem tal promessa.)

A viagem de Albert Hofmann com LSD-25, em 19 de abril de 1943, tornou-se tão célebre nos círculos psicodélicos que é celebrada em todo o mundo como o Bicycle Day. Hofmann, optando pela prudência, ingeriu a menor dose que, segundo seus cálculos, poderia induzir uma reação: 0,25 mg (250 μg).

Meros quarenta minutos depois, ele começou a sentir sintomas de desorientação, ansiedade e tontura. Sua visão ficou distorcida, e algumas partes de seu corpo pareciam paralisadas. Tornou-se extremamente difícil escrever, e mais ainda falar. Ele pediu que seu assistente de laboratório o acompanhasse até em casa.

Hofmann costumava curtir o deslocamento de bicicleta do trabalho para casa. As históricas ruas da Basileia, na Suíça, pareciam um conto de fadas cheio de luzes, mesmo em 1943, quando grande parte da Europa se encontrava sob ocupação nazista. A guerra silenciara as ruas. A escassez de combustível se traduzira em menos motores e mais canto de pássaros. Jasmim, lilás, lavanda e madressilva impregnavam o ar, ainda fresco após o degelo final do inverno. Ele teria escutado o ritmo das rodas sobre as vias de paralelepípedos, enquanto observava as folhas novas se abrirem suavemente em busca do calor do Sol.

Entretanto, esses detalhes comuns e tão encantadores foram turvados por uma sombra escura no Bicycle Day. Muito embora seu assistente afirmasse que eles estavam se movendo bem depressa, Hofmann se sentia paralisado, como se estivesse preso em uma casa de diversões cheia de espelhos. A chegada em casa não mudou o cenário. Um médico, chamado para examiná-lo, não encontrou problemas nos sinais vitais de Hofmann. Contudo, o eu interior do paciente havia de certo modo se desintegrado, fazendo-o acreditar que tivesse enlouquecido. Pior ainda – pensava ele – era a possibilidade de morrer, deixando para trás a esposa e os filhos. "Eu sequer me despedira de minha família (minha esposa e nossos três filhos haviam viajado naquele dia, para visitar os pais dela em Lucerna). Será que eles algum dia entenderiam que eu não fizera uma experiência de forma impensada, irresponsável, mas, ao contrário, com a máxima precaução, e que tal resultado não era de modo algum previsível?"[12]

Uma vez cessadas as visões e o sintoma de loucura, Hofmann acabou descobrindo que não apenas sobrevivera ao experimento, como conseguia também encontrar alívio e beleza nas percepções alteradas que vivenciou à medida que o efeito da droga se dissolvia. Apesar da *bad trip*, ele acordou no dia seguinte vivo e animado.

Hofmann sabia que havia se deparado com algo poderoso. Nenhuma outra droga conseguia produzir tal extraordinária guinada na consciência com uma dose tão pequena. Até seus colegas se mostraram céticos. O princípio da ciência sempre foi "ver para crer", mas a única maneira de observar os impactantes efeitos descritos por Hofmann seria a experiência. Os colegas dele só acreditariam se experimentassem o LSD neles próprios.

Ninguém, contudo, sabia como o LSD-25 deveria ser usado na medicina. Uma possibilidade surgiu das visões demoníacas produzidas pela droga. Experimentos similares feitos com a mescalina – a substância química psicoativa contida no peiote – já haviam despertado entre os psiquiatras o interesse pelos psicotomiméticos (drogas capazes de mimetizar sintomas das doenças mentais). O primeiro ensaio clínico com seres humanos, conduzido pelo Dr. Werner Stoll – filho de Arthur Stoll – corroborou a teoria de que o LSD podia gerar um modelo de psicose e levantou a hipótese de que doses pequenas poderiam ajudar a trazer à tona memórias reprimidas.

O laboratório Sandoz estendeu essa pesquisa, disponibilizando uma provisão gratuita de LSD (com a marca registrada Delysid) a um amplo conjunto de pesquisadores selecionados segundo critérios flexíveis. A única exigência foi um compromisso, por escrito, de que aqueles que solicitassem amostras de Delysid supervisionariam os estudos e documentariam suas observações. A escolha do tema e do método da pesquisa foi deixada a cargo de cada pesquisador. Isso pode soar um tanto surpreendente nos dias atuais, mas essa alocação aberta era uma marca registrada da pesquisa farmacêutica naquela época e refletia um ambiente científico e regulatório completamente diferente.

Entretanto, a Sandoz incluiu em todas as caixas de Delysid enviadas um encarte com uma descrição geral da droga e orientações para seu uso. A empresa enfatizou, por exemplo, a necessidade de supervisão médica, em especial para as pessoas com tendência ao suicídio ou aquelas na iminência de um episódio psicótico, recomendando também o uso de clorpromazina como antídoto no caso de reações adversas.

Foram os usos indicados pela farmacêutica, todavia, que me chamaram a atenção. A Sandoz apresentava duas possibilidades: o Delysid podia ser empregado como auxiliar na psicoterapia, já que tinha potencial para "provocar a liberação de memórias reprimidas e proporcionar relaxamento mental, principalmente nos estados de ansiedade e neuroses obsessivas". Ou, senão, aqueles que tivessem curiosidade em relação à psiquê dos pacientes de doenças mentais poderiam avaliar o uso do Delysid como psicotomimético, a fim de simular a experiência de uma doença mental. Alguns poderiam optar pela autoadministração da droga "para mergulhar no mundo das ideias e sensações de pacientes mentais". Contudo, os pesquisadores movidos por objetivos mais científicos poderiam conceber a administração de Delysid a "indivíduos normais", a fim de induzir (e, assim, estudar) a psicose em laboratório.[13]

Em outras palavras, os usos sugeridos incluíam o tratamento para doenças mentais ou a simulação da loucura. Mas não passavam de sugestões.

O LSD foi liberado em um mundo à beira da descoberta e da paranoia, do otimismo e do medo. Muito embora o Ocidente tivesse derrotado a Alemanha nazista, o período pós-guerra estava muito distante da tranquilidade. A Segunda Guerra Mundial dirigiu as atenções para as doenças psiquiátricas, incluindo uma preocupação equivocada de que os Estados Unidos estariam enfrentando uma epidemia de esquizofrenia. (Desde então os historiadores têm demonstrado que essa "crise" foi causada por padrões de diagnóstico mais flexíveis, bem como por rivalidades profissionais e discriminações de raça e de gênero.[14]) Em 1940, o congresso norte-americano fundou o National Institutes of Mental Health, com a meta de desenvolver tratamentos mais eficazes contra as doenças mentais.

O setor farmacêutico já demonstrara o poder dos medicamentos para enfrentar um amplo espectro de enfermidades. Insulina, sulfa, penicilina, cortisona e vacinas haviam transformado a assistência à saúde, reforçando a convicção de que mesmo as doenças mentais podiam ser vencidas por meio de caminhos biológicos tangíveis. Um inédito composto da Sandoz capaz de simular a loucura? Isso oferecia uma perspectiva sedutora. Se o LSD conseguia agir como psicotomimético, induzindo sintomas como a esquizofrenia, ele teria condições de revelar um alvo bioquímico tangível, o que se traduzia na possibilidade de desenvolvimento de uma droga do tipo "bala de prata" para curar a doença.

Entretanto, um cenário geopolítico em transformação criara um novo inimigo poderoso dos Estados Unidos. A Guerra Fria começara, e a ameaça representada pela União Soviética era bastante real. A CIA buscava instrumentos potentes para controle da mente, extração da verdade e até mesmo incapacitação dos inimigos. O Departamento da Defesa viu no LSD potencial para criação de uma arma química capaz de perturbar os sentidos de uma população inteira, viabilizando assim uma ocupação sem o disparo de um tiro sequer.

Essa convergência de interesses se concretizou no direcionamento do fluxo de financiamento para a pesquisa de LSD em universidades, hospitais e prisões nos Estados Unidos. As fontes desse apoio foram algumas vezes mantidas em sigilo, com os recursos canalizados através de fundações recém-criadas; porém, o dinheiro estava lá, e os cientistas estavam prontos para explorar o potencial dessa droga única e potente.

O surgimento do LSD foi fruto da época – uma mistura de curiosidade científica, otimismo médico e manobras políticas.

Apesar de muitos cientistas, entre os quais Albert Hofmann, terem desfrutado de suas autoexperimentações com LSD, a pesquisa sobre terapia assistida por LSD não ganhou destaque até meados dos anos 1950.[15] A guinada na direção do potencial terapêutico do LSD aconteceu como resultado da influência de um ativista inusitado: o romancista britânico Aldous Huxley.

Huxley, que já era uma figura de proa de sua atividade progressista e intelectual, alimentava entusiástico interesse pelas drogas psicoativas. Sua oportunidade de experimentar uma substância psicodélica aconteceu em maio de 1953, quando convidou o Dr. Humphry Osmond, psiquiatra britânico que atuava no Weyburn Hospital em Saskatchewan, Canadá, para ir a Los Angeles a fim de administrar mescalina a ele – Huxley – e sua esposa. Osmond concordou, a despeito de certa preocupação com a possibilidade de arruinar um tesouro nacional.[16]

A sessão foi transformadora para Huxley. Segundo explicação apresentada por ele em seu livro de sucesso de 1954, *As Portas da Percepção*, a mescalina não induziu à psicose – ao contrário, mostrou-lhe “como as coisas são na realidade”. O movimento de “libertar-se das amarras da percepção costumeira” rendera benefícios.[17]

O relato de Huxley inspirou novas gerações de cientistas interessados nos psicodélicos – entre eles Osmond e seu colaborador, Albert Hoffer – a empregar em experiências a mescalina e o LSD como indutores de profundas transformações pessoais, e não como simples substâncias químicas que interagem com os neurotransmissores. Eles desenvolveram novas metodologias, que integravam as profundas experiências desencadeadas por doses elevadas de psicodélicos, com as intervenções psicoterapêuticas, para tratamento de um amplo espectro de problemas psiquiátricos e comportamentais, inclusive esquizofrenia, depressão, ansiedade, traumas, adição em álcool e diversos distúrbios de personalidade.[18]

Ao longo do tempo, os cientistas aprenderam que as substâncias psicodélicas agem como amplificadores, intensificando as experiências interiores e as realidades sociais daqueles que as usam. A obtenção de resultados positivos dependia de dois elementos: o estado de espírito de cada um e o ambiente no qual a droga era administrada. Olhando em retrospectiva, podemos pensar que aqueles experimentos do projeto MKUltra, patrocinados pela CIA, experimentos nos quais LSD era ministrado a indivíduos desinformados, em uma tentativa de encontrar um soro para controle mental, provavelmente causaram uma "experiência desafiadora". As possibilidades de um despertar espiritual podiam aumentar com um suporte melhor.

Até 1970, os cientistas haviam produzido quase dois mil artigos sobre LSD. Assim, eu imaginei que alguém deveria ter observado uma conexão entre psicodélicos e dores de cabeça, certo?

Entretanto, a investigação da possibilidade de relação entre o LSD e o tratamento da dor de cabeça persistente se revelou um tanto desconcertante, o que não foi para mim uma surpresa completa, dado que poucos médicos davam importância ao tratamento de pacientes portadores de dores de cabeça. A dor, em geral, nunca foi considerada um infortúnio que merecesse atenção. E os pacientes que se queixavam com muita frequência eram tidos como histéricos.

No entanto, algumas evidências intrigantes podem ser encontradas nos arquivos. Terapeutas que empregavam terapias assistidas por psicodélicos vez ou outra relatavam um fenômeno interessante: a dor de cabeça crônica de seus pacientes desaparecia durante o tratamento. Em seu livro, *Storming Heaven: LSD and the American Dream* (Tomando de assalto o paraíso: LSD e o sonho americano), o historiador Jay Stevens menciona situações nas quais os pacientes exclamavam: "Nossa! E a dor de cabeça também sumiu!". Os terapeutas, inicialmente surpresos, perguntavam: "Qual dor de cabeça?", e ouviam como resposta, "Ora, a dor de cabeça que eu tenho sentido há dez ou quinze anos".[19]

Também é possível que os médicos imaginassem que pacientes submetidos a uma terapia assistida por LSD sentissem alívio da enxaqueca tão logo suas questões psicológicas tivessem sido resolvidas, dado que no final da década de 1950 era costume os médicos classificarem como psicossomáticas quase todas as dores de cabeça primárias, ou como uma "manifestação primária de dificuldades temporárias ou contínuas de adaptação à vida".

Vamos considerar o relatório de pesquisa dos doutores Thomas Mortimer Ling e John Buckman, intitulado *Lysergic Acid (LSD 25) and Ritalin in the Treatment of Neurosis* (Ácido lisérgico [LSD 25] e ritalina no tratamento da neurose). Esse estudo descreve detalhes de diversos pacientes, entre eles uma mulher de 22 anos cujas crises de enxaqueca desapareceram depois que ela foi submetida a uma terapia assistida por psicodélico. Segundo eles, "preocupações íntimas" causadas por traumas da infância estavam exacerbando a tendência da paciente a sofrer de enxaqueca. Quando, após nove sessões de LSD, foi superado seu medo de abandono, também desapareceu a enxaqueca. O mecanismo de ação pareceu lógico para os pesquisadores, já que acreditavam que a enxaqueca era uma doença psicossomática desencadeada por estresse, a tensão e o trauma. Ling e Buckman atribuíram a cura da paciente a uma possível reavaliação que ela fez de suas experiências, e que a levou a interpretar as atitudes da mãe como manifestação de cuidados e não como abandono.[20]

Naquela época, essas conclusões faziam sentido, diante da prevalente influência da teoria de Harold G. Wolff, segundo a qual o "perfil psicológico da enxaqueca" era a raiz da enfermidade. A ideia dominante dizia que, se o LSD conseguia ajudar uma pessoa a adaptar e melhorar sua vida, então, a explicação básica para o alívio da enxaqueca tinha que ser psicológica. Entretanto, essas considerações entre bem-estar mental e alívio físico forneciam um fascinante vislumbre do papel potencial dos psicodélicos no tratamento de uma doença que, havia tempos, era mal compreendida e negligenciada pela comunidade médica.

Minha empreitada em busca de evidências de uma antiga conexão entre os psicodélicos e a dor de cabeça finalmente rendeu frutos, na pitoresca cidade de Florença, na Itália. Nessa cidade, em 1954, nascia a primeira clínica europeia para tratamento da dor de cabeça. O Dr. Enrico Greppi – para quem já era mais do que tempo de a comunidade médica levar a sério a extrema dor das enxaquecas – uniu forças com um antigo aluno seu de medicina, o Dr. Federigo Sicuteri, para fundar um centro que adotava uma abordagem completamente diferente do tratamento.[21]

Greppi e Sicuteri entendiam que os pacientes de enxaqueca exigiam atenção médica – uma opinião claramente contrastante com o entendimento prevalente em Manhattan, do outro lado do Atlântico, onde a teoria de Wolff sobre o perfil psicológico da enxaqueca permitia que um número grande demais de médicos fizesse pouco caso da doença, tratando-a como imaginária ou autoinfligida. Os dois viam seus pacientes como vítimas de uma doença, e não como indivíduos com personalidades imperfeitas.[22]

Sicuteri contestou a teoria vascular de Wolff – que associava a dor das enxaquecas à dilatação dos vasos cranianos. Ele compreendeu que a ocorrência simultânea de dois eventos não explicava necessariamente um fenômeno complexo. Apesar de a ergotamina de fato provocar constrição dos vasos sanguíneos e *fazer cessar* uma crise de enxaqueca, a correlação não era causal. E a enxaqueca, segundo ele, era mais do que uma dor de cabeça. Ela se manifestava também na forma de náuseas, sensibilidade à luz e ao som, além de fadiga. A causa principal devia estar em algo mais determinante, mais profundo.

Ironicamente, a pesquisa de Wolff forneceu pelo menos um indício que contestava sua própria teoria: indivíduos que não sofriam de enxaqueca não sentiam efeitos adversos quando seus vasos cranianos eram dilatados artificialmente. Essa constatação levou Sicuteri a propor uma hipótese revolucionária: talvez uma substância química fosse a responsável pela redução do limiar da dor naquelas pessoas acometidas pela enxaqueca.[23]

A atenção de Sicuteri recaiu então sobre a serotonina, um neurotransmissor descoberto em 1935 por seu compatriota, o farmacologista e químico italiano Vittorio Erspamer. Novas pesquisas científicas sobre a serotonina estavam relevando seu papel em um vasto conjunto de funções orgânicas, entre elas a digestão e o humor. Poderia esse neurotransmissor ser o agente ardiloso responsável pelo sofrimento que acometia os pacientes de enxaqueca?

Por sorte, Sicuteri dispunha de meios para testar sua hipótese. A Sandoz havia fornecido à clínica uma droga experimental conhecida por sua capacidade de bloquear os receptores da serotonina: o LSD-25.

A serotonina era então um nome familiar, graças à popularidade dos inibidores seletivos da recaptação de serotonina (SSRIs), como o Zoloft da Pfizer, uma droga cuja peça de divulgação comercial sustentava que a depressão era causada por um "desequilíbrio químico". Até agora, poucos sabem que nos idos da década de 1950 o LSD teve um papel fundamental na descoberta da estrutura química e da função biológica daquele neurotransmissor. O profundo impacto produzido na psiquê humana por doses até mesmo muito pequenas levou os cientistas a investigarem a conexão entre as substâncias químicas transportadas pelo sangue e o comportamento.

Em 1995, os cientistas haviam identificado uma semelhança impressionante entre a estrutura química da serotonina (5-HT) e o LSD. As duas tinham em comum um anel indol – uma estrutura singular formada por um anel benzênico de seis membros acoplado a um anel pirrólico de cinco membros. Essa descoberta elevou o LSD à condição de importante instrumento para compreensão da serotonina – ele se tornou o mais potente ativador do sistema serotoninérgico conhecido na época.

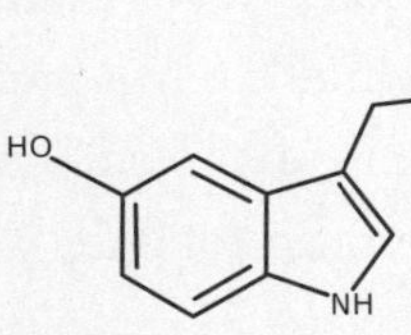

Serotonina

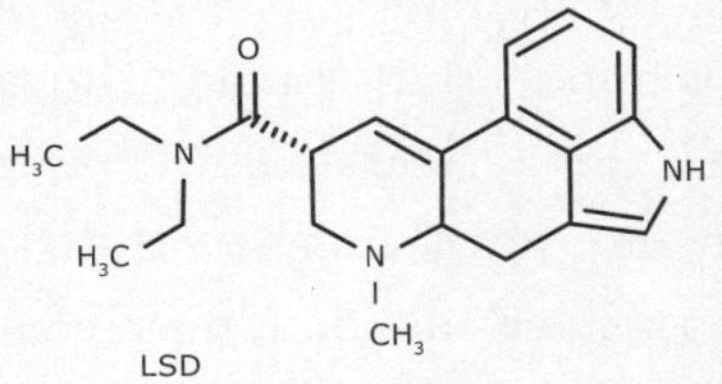

LSD

O experimento de Sicuteri com LSD rendeu frutos mais animadores do que ele imaginara. Os "pacientes selecionados" que receberam gotas de LSD via oral retornaram à clínica sem dores, "mesmo nas formas mais agudas da enxaqueca". A droga não apenas abortou as crises de enxaqueca, como também impediu que acontecessem. Nada mais em toda a farmacopeia conseguia esse feito. Embora ele tenha supostamente usado doses não alucinógenas, os efeitos colaterais o preocuparam. Sicuteri não via como o LSD poderia ser empregado para tratamento da enxaqueca.[24]

Por sorte, Albert Hofmann já previra que a capacidade do LSD para bloquear os receptores de serotonina apontava na direção de um potencial uso terapêutico. Seu laboratório vinha desenvolvendo novos derivados do LSD capazes de agir sobre a serotonina sem induzir alucinações. Eram exatamente esses os compostos que Sicuteri desejava testar.

Em 1963, um memorável estudo de Sicuteri revelou que esses derivados lisérgicos, incluindo o LSD, conseguiam efetivamente impedir uma crise de enxaqueca e de cefaleia em salvas. Entre tais derivados, destacava-se a metisergida, que, na sequência, foi patenteada e comercializada sob diversos nomes. Ela ocupou durante décadas a solitária posição de campeã na prevenção das enxaquecas.[25]

O sucesso da metisergida colocou em xeque teorias já consagradas sobre a enxaqueca, em especial aquelas de Harold G. Wolff, que atribuíam a enfermidade a causas psicossomáticas. Infelizmente, a ideia estigmatizada do "perfil psicológico da enxaqueca" subsistiu, a despeito dessa importante descoberta.[26]

Em 2002, a Novartis, empresa que detinha então os direitos da metisergida, retirou voluntariamente a droga do mercado. No entanto, seu legado permaneceu, pavimentando o caminho para novos medicamentos como o sumatriptano (Imitrex nos Estados Unidos e Imigran no Reino Unido). Lançado em 1991, esse medicamento foi alardeado como tratamento "revolucionário". Infelizmente, pouca atenção foi dada à semelhança molecular do sumatriptano com a serotonina – e, por extensão, com os psicodélicos como LSD e psilocibina.

A história da descoberta do LSD e de suas conexões com os tratamentos contra enxaqueca é um capítulo fascinante no campo da psicofarmacologia. O trabalho de Hofmann com o LSD abriu novas portas, lançando luz não apenas na compreensão da consciência, mas também no potencial de terapias inovadoras para alguns dos transtornos que a medicina tem mais dificuldade para tratar, entre os quais a enxaqueca e a cefaleia em salvas.

Capítulo Sete

CURIOSIDADE EM GESTAÇÃO

ALGUMAS VEZES, PARECE QUE AS PESSOAS ACREDITAM EM QUALQUER COISA QUE LEEM na internet. Portanto, tranquilizou-me de certo modo a constatação de que Flash esbarrara em dificuldades para convencer quem quer que fosse a experimentar seu tratamento psicodélico.

De tempos em tempos, Flash fazia postagens sobre sua forma de uso de cogumelos, mas ninguém parecia se interessar. Contudo, seu experimento com uísque acabou evoluindo para uma conversação. No outono de 1999, Flash postou uma descrição de como ele conseguira, por meio dos cogumelos, interromper seu mais recente ciclo de outono. Quando a dor começou a golpeá-lo, ele desenterrou seu suprimento de cogumelos preservados em mel e "ferveu uma porção de 12 [Liberty Caps] durante dez minutos". Em seguida, bebeu lentamente essa solução ao longo de meia hora, com o estômago vazio. O chá "desanuviou" sua cabeça e fez desaparecer a dor que estava toldando seus pensamentos naquele ciclo. Flash também relatou que praticamente não houve efeitos colaterais. O chá não apenas fez cessar seu ciclo "no mesmo instante", como, por mais improvável que possa parecer aos leitores, segundo ele: "Aquela dose única foi todo o tratamento de que eu iria precisar pelos próximos doze meses. Quem disse que a vida tinha que ser o inferno da cefaleia em salvas? Eu gostaria que meu médico se interessasse – talvez, então, ele tivesse condições de ajudar outros pobres infelizes!". Essa foi a conclusão a que ele chegou, com base em suas experiências passadas.

As primeiras pessoas que responderam estavam curiosas.

Max*: "O que é Liberty Caps?".

Flash: "É um dos muitos cogumelos silvestres que contêm a droga chamada psilocibina".

Annie*: "Será que eu estou entendendo direito? Você ferveu uma porção de cogumelos mágicos, bebeu a infusão, e esse é o seu preventivo eficaz contra cefaleia em salvas, que manteve você livre por um período de doze meses?".

Nem todas as pessoas acharam divertido. Um rapaz questionou por que alguém iria acreditar em um desconhecido surgido do nada que insistia em usar um pseudônimo. "Desculpe-me Sr. 'Sem e-mail'. Quatro anos sem cefaleia em salvas... O que o traz aqui? Meu endereço é este se você prefere permanecer invisível."

Flash respondeu: "A cefaleia em salvas quase destruiu minha vida". Ele expôs os anos perdidos como evadido da universidade, as batalhas financeiras e os relacionamentos arruinados. "Você está sugerindo que, se eu consigo tratar minha doença, eu deveria guardar o tratamento só para mim?... Estou assumindo um grande risco – QUE NÃO PRECISO ASSUMIR!"

Mas essas não eram "substâncias controladas"?

Sim, respondeu June*; e, na faculdade, sob o efeito de algum tipo de viagem psicodélica, sua melhor amiga havia se jogado da janela do sexto andar para morrer. "Conhecendo-a, eu não acredito que ela teria feito isso não fossem os 'cogumelos'."

Uma terrível perda, todos concordaram.

Annie entrou na conversa para dizer que uma reação extrema assim parecia ser discutível, considerando-se que Flash recomendava "uma dose minúscula". E se ele "prefere manter o anonimato nesse ponto, está em seu direito. Quem sabe? Ele poderia ser nosso 'herói encapuzado' – uma espécie de Zorro!".

De qualquer forma, parecia um tanto prosaica a preocupação com a condição legal dos psicodélicos diante de tanta dor que eles enfrentavam. "Nós ficaríamos livres da dor... e, provavelmente, nos divertiríamos muito enquanto presos. Uau!!! Todas essas cores lindas."

Nesse momento, todos entraram na conversa, fazendo brincadeiras – um fórum transbordante de tanta melancolia e dor precisava ter senso de humor.

Na reunião seguinte, eles puderam servir um "bufê orgânico... com cogumelos na salada e, como não poderia deixar de ser, tivemos uma infusão de ervas".

"Ok, adicione o dinheiro da fiança à lista [de coisas para levar]."

"Honestamente, senhor policial", brincou Annie, "é para fins MEDICINAIS!"

Apesar de não levarem a sério, as pessoas não tinham como deixar de pensar, *E se a ideia tivesse méritos?*

Na opinião de Bill Pahlow, fundador e então presidente da agora extinta Organization for the Understanding of Cluster Headache (OUCH, Organização para o Entendimento da Cefaleia em Salvas), um grupo de defesa dos direitos dos pacientes, ela poderia ter.

"Já rejeitei uma porção de 'curas' publicadas aqui. Mas tenho um palpite sobre essa. Ele pode estar no caminho certo (não, não 'sob o efeito de alguma coisa')."

Pahlow ficara bastante curioso com a postagem inicial de Flash, tanto que foi levado a mergulhar fundo na ideia. Até o momento, a análise independente realizada por ele na literatura científica, começando com a síntese da metisergida a partir do LSD, feita por Albert Hofmann, confirmou tudo o que Flash afirmara.

Flash também estava certo na questão das similaridades existentes entre a psilocibina e a serotonina. Pahlow relatou no fórum, "Encontrei hoje um artigo de um médico... [que vem] testando a ação da psilocibina na 5-HT (serotonina)... Vou aguardar para ver o que os médicos têm a dizer".

Mas ninguém precisava acreditar na palavra de Pahlow em relação a isso. Sua investigação incluiu correspondências com um respeitadíssimo especialista em dores de cabeça, alguém que trabalhara em um dos mais prestigiosos centros do mundo no tratamento da dor de cabeça. O médico respondeu positivamente ao e-mail em que Pahlow perguntava sobre o potencial terapêutico da psilocibina. "A afirmação do cavalheiro da Escócia é muito interessante e, talvez, não tão impossível... existem evidências da ação da psilocibina sobre os receptores 5-HT e, desse modo, teoricamente, sobre o processo das dores de cabeça"; acrescentando que o FDA já aprovara a metisergida (Sansert) – um análogo do LSD – precisamente para essa indicação.

Caso fechado. "Eu dou mais crédito à teoria de Flash sobre cogumelos do que a qualquer outra coisa. Acredito que ele deve realmente ter encontrado a prevenção definitiva", afirmou Pahlow.

O endosso deste último desencadeou um debate apaixonado. Pelo menos uma dezena de pessoas apresentaram suas opiniões – algumas mais fundamentadas do que outras – sobre a possibilidade de uma droga psicodélica produzir resultados positivos. Todas as cartas estavam na mesa: da intricada história da relação entre psicodélicos e remédios para dor de cabeça até as implicações sugeridas pelas semelhanças bioquímicas existentes entre LSD, psilocibina, ergotamina, metisergida, sumatriptano e serotonina. Todas essas substâncias tinham em comum um anel indol; porém, o que isso significava? Flash ficou matutando, *Seria a cefaleia em salvas um distúrbio de excesso de serotonina?* Na opinião de Pahlow, essa era uma suposição razoável, dado que pesquisas haviam revelado que "Clusterheads têm elevados níveis séricos de 5-HT e níveis baixos de 5-HT nas plaquetas, além de histamina alta e melatonina baixa. O que isso significa, não faço ideia".

Quanto mais conversavam sobre a neuroquímica, mais parecia aumentar a empolgação das pessoas. Dois indivíduos diferentes, de nome Tom*, relembraram o fato de terem se livrado da dor quando tomaram psicodélicos. Nenhum deles, contudo, mostrou-se desejoso de testar a teoria de Flash.

Theresa* teve uma experiência completamente diferente. "Os cogumelos, para mim, de fato induziram uma enxaqueca. Eles podem ser divertidos enquanto você está no campo e se deixa fundir com a paz da natureza, mas os efeitos posteriores não valem a diversão."

Fred* se mostrou cético, mas curioso. "Nunca encontrei nessas drogas qualquer alívio; não que eu já tenha usado para fins medicinais (quer dizer, qualquer alívio para uma crise ou um ciclo)."

E Donovan*, embora curtisse tomar drogas psicodélicas, não soube dizer por que fazia um esforço excepcional para nunca as usar quando acometido por cefaleia em salvas; ele temia que os psicodélicos pudessem aumentar a dor. Certa vez, teve dor de cabeça enquanto estava sob o efeito de LSD, e sentiu que a droga fez sua "dor de cabeça normal parecer bastante com uma cefaleia em salvas… e pior". Donovan não conseguia nem imaginar o que um psicodélico poderia causar em uma crise de cefaleia em salvas. "Estremeço só de pensar."

Flash compreendia a maneira de pensar daqueles, como Marshall*, que apoiavam o uso de psicodélicos, mas os consideravam arriscados demais como terapia contra cefaleia em salvas; por outro lado, tinha menos tolerância com os fomentadores do medo. Segundo ele, a amiga de June provavelmente havia tomado fenciclidina (PCP) e não LSD nem psilocibina. "Essa é a droga que leva as pessoas a imaginar que podem voar, levantar carros ou ter um comportamento raivoso que mistura a bravura de Super-Homem e Incrível Hulk." (Tenho certeza de que Flash não teria afirmado isso se soubesse que a conexão entre PCP e violência é um mito[1].)

Na maioria das vezes, Flash tratava como dados os relatos das pessoas sobre o uso de psicodélicos. No final de novembro de 1999, ele computou três pessoas para as quais os psicodélicos haviam funcionado e duas para quem não funcionaram. Talvez a empreitada de Flash tenha se traduzido no "ensaio (não)clínico de menor porte na história", mas ele esperava encontrar aí um padrão fundamental. "Por favor, continuem enviando informações", escreveu ele.

No entanto, ninguém tinha muita coisa mais a dizer. A despeito do frenesi de empolgação que cercava o tema, nenhum dos membros se apresentou como voluntário para testar em si mesmo o protocolo de

Flash. Mesmo assim, ele conseguira gerar uns poucos filamentos de interesse micelial.

O fórum permaneceu em silêncio sobre o assunto até que um rapaz, de nome Gunner*, apresentou-se três meses depois, em 15 de fevereiro de 2000, com uma memorável frase de efeito: “Será que estou maluco?”.

Na semana anterior, as crises de Gunner o deixaram tão desesperado que ele bebeu uma infusão psicodélica feita com cogumelos mágicos. “EU NÃO uso drogas”, mas a ideia lhe ocorreu ao ver no fórum uma postagem de um rapaz que jurava que funcionaria – provavelmente, tratava-se de Flash.

O chá produziu um alívio considerável, mas Gunner ainda sentia umas poucas crises leves. Um amigo lhe sugeriu que tentasse outra vez com uma porção de cogumelos frescos, dado que a primeira dose tinha dois anos, pelo menos, e, provavelmente já perdera sua potência. Mas era possível que ele não estivesse raciocinando direito. Qual era a opinião do fórum? Deveria ele tentar tomar outra xícara de chá psicodélico?

A resposta do fórum foi unânime: Sim! Tente e retorne informações o mais rapidamente possível.

No dia seguinte, Gunner respondeu respeitosamente com resultados atualizados. Parecia que a segunda dose interrompera seu ciclo no mesmo instante.

Brianna* quase não conseguiu acreditar. “O que é essa história de chá de cogumelo?” As semanas anteriores tinham sido um inferno. O marido dela estava no meio de um ciclo, e não havia nada disponível para abortar uma crise. “Jeff* não podia tomar Imitrex porque sofrera anteriormente um ataque cardíaco, o que era uma contraindicação para a droga. O oxigênio parece ser nossa única alternativa, e estou tentando convencê-lo a ir ao médico para obter uma prescrição, mas ele está em péssimo estado. Só quer ficar deitado e morrer, mas ficar deitado não funciona, então morrer em pé é o segredo.”

Como costuma acontecer com frequência no fórum, o tema do suicídio veio à tona. "Jeff e eu conversamos longamente hoje sobre suicídio, e ele me assegurou, nestas palavras: 'Se você consegue me amar apesar de todo esse horror que eu provoco, eu consigo amar você o bastante para nunca lhe causar o medo de que eu vá tirar minha própria vida. Nunca, jamais acredite que eu penso nessa possibilidade. Eu amo demais você e as crianças para jogar tudo fora; nós vamos superar isso JUNTOS!"

Mesmo assim, parecia importante tirar de casa a arma dele. Jeff chamou um amigo para levá-la embora, mas eles precisaram esperar a chegada do filho, pois este já tinha tomado a iniciativa de escondê-la do pai. "Um garoto incrível!"

A última gota foi quando o médico se recusou a prescrever o oxigênio – o tratamento mais seguro e eficaz que Jeff poderia receber. "Jeff não esperou para saber o motivo; ele simplesmente saiu correndo enfurecido." As condições tinham se tornado insuportáveis.

"Então, havia os cogumelos!"

Os resultados foram dramáticos. A cabeça de Jeff doía na noite em que ele bebeu o chá enfraquecido que Brianna preparou a partir dos píleos e caules secos de cogumelos psicodélicos comprados de uma fonte confiável. No início, eles temeram que pudesse não dar certo, e a dor era tanta que Jeff ficava balançando o corpo para a frente e para trás, gritando e gemendo.

Contudo, então, algo mudou. Brianna descreveu o ocorrido como um desalento que tomou conta de Jeff. Primeiro, "ele começou a reclamar que estava com frio, muito frio, e balançava a cabeça apertada com as mãos, de início sentado, depois com a cabeça nos joelhos e em seguida em pé outra vez, gemendo, 'oh, Deus; oh, Deus'. Então, de repente virou-se para mim e disse: 'Oh, MEU DEUS'!"

A dor de cabeça havia cessado. Em algum momento entre ele ficar em pé e ajoelhar, a dor desaparecera. Brianna contou que Jeff esfregava a cabeça em total incredulidade, rindo e enxugando as lágrimas, sem conseguir acreditar que a dor finalmente havia passado.

A transformação não foi apenas física – parecia que uma névoa opressiva tinha se apagado de sua mente. Durante semanas, Jeff havia falado sobre um suicídio que ele jurara que nunca de fato cometeria. E, naquele momento, alguma coisa havia mudado.

Deixando-se desmoronar no abraço de Brianna, ele caiu na gargalhada – um som tão contagiante que ela também acabou gargalhando junto. E, naquela noite, pela primeira vez depois do que parecera uma eternidade, os dois dormiram – realmente dormiram – livres do espectro da agonia e do desespero.

Uma pontada de dor acordou Jeff na manhã seguinte. Uma segunda xícara do chá conseguiu o que semanas de medicamentos prescritos não conseguiram: cessar a dor imediatamente. As sombras ainda subsistiram, mas seus contornos pareciam agora mais difusos, menos ameaçadores. A experiência fez brotar uma esperança quanto ao futuro – uma esperança que eles não sentiam havia semanas. "Na minha opinião, estamos no caminho certo. Não sei muito bem, cientificamente, por que isso funciona, mas eu sei, SEM SOMBRA de dúvidas, que FUNCIONA! Vi com meus próprios olhos, e nada, quero dizer nada mesmo, chegou perto de funcionar bem assim para Jeff em vinte anos." O entusiasmo de Brianna reverberou através do fórum, ativando uma rara centelha de otimismo em um espaço mais frequentemente preenchido pelo desespero.

Chá de cogumelo? Seria possível uma solução tão simples assim? O Clusterhead Derek Garlin* descobrira um neurologista de Missoula, em Montana, que havia realizado algumas pesquisas sobre o potencial de "outras plantas" para tratar distúrbios de dor de cabeça; mas "os malditos dólares para as pesquisas e a legislação federal" estavam impedindo-as. Ele enviou um e-mail para o pesquisador, descrevendo as conversas que aconteciam no *CH.com* e perguntando se ele tinha informações sobre tratamentos baseados em plantas ou fungos (ou seja, cogumelos) que pudessem ajudar pacientes portadores de cefaleia em salvas. Garlin assegurou a Russo que todos os participantes do fórum ficariam profundamente agradecidos pela ajuda.

O Dr. Ethan Russo, um neurologista com título de especialista, pesquisador de psicofarmacologia e antigo etnobotânico, enviou a Garlin uma resposta animadora. Após as costumeiras advertências sobre a "óbvia" impossibilidade de recomendar uma droga ilegal e perigosa, Russo explicou que ele vinha estudando há décadas a forma de uso das plantas medicinais pelo povo indígena, e observara um padrão: todos os organismos psicoativos que, em alta dosagem, produziam efeito psicodélico, tinham ação terapêutica para a dor de cabeça, quando em doses baixas.

Ele citou alguns exemplos: cannabis, peiote (mescalina), alcaloides do esporão-do-centeio (de onde vem o LSD, a metisergida e outros), e os cogumelos *Psilocybe*. O povo indígena da Amazônia usava diversas plantas medicinais que produziam o mesmo efeito.

Russo expôs que a eficácia dessas drogas podia, quase certamente, ser explicada pela neuroquímica – em especial, a afinidade dos psicodélicos por determinados receptores de serotonina. Havia um vasto espectro de evidências que sustentavam sua hipótese: ele soubera que comunidades indígenas no México faziam cessar a enxaqueca por meio de pequenos pedaços de cogumelos colocados embaixo da língua; e havia relatos dando conta do uso de peiote como tratamento contra a enxaqueca, desde o século XIX. Pesquisas biomédicas que identificam os receptores de serotonina ideais para tratamento da enxaqueca e da cefaleia em salvas servem para reforçar esse ponto. Flash havia topado com uma ideia que era, ao mesmo tempo, antiga e nova, reproduzindo uma prática antiga, a despeito de contradizer os dogmas médicos modernos. Russo, frustrado com as barreiras que impediam a continuidade de seus estudos, pediu então a Garlin que convocasse uma manifestação com a participação de tantos pacientes quanto ele conseguisse: "O que esse país precisa é que grupos como o seu se manifestem politicamente para que trabalhos nessa área possam prosseguir, a fim de produzir tratamentos seguros e eficazes contra cefaleia em salvas e outras doenças".

Ethan Russo passara anos trabalhando arduamente na Amazônia para levar consigo um sem-número de espécies promissoras de plantas psicoativas. Ele sabia melhor do que quase todas as pessoas quanto conhecimento poderia ser perdido se nós não fizéssemos as perguntas certas às pessoas certas.

Nós costumamos imaginar que os cientistas são pessoas que "descobrem" novas drogas – ou, pelo menos, "descobrem" novos usos para drogas já conhecidas. No entanto, todas as drogas têm seu contexto histórico, que pode ser difícil de ser percebido –, mas aqueles minúsculos comprimidos que o médico prescreve têm infinitas histórias para contar sobre poder, desigualdade e farsas.

Nos séculos XVI e XVII, os exploradores coloniais abriram um canal de trocas entre o Velho Mundo e o Novo Mundo – trocas que viriam a transformar radicalmente o bioma global. O povo indígena do Novo Mundo foi, sem dúvida alguma, prejudicado no negócio. É verdade que Cristóvão Colombo e seus contemporâneos trouxeram para as Américas animais domesticados, como cavalos, gado, porcos e galinhas, mas suas expedições desencadearam uma onda devastadora de doenças infecciosas como varíola, malária e sarampo, que dizimaram as populações indígenas.[2]

Desde as primeiras viagens, os exploradores europeus cobiçaram a flora exótica do Novo Mundo; porém, no século XVIII, a sedução do "ouro verde" botânico superou até mesmo o apelo dos metais preciosos. Ao lado de culturas relevantes do ponto de vista comercial – açúcar, batata, tomate e cacau –, os conquistadores vindos do Ocidente moderno também descobriram potentes plantas medicinais, entre as quais, quinino, coca, sassafrás, gengibre, babosa e tabaco.

Naquela época, como agora, a bioprospecção sempre acontecia na forma de *etnobotânica*, um termo cunhado em 1896 para descrever o estudo de fatos e tradições das plantas de um povo indígena. Muitas das drogas usualmente prescritas na vida contemporânea são derivadas de plantas e fungos e devem sua descoberta ao fato de os cientistas terem observado que as populações indígenas as utilizavam como medicamento. Produtos farmacêuticos derivados de plantas medicinais raramente – senão nunca – geraram algum valor para os povos indígenas que nos ensinaram sua importância.

A mesma consideração vale para os cogumelos mágicos usados pelos membros do Clusterbusters. Os cogumelos psicodélicos são nativos de regiões de toda a América do Norte, da Europa e da Rússia, mas, como descreve Andy Letcher em sua excelente história: *Shroom: A Cultural History of the Magic Mushroom* (Shroom: uma história cultural do cogumelo mágico), até perto da metade do século XX, quase todas as culturas ocidentais tratavam como tóxicos esses fungos. Aqueles que acidentalmente comiam cogumelos alucinógenos, em geral interpretavam os efeitos posteriores como envenenamentos indesejáveis.[3]

Os colonizadores espanhóis, que ainda no século XVI observaram que os astecas consumiam cogumelos psicodélicos, trataram a prática como blasfêmia. Os nativos chamavam esse fungo de *teonanácatl*, uma palavra que, para grande desgosto dos colonizadores, traduzia-se como "carne de Deus". Os espanhóis proibiram o uso, movidos pela óbvia conclusão de que esse cogumelo ajudava os idólatras nas práticas de feitiçaria. O conhecimento que os colonizadores detinham sobre esses fungos se dissipou a tal ponto que, no século XX, alguns acadêmicos questionavam se o *teonanácatl* de fato existira. Esse debate acadêmico, um tanto obscuro, só chegou a uma conclusão quando uma pesquisa do etnobotânico Richard Evans Schultes encontrou um cogumelo denominado *Panaeolus sphinctrinus*, ainda em uso por curandeiros indígenas em Oaxaca, e identificou nele o *teonanácatl*.[4] Contudo, vamos deixar essa história de lado por enquanto, porque o próximo filamento micelial passa pelo Peru antes de encontrar um ponto de parada no México.

Eu liguei para o Dr. Russo com o objetivo de conhecer um pouco mais a história do povo indígena que ele estudou. Quem poderia dizer que outras conexões ele me apontaria?

Russo se lembrou de ter recebido aquele e-mail de Derek Garlin, o Clusterhead que o contatara para saber se a teoria de Flash sobre psicodélicos merecia crédito. O fato de ele ter o costume de guardar todos os e-mails recebidos de pessoas que encontraram alívio em plantas medicinais ajudou bastante.

Segundo me contou, ele sempre teve interesse pelas plantas medicinais; porém, só depois de sete anos de prática da neurologia decidiu estudar o uso terapêutico dessas plantas. A alternativa de prescrição de "drogas cada vez mais tóxicas... com benefícios cada vez menores" estava lhe causando grande desgaste, e o impacto disso parecia recair sobre seus pacientes de enxaqueca.

Tinha que existir outra alternativa. Portanto, Russo começou a esquadrinhar pesquisas realizadas por etnobotânicos sobre dor de cabeça. Foi então que observou pela primeira vez que drogas psicodélicas tomadas em doses baixas conseguiam tratar distúrbios de dor de cabeça. O primeiro artigo dele sobre o tema, publicado em 1992, apresentou uma revisão de tratamentos potenciais para as dores de cabeça empregados pelo povo indígena da Amazônia Equatorial.[5] O passo seguinte seria obter informações a partir do próprio povo.

Em 1995, Russo viveu durante vários meses com o povo Machiguenga, que residia no meio do Parque Nacional del Mamí, uma reserva amazônica famosa por sua diversidade biológica. O Peru preserva essa diversidade por meio da proibição de acesso, exceto para os indígenas que habitam o local e uns poucos pesquisadores que, no entanto, precisam fazer uma solicitação de permissão de entrada.

Ao partir do Peru, Russo levou consigo um profundo apreço pelo povo Machiguenga, a quem ele denominou "gênios". A observância dos "costumes ancestrais de sua cultura" parecia manter o povo em excelente condição de saúde. Até onde Russo conseguia perceber, o maior risco para a comunidade vinha do contato com os colonizadores europeus, que eram portadores de doenças infecciosas.[6]

Em relação às plantas medicinais, apesar de o Parque Nacional del Mamí ser famoso por sua diversidade biológica, a real oportunidade para um etnobotânico como Russo não estava na flora nem na fauna, mas sim no povo. Os Machiguengas sabiam como usar as plantas existentes na floresta, e uma das práticas desse povo, que realmente despertou a curiosidade do pesquisador, envolvia uma planta do gênero *Psychotria* (*Rubiaceae*). Ele ficou sabendo que caçadores costumavam pingar nos olhos o suco das folhas. O líquido causava ardor, mas aguçava-lhes os sentidos: a visão, a audição e o olfato tornavam-se mais apurados. Russo imaginou que a planta podia conter dimetiltriptamina (DMT), a substância alucinógena contida na ayahuasca. Sua aplicação como colírio não causava efeito psicodélico – as experiências não apontavam qualquer alucinação. Curiosamente, os Machiguengas usavam a mesma planta quando tinham enxaqueca. O processo era simples: embrulhar as folhas em uma folha de bananeira e espremer, filtrando o líquido através de algodão. As gotas resultantes podiam ser aplicadas diretamente nos olhos. Ardia, mas a dor de cabeça e todos os seus sintomas – náusea, sensibilidade à luz – desapareciam em cerca de dez a quinze minutos.

Será que de fato funcionava? Russo sofria de enxaqueca, e uma autoexperimentação lhe deu a certeza de que era sim uma excelente maneira de fazer cessar uma crise. Contudo, ele queria saber se uma planta medicinal contendo DMT poderia agir como profícuo medicamento preventivo contra a enxaqueca e a cefaleia em salvas.

No período em que esteve na Amazônia Peruana, Russo coletou, com a ajuda de um pesquisador assistente, quinhentas plantas diferentes. No retorno a Montana, eles analisaram cada uma delas. Quase todas revelavam atividade de receptor de serotonina. O experimento levou-o a perceber que o DMT não está presente apenas naquele pequeno recanto da Amazônia. Ao contrário, concluiu ele, está bastante espalhado na natureza. "Se existe algum plano grandioso em tudo isso, um grande trapaceiro deve estar envolvido."

Estaria ele diante de algo grandioso? Alguma coisa que pudesse ajudar seus pacientes? Russo sabia quem era a pessoa capaz de responder.

Em 1997, Ethan Russo enviou por correio aéreo, para a Basileia, na Suíça, uma carta redigida à mão. Será que o destinatário, Dr. Hofmann, considerava possível que uma dose subalocinógena de LSD fosse capaz de prevenir uma crise de enxaqueca? Russo recebeu uma resposta poucos meses depois.

A carta datilografada do Dr. Hofmann, datada de 19 de maio de 1997, pedia desculpas por sua demora em responder.

"Sua ideia de que o LSD em doses baixas pode ser eficaz na profilaxia da enxaqueca parece-me muito razoável." Ele também havia considerado, certa vez, a possibilidade de estudar "os efeitos do uso cotidiano de doses de LSD pequenas e não indutoras de alucinações, mas só foram feitos alguns estudos preliminares". Hofmann – um homem de negócios – interrompera suas investigações formais sobre o LSD quando a Farmacêutica Sandoz abandonou sua produção em 1965. Não obstante, ele tinha "muito interesse nas futuras investigações [de Russo].

Este último ficou eufórico ao receber de Hofmann "o expressivo endosso da ideia". (Naturalmente, ele ainda possuía a carta – uma recordação como essa é algo a ser preservado. Vide Apêndice.)

Apesar de Russo não ter conseguido tirar do papel sua pesquisa sobre psicodélicos e dores de cabeça, ele nunca desistiu de estudar as plantas medicinais. Sua atenção se deslocou para a maconha medicinal. A organização fundada por Rick Doblin, a Multidisciplinary Association for Psychedelic Studies, apoiou os esforços iniciais de Russo no sentido de conseguir financiamento do National Institutes of Health para um ensaio clínico destinado a testar a maconha fumada como tratamento para a enxaqueca; e, depois de seu insucesso, também apoiou a busca por subsídio da mesma instituição para um estudo subsequente sobre a segurança do uso prolongado da maconha.[7] Entre 2003 e 2017, ele trabalhou como conselheiro médico sênior e como monitor médico e médico pesquisador na GW Pharmaceuticals, onde teve um papel de extrema importância no desenvolvimento de terapias baseadas em cannabis para dores decorrentes do câncer e epilepsia resistente ao tratamento. Todos os cargos que ele ocupou desde então seguiram a mesma trajetória: transformação do setor voltado ao uso terapêutico da cannabis.

Russo me assegurou que as pessoas portadoras de cefaleia em salvas estavam no caminho certo. Contudo, seria difícil conseguir a atenção do FDA e da comunidade biomédica. Ele me disse que o método de autoexperimentação com plantas, adotado pelos membros do Clusterbusters, deveria se manter. "A etnobotânica não precisa nascer na floresta; ela pode também germinar na floresta de concreto."

Capítulo Oito

MUNDOS CLANDESTINOS

MARK HAYWORTH* PREZAVA SUA INDEPENDÊNCIA. Na década de 1980, ele encontrou em Cabarete, uma pequena cidade na costa nordeste da República Dominicana, a paz que procurava. Era proprietário de uma pequena loja, a Pink Shark Windsurfing, e seu maior prazer era deslizar pelas águas azuis do mar sobre uma prancha com uma pequena vela, sendo levado pelo vento forte – grandes extensões de espuma branca se avolumando, zumbindo, rugindo e crepitando logo atrás dele.

O paraíso perdeu um pouco de seu brilho quando as dores de Mark saíram de controle. Fora constatado que suas "enxaquecas" eram, na verdade, uma cefaleia em salvas. Normalmente, ele se sentia bem e, se tivesse sorte, podia passar até dezoito meses sem nenhuma crise. Contudo, todos os ciclos da cefaleia o derrubavam. Em razão disso, ele fechou a loja e começou a trabalhar como garçom.

Hayworth, um libertário por vocação, considerava positivo o fato de os impostos na República Dominicana não serem tão altos como em seu Canadá nativo; porém, era difícil o acesso à saúde pública. Parecia impossível conseguir uma assistência adequada na ilha; portanto, ele procurou o atendimento de um neurologista do Canadá – o médico mostrou-se disposto a tratá-lo à distância, e seus pais lhe enviavam tudo o que o doutor prescrevia. Essa solução, no entanto, estava se tornando muito cara.

Na verdade, nenhuma das drogas funcionava bem contra um tipo de dor que ele descrevia como "um testículo sendo comprimido [através de sua órbita ocular] enquanto, simultaneamente, um atiçador em brasa o atravessava". Assim, chegava um momento, em todos os ciclos, no qual Mark começava a buscar alguma coisa capaz de aliviar sua dor.

A descoberta do *CH.com*, em março de 1999, representou para Hayworth uma porta aberta para um mundo todo novo. Ainda ontem, ele achava que tinha a pior dor do mundo; e agora tentava entender se estava enganado: talvez ele não fosse de fato amaldiçoado. No final das contas, suas crises de cefaleia em salvas ocorriam em ciclos que, mais cedo ou mais tarde, terminavam. A ideia de viver como um doente crônico tal qual essas pessoas do mundo on-line era inimaginável. Cada uma de suas crises episódicas podiam até levá-lo a se sentir um suicida em potencial, mas, pelo menos, ele sempre podia contar com certa dose de alívio do outro lado.

A convivência com pessoas doentes na internet não era exatamente sua ideia de diversão, mas ele precisava de ajuda. Uma comunidade global com experiência no uso de tratamentos alternativos poderia ser uma medida conveniente. Portanto, Mark criou uma conta com o nome "PinkSharkMark" e rascunhou uma mensagem na qual explicava: "Eu aposto que nós todos poderíamos escrever um livro sobre os sintomas, [sem deixar de lado] a incapacidade do sistema médico [e de seguro]".

"Pinky" passou as seis semanas seguintes postando perguntas: alguém ali já usara prednisona, o medicamento receitado por seu neurologista do Canadá? Eles recomendariam Demerol ou morfina como alternativa? "TEM QUE SER mais barato, e preciso saber que posso comprá-los aqui na ilha." Todos sentiam prazer em oferecer orientações, mesmo tendo, como ele, mais dúvidas do que respostas sobre a doença que os acometia.

No mesmo instante em que seu ciclo desapareceu, "Pinky" abandonou o fórum. Quem poderia censurá-lo? Ele preferia muito mais trabalhar no bar, e a água lhe acenava. Não havia tempo a desperdiçar, debruçado sobre um computador, lamentando-se junto com pessoas ainda mais infelizes do que ele.

Pinky não retornou ao fórum até maio de 2000, quando voltou a enfrentar um ciclo por vários meses. “Eu tive seis visitas da besta em apenas 96 horas. Extremamente desanimador.” O ciclo de cefaleia em salvas vivido por Pinky em 1999 durara dezesseis semanas e lhe custara um caminhão de dinheiro em medicamentos e salário perdido. Ele acrescentou com mais do que uma dose de sarcasmo, “[Teria alguém] ouvido falar de um novo tratamento? Extrato de unhas de sapos amazônicos? Toxinas venenosas de moluscos para aplicar por via cutânea? Dançar pelado sob uma figueira-de-bengala, cantando as letras da Jewel [Kilcher] de trás para a frente?”.

Ironicamente, as pessoas haviam de fato conversado sobre um tratamento milagroso, algo que, por acaso, PinkSharkMark sabia como cultivar em casa. Melhor ainda? Pinky também sabia como entrar em contato com o tipo de gente que pode ajudar outros Clusterheads a preparar o próprio remédio. Ele ainda não tinha se dado conta, mas estava prestes a se tornar o filamento micelial que conectava essas duas subculturas.

O alívio experimentado por Gunner e também Jeff – marido de Brianna – parecia bom demais para ser verdade. De qualquer modo, o que um caso (ou dois) poderia(m) comprovar? Uma narrativa era diferente de um experimento. As pessoas no fórum debatiam as possibilidades: talvez eles tivessem apresentado uma forte resposta ao placebo. A maioria descartou imediatamente tal ideia. A cefaleia em salvas era severa demais para sucumbir a uma crença. (Ensaios clínicos randomizados provaram posteriormente que essa conclusão estava errada, mas o placebo tem um papel determinante no poder terapêutico da maioria dos medicamentos.[1])

Também era difícil determinar se os ciclos haviam terminado de modo natural, sem qualquer relação com o fato de os pacientes terem tomado uma dose de cogumelos mágicos. Quase sempre, os ensaios clínicos destinados a testar tratamentos contra cefaleia em salvas encontravam dificuldade ao tentar estabelecer uma distinção entre os efeitos do medicamento e o ciclo natural, e algumas vezes imprevisível, da doença.

Flash argumentava que eles só poderiam saber com certeza depois que um paciente crônico de cefaleia em salvas experimentasse um psicodélico. Por definição, a cefaleia em salvas crônica não tinha tratamento. O teste de psicodélicos em doentes crônicos poderia reduzir (embora não eliminasse) a possibilidade de o ciclo da doença se resolver por si só, condição em que a resposta psicodélica ficaria indeterminada. Também parecia haver menor probabilidade de o placebo funcionar nos casos crônicos – todos sabiam muito bem que pouca coisa poderia ajudá-los. Contudo, semanas depois de postada a história bem-sucedida de Gunner e Jeff, nenhum dos pacientes crônicos participantes do fórum havia ainda se apresentado como voluntário para o experimento.

Em agosto de 2000, Flash conseguiu os dados de que precisava, quando uma mulher chamada Stace* postou uma mensagem exaltando o poder salvador dos cogumelos psicodélicos. Durante um longo tempo, o simples fato de estar viva fora para ela desolador, mas tornou-se insuportável quando as crises deixaram de entrar em remissão. As prescrições do médico não produziam efeito algum, e a dor implacável teve um impacto devastador sobre o que ela antes considerava uma vida plena e ativa.

Na semana anterior, Stace preparara um pouco de chá de cogumelo – "O MELHOR CHÁ QUE JÁ TOMEI NA VIDA" – e bebeu-o no momento em que estava começando uma crise. A bebida reduziu a dor de "um potencial de 8 a 10 (na Escala de Kipple)... em trinta minutos." O mais importante é que ela não tinha sentido dor alguma desde então. "Faz uma semana – a melhor semana da minha vida! Estou feliz; meu namorado está feliz; meu trabalho não está mais tão ruim; e até mesmo meu cachorro notou a diferença. O que posso dizer? Devo isso a vocês pessoal! OBRIGADA!"

A postagem de Stace inspirou uma nova onda de experimentos. O chá de cogumelos poderia de fato ser um tratamento eficaz se evitasse que um paciente crônico tivesse uma crise. De repente, pessoas como Rory*, que até então se mantinham em cima do muro, começaram a pensar em voz alta se os psicodélicos compensariam o risco. "Seria muito legal entender se esse tipo de tratamento consegue interromper aquilo que tem sido, pelo menos para mim, uma viagem de seis anos ininterruptos e sem descanso, para o inferno."

Havia ainda um problema: de que maneira uma pessoa poderia obter um "cogumelo mágico"? Até então, todos que experimentaram o tratamento proposto por Flash haviam obtido a droga com um amigo de confiança. Porém, a maioria das pessoas do grupo, mesmo quem já usara drogas na juventude, não sabia o que fazer. Desde a faculdade, eles não tentavam conseguir um psicodélico, e poucos – agora indivíduos de meia-idade – sabiam como entrar em contato com um traficante.

A maior parte das pessoas encara o fornecimento como apenas mais um problema prático a superar em seu tratamento médico. No entanto, para Flash, a questão da fonte de suprimento era um problema epistemológico. Como ele poderia interpretar os dados fornecidos pelas pessoas sobre o uso de psicodélicos contra a cefaleia em salvas, se elas não tinham informações a respeito da droga que tomavam? Ao contrário dos medicamentos regulados pelo governo, o LSD e os cogumelos careciam de rótulos claros e confiáveis que indicassem seu conteúdo e a dosagem. Mesmo quando as pessoas tinham certeza de ter tomado a droga correta, sempre surgiam dúvidas quanto à possibilidade de a potência da substância ter diminuído ao longo do tempo.

À medida que um número maior de pessoas começava a experimentar, a qualidade passou a ser um elemento curinga nos resultados dos tratamentos. Houve um relato com afirmação de que os cogumelos não produziam efeito algum: deveria o grupo interpretá-lo como um insucesso do tratamento? Ou, quem sabe, o indivíduo nunca tomara a droga? Talvez houvesse uma terceira explicação: uma interação medicamentosa anulara o efeito da substância psicodélica.

Flash acreditava que poderia ajudar as pessoas a obter cogumelos psicodélicos no Reino Unido, onde a espécie Liberty Caps podia ser facilmente identificada e colhida. No entanto, o Reino Unido era uma ilha pequena, desenvolvida, organizada. Um ambiente livre de grandes predadores e um clima que propicia a existência de plantas e fungos identificáveis contribuíam para que os forrageadores se sentissem à vontade caminhando pelo campo com suas botas de borracha. Por sua vez, as florestas da América do Norte, com seu terreno acidentado e sua grande variedade de espécies tóxicas, parecia muito mais intimidadora. Além disso, a legislação britânica em relação aos cogumelos era muito menos punitiva do que a do brutal estado carcerário dos Estados Unidos.[2]

Assim, apesar de toda a sua confiança quanto ao potencial terapêutico das drogas psicodélicas, Flash compreendia seus limites. Ele agia com cautela e se recusava com frequência a ir além de sua zona de conforto nos aconselhamentos sobre a colheita de cogumelos. Orientar alguém a ingerir um cogumelo errado poderia ter consequências fatais. Ele certamente ficou alarmado com a ingenuidade de algumas das perguntas que recebeu, como a do rapaz que queria saber se seria possível usar os cogumelos que cresciam sob um tronco seco atrás de sua casa. "Deus foi sagaz, camuflando a variedade norte-americana para ser facilmente confundida com as mortíferas.", Flash fez lembrar ao grupo.

Quando o pessoal perguntava onde poderia obter o elixir mágico que Flash promovia, ele sugeria um traficante de drogas respeitável. Ou, então, se estivessem dispostos a enfrentar o risco de ir colher cogumelos e acabarem consumindo acidentalmente um fungo fatal, ele recomendava que tentassem encontrar "um *hippie* e um manual".

Flash enfatizava que cautela era imprescindível. As drogas em si mesmas não eram perigosas, mas sua obtenção poderia oferecer algum risco. Finalmente, e acima de tudo, ele advertia as pessoas a não se envolverem em atitudes passíveis de causar o desmonte do grupo todo: "NÃO COMECEM A COMERCIALIZAR AS MALDITAS COISAS PELA NET, OU TODOS NÓS ACABAREMOS NA CADEIA".

De volta para casa, na República Dominicana, PinkSharkMark se debruçou sobre as postagens a respeito de terapia psicodélica que se haviam acumulado durante sua ausência. Esse assunto o fascinava havia muito tempo, mas ele dedicou um tempo extra para ler as últimas pesquisas com psicodélicos antes de expor seu histórico para o grupo. Nos anos 1970, Pink consumira "cogumelos mágicos como passatempo". Ele se sentia, portanto, dotado de uma qualificação privilegiada para ajudar a comunidade a resolver um de seus problemas mais espinhosos: encontrar uma forma segura, previsível e confiável de obter substâncias psicodélicas. As pessoas podiam cultivar as próprias plantas, e ele ensinaria a elas a técnica correta.

No final da década de 1970, não era fácil o cultivo de cogumelos. Muito embora Timothy Leary enaltecesse a psilocibina como uma fonte de reveladoras percepções, os cogumelos mágicos nunca alcançaram uma posição de relevância no movimento contracultural. Durante aquele período, as compras no mercado ilegal não raro causavam decepção, pois os compradores acabavam recebendo cogumelos comuns misturados com LSD ou PCP – modificados e mantidos em conserva a ponto de se tornarem quase irreconhecíveis. Aquelas pessoas que desejavam ter a experiência eram obrigadas a se aventurar no México ou a desenvolver aptidões de forrageadores, o que só ficou mais acessível quando os etnobotânicos publicaram guias de campo especializados, nos anos 1970.[3]

As técnicas para cultivo doméstico de cogumelos *Psilocybe* começaram a circular em meados da década de 1970. No entanto, o processo era difícil. O cultivo de cogumelos exigia um nível de tempo, dinheiro, esforços e paciência que só um verdadeiro entusiasta possuía.

Pinky sabia que a parte mais desgastante era encontrar os esporos adequados. A maioria dos cultivadores precisava procurar cogumelos *Psilocybe* na natureza, para recolher seus esporos. Estes seriam germinados em um meio estéril conhecido como ágar – um nutriente com aparência de gel utilizado em ambientes de laboratório. O passo seguinte envolvia a seleção dos filamentos miceliais com um bisturi esterilizado.[4]

O processo todo demandava esforços consideráveis. Qualquer pessoa pode hoje comprar placas de ágar via on-line – elas custam em torno de dois dólares cada. Mas, nos anos 1970, uma provisão como aquela exigia um amigo que trabalhasse em um laboratório. Assim, grande parte dos cultivadores amadores improvisavam por meio de receitas caseiras. Essa circunstância tornava ainda mais importante uma atenção meticulosa à manutenção de um ambiente estéril, pois as próprias condições de calor e umidade necessárias para o cultivo de cogumelos propiciavam também o crescimento de toda sorte de bolores e fungos, alguns dos quais eram causadores de efeitos indesejados e, até mesmo, perigosos, para a saúde.

As pesquisas feitas por Pinky na internet revelaram que muita coisa havia mudado desde o tempo em que ele cultivava cogumelos. Novas técnicas tornavam mais simples e acessível o cultivo caseiro. Em quase todos os estados norte-americanos havia a possibilidade de obtenção de esporos de maneira segura, legal e barata, via correio, para depois serem facilmente cultivados na privacidade da própria casa (quando a prática era ilegal). Pinky ainda não testara essa nova técnica de cultivo, porque não acreditava na possibilidade de esporos comprados via correio passarem pelo controle alfandegário da República Dominicana.

Contudo, Pinky acreditava que poderia ensinar o pessoal do fórum a cultivar os próprios cogumelos, em especial depois de ter trocado ideias com muitos cultivadores experientes que mostravam desejo de ajudar. As pessoas doentes não eram, nem de longe, a única comunidade que se reunia no ambiente on-line: durante anos, os fóruns de discussão haviam garantido refúgio para os *nerds* das drogas e os psiconautas.[5] Não surpreende, de fato, que os usuários de drogas tenham estado entre os primeiros a adotar a tecnologia de internet. Aqueles que inventaram a internet tinham vínculos estreitos com a contracultura: a maconha foi a primeira coisa a ser vendida via on-line.[6]

A internet oferecia o tipo de espaço seguro e livre de regulamentações que deu alento às subculturas da droga, bem como viabilizou um mercado ilegal para venda dessas substâncias e garantiu espaços nos quais os *nerds* das drogas podiam criar os próprios repositórios de informações sobre elas – informações que eram difíceis de encontrar em qualquer outro local.[7] O segredo para produção de um estoque seguro de drogas psicodélicas seria tão simples quanto fornecer aos participantes do *CH.com* um *hiperlink* para um subterrâneo psicodélico mais abrangente – uma rede que, havia anos, vinha simplificando o cultivo caseiro de cogumelos psicodélicos.

Assim, tão logo Pinky conseguiu ficar em dia com as últimas postagens sobre psicodélicos, ele tinha boas notícias para compartilhar com seus companheiros Clusterheads: "A maneira mais segura de obter cogumelos psilocibinos VERDADEIROS é cultivá-los por conta própria. Isso é absurdamente simples, muito barato (custa menos que um único Imitrex injetável) e exige um espaço com menos que 0,37 m^2. Tudo o que você precisa são os esporos de cogumelos psilocibinos, alguns potes de vidro de meio litro para conservas, um pouco de arroz integral em pó e um pouco de vermiculite".

Ele explicou que esporos de psilocibina podiam ser comprados e enviados legalmente, porque, na verdade, *não contêm* psilocibina. Algumas advertências: a Geórgia, a Califórnia e Idaho proscreveram a venda de esporos, e os produtos deviam ter o rótulo "destinado SOMENTE para fins de microscopia e taxonomia", acompanhado da figura de uma piscadela e um aceno de cabeça.

A compra de uma única seringa que levava até centenas de milhares de esporos em suspensão em água estéril custava U$ 10. Os esporos permaneciam viáveis por até um ano, desde que a seringa fosse mantida em um ambiente escuro e refrigerado. Pinky ficou sabendo que alguns vendedores gozavam de péssima reputação; portanto, valia a pena ler as revisões disponíveis on-line, para que a compra dos esporos fosse feita em um website que gozasse da credibilidade de envio de uma seringa de qualidade.

Era fácil encontrar on-line instruções para obtenção de cogumelos a partir do cultivo dos esporos. Centenas de websites disponibilizavam orientações sobre o método conhecido como "PF Tek", uma técnica que leva o nome do inventor "Psilocybe Fanaticus", o responsável pela descoberta de que o micélio cresce muito melhor quando os esporos são "plantados" (germinados) em um "solo" (substrato) contendo vermiculite. Os jardineiros gostam de misturar vermiculite à terra de vasos, para reter a água e o ar de que as plantas precisam para crescer. A eficácia da técnica PF Tek tinha a mesma razão: a vermiculite fornecia aos filamentos miceliais o ambiente necessário para desenvolvimento de suas complexas redes.

Em resumo, o cultivo caseiro de cogumelos era a solução perfeita para o problema crônico do suprimento e, ao mesmo tempo, permitia que as pessoas se sentissem seguras quanto à qualidade dos cogumelos que consumiam. Pinky explicou que "o cultivo próprio elimina qualquer possibilidade de problemas decorrentes de identificação incorreta". Além disso, oferecia uma solução relativamente rápida, pois não era necessário um tempo longo para crescimento de uma safra de cogumelos – "algo como um mês… [e] apenas duas semanas, se você comer o micélio", que também contém psilocibina. Ele afirmava também que o processo seria fácil. "Não é exagero quando digo que uma criança de apenas dez anos de idade seria capaz de fazer isso."

Segundo Pinky, o cultivo de cogumelos era ilegal, mas podia ser facilmente ocultado. "Estamos falando de talvez seis ou oito pequenos potes para conserva, que podem ser colocados em uma caixa pequena na parte de cima de uma prateleira ou num armário: sem cheiros estranhos, nem luzes específicas para o cultivo de plantas, tampouco barulhos." O aparato parecia "um tufo de material branco e felpudo". Se alguém perguntasse, era como se os potes contivessem "um fungo exótico (verdadeiro)… usado na medicina holística (também verdadeiro)". Pinky também tinha certeza de que o alvo da polícia não eram as pessoas que cultivavam cogumelos mágicos em casa, já que elas não faziam "parte de uma quadrilha de tráfico de drogas". Os policiais podiam "prender algum garoto por vender cogumelos em um festival de música ou em uma *rave*", mas não andavam atrás de gente como eles.

Podia ser o crime perfeito: fácil, barato e ético, a menos que a filosofia deles envolvesse seguir uma lei equivocada em vez de "cultivar alguns cogumelos para um cônjuge amado que, há anos, enfrentava uma agonia sem fim".

Sem dúvida, era tudo mais fácil agora do que fora na década de 1970, quando Pinky cultivara cogumelos pela última vez. Todavia, ele teria de admitir que estava longe de ser a tarefa fácil que ele tinha assegurado. Ou seja, muito pouco do que Pinky dissera sobre o cultivo de cogumelos se aplicava à própria situação dele na República Dominicana.

As empresas que faziam vendas por correspondência não operavam lá – tampouco Pinky se sentia à vontade de pedir a alguém que enviasse esporos para seu endereço. Ele imaginava que para obtê-los precisaria viajar até o Canadá – uma viagem que não conseguiu levar a cabo por quatro meses. Ademais, obter os esporos era apenas o primeiro passo – e ele sabia que precisava ser um craque na arte do cultivo, dada a dificuldade para obtenção de esporos na ilha.

Era tão grande a preocupação de Pinky quanto a ter condições de cultivar cogumelos na República Dominicana, por causa do mofo em suspensão no ar, que na primeira iniciativa ele adotou a seguinte precaução extra: depois de tomar uma ducha, prendeu o cabelo em uma toca de banho limpa e vestiu apenas um maiô e uma máscara facial. Em seguida, voltou a lavar os braços até a altura do cotovelo e espargiu Lysol nas mãos e nos antebraços, bem como na cozinha e na estufa. Pinky também procurou sanitizar uma pequena área de trabalho, usando aquilo que denominou "o truque da estufa", uma providência que envolveu o pré-aquecimento, seguido do resfriamento, de seis potes de conserva contendo o meio de cultivo, em etapas, a fim de eliminar o mofo disperso. Finalmente, a agulha acoplada à seringa cheia de esporos exigia atenção. Ele decidiu passar a agulha por uma chama antes de inocular cada um dos potes.

O cuidado quase obsessivo-compulsivo de Pinky com os detalhes fazia sentido, em face dos riscos. Era ele que procurava convencer todo mundo a cultivar os próprios cogumelos – mas não fazia isso havia anos; e precisava conseguir, para poder mostrar a todos como fácil de verdade.

"Se eu for bem-sucedido sob essas condições do tipo Keystone Cop [na República Dominicana], será moleza para aqueles entre vocês que são mais eficazes no planejamento prévio das coisas." Além disso, Pinky fazia a obstinada defesa do uso de psicodélicos como tratamento, sem jamais tê-los usado. Ele "sabia" que funcionavam – tinham sido eficazes para todos aqueles que aceitaram fazer uma experiência com cogumelos desde que Stace* relatara sucesso, mas, nas suas próprias palavras: "Só depois de eu mesmo experimentar, saberei com certeza".

Havia uma urgência também. O avanço sorrateiro das sombras aveludadas ameaçava o que parecia ser uma remissão após um alívio breve demais de seu último ciclo – uma decadência infernal de sete meses que quase o levou à falência.

Felizmente, o subterrâneo psicodélico, como sempre, estava a postos para auxiliar. As descrições feitas por Pinky dos efeitos positivos da psilocibina sobre a cefaleia em salvas inspiraram postagens em websites como Shroomery e Drool Donkey, oferecendo ajuda. Um respeitável fornecedor de esporos se prontificou a abrir mão da exigência de pedido mínimo e das taxas de remessa para todos aqueles que sofressem de cefaleia em salvas. Um "produtor bem-informado... se ofereceu a remeter para Clusterheads potes pré-misturados e pré-esterilizados de substrato (alimento dos cogumelos) por um valor pouco acima do preço de custo". Os dois websites franqueavam seus fóruns sobre cultivo para perguntas dos Clusterheads.

Pinky advertiu: "ACIMA DE TUDO, lembrem-se de que esses indivíduos fornecerão a vocês, de bom grado, material LEGAL... informações, potes de substrato, esporos... mas NÃO peçam a eles para correrem o risco de enviar cogumelos a vocês. POR FAVOR, POR FAVOR, POR FAVOR, não estraguem um relacionamento florescente com pessoas que desejam ajudar a todos nós, forçando-as a recusar seu pedido, ok?".

Ter esperança pode ser uma coisa perigosa para alguém que vive sob o terror de seu próximo ciclo de cefaleia em salvas. Contudo, viver sem esperança destroça a resiliência necessária para sobreviver a cada crise.

Se você se colocar em qualquer dos dois extremos, certamente será destruído pela doença. Os veteranos sempre me dizem que a melhor alternativa é viver o instante presente e buscar alegria em cada momento passado sem dor.

Ainda assim, eu conseguia sentir a esperança aumentando todas as vezes que Stace postava um relato sobre sua remissão duradoura. Cada dia livre de dor me motivava – como poderia ser diferente? Stace deleitava a todos com os detalhes de sua vida recém-descoberta. "Rindo enquanto curto uma garrafa de vinho com alguém que amo. Rindo nas viagens para acampar em grande altitude. Rindo enquanto penso, 'Caramba, quase NÃO consigo lembrar como é uma crise'. Rindo por causa de toda a bondade sem dor contida em um minúsculo cogumelo. Rindo, porque rir já não mais causa dor. A propósito – sete semanas e continuo contando, MINHA GENTE! Quase não consigo acreditar!"

Stephen* também não conseguia. Ele não vivera um único dia sem dor durante anos, até que uma viagem produzida por cogumelos interrompeu seu ciclo. Todos saudaram a boa-nova que ele trazia.

Lonny* teve mais dificuldade do que Stephen e Stace para interromper seu ciclo crônico, mas todos do grupo o ajudaram até que ele conseguiu resolver o problema da dosagem. O website foi invadido por perguntas sobre o novo tratamento com cogumelos.

Não dá para dizer que todos estavam sendo bem-sucedidos – muitas pessoas ainda lutavam para obter alívio mesmo depois que Pinky tentou solucionar os problemas de fornecimento. Entretanto, de modo geral, esses insucessos eram interpretados como obstáculos a vencer e não como sinal de que deveriam desistir. Talvez as doses exigissem ajustes. Ou, quem sabe, outros medicamentos para dor de cabeça pudessem estar bloqueando a ação terapêutica da psilocibina. Flash não estava particularmente preocupado; ele continuou se dedicando ao problema.

Flash percebeu que o pessoal precisava de duas coisas. Em primeiro lugar, um website centralizado que pudesse oferecer instruções básicas e claras sobre o tratamento com cogumelos, de forma que não fosse necessária a repetição das mesmas instruções cada vez que um novo integrante entrava no fórum. Segundo, eles precisavam de um esforço conjunto para coleta de dados, a fim de viabilizar a identificação da melhor maneira de tomar cogumelos psicodélicos e, simultaneamente, permitir que a eficácia do tratamento ficasse documentada.

A semente dessa abordagem baseada em dados foi plantada em dezembro de 2000, após um pedido para realização de estudos de caso feito pela Erowid, uma organização sem fins lucrativos que disponibiliza em seu website informações sobre substâncias psicodélicas. Flash especulou sobre a possibilidade de a Erowid estar disposta a hospedar em seu website um levantamento capaz de coletar os dados de pesquisa de que eles necessitavam. Em uma reviravolta fortuita, Earth, um dos cofundadores da Erowid, concordou em ajudar. Os dados poderiam ser úteis algum dia. Jonas* se ofereceu para copiar e colar todas as "histórias sobre cogumelos" postadas no fórum, e gravá-las em um arquivo.

Agora eles só precisavam entender por que o tratamento funcionava para algumas pessoas e não para outras. Era um problema frustrante, principalmente diante do fato de aparecerem a todo momento indícios de que o setor farmacêutico sabia, o tempo todo, que os compostos psicodélicos podiam tratar a cefaleia em salvas. Por exemplo, a estrutura química dos psicodélicos clássicos era bastante semelhante à das drogas farmacêuticas que a Sandoz e a Glaxo (hoje GSK) desenvolveram para tratamento da enxaqueca e da cefaleia em salvas. Pinky postou as semelhanças:

Todas elas possuíam uma estrutura indol.

A Sandoz produziu a metisergida a partir do LSD.

O sumatriptano da Glaxo Wellcome (Imitrex) tinha grande similaridade com o DMT sulfonado. (DMT é a potente substância psicodélica encontrada na ayahuasca.)

Albert Hofmann dizia que a metisergida era uma tentativa de "tornar não alucinatório" um alucinógeno. Flash se perguntava se havia a possibilidade de a Glaxo Wellcome ter tentado fazer a mesma coisa com o sumatriptano. Qualquer que tivesse sido a intenção, o resultado deixava muito a desejar. Apesar de o sumatriptano ser capaz de interromper uma crise, ele não conseguia impedir que ocorresse a próxima.

Significaria isso que a ação psicodélica era necessária? Pinky não tinha certeza, mas especulava se as corporações haviam jogado fora o bebê junto com a água da bacia.

Talvez. Por que as corporações privilegiariam uma droga para ser tomada apenas duas vezes no ano, quando podiam desenvolver algo que precisaria ser tomado diariamente? Por outro lado, havia a possibilidade de não terem tido escolha, pois o governo estava determinado a criminalizar as drogas psicodélicas. "Ler isso me deixa irritado", afirmou um membro do fórum chamado James*. "Não entendo por que não são feitas mais pesquisas sobre terapia com alucinógenos… Bem... entendo por que não são feitas, mas não faz sentido para mim." Ele lamentava o fato de estarem muito próximos de uma cura, enquanto o governo, por sua vez, preocupado demais com o potencial de adição, não poderia ser menos negligente. "Na 'Guerra às Drogas', os dois 'contendores' estão em um beco sem saída, e nós, Clusterheads, somos os maiores perdedores".

Eu compreendo a frustração de James, porque também estaria muito brava. As possibilidades eram promissoras demais para simplesmente desistirmos ou cedermos. Apesar das dificuldades, a dinâmica do movimento levou adiante a missão: o grupo trabalharia unido na busca do melhor protocolo de tratamento. Eles não estavam dispostos a retroceder até os dias de desesperança.

Capítulo Nove

A DERROCADA

SE AS PESQUISAS COM PSICODÉLICOS NOS ANOS 1950 E 1960 ERAM DE FATO TÃO promissoras como as pessoas afirmavam, por que então foram interrompidas de forma tão inesperada?

A narrativa dominante segue mais ou menos esta linha: na década de 1960, a sociedade norte-americana estava descontente com as autoridades. O movimento de defesa dos direitos civis passou dos protestos pacíficos para motins raciais. A Guerra do Vietnã deu origem a movimentos de oposição e protestos públicos em larga escala. Assassinatos com motivação política sacudiram a nação. Grupos ligados à contracultura afirmavam que o LSD seria um facilitador de seus ideais revolucionários, com a promessa de libertação do controle exercido pela classe dominante, a contestação da lógica capitalista e um apelo à radicalização da juventude. Timothy Leary, o ícone da contracultura, advertia a classe dominante a "estar preparada para a mudança" e, ao mesmo tempo, dizia a seus seguidores *"tune in, turn on, and drop out"* (entrem no clima, envolvam-se e abandonem o sistema). Maconha e LSD pareciam ser o fio condutor comum dentro de toda essa agitação social.

Após a decisão do presidente Lyndon B. Johnson, em 1968, de criminalizar o uso recreativo de LSD, o presidente Richard Nixon aprovou, em 1970, a lei Controlled Substances Act, e depois colocou em prática a Guerra às Drogas, uma série de políticas cujo objetivo era a punição de todos aqueles que faziam uso indevido de drogas que teriam efeitos devastadores para o mundo todo. A decisão da Drug Enforcement Administration (DEA, Administração para o Controle de Drogas) no sentido de enquadrar como drogas de Classe I os psicodélicos como LSD e psilocibina só serviu para gerar mais danos colaterais. De fato, essa iniciativa não guardava qualquer conexão com a questão da saúde pública – as mudanças nas políticas eram motivadas pelo desejo do governo de controlar seus inimigos: os líderes dos direitos civis e a esquerda contrária à guerra.

Contudo, nem a decisão de Lyndon B. Johnson, que criminalizava o uso não medicinal de LSD, como tampouco a Controlled Substances Act de Nixon conseguiam dar uma explicação cabal quanto ao motivo que levou os cientistas a interromper as pesquisas sobre a potencial ação *terapêutica* dos psicodélicos. Historiadores perspicazes demonstraram então que as mudanças introduzidas pelo FDA para proteger os consumidores do uso de medicamentos perigosos contribuíram muito mais para a interrupção das pesquisas do que o medo delirante do presidente Nixon de perder seu poder político. O colapso absoluto das pesquisas científicas potencialmente inovadoras sobre as ações terapêuticas benéficas dos psicodélicos foi decorrente, na quase totalidade, de um fator adicional – a adesão a uma tecnologia cuja valia era amplamente reconhecida: o estudo controlado e randomizado (RCT, na sigla em inglês).[1]

Do início até meados do século XX, o desenvolvimento de remédios eficazes alimentou a esperança de que as pessoas pudessem viver melhor, por mais tempo e mais felizes. Graças à descoberta da insulina, dos antibióticos e dos esteroides, doenças que costumavam representar morte certa podiam então ser tratadas com relativa facilidade.

A indústria farmacêutica oferecia, até mesmo para pessoas relativamente saudáveis, a possibilidade de uma "vida melhor por meio das substâncias químicas".[2] As anfetaminas comercializadas para combate à obesidade e à "pré-obesidade" inundaram o mercado. Os médicos prescreviam

Dexamyl – uma combinação de anfetamina e barbitúricos – como terapia para o tipo de estresse cotidiano que acometia os homens de negócio da classe média e suas esposas. Em meados da década de 1950, Miltown (meprobamato), um tranquilizante leve que prometia o alívio da ansiedade, sem prejudicar a atenção dos consumidores, tornou-se a droga mais receitada nos Estados Unidos. Jornais e revistas alardeavam os benefícios dessas novas "drogas milagrosas". Finalmente, todas as pessoas podiam usufruir de tranquilidade e paz interior sem o tédio da introspecção.[3]

Em meados dos anos 1950, relatórios científicos começaram a levantar dúvidas sobre a segurança de algumas dessas "curas milagrosas". O uso de cortisona por períodos prolongados causava graves efeitos colaterais, além do que, havia indícios de que as bactérias adquiriam resistência aos antibióticos ao longo do tempo, e as overdoses provocadas pelas drogas estavam se tornando um problema. Os médicos receitavam tranquilizantes e anfetaminas como se fossem doces. Prestigiosos periódicos médicos começaram a publicar editoriais questionando se não teria chegado o momento de se repensar a segurança e a eficácia nos processos de avaliação das drogas.[4]

O congresso havia também aprovado diversas leis para proteção dos consumidores contra a indústria farmacêutica. O Pure Food and Drug Act, de 1906, influenciado pelo romance investigativo de Upton Sinclair, *A Selva,* representou um avanço significativo na direção da regulamentação dos produtos de consumo. Essa lei levou à fundação de uma agência federal de fiscalização, que acabou se tornando a Food and Drug Administration (FDA). Segundo a legislação, todos os medicamentos deveriam trazer rótulo indicando se continham componentes considerados perigosos: álcool, morfina, cocaína, heroína, ópio, eucaína, clorofórmio, cannabis indica, hidrato de cloral e acetanilida.[5]

Outra lei importante promulgada na sequência também foi inspirada por um escândalo. Em 1937, mais de cem pessoas morreram depois de ingerir o amplamente utilizado elixir de sulfanilamida. Uma investigação federal revelou que a responsabilidade era do fabricante do remédio – a empresa empregara um solvente tóxico na preparação de um lote do elixir. O Food, Drug, and Cosmetic Act, de 1938, passou a exigir que as empresas farmacêuticas atestassem a segurança de seus produtos para poderem comercializá-los nos Estados Unidos.[6]

Entretanto, a indústria farmacêutica continuou inundando o mercado com medicamentos, o que elevou os custos da assistência à saúde. Em 1940, os estadunidenses gastavam anualmente em torno de 4 bilhões de dólares (4% do PIB) em saúde e assistência médica, cerca de US$ 29,6 por pessoa. Em 1960, esses números haviam saltado para 26,9 bilhões de dólares (5,3% do PIB) e US$ 146 por pessoa, anualmente.[7] As famílias estadunidenses temiam a possibilidade de não terem condições de arcar com os custos médicos. Os remédios competiam com os mantimentos nos orçamentos. Porém, ambos pareciam necessários.

Alguns desses custos aumentados eram esperados na condição de a qualidade dos tratamentos melhorarem os resultados. Algumas drogas novas, como a insulina, de fato salvavam vidas. Todavia, a indústria farmacêutica recebia críticas que afirmavam ser exagerada, enganosa e esbanjadora a publicidade dos medicamentos. As pessoas não deveriam ter que pagar esses preços elevados por remédios necessários.

Um editorial de 1956, do *New England Journal of Medicine*, advertia que: "Os médicos deveriam ser mais cautelosos e não aprovar remédios tendo como base exclusivamente as evidências ou o testemunho apresentados pelo fabricante. Eles deveriam exigir provas claras, imparciais, bem estudadas e adequadamente controladas, produzidas e interpretadas por observadores confiáveis".[8]

No final dos anos 1950, o setor foi submetido a uma investigação governamental em decorrência de acusações de cartelização de preços e práticas de marketing enganosas. A indústria farmacêutica estava prestes a enfrentar um acerto de contas que iria alterar fundamentalmente a medicina.

Em 1959, o senador Estes Kefauver, poderoso congressista democrata das montanhas do Tennessee, voltou sua atenção para o setor dos medicamentos.

Essa atitude causou grande preocupação aos executivos das empresas farmacêuticas. À primeira vista, Kefauver era um homem de fala mansa, dono de um sorriso tímido, que usava óculos de lentes grossas e tinha uma personalidade irresistivelmente simples, mas ele já adquirira fama por seu ferrenho combate aos monopólios.[9]

Em seu primeiro mandato de senador, Kefauver coordenou uma comissão inovadora que realizou audiências sobre o crime organizado, tendo estado frente a frente com os mais notórios chefes da máfia no país. Essas confrontações não foram apenas televisionadas, como também aclamadas, o que valeu ao programa um Emmy pelo emocionante retrato da luta contra a corrupção. Os estadunidenses que, em grande número, sintonizaram o canal foram tomados por tal respeito pelo homem ali na sua frente que, em 1951, Kefauver foi escolhido como um dos dez homens mais admirados, junto com o Papa Pio XII, Albert Einstein e Douglas MacArthur. Em três ocasiões diferentes, ele foi capa da revista *Time*. Não era comum uma admiração assim tão grande por um sulista democrata que lutava por projetos de lei de dessegregação e antilinchamento. Ele bem poderia ter sido o icônico Mr. (Jefferson) Smith, o personagem ficcional criado por Jimmy Stewart, que vai para Washington em uma incansável busca por justiça.

Era inegável que a indústria de medicamentos criava produtos relevantes, mas a cartelização de preços e a questionável eficácia de um número cada vez maior de remédios faziam as pessoas se sentirem vulneráveis e reféns do setor. Elas queriam contar com a proteção do governo. Kefauver acreditava que cabia ao estado a responsabilidade de garantir que setores inovadores, como a indústria farmacêutica, trabalhassem para beneficiar os estadunidenses comuns e não apenas para encher os bolsos com ganhos estratosféricos.

Entre 1959 e 1960, as audiências promovidas por Kefauver revelaram evidências de que a sociedade estadunidense gastava mais de 250 milhões de dólares em "medicamentos inúteis". Uma testemunha após a outra destacou quão malsucedidas eram as tentativas do FDA no sentido de controlar os delitos de um setor farmacêutico cada vez mais poderoso.

As autoridades tinham poucas condições de manter fora do mercado drogas perigosas, mesmo as que careciam de testes clínicos suficientes. Mais do que isso, algumas fontes internas do órgão regulador sentiam que seus chefes mantinham uma relação íntima demais com o setor. Funcionários da ala médica recebiam algumas vezes "ordens de cima" para aprovar uma droga, independentemente do que indicassem as evidências.

Segundo o senador Kefauver, os padrões exigidos do setor de medicamentos deveriam ser mais elevados do que aqueles cobrados das corporações comuns, porque a única opção dos consumidores de remédios era a dependência em relação às drogas que a indústria criava e vendia. Esses fabricantes serviam a "pessoas doentes... muitas das quais eram pobres. Os consumidores do ético setor de medicamentos são prisioneiros".[10]

Kefauver propôs uma ambiciosa legislação que limitava a apenas três anos a validade das patentes da indústria farmacêutica, bem como regulamentava os anúncios de remédios, restringia o número e o tipo de medicamentos "similares" colocados no mercado e aumentava a segurança dos remédios controlados e a concorrência na área, exigindo que as empresas demonstrassem a segurança e a eficácia de seus produtos antes de receber a aprovação do FDA para comercialização.

O projeto de lei encontrou forte oposição do setor farmacêutico e da comunidade médica – nenhum dos dois grupos estava disposto a abrir mão de seu poder de definir se uma substância deveria ou não ser oferecida à sociedade. Enquanto, por um lado, a indústria de medicamentos se valeu das políticas da Guerra Fria para defender que as iniciativas de Kefauver no sentido de limitar o lucro do setor equivaliam a uma forma insidiosa de socialismo, por outro, a American Medical Association (AMA, Associação Médica Americana) defendia que somente médicos usando drogas experimentais no mundo real tinham conhecimento para atestar sua segurança e sua eficácia.

O projeto de lei de Kefauver acabou ficando engavetado até que notícias sobre a talidomida provocaram ondas de choque por toda a nação. Milhares de mães europeias deram à luz bebês com graves deformações, uma consequência da talidomida, o popular comprimido para dormir, amplamente considerado "inofensivo como biscoitos de açúcar". O acontecimento chocou a sociedade estadunidense. A maioria dos fetos expostos à talidomida não tinha expectativa de sobrevivência; e aqueles que sobreviveram quase sempre nasceram sem algum dos membros, com malformações nas mãos, orelhas desfiguradas e feições faciais distorcidas. As reportagens da imprensa mostravam imagens macabras de bebês nus, exibidos para o público como espetáculos monstruosos. De acordo com o noticiário, as famílias norte-americanas tinham sido poupadas desse destino por uma razão: a Dra. Frances Oldham Kelsey, uma médica questionadora que era funcionária do FDA, havia se recusado a aprovar a comercialização da talidomida nos Estados Unidos até que o fabricante apresentasse dados mais convincentes sobre a segurança do medicamento. Infelizmente, a intuição da médica quanto aos riscos potenciais da droga revelou-se correta.

Entretanto, apesar de toda a precaução da Dra. Kelsey, nem ela nem o FDA tiveram força suficiente para manter a talidomida totalmente fora dos consultórios médicos estadunidenses. O FDA só conseguiu impedir que as empresas farmacêuticas não fizessem *publicidade* de seus produtos, mas não pôde evitar que as companhias distribuíssem drogas experimentais diretamente para os médicos, que podiam então usá-las como bem entendessem – foi exatamente dessa forma que os médicos e psicoterapeutas norte-americanos receberam da Farmacêutica Sandoz o LSD e a psilocibina. Essa brecha franqueava para as empresas antiéticas um caminho clandestino até consumidores desavisados. O FDA não sabia com certeza, mas havia a possibilidade de que os médicos já tivessem receitado talidomida para cerca de vinte mil estadunidenses, incluindo 624 mulheres grávidas.

A confiança da sociedade no FDA atingiu níveis muito baixos. Se a talidomida, um remédio amplamente considerado seguro, causava o nascimento de bebês desfigurados, que outros venenos se escondiam nos armários de medicamentos que os norte-americanos tinham em suas casas?

O presidente John F. Kennedy, pressionado a agir, exigiu que o congresso aprovasse uma legislação destinada a garantir ao FDA mais recursos financeiros, equipes e poder. Kennedy afirmou, "Novas drogas estão sendo colocadas no mercado todos os dias, sem que haja qualquer exigência de comprovação relevante de sua eficácia no tratamento das doenças para as quais são recomendadas. Constatou-se que mais de 20% dos novos remédios disponíveis desde 1956 não conseguem comprovar um ou mais dos efeitos alegados por seus patrocinadores. Existe um abrangente tráfico clandestino de barbitúricos e estimulantes causadores de dependência. Medicamentos cujo nome comercial poderia ser simples e comum, quase sempre exibem complexos nomes científicos, o que confunde o comprador e eleva o preço."[11]

Nada disso, no entanto, conseguia dar conta do problema em questão, o que, de acordo com declarações do setor de imprensa da Casa Branca, traduzia-se em um "período de aflição" por causa do pânico provocado pela talidomida, que levou as mulheres a "pedir o aborto" muito antes de esse procedimento ser legalizado.[12] A sociedade exigia que o governo garantisse a sua segurança.

Kennedy fez o possível para tranquilizar o país. "Cerca de 200 pessoas do FDA se debruçaram sobre o assunto; todos os médicos, todos os hospitais, todo o corpo de enfermagem foram notificados." Contudo, as mulheres precisavam ficar vigilantes. "Toda mulher nesse país, eu acredito, deve estar consciente da extrema importância de verificarem seu armário de remédios e não tomarem essa droga – e devem entregá-la às autoridades."[13]

As mulheres deveriam estar vigilantes com a própria saúde.

O presidente Kennedy precisava que o congresso agisse rapidamente, e o senador Kefauver tinha um projeto de lei que podia ser adaptado. Em 1962, Kennedy transformou em lei as emendas de Kefauver-Harris ao Federal Food and Drug Control Act. As emendas que levavam o nome do senador Kefauver não materializaram as reformas de redução de custos que o projeto de lei pretendia originalmente. Contudo, essa nova lei teve várias consequências – uma delas foi a não prevista redução das pesquisas clínicas que avaliavam o potencial terapêutico do LSD.[14]

O FDA adquiriu então poder para determinar que o setor farmacêutico comprovasse a segurança e a eficácia de seus medicamentos antes de colocá-los no mercado. O congresso, no entanto, deixou a cargo dos especialistas os detalhes da implementação desse importante trabalho. A identificação de uma forma objetiva de fazer essas avaliações era prioritária. Contudo, havia o envolvimento político na definição do que se pretendia por "evidências objetivas".

A American Medical Association (AMA) defendeu que os médicos deveriam ter autonomia para decidir qual medicamento era mais indicado para seus pacientes. Entretanto, o FDA temia que o relacionamento dos médicos com o setor farmacêutico fosse próximo demais, o que os impediria de fazer uma avaliação objetiva, em especial depois de as audiências de Kefauver terem revelado como esse setor utilizava o marketing como forma de persuadir os doutores a fazerem o que ele desejava.[15]

As novas regras do FDA exigiam que os pesquisadores clínicos só estudassem drogas que já tivessem um pedido de Investigational New Drug (IND, Novo Medicamento em Investigação) aprovado em seus registros. Havia, entretanto, uma sutileza: somente os fabricantes de remédios detinham o tipo de informação exigida pelo FDA para consecução de um requerimento de IND.[16] Todos os pedidos de IND determinavam que o patrocinador do medicamento especificasse as qualificações necessárias para um pesquisador e também indicasse como a droga seria usada em um experimento.[17]

Em 1963, o LSD estava longe de ser a droga mais malconceituada, mas a Sandoz tinha razões para se preocupar, particularmente em face dos eventos desordeiros que aconteciam em lugares como Harvard, onde Timothy Leary vinha realizando pesquisa mal-afamada com a psilocibina. De qualquer modo, a patente dessa droga nos Estados Unidos estava expirando naquele ano.

A Sandoz sempre encorajara os pesquisadores a se autoadministrar o LSD, "a fim de conseguir compreender o mundo das ideias e sensações dos pacientes de doenças mentais".[18] Contudo, os críticos começavam a questionar a real eficácia da autoexperimentação para produção de dados objetivos. E os pesquisadores de psicodélicos estavam dificultando a defesa da prática. Os estudos por eles desenvolvidos pareciam às vezes um tanto entusiásticos demais, como se tivessem sido potencializados por "uma experiência mística induzida pelo terapeuta, semelhante a uma conversão religiosa".[19]

A autoexperimentação contava com um amplo histórico na ciência e na medicina. Não é necessário ir além de Albert Hofmann, o diligente trabalhador que comunicou antecipadamente ao seu chefe que planejava ir trabalhar na manhã de uma segunda-feira e tomar uma droga que *já* o havia intoxicado. O ato de se colocar como objeto de pesquisa parecia ser a atitude ética a ser tomada – isso sugeria que um cientista estava disposto a colocar a busca do conhecimento adiante dos ganhos pessoais.[20]

Nos anos 1950, a ingestão de drogas psicoativas não passava de apenas mais um dia de trabalho no laboratório. Para os cientistas, a autoexperimentação era um método legítimo de estudo. Alguns, como Albert Hofmann, provavam drogas para testar a toxidade e determinar a dosagem. No entanto, os cientistas também esperavam que essas drogas pudessem proporcionar um vislumbre da vida interior de seus pacientes.

Qual era o sentimento decorrente de uma experiência de delírio? As drogas psicoativas ofereciam uma forma importante de transposição do abismo entre o observador e o observado. De que outra maneira poderiam acessar a vida subjetiva de pessoas que eles mais desejavam compreender? Se o LSD simulava a insanidade, talvez os pesquisadores – cuja maioria era formada por psiquiatras que tratavam doentes mentais – conseguissem alcançar a interioridade inexprimível daqueles indivíduos incapazes de demonstrar as próprias experiências.[21]

Um pacote remetido pelo correio traz um frasco cheio de uma droga potente que promete a experiência de uma psicose temporária. Uma promessa atraente. O que poderia dar errado?

As primeiras investigações do FDA sobre graves violações éticas envolvendo pesquisas com LSD ocorreram em 1961. De acordo com os relatórios, terapeutas do Hollywood Hospital estavam usando os frascos gratuitos de LSD que a Sandoz lhes fornecia para fins de pesquisa e aplicando-os em terapia com psicodélicos a seus clientes. Nenhum deles tinha como comprovar qualquer formação na área – afinal de contas, a terapia ainda tinha caráter experimental. No entanto, o negócio era lucrativo. As sessões chegavam a custar até US$ 500 cada uma – cerca de US$ 5.000, em valores de hoje. Alguns dos clientes acusaram seus terapeutas de terem tido um comportamento abusivo, incluindo assédio sexual.[22]

Entra em cena Timothy Leary, o controverso intelectual público e herói popular a cuja excentricidade tem sido frequentemente atribuída a derrocada da ciência psicodélica. Na década de 1950, Leary foi diretor de pesquisa psicodélica no Kaiser Foundation Hospital, na Califórnia, onde publicou cerca de cinquenta artigos em periódicos de psicologia, além de um livro que recebeu amplos elogios, intitulado *Interpersonal Diagnosis of Personality* (Diagnóstico interpessoal da personalidade). Entretanto, um período tumultuado em sua vida, somado à desilusão com a área, levaram-no a um breve afastamento da academia. No final de 1959, o departamento de psicologia de Harvard convidou-o a integrar seu corpo docente na qualidade de palestrante convidado.

O deplorável Harvard Psilocybin Project, um projeto que Leary iniciou logo depois de sua chegada, foi considerado tão estranho, extravagante e problemático que ele se tornou a personificação de tudo o que era contrário à pesquisa médica experimental especificamente, e a contracultura em geral. Em um evento drástico, ocorrido no outono de 1961, David McClelland, presidente do departamento de psicologia e relações sociais de Harvard, chamou Leary a seu gabinete, no final de semana após um "experimento" particularmente turbulento com psilocibina, durante o qual o escritor Allen Ginsberg tirara toda a roupa e se declarara o messias, pouco antes de tentar intermediar um acordo de paz entre Kennedy e Nikita Khrushchev pelo telefone (não foi possível o contato com nenhum dos dois).[23]

"Que diabos está acontecendo, Tim?", questionou McClelland. Aparentemente, dois alunos da pós-graduação haviam registrado uma reclamação dando conta de que Leary não estava conduzindo a pesquisa tanto quanto realizando festas extravagantes regadas a drogas. A reclamação incluía expressões como: "Beatniks. Orgias. Poetas nus. Viciados. Homossexualidade... Tipos esquisitos. Barbichas. Sujeitos criminosos". Leary tentou assegurar a seu chefe que o experimento fora bem-sucedido. "Eu lhe enviarei os relatórios das sessões tão logo eles estejam digitados... Estamos aprendendo muito."[24]

No quarto da residência estudantil – um de seus laboratórios prediletos – e na sala de aula, Leary estivera ensinando aos pós-graduandos que os recursos psicodélicos tornavam obsoletos os métodos tradicionais de estudo dos processos psicológicos. Os experimentos aconteciam fora do campus, em salas de estar decoradas com velas, almofadas, livros e desenhos, um ambiente em que Leary esperava ter condições de amplificar a ação terapêutica da psilocibina.

Os colegas de Leary em Harvard defendiam que o problema não tinha sido a droga. Mais tarde, ele considerou a hipótese de que o verdadeiro problema com o seu Harvard Psilocybin Project tivesse sido uma autêntica discordância intelectual quanto ao papel da autoexperimentação na ciência. Isso parece improvável, dado que muitos dos colegas de Leary haviam – eles próprios – tomado a droga como parte do método científico. Um pouco mais de autorreflexão deve tê-lo conduzido à conclusão mais óbvia de que tomar psilocibina *com* os sujeitos da pesquisa e depois fazer sexo com eles era algo um pouco distante da ciência normal, em especial se caísse no radar da imprensa.

Leary violou também uma norma mais importante da ciência, ao cruzar a linha entre objetividade e evangelismo. Na primavera de 1963, ele foi demitido de Havard por causa de seu fracasso em cumprir as cláusulas do contrato de professor (que, na verdade, estava para vencer, e nenhuma das partes tinha interesse em renovar).

A opção por fazer de um homem pernicioso e destrutivo como Timothy Leary o bode expiatório pela derrocada dos psicodélicos é muito mais fácil do que explicar que a verdadeira ruína da pesquisa psicodélica foi causada por um acidente burocrático – um resultado imprevisto da iniciativa do FDA no sentido de manter a população segura.

Todavia, pesquisadores desonestos e um emergente mercado ilegal de LSD desestimularam a Sandoz de manter a distribuição gratuita de uma droga cuja patente expiraria naquele ano. As rígidas restrições quanto ao número e o tipo de pesquisadores com permissão para estudar o LSD, observadas no IND submetido pela empresa ao FDA em 1963, revelam sua resistência.[25] A maioria dos pesquisadores norte-americanos de psicodélicos não conseguia atender a todos os critérios detalhados no documento. (Timothy Leary teria certamente fracassado no teste, mesmo que tivesse permanecido em Harvard). O efeito inibidor sobre a pesquisa com psicodélicos foi imediato: em 1963, o número de estudos autorizados nos Estados Unidos passou de algumas centenas para apenas dezessete.[26]

No decorrer dos dois anos seguintes, a Sandoz ampliou seu IND para conceder a mais alguns pesquisadores a condição de estudar o LSD e a psilocibina. Essa exigência do FDA para que o desenvolvimento de medicamentos utilizasse ensaios clínicos randomizados introduziu novo conjunto de desafios.

Em 1962, grande parte dos especialistas havia concordado que um "ensaio randomizado, duplo-cego e controlado por placebo" era o método ideal para se realizar uma avaliação abrangente e imparcial da segurança e eficácia nos testes de novas drogas.[27] O método tinha uma atraente aparência de objetividade. Se, por um lado, era possível haver parcialidade na análise de um pesquisador, por outro, os dados gerados em um teste RCT podiam ser analisados por meio de estatística. A matemática – e não os médicos – decidiria se os medicamentos eram seguros e eficazes.[28]

Um RCT é um experimento com alguns componentes fundamentais. A destinação aleatória de um conjunto de pacientes (também conhecidos como "sujeitos humanos") a um grupo controle, e de outro conjunto ao grupo tratamento. O grupo controle recebe um placebo cuja aparência é idêntica à da droga em estudo, mas não afeta nenhum dos resultados que são mensurados.

Esse fator representava um problema para a ciência psicodélica. O sucesso de um RCT depende da confiabilidade do placebo. De acordo com a lógica desse tipo de experimento, é essencial que tanto os sujeitos da pesquisa quanto o pesquisador não saibam qual grupo recebeu a medicação verdadeira e qual deles recebeu placebo.

Naturalmente, é quase impossível de se encontrar um placebo verossímil para uma droga como LSD, que causa efeitos óbvios sobre a percepção. Desse modo, vale a pena uma pausa para pensarmos exatamente por que o placebo era – e continua sendo – considerado um fator tão importante na avaliação da real eficácia de uma droga.

Pesquisadores e profissionais da medicina sabem há tempos que a mera crença na possibilidade de ação favorável de um tratamento pode melhorar por si só os sintomas de uma pessoa. Quanto mais um paciente acredita que um tratamento será eficaz, maior é o efeito placebo. Da mesma forma, o efeito placebo pode perder sua valia se o paciente tiver menos razões para acreditar que ficará melhor.

Tal fato sugere que um médico poderia buscar estimular o efeito placebo se isso ajudasse a melhorar os resultados. Porém, o efeito placebo também coloca um problema para a classe médica. Como seria possível controlá-lo? Ao contrário dos medicamentos, para o placebo não existe uma dose que possa ser facilmente ajustada ou padronizada. A reputação dos médicos vem de seu trabalho como homens da ciência.[29] Se recorressem a algo tão efêmero como um placebo, poderiam muito bem ser considerados xamãs.

Os ensaios clínicos, portanto, devem incluir um grupo placebo de forma a permitir que os pesquisadores tenham condições de estabelecer a diferença entre a melhora *percebida* – estimulada pela expectativa de receber um tratamento – e os efeitos biológicos *reais* do tratamento. A única droga que interessava era aquela que realizava sua mágica dentro do corpo.

No entanto, os psiquiatras psicodélicos acreditavam que a terapia assistida por LSD funcionava porque inspirava uma mudança transformadora na consciência das pessoas. Eles não conseguiam compreender por que precisariam refrear essa experiência.

De fato, as substâncias psicodélicas são particularmente inadequadas para os ensaios clínicos randomizados, mas não se trata da única forma de terapia que tem dificuldades para satisfazer ao chamado padrão ouro em termos de evidências científicas.

Imaginem, por exemplo, a tentativa de avaliação de uma técnica cirúrgica usando um ensaio clínico randomizado. Como um pesquisador poderia assegurar que a cirurgia de todos os pacientes aconteceu exatamente da mesma forma? Cirurgias sempre têm certo grau de variabilidade: um paciente pode apresentar uma reação inesperada à anestesia; os cirurgiões têm diferentes níveis de conhecimento; os procedimentos em alguns campos cirúrgicos avançam tão depressa que o processo de avaliação via RCT produz dados sobre técnicas obsoletas. O uso de um placebo seria um fator gerador de mais um grau de complicações, pois, nesse contexto, exigiria uma cirurgia simulada, uma abordagem eticamente questionável.[30] A própria essência de uma operação desafia a padronização exigida para os estudos científicos rigorosos.

As limitações dos ensaios clínicos não estão restritas a cirurgias e psicodélicos; elas também se estendem aos medicamentos convencionais. Uma ilustração clara desse problema veio à tona durante a crise de HIV/Aids nos anos 1980 e 1990.[31] Essa catastrófica epidemia jogou luz sobre os obstáculos inerentes ao sistema dos ensaios clínicos. Ativistas da comunidade homossexual, triplamente marginalizada devido à mortal combinação de homofobia, medo de contágio e falta de credenciais de especialistas da classe científica, pressionaram a comunidade biomédica por uma metodologia de pesquisa mais dinâmica, que priorizasse a urgência, a inclusão e a inovação.

De acordo com esses ativistas, ninguém deveria receber placebo, dado o índice de mortalidade da doença. Os participantes dos estudos reiteraram esse fato, tornando os ensaios RCT impossíveis: eles juntavam seus comprimidos e redistribuíam doses a fim de garantir que todos recebessem pelo menos uma pequena porção do medicamento. Outros criaram "clubes de compradores" para importar e distribuir remédios não aprovados, viabilizando assim uma forma de burlar os rigorosos ensaios clínicos e os processos regulatórios.

Os pacientes de Aids deixaram claro que a determinação de sobreviver era mais forte do que um desejo altruísta de produzir ciência "pura" para o FDA. Desse modo, forçaram essa agência e outros organismos regulatórios a rever seus métodos. Revelou-se que os ensaios clínicos *podiam* ser simplificados. O FDA *podia* aumentar o envolvimento dos pacientes. E, quando chegou a hora da verdade, o governo *de fato tinha* recursos financeiros para pagar pelas doenças negligenciadas.

Infelizmente, os portadores de cefaleia em salvas ainda se sentem bastante ignorados.

Na esteira de toda a polêmica, a Sandoz não quis continuar exposta à responsabilidade legal por muito tempo. Em 1965, para deter a expansão do mercado ilegal de fabricação e venda de anfetaminas e barbitúricos, o congresso aprovou uma atualização da legislação de drogas com o Drug Abuse Control Amendments; mas a inclusão do termo "alucinógenos" no texto da lei preocupou a indústria farmacêutica.

O laboratório Sandoz conseguia perceber que o mercado ilegal de LSD piorava a cada dia. Se cabe a Timothy Leary alguma responsabilidade pelo fim da ciência psicodélica, esse é o ponto da narrativa no qual podemos inseri-lo.

Também a imprensa não estava ajudando nem um pouco a tranquilizar o ambiente político. Antes de meados dos anos 1960, o LSD tendia a receber uma cobertura positiva por parte dos veículos da mídia

– algumas vezes, incrivelmente positiva. Vamos considerar, por exemplo, a extraordinária resposta à declaração de Cary Grant, segundo a qual sessões semanais de LSD haviam feito dele uma pessoa feliz, bem como salvado seu casamento e lhe proporcionado paz de espírito. A história inspirou anos de histórias otimistas sobre as possibilidades terapêuticas que o LSD poderia oferecer.[32] Então, de uma hora para outra, a imprensa passou a tratar essa substância como uma ameaça mortal para a juventude.[33] Os jornalistas abandonaram o cuidado de salientar a diferença entre o LSD para uso médico e a versão da droga comercializada no mercado ilegal, sendo que esta última estaria associada a efeitos potencialmente mortais. A crer nas manchetes, o LSD tornava as pessoas propensas ao suicídio, viciadas em sexo, assassinas, psicóticas e, pior de tudo, revolucionárias.

A Sandoz abandonou sua patente do LSD. Por que continuar patrocinando uma droga que expunha a empresa a tanta responsabilidade civil?

Depois que a farmacêutica deixou de patrocinar o LSD pelo fato de a substância não mais atender aos requisitos burocráticos do FDA, segundo os quais toda droga em investigação deveria ter um IND aprovado, 58 estudos com psicodélicos foram forçados a interromper suas pesquisas em andamento. Todavia, o governo estadunidense ainda tinha interesse na manutenção das pesquisas sobre o LSD, tanto que negociou com a Sandoz um acordo que viabilizava a continuidade das pesquisas com psicodélicos nos Estados Unidos. A Sandoz deveria transferir seu estoque remanescente de LSD para o National Institutes of Mental Health (NIMH, Instituto Nacional de Saúde Mental), que assumiria a função de distribuidor.[34]

O estratagema funcionou por um breve período. Os cientistas, no entanto, já não tinham interesse em estudar o LSD. Novas drogas psiquiátricas, como a torazina, pareciam ter condições de tirar as pessoas de estados sombrios e delirantes. Além disso, o pânico de caráter moral sobre os perigos do LSD estigmatizavam ainda mais os estudos com uso da substância.

A decisão tomada pelo governo federal, em 1970, de enquadrar o LSD e a psilocibina como drogas da Classe I foi apenas o ponto culminante de uma série de políticas devastadoras para a pesquisa com psicodélicos. O último estudo com esse tipo de substâncias nos Estados Unidos – em um local fundado pelo NIMH – fechou suas portas em 1976.

A esperança do senador Estes Kefauver era de que sua nova lei contribuísse para que os medicamentos fossem mais seguros, eficazes e financeiramente acessíveis. Ele foi bem-sucedido nos dois primeiros propósitos, mas a lei acabou tornando os remédios *muito mais* caros. As regulamentações do FDA, destinadas a proteger os consumidores, proporcionaram benefícios ainda maiores para as companhias farmacêuticas mais ricas e poderosas. As empresas menores ficaram em desvantagem, sem condições de suportar a sobrecarga financeira das novas exigências do FDA para aprovação de drogas experimentais. Poucos anos após a promulgação das alterações da lei, analistas políticos observaram uma irônica reviravolta. As regulamentações destinadas a garantir segurança e eficácia haviam inadvertidamente estimulado a priorização da lucratividade entre as empresas farmacêuticas. Ensaios clínicos randomizados – o padrão ouro para comprovação da segurança e eficácia de uma nova droga – eram tão caros que só as empresas de maior porte e mais recursos financeiros tinham condições de arcar com o desenvolvimento de novos medicamentos.[35]

Tudo isso impunha um desafio para os indivíduos conectados via *CH.com*, os quais não dispunham de quaisquer recursos de um fabricante de remédios. Eles não estavam sequer constituídos em uma organização formal, não passando de um grupo informalmente conectado que tentava navegar pelo complexo universo do desenvolvimento de remédios. Eles acreditavam que possuíam evidências fundamentadas da eficácia da psilocibina, mas como poderiam convencer o FDA quanto à legitimidade de suas reivindicações, em especial diante do estigma ainda vinculado à experimentação com psicodélicos?

Os Clusterheads precisavam sobreviver, qualquer que fosse o custo. Um ensaio clínico seria bem-vindo, mas as normas e as regulamentações faziam que parecesse uma possibilidade muito distante. Se os poderes constituídos não ofereciam a ajuda de que eles precisavam, então teriam que cuidar por conta própria de sua sobrevivência – os ensaios clínicos que se danassem.

Capítulo Dez

O PROTOCOLO

CHICAGO, PRIMAVERA DE 1978

A primeira crise de cefaleia em salvas de Bob Wold arruinou um esplêndido dia de primavera, o tipo de dia que preenche o coração dos habitantes de Chicago com a expectativa otimista de que o verão está prestes a retornar. Ele estava brincando de pega-pega com seu filho mais velho no quintal quando uma sensação estranha percorreu sua espinha, chegando até a cabeça. Alguma coisa parecia errada. Bob deu meia-volta e foi cambaleando até entrar em casa.

No momento em que chegou ao sofá, o formigamento já se convertera em um rugido intenso, e agora parecia que alguém estava enfiando uma baioneta em brasa em seus olhos. Os olhos inchados começaram a lacrimejar e escorria muco de seu nariz – não algumas gotas, mas na forma de uma cascata.

Ele ficou andando de um lado a outro, sentindo-se a ponto de bater a cabeça contra o concreto na parte de fora. Sua vontade era de gritar. Trinta minutos depois, tudo cessou.

Os 23 dias seguintes de sua vida pareceriam familiares agora. Dezenas de terapias, incluindo mais de sessenta prescrições de medicamentos e quatro internações em hospital – sem sucesso. Em geral, ele conseguia suportar, mas essa resiliência foi se esgotando à medida que, em 2001, o ciclo de dor começou a não ter fim. Conforme explicaram os médicos, a doença tornara-se crônica. Ele passava todas as noites andando de um lado a outro através da curta distância entre a sala de estar e a de jantar, em uma tentativa infrutífera de se livrar da dor.

A vida se tornou insuportável quando o oxigênio deixou de trazer alívio. A família fingia não escutar os gritos dele nem o som que sua cabeça produzia quando ele a golpeava contra os ladrilhos do banheiro; porém, obviamente escutavam – e isso os aterrorizava. Mary tentava proteger as crianças, mas quando Bob enfrentava uma crise de dor, ele vivia "em seu próprio mundo".

O médico sugeriu que ele pensasse na possibilidade de se submeter a uma neurocirurgia por Gamma Knife para lesionar o nervo trigêmeo. Havia poucas evidências que comprovassem a eficácia do procedimento, mas não restava ao médico muito mais a oferecer. Wold via no ambiente on-line histórias de horror postadas por doentes crônicos de cefaleia em salvas, histórias que relatavam como o procedimento agravara suas crises. Não parecia uma boa ideia.

Um segundo cirurgião sugeriu uma operação de descompressão microvascular. A operação envolvia a colocação de Teflon ao redor do nervo. Essa opção parecia pior, considerando-se a necessidade de um período de recuperação de quatro a seis semanas e os riscos associados que incluíam vazamento de líquido cefalorraquidiano, perda da audição, insensibilidade facial e, em casos raros, sangramento, infecção, convulsões ou paralisia. Ele tampouco conseguiu encontrar no ambiente on-line alguém que tenha se sentido melhor depois do procedimento.

Foi então que a caixa da UPS cheia de cogumelos chegou à sua porta.

Wold ouvira falar sobre Flash. Ele conhecia a maioria das coisas relativas a dores de cabeça que aconteciam no mundo on-line. Fóruns de pacientes eram uma tábua de salvação desde 1995, quando ele conectou pela primeira vez seu computador a uma linha telefônica e deixou o equipamento trabalhar. Eu não me surpreenderia se soubesse que Wold passava mais tempo on-line do que na companhia de Mary.

Contudo, a ideia de tomar um psicodélico o assustava. Nunca ele fizera isso. Como então começar agora que já era avô? Muitas bocas dependiam dele para se alimentar. Uma cirurgia do cérebro parecia uma proposta muito mais assustadora.

Wold abriu o pacote, colocou os cogumelos em água fervente e bebeu o chá. Como esperado, sua cabeça se desanuviou em cerca de trinta minutos, o que lhe proporcionou as primeiras 24 horas sem dor em mais de um mês.

Ele experimentou novamente no dia seguinte, apesar das recomendações dos companheiros de fórum que sugeriam uma espera de alguns dias para obtenção de melhores resultados. A dor, mais uma vez, "sumiu" de sua cabeça.

"Eu posso dizer que isso foi, definitivamente, diferente de tudo o que eu já vivi antes com qualquer outro medicamento", contou-me Wold. Não apenas a dor de cabeça desapareceu; parecia que a droga havia desanuviado sua mente. "Foi um sentimento extraordinário. Eu não estava... ficando louco, de jeito algum. Minha cabeça simplesmente se desanuviou."

A melhor parte? Ele ria o tempo todo. O chá não o fez se sentir "em uma viagem psicodélica", mas ele percebia sim uma luz incrível. Mais ou menos como ter bebido algumas cervejas. A família ficou radiante ao vê-lo tão feliz – já fazia tempo que não o viam sorrir.

As crises retornaram no dia seguinte, mas ele podia vislumbrar o potencial dos cogumelos, pois eles tinham conseguido o que nenhum outro remédio conseguira até então: interromper o pior ciclo de cefaleia em salvas de sua vida.

"Cancelei todas as consultas para as cirurgias agendadas e tomei a decisão de que ficaria com os cogumelos."

Infelizmente, o pacote só continha a quantidade suficiente para duas doses – insuficientes para interromper seus ciclos. Ele me contou que, em circunstâncias como essa, "ajudava bastante ter adolescentes em casa". Os filhos de Wold levaram cerca de um mês para conseguir um pouco mais de cogumelos. “Honestamente, achei isso um tanto tranquilizador. Imagine como eu teria ficado chateado se eles voltassem para casa com cogumelos no dia seguinte!”

Dessa vez, Wold se sentiu mais confiante. Suas crises haviam retornado, mas foram menos intensas do que antes, e ele fizera o possível para não tomar os remédios receitados (todos os quinze), a fim de garantir que uma interação medicamentosa não atrapalhasse a eficácia dos cogumelos, o que foi objeto de acalorado debate no fórum.

Na terceira tentativa, Wold estava também consideravelmente menos amedrontado com o que poderia acontecer ao beber o chá. Ao contrário das tentativas anteriores, um tanto apressadas, ele procurou se certificar de que o ambiente e o contexto contribuiriam para ampliar o prazer de sua experiência. Ele planejou tomar a terceira dose durante as celebrações do Quatro de Julho em sua cidade.

Há um quê de prazer em uma noite de verão passada ao ar livre. Depois que o Sol se pôs naquela quinta-feira, uma leve brisa vinda do oeste derrubara para oito graus a temperatura no Madison Meadow Park. Que maravilhosa deve ter sido a sensação de deixar o corpo afundar na cadeira de jardim após meses e meses de agonia. Os familiares organizavam cobertores e petiscos enquanto suas filhas acalmavam as crianças pequenas. Wold colocou os fones de ouvido sintonizados em Pink Floyd – a banda, sua preferida de sempre, fora sua identidade on-line secreta anos antes da existência do *clusterheadaches.com*. À medida que os cogumelos começavam a agir, ele deixou seu rosto se inclinar levemente na direção do céu que escurecia.

As pessoas costumam dizer que a psilocibina as modifica, predispondo-as a perceber, vivenciar e compreender o mundo de forma diferente. Eu às vezes me pergunto o que ele viu nos fogos de artifício naquela noite – talvez, uma sensação de leveza, à medida que a psilocibina transformava o “confortável entorpecimento” em uma representação etérea e sinestésica de raios de luz isolados que se transformam em moléculas brilhantes com aparência de alho, um tapete micelial formando o tecido do céu.

Uma esperança imprevisível tomou conta do espaço outrora consumido pela dor.

Depois que o desfile terminou e as visões se dissolveram, Wold aguardou para ver o que iria acontecer. As dores de cabeça não reapareceram. Ele conseguiu atravessar sem dor de cabeça a costumeira temporada de outono, e o Natal passou sem incidentes. Perto do Ano-Novo, Wold percebeu o surgimento das sombras inconfundíveis; então, voltou a se tratar na marca de seis meses. Esse tratamento "exterminou as sombras". A dor cedeu por mais seis meses, mas então as sombras se acumularam. Ele deveria ter outro Quatro de Julho psicodélico no parque de sua cidade.

Talvez essa esperança fosse justificável. Talvez tivesse chegado a hora de ele se declarar livre da cefaleia em salvas.

Wold não se dera conta disso ainda, mas essa experiência viria a alterar tudo dali em diante, não apenas sua dor. Toda a vida dele seria logo arrebatada por uma batalha cujo propósito era tirar a cefaleia em salvas de sua obscuridade dentro da medicina e lançar luz sobre ela.

A exemplo de Bob Wold, Daren "DJ" Johnson também procurou contatos nos fóruns de pacientes. Em 1998, ele fundou o *clusterheadaches.com* (*CH.com*), para estabelecer um espaço dedicado às pessoas que sofriam de cefaleia em salvas. Johnson raramente se envolvia nas conversas sobre psicodélicos: não lhe parecia uma boa ideia a realização no website criado por ele de discussões sobre uma droga ilegal em nível federal, dado que ele cumpria serviço militar ativo. Contudo, permitiu a continuidade das conversas. A liberdade de expressão era importante para ele.

A preservação dessa liberdade não deve ter sido fácil. Ao longo do tempo, as discordâncias sobre experimentos com psicodélicos ameaçaram contaminar toda a comunidade. Alguns participantes sugeriam que aqueles a favor do desenvolvimento de tratamentos com psicoativos deveriam criar o próprio website. DJ não censurava postagens sobre o tema no CH.com, mas um website dedicado só a esse assunto parecia uma excelente maneira de reduzir o conflito. Além disso, para grande satisfação dele, todos os frequentadores do *CH.com* consideraram-na uma ideia genial.

A iniciativa de fazer um novo website, no entanto, estava cercada de problemas. Se a lembrança de Wold estiver correta, o webmaster deles se demitiu depois que um Clusterhead que se opunha ao uso de psicodélicos ameaçou abrir um processo. DJ levantou a hipótese de que Wold, um amigo desde o tempo dos fóruns de pacientes de enxaqueca, poderia ter interesse em ajudar.

Wold precisava analisar o assunto. Ele sabia como desenvolver muitas coisas, mas um website não fazia parte desse rol.

Por outro lado, Wold sentia que devia sua saúde a pessoas que se recusaram a permitir que os desafios levassem a melhor sobre elas. Onde estaria ele sem a ajuda de indivíduos como Flash e Pinky? Ele ficava furioso em saber que alguém pudesse ameaçar seus pares por tentarem fazer as informações chegarem até as pessoas. Ademais, Wold acreditava que a lei estava ao seu lado. Assim ele me explicou: "Você pode fazer uma pesquisa on-line e aprender a construir uma bomba".

Ele conhecera também outros websites do subterrâneo psicodélico que haviam conseguido se defender de problemas legais. "É uma questão de liberdade de expressão."

Então, Wold abraçou o desafio. Ele queria um website onde qualquer pessoa pudesse obter informações de referência sobre o uso de psicodélicos para tratamento de cefaleia em salvas, incluindo um conjunto padronizado de instruções sobre como interromper uma crise. Preferencialmente, o website deveria ser útil para pacientes, médicos, pesquisadores e legisladores: um balcão único.

Parecia simples, uma enfadonha tarefa administrativa que ele estaria disposto a conduzir: uma compilação das informações que as pessoas já haviam compartilhado no *CH.com*. Contudo, o projeto que Wold tinha em mente era extremamente mais ambicioso: um website contendo informações precisas e atualizadas que qualquer pessoa, em qualquer lugar, pudesse usar para tratar cefaleia em salvas com cogumelos psicodélicos exigia que o grupo desenvolvesse, em primeiro lugar, recomendações relativas a uma dose terapêutica, junto com sistemas de segurança. As empresas farmacêuticas levam anos para realizar esse mesmo trabalho.

Wold pressionou também para que o trabalho informal desenvolvido pelos Clusterheads despertasse o interesse de organizações mais legítimas – em outras palavras, dotadas de bons recursos financeiros. A capacidade de oferecer tratamento em grande escala às pessoas exigia uma parceria com o setor farmacêutico. Isso demandaria dinheiro – muito dinheiro – e alianças entre os setores médico e farmacêutico e o das organizações sem fins lucrativos. A descriminalização ficaria ainda fora da mesa naquele momento. Já iria ser suficientemente difícil conseguir a aceitação dos cogumelos mágicos como medicamento.

O primeiro passo seria a criação de um novo grupo, separado do website principal *CH.com* – um novo grupo no qual as pessoas comprometidas com o desenvolvimento de uma terapia psicodélica para cefaleia em salvas pudessem se reunir privadamente. Nada mais de tempo perdido com querelas.

Por sorte, a internet viabilizava a criação de um espaço em que pessoas de todo o mundo podiam se reunir longe de olhos indiscretos. Wold só precisaria registrar um grupo no Yahoo! – uma plataforma que começara naqueles dias a oferecer ao público fóruns on-line gratuitos, nos quais os membros tinham a liberdade de postar arquivos, compartilhar fotos e criar enquetes.

Wold criou um novo grupo de Yahoo!, denominado The Cluster Buster, e convidou algumas dezenas de pessoas que, na opinião dele, estariam comprometidas com a causa. No dia 4 de agosto de 2002, Wold enviou um e-mail.

Olá, companheiros Clusterheads e guardiões da chama!

Bem-vindos, e obrigado por se juntarem a nós aqui. Esse quadro de mensagens e serviço de e-mail foi criado com o objetivo de reunir pessoas interessadas em promover a psilocibina e terapias correlatas, para cefaleia em salvas... Nosso propósito aqui é assumir um papel proativo na pesquisa de tratamentos, divulgando nossa palavra e iniciando o longo caminho para aceitação da terapia como uma "forma" legal de as pessoas tratarem suas dores de cabeça.

Segundo ele explicou, aqueles que receberam o e-mail tinham sido escolhidos em virtude de suas condições para contribuir com essa missão. Wold estava aberto a sugestões feitas pelos novos membros, mas, para preservar a qualidade das discussões, somente ele controlaria o acesso ao fórum.

Eu sou o único que pode convidar pessoas para uma filiação automática. Desse modo, ninguém tem condições de simplesmente "entrar" e causar problemas; além do que podemos assegurar que os participantes estejam interessados em colaborar com a causa. Não me importarei de haver pessoas com opiniões diferentes... Nós precisamos ser capazes de analisar tudo por todos os ângulos, se queremos fazer a coisa certa. Mas eu prefiro não tomar muito de nosso tempo com discussões sobre se essa é ou não uma empreitada meritória, com opositores (enviadores de *spam*... ou provocadores [trolls]).[1]

A primeira providência seria escolher uma missão. Todos concordaram imediatamente que não poderiam ficar na espera de um medicamento. A gravidade do transtorno que os acometia demandava ação urgente. Eles priorizariam a autoexperimentação com substâncias psicodélicas, sem subordinação à questão da legalidade. O projeto inicial seria simples: desenvolver o próprio protocolo baseado em dados – medicamentos que qualquer pessoa poderia cultivar em casa.

Wold sugeriu que começassem com uma seção de perguntas frequentes (FAQ), algo fácil de criar, uma tarefa que o grupo conseguiria concluir em poucas semanas, se todos assumissem a responsabilidade por "uma sessão ou duas". "Eu já escrevi FAQs anteriormente e tenho experiência quanto àquilo que funciona, mas se alguns de vocês estiverem dispostos a levar a tarefa adiante, eu ficaria feliz em ser apenas revisor e coordenador", acrescentou Wold.

Um esquadrão de clusters entrou em ação, disparando mensagens rápidas com oferta de ajuda.

"Estou em um FAQ... Alguém deseja fazer parceria comigo?"

"Eu ajudarei!"

"Eu não sou um gênio da computação, mas gostaria de ajudar a compilar e digitar algumas das informações necessárias para o FAQ e/ou ajudar a fazer um *brainstorming* sobre o que deve constar nesse FAQ."

As questões eram simples – todos concordavam sobre o que precisaria estar lá:

Como faço para obter cogumelos?

De que quantidade de psilocibina eu preciso para começar a tratar minha cefaleia em salvas?

Com que frequência vou precisar de uma dose?

Haverá interação de meus medicamentos com a psilocibina?

Eu preciso fazer uma desintoxicação de meus remédios antes da terapia com cogumelos?

A terapia com cogumelos ajuda tanto os pacientes crônicos quanto os episódicos?

O problema mais complicado seria a elaboração das respostas. Perguntas como essas exigiam respostas pormenorizadas, e, para algumas das dúvidas, eles ainda não tinham respostas completas. Essa tarefa acabaria revelando-se tudo menos simples. De que modo um grupo de leigos, trabalhando em conjunto e em segredo, desde suas casas ao redor do mundo, conseguiria criar instruções capazes de render um tratamento seguro, eficaz e padronizado a partir de esporos que eles cultivavam em seus armários?

Inicialmente, havia as informações básicas, incluindo os fundamentos lógicos para ingestão de cogumelos *Psilocybe* e as informações sobre como obter esporos, sem falar dos processos de cultivar, colher e armazenar cogumelos em casa. Depois, eles precisariam encarar o fato de que a psilocibina – a substância que iriam tomar – estaria na forma de um cogumelo cultivado em casa, e não de um remédio com certificação farmacêutica.

Por definição, o protocolo de um medicamento precisa explicar aos leitores como ele deve ser tomado. Contudo, de que forma poderiam eles fornecer um conjunto de instruções padronizadas para a ingestão de cogumelos? Havia também a necessidade de equacionarem a questão das interações medicamentosas. Os membros do fórum do *CH.com* tinham uma antiga suspeita de que muitas das drogas regularmente receitadas para cefaleia em salvas interferiam na terapia psicodélica. Também, era difícil pedir às pessoas que fizessem uma desintoxicação de remédios como a prednisona, dos quais os Clusterheads há muito tempo dependiam para conter as crises.

As dúvidas permaneciam: havia necessidade de os Clusterheads fazerem desintoxicação de todos os remédios antes de ingerir cogumelos *Psilocybe*? Existia alguma forma de usar cogumelos para ajudar nessa desintoxicação? Efeitos colaterais como náusea e vômitos podiam ser minimizados? Uma viagem psicodélica era necessária, ou uma dose subalocinógena seria uma opção? E, acima de tudo, apesar de todas as histórias de sucesso que haviam escutado, por que algumas pessoas ainda lutavam para obter alívio a despeito das múltiplas tentativas de usar cogumelos? O sistema de dosagem poderia ser ajustado para garantir mais eficácia?

Quanto mais perguntas faziam, mais eles se convenciam de que a capacidade de esse FAQ ajudar qualquer pessoa, em qualquer lugar, a tratar a si própria com cogumelos, dependia de respostas para um amplo grupo de problemas ainda não resolvidos.

No desenvolvimento de remédios, o setor farmacêutico enfrenta um conjunto semelhante de questões. Os pesquisadores biomédicos respondem a elas por meio de uma série de procedimentos experimentais sistemáticos. Um teste pré-clínico, realizado com animais e modelagem computacional, rende informações importantes sobre dosagem, efeitos colaterais e interações medicamentosas, além de poder responder a questões complexas sobre absorção e metabolismo. Os ensaios clínicos em seres humanos fornecem respostas específicas sobre dosagem – incluindo a frequência ideal das doses – e dados adicionais sobre segurança e eficácia.

Naturalmente, as empresas farmacêuticas são obrigadas a realizar muitos testes por causa de regulamentações como o Kefauver-Harris Act, de 1962. Mas, como sabemos, a pesquisa e o desenvolvimento de fármacos consomem muito tempo e muitos recursos financeiros. Em média, um remédio leva quatorze anos ao custo de US$ 1 bilhão entre o início dos testes de laboratório e a chegada às farmácias. Isso diz respeito apenas aos medicamentos que conseguem chegar ao mercado. A ampla maioria não consegue ir além dos ensaios clínicos.[2]

Entretanto, as pessoas que se reuniam no novo fórum de Bob Wold não contavam com quaisquer dos recursos disponíveis para os cientistas que trabalham na indústria farmacêutica. Nenhum estudo com animais, nem análises laboratoriais. Nenhum exame cerebral nem testes de sangue. E, acima de tudo, eles careciam do mais básico ingrediente para realização desses experimentos: uma droga padronizada que pudesse ser tomada em dosagem uniforme e mensurável.

Na ciência, padrões são fundamentais. Eles atendem a um grande espectro de objetivos, que cobrem do pragmático ao epistemológico e ao político. Os padrões convertem resultados variados e "desorganizados" em dados previsíveis e reprodutíveis, garantindo desse modo confiabilidade e validade.[3] Contudo, eles também conferem poder e autoridade à ciência (e, portanto, aos pesquisadores que a conduzem), institucionalizando e legitimando o valor do trabalho.[4]

Todavia, os padrões eram também verdadeiramente úteis, um fato que o pessoal no Clusterbusters entendeu logo. O grupo começou a discutir se seus membros *poderiam* ou *deveriam* realizar a própria versão de um experimento pequeno, controlando tanto quanto conseguissem. Para isso, seria necessária uma padronização da intervenção. Que cepa de cogumelo selecionariam? Deveriam comprar os esporos da mesma fonte, para assegurar que todos tomassem a mesma cepa de cogumelo psilocibino? Deveriam todos eles tomar doses iguais? A iniciativa do grupo no sentido de padronizar cogumelos secos e moídos seria satisfatória para um médico? Deveriam eles testar se os cogumelos interrompiam um ciclo ou evitavam o início de um? Com que frequência deveriam tomar os cogumelos – era necessário que entrassem em acordo sobre um protocolo; nada mais de ações ao acaso. Eles iriam mesmo selecionar pessoas aleatoriamente para tomar um placebo?

Decerto, havia muito trabalho pela frente, começando com a resposta a uma pergunta enganosamente simples: como se mede uma dose de cogumelo? Os experimentos, afinal de contas, são exercícios de precisão. Um pesquisador que faz uma estimativa aproximada de uma variável em vez de mensurá-la meticulosamente terá dificuldade para chegar a uma conclusão sobre os resultados do experimento.

A mesma consideração valia para os Clusterbusters. A autoexperimentação demanda conhecimento detalhado de cada dose; caso contrário, a replicação seria impossível. Contudo, havia também riscos de medição incorreta de cada uma das doses. Uma dose pequena demais podia se traduzir em crises continuadas. Já o oposto podia provocar uma desagradável experiência psicodélica.

E a determinação de uma dose não era tarefa fácil. Os Clusterbusters desejavam testar a psilocibina como tratamento para cefaleia em salvas. Entretanto, não dispunham de psilocibina – eles tinham cogumelos cujo conteúdo era a droga que esperavam que pudesse aliviar sua dor. Diversas espécies de cogumelos contêm psilocibina. Algumas dessas espécies produzem cogumelos grandes, enquanto outras dão cogumelos pequenos. Algumas são famosas por conter grande quantidade de psilocibina, e outras são deficientes nessa comparação.

A variabilidade da potência dos cogumelos é atribuída a um extraordinário conjunto de fatores. Até mesmo definir um "cogumelo" é algo difícil. Será que uma dose de cogumelo inclui apenas o fungo, ou também o micélio, a "raiz"? Algumas partes do cogumelo contêm mais psilocibina do que outras?

Os cogumelos podem ser cultivados em *ciclos de frutificação*, ou colheitas, a partir do mesmo conjunto de micélios. Será que a primeira colheita difere da terceira em termos de potência? Os membros do fórum procuravam entender se a escolha do momento para a colheita poderia influenciar a potência das doses. Faria diferença, por exemplo, se os cogumelos colhidos já tivessem seus píleos abertos? "Os cogumelos que colhemos... depois que os píleos estão abertos e os esporos já foram expelidos... eram menos potentes. Se eu tivesse colhido LOGO antes de estarem abertos, eles seriam bastante potentes", dizia uma postagem.

Cogumelos são complicados.

Além disso, os membros do fórum começaram a perceber que a potência de cada dose era afetada pela forma de armazenamento e preparo. A ingestão de mais caules do que píleos, ou vice-versa, produzia resultados radicalmente diferentes. Ou, conforme um participante do Clusterbusters veio a descobrir acidentalmente quando comeu seus cogumelos em um sanduíche de manteiga de amendoim, a gordura ingerida com cogumelos podia tornar a droga completamente ineficaz.

O "estado de espírito" de um indivíduo podia também modificar a maneira como ele ou ela sentia a potência de uma dose de psilocibina. Os membros do fórum eram estimulados a prestar atenção ao ambiente mental e físico. A positividade de pensamentos, espírito e expectativas, associada a um ambiente adequado (lembrem-se de Bob Wold assistindo a fogos de artifício ao som de Pink Floyd em contraposição à crença de Flash de que Pink Floyd seria sombrio e pesado demais para se ouvir em uma "viagem") contribuía muito no sentido de garantir um resultado positivo.

No entanto, a trilha sonora das pessoas, num sentido metafórico, é um pouco diferente. E padrões rigorosos são vitais para consecução de uma boa ciência.

O primeiro rascunho do FAQ foi publicado no website do Clusterbusters no final de 2003. Essa versão envolvia a padronização de diversas fontes de ambiguidade: questões de contaminação, dosagem de quantidade e vetor, potenciais interações medicamentosas, problemas legais, perspectiva psicológica e ambiente físico, quantificação dos "níveis de viagem" e escalas de dor. Não era fácil classificar nenhum desses aspectos.

Nos ensaios clínicos, os pesquisadores precisam limitar os experimentos a drogas já submetidas ao processo IND e aprovadas pelo FDA.[5] No caso dos medicamentos de qualidade farmacêutica, a potência e a composição química são comprovadas. Os cogumelos contendo psilocibina usados pelos Clusterbusters não contavam com essa garantia. A decisão de PinkSharkMark, desde o início, de obter psicodélicos a partir de esporos comprados on-line e cultivados em casa conferia mais autonomia e poder sobre a qualidade dos suprimentos, mas também os ajudava a padronizar suas doses.

O cultivo permitia que os Clusterbusters tivessem confiança nas informações sobre quais espécies e cepas de cogumelos deveriam consumir. Contudo, o cultivo em si não eliminava as variações existentes entre as cepas plantadas por cada membro, bem como entre as colheitas individuais (ou *ciclos de frutificação*), ou mesmo entre diferentes partes de cada cogumelo.

Em geral, os medicamentos são medidos por peso ou volume, e são fabricados por empresas submetidas à obrigação legal de fabricar um produto invariável, de modo a garantir que os consumidores tenham certeza de que cada nova dose será igual à última tomada.

Assim, os Clusterbusters faziam o possível para dividir seus cogumelos em doses padronizadas. Uma escala confiável ajudava a eliminar a possibilidade de erros subjetivos: "Eu acabei de conseguir uma nova escala na semana passada", escreveu um dos membros do fórum. "A quantidade que eu descrevia anteriormente como 1/4 de grama era, na verdade, apenas 1/8 de grama... No caso das pequenas doses, não passava de um jogo de adivinhação."

Um erro de dosagem como esse representava um problema para a pessoa que desejava manter uma dose regular. Contudo, também dificultava mais a definição de uma dose padronizada na comunidade. Wold recomendava que, sempre que uma pessoa tomasse uma "quantidade ínfima como 1/8 de grama, de fato qualquer coisa menor que um grama, a única maneira confiável de medir isso era usar uma balança de feixe triplo calibrada com pesos".

Todavia, mesmo uma pesagem meticulosa não conseguia eliminar todas as incógnitas, porque, em última análise, as pessoas apresentam respostas muito diferentes à psilocibina. Da mesma forma, é difícil prever como um mesmo indivíduo responderá à mesma dose em determinado dia. Conforme dito por uma pessoa, "três doses da mesma quantidade produziram três baratos completamente diferentes. Então..."

Assim, muito embora fosse recomendado um padrão de medida objetivo, os membros do Clusterbusters constataram que seu próprio corpo era o instrumento mais confiável para avaliação da potência de cada dose. Padrões corporais eram o que mais se aproximava de uma dose perfeita: deixe que seu corpo lhe diga qual é a dose correta.

O desenvolvimento institucionalizado de drogas procede de modo semelhante, usando padrões corporais para mensurar o nível de sucesso em resultados difíceis de medir por meio de tecnologias objetivas, entre eles as experiências causadas tanto pela dor como pelas substâncias psicodélicas.[6] A principal diferença nesse aspecto é que os membros do Clusterbusters precisavam utilizar padrões corporais para avaliar a dosagem da droga, e não apenas os resultados.

O website recomendava às pessoas que usavam psilocibina para "começar com dose baixa", tomando apenas meio grama da substância e esperando para ver como se sentiam, antes de aumentar a quantidade. A avaliação individual da resposta psicoativa podia ser feita por meio da medida do "nível da viagem" – uma escala de referência que variava do Nível 1, sinal de uma euforia leve com percepção de melhora do humor, até o Nível 5, indicativo de uma completa imersão em alucinações.

A flexibilidade nas dosagens indicadas pelo Clusterbusters marca um significativo afastamento dos rígidos procedimentos de mensuração exigidos nos ensaios clínicos institucionalizados. Essa flexibilidade podia abalar a credibilidade dos membros do fórum quando trabalhando com cientistas, mas fazia sentido do ponto de vista pragmático, dada a urgência de tratamento que eles tinham.

Flash me contou que essa resposta corporal era fundamental para o sucesso, pois oferecia informações práticas e imediatas: "Quando você usa o próprio corpo como laboratório, tem condições de compreender muito melhor o que está acontecendo. O médico só consegue se orientar por aquilo que o paciente fala ou aquilo que os testes sanguíneos revelam. Eles não entendem de fato o que se passa internamente. Existe lá um instrumento muito sensível, que diz como as coisas estão funcionando".

O segredo então era a criação de um protocolo padrão que pudesse ser ajustado por cada pessoa na medida da necessidade. Um Clusterhead afirmou: "O ajuste da dosagem parece ser intrínseco ao alívio de nossa cefaleia em salvas". Assim, eles chegaram a uma dose que parecia ser eficaz para a maioria das pessoas – um grama de psilocibina seca –, e apresentaram-na junto com várias advertências e a sugestão de que a dose inicial fosse muito menor. Além disso, foi disponibilizado um esquema de dosagem fácil de ser lembrado. A psilocibina deveria ser tomada três vezes, lembrando que outros medicamentos poderiam bloquear os efeitos:

A regra de ouro conservadora é esperar cinco dias.

Por exemplo, espere cinco dias após interromper o uso de imitrex ou verapamil.

Espere cinco dias depois das doses antes de voltar aos remédios convencionais, como imitrex etc.

Espere cinco dias entre as doses de triptaminas [psicodélicos].

Esse sistema não era perfeito: eles não conseguiriam, por exemplo, verificar se os efeitos eram causados pelo placebo. Tampouco dispunham de um método perfeito para coleta de dados. Bob Wold sempre estimulou as pessoas a enviar seus resultados para a pesquisa que ainda existia no website Erowid, mas quase ninguém seguiu a orientação.

Seria isso ciência limpa e pura? Não. Contudo, estava ajudando as pessoas a sobreviverem. O laboratório nunca ficou confinado a salas estéreis de aço e vidro; tampouco os cientistas usavam sempre aventais de laboratório e óculos de proteção. Em quartos e porões, garagens e tendas improvisadas, os membros do Clusterbusters encontraram alívio em uma comunidade disposta a ir além do ponto no qual as instituições médicas haviam fracassado; e desenvolveram, nesse processo, uma ciência participativa tecida não apenas por meio de dados, mas também de conexões humanas.

Eles haviam aprendido que a dor não pode ser medida objetivamente. Entretanto, os membros do Clusterbusters compreendiam, profundamente, que os números, por si só, eram incapazes de definir sua agonia ou orientá-los na direção de um tratamento eficaz. Portanto, passaram a cultivar psilocibina com o cuidado de pais de primeira viagem, tratando cada esporo como uma esperança frágil. Pois, o que é a dor, senão a negação da esperança? Um permanente e excruciante lembrete de nossa vulnerabilidade. Esse pessoal tomou o problema nas próprias mãos, sem se permitir a extravagância de esperar por um avanço médico.

Em 2003, apesar de todas as dificuldades, os Clusterbusters haviam conseguido um feito que muitos cientistas teriam considerado desafiador, mesmo se não houvesse a proibição das pesquisas com psicodélicos: um protocolo padronizado para tratamento da cefaleia em salvas com uso de um fungo cultivado em armários ao redor do mundo.

Essa foi uma iniciativa pioneira. A autoexperimentação com psicodélicos semeada por meio da internet não apenas revolucionou o que os médicos sabiam sobre cefaleia em salvas, como também deu origem a formas inteiramente novas de se fazer ciência.

Parte III

CIDADÃOS PSICODÉLICOS

Capítulo Onze

HARVARD OU O FIM

O LANÇAMENTO DE UM WEBSITE CONTENDO INSTRUÇÕES COMPLETAS SOBRE COMO tratar a si mesmo com cogumelos mágicos dava a todas as pessoas razões para celebrar. Mas Bob Wold já conseguia prever as restrições para os medicamentos fora da lei.

Ainslie Course não era a primeira nem seria a última paciente de cefaleia em salvas que ele iria socorrer. E quanto maior e mais bem-sucedido o alcance da organização, mais incessantes as demandas. De cinco a seis vezes por semana, Wold costumava encontrar na caixa de entrada de seu e-mail mensagens com pedido de ajuda: "Você é minha última esperança". Como ele poderia dizer não? A medicina fracassara com essas pessoas, que precisavam de alguma coisa – qualquer coisa – capaz de produzir alívio.

Cuidar de alguém em risco de suicídio estressaria qualquer um. Porém, o fato de saber que cada indivíduo que ele ajudava representava, na melhor das hipóteses, uma gota no oceano, tirava o sono de Wold. Um pensamento não saía de sua cabeça: todo santo dia, alguém, em algum lugar, podia morrer dessa doença miserável porque sua esperança se esgotara. E, todavia, o tratamento era não apenas simples, mas também barato. Era como se eles estivessem se arrastando através de um deserto e morrendo de sede diante de um oásis de verdade.

A publicação on-line do protocolo dos Clusterbusters deveria ter sido suficiente, mas Wold continuava constatando que as pessoas necessitavam de mais ajuda do que um website estático podia oferecer. Algumas vezes, elas achavam difícil cultivar cogumelos. Outras vezes, precisavam de assistência para desmamar do sumatriptano ou da prednisona. Outras, ainda, precisavam que suas doses fossem ajustadas.

Ele deveria ter previsto boa parte dessas necessidades. A automedicação se assemelhava a pedir que alguém escolhesse a própria quimioterapia com base em um FAQ de um website. Por melhor que fosse a interface de usuário do painel de controle oncológico "Escolha seu próprio veneno", seria infinitamente melhor conversar sobre isso com um médico experiente.

No entanto, mesmo os médicos mais compassivos (e os Clusterbusters já haviam conhecido alguns) não iriam ou não poderiam oferecer o cuidado individualizado e flexível que Wold se tornara tão experiente em oferecer.

Os problemas mais frustrantes eram sempre as conversas com pessoas desesperadas que procuravam a ajuda de Wold, mas temiam as possíveis consequências no caso de tomarem uma droga ilícita. Ele me disse: "Certa parcela da população ainda confia no governo e não acreditará que uma droga é segura até que o FDA tenha dado sua aprovação". As advertências propagadas pelo governo sobre "quão nocivas são as drogas" – e toda a campanha publicitária com visual de ovo frito, dizendo "Este é o seu cérebro com drogas" – tinham sido extremamente eficazes.

"Assim, nós estávamos começando com um percentual de, digamos, 30, 40 ou 50% da população que acreditava que a droga não era segura, mesmo se descriminalizada... Muitas pessoas aguardavam o selo de aprovação governamental", relatou-me Wold.

Essa dependência quanto à certificação oficial do governo – mesmo diante de tantas evidências de que ele estava errado nessa questão – podia ser muito frustrante. Ela agia como freio para os indivíduos que desejavam ser "bons cidadãos" – já é difícil demais viver em estado de agonia. No entanto, vivemos em um mundo no qual saúde e bem-estar são bens morais. Imaginem então o que é rejeitar um remédio capaz de restaurar a saúde, por causa do medo de ser descoberto.

Wold tinha mais compaixão por aqueles que acreditavam na possibilidade de os cogumelos funcionarem, mas que não podiam arriscar infringir a lei porque sua condição de imigrante ou a cor de sua pele tornava tudo muito mais complicado. Os cogumelos psicodélicos poderiam libertá-los da dor, mas o risco de serem pegos com esses cogumelos representava um conjunto de ameaças bem diferente. O oásis era real – Wold sabia. No entanto, uma grande parcela dos portadores de cefaleia em salvas só poderia se aproximar dele caso houvesse um sinal avisando: "O FDA declarou essa água segura para beber".

Frequentemente, Wold tentava assegurar às pessoas que o risco de serem pegas era baixo. Os testes comuns de drogas não detectam substâncias psicodélicas, em parte porque o corpo as metaboliza muito depressa. "Eu passo bastante tempo tentando convencer as pessoas de que elas não irão realmente se envolver em problemas." No entanto, ele não gostava de insistir demais no assunto, pois como poderia saber qual é a tolerância de cada indivíduo ao risco, além, é claro, dos riscos verdadeiros a que estavam sujeitos? Muitas autoridades policiais da comunidade de Wold sabiam que ele tomava psicodélicos contra cefaleia em salvas. Entretanto, ele também costumava treinar a maioria deles na Little League infantil da cidade. Wold era avô, bem como treinador de beisebol, além de uma presença tranquila na cidade. E mais importante ainda, talvez, era o fato de ser um sujeito branco – o que ele não ignorava. Apenas não tinha autoridade moral para dar lições a ninguém.

"Você começa a falar com eles sobre esse tipo de coisa e, de repente, tem esse sentimento esquisito, como, uau, eu sou um traficante tentando convencer alguém a tomar essas drogas. Honestamente, você se sente meio sórdido."

Outros membros do fórum também se cansaram de ser foras da lei. Os sentimentos oscilavam entre o medo de potenciais repercussões legais e a indignação moral diante do julgamento que as autoridades poderiam fazer. Em um momento, as pessoas se inquietavam com a possibilidade de o cultivo de cogumelos ser considerado um delito grave passível de ser classificado de produção com intenção de distribuição. Todavia, no instante seguinte, eram tomadas pelo sentimento de absoluta confiança na chance de os policiais e o júri concordarem que elas tinham motivo razoável para infringir a lei. Afinal de contas, haviam coletado uma infinidade de dados que demonstravam a necessidade terapêutica de suas ações.

Medo de prisão à parte, não seria realmente fantástico se pudessem obter esse medicamento na farmácia da vizinhança? Com certeza, alguns indivíduos desenvolveram um gosto especial pelo cultivo de cogumelos. Alguns também adoram produzir cerveja artesanal. No entanto, metade das postagens feitas no fórum era relacionada ao cultivo. A batalha contra o mofo, as colheitas mal programadas e o cálculo errado das doses era exaustiva.

Um comprimido padronizado, comprado em uma farmácia, ajudaria as pessoas a determinarem sua dosagem precisa – o fim das conjecturas sobre o motivo da ineficácia de um lote de cogumelos: se teria sido a perda de potência ou o preparo acidental de um chá mais forte do que pretendido. Um mercado clandestino e sem regulamentação tornava a terapia muito mais perigosa do que precisaria ser. A capacidade de obtenção de uma forma regulada de psilocibina permitiria que as pessoas ficassem mais tranquilas, o que lhes propiciaria mais controle sobre seu ambiente e estado de espírito – fatores que faziam toda a diferença em termos da eficácia dos psicodélicos.

Isso também mitigaria o problema recorrente enfrentado quando se procurava ajudar alguém que estivesse em uma situação desesperadora. A advertência: "Perdão, mas você precisa fazer seu próprio cultivo" soava inadequada para um indivíduo no auge de um ciclo de cefaleia em salvas, quando a simples perspectiva de sobreviver pelos trinta minutos seguintes era algumas vezes insuportável demais.

A decisão de como resolver a situação, contudo, era um tanto mais complicada. O exercício de *lobby* junto aos políticos parecia prematuro na ausência de "evidências científicas oficiais", particularmente diante do fato de o procurador-geral do presidente George W. Bush, John Ashcroft, haver prometido ampliar a Guerra às Drogas quando de sua ratificação pelo senado em janeiro de 2001.

GeorgieT*, um Buster participante do fórum, cuja experiência em jornalismo o transformara em poderoso aliado e conselheiro da iniciativa de Wold, finalmente bateu o pé. O próximo passo decisivo *tinha* de ser a ciência convencional. "Toda a pressão do mundo não ajudará, a menos que possamos mostrar aos burocratas e legisladores que essa é a verdadeira questão. Precisamos de médicos – em especial neurologistas – para apresentarmos um argumento confiável. Precisamos de ensaios clínicos de pesquisas oficiais... Portanto, precisamos, em primeiro lugar, convencer os médicos de que alguma coisa verdadeira acontece aqui com esses cogumelos mágicos."[2]

Os membros do Clusterbusters tinham que converter mágica em uma espécie de ciência passível de ser reconhecida pelos governantes.

Marsha Weil concordou. Weil raramente postava mensagens nos fóruns dos Clusters, mas depois de se conectar no *CH.com*, em 1998, sua vida mudara. Os pacientes que ela conheceu lá foram muito mais providenciais do que qualquer um dos médicos que ela consultou durante os vinte anos de sua cefaleia em salvas. A exemplo de muitos outros, Weil recebeu inicialmente o diagnóstico de enxaqueca, apesar de sofrer de quatro a seis intensas crises de dores de cabeça por noite. Quando por fim foi feito o diagnóstico correto, muitos anos depois, o médico observou que ela "tinha um caso absolutamente clássico, e que não se tratava de ser uma mulher".

Weil desistiu de procurar ajuda de médicos quando, no final dos anos 1980, um neurologista, depois de esgotados os tratamentos convencionais que ele conhecia, admitiu a Weil que já haviam "tentado tudo o que existia". Mais tarde, ela ficou sabendo que pelo menos alguns desses tratamentos poderiam ter funcionado se o médico tivesse entendido como prescrevê-los. Foi a comunidade on-line de pacientes que lhe explicou a maneira correta de usar o oxigênio de alto fluxo para interromper uma crise – era necessária apenas a substituição da cânula nasal inútil receitada pelo médico por uma máscara não reinalante, um ajuste simples mas determinante. Essa experiência destaca a eficiente sabedoria que circula dentro da comunidade de pacientes.

As primeiras postagens de Flash sobre suas experiências pessoais com psilocibina chamaram a atenção de Weil. A ciência que as embasava parecia fazer sentido; e a empolgação dela aumentou ao ler os relatos de outras pessoas que experimentaram psicodélicos, dando conta de que essas drogas as ajudaram a controlar suas crises.

Weil ainda não tivera a oportunidade de experimentar o tratamento, pois sua cefaleia em salvas havia entrado em um longo período de remissão, mas ela tinha certeza de que o usaria se fosse necessário. Afinal de contas, as alternativas eram absolutamente horríveis. "Meu sentimento geral: as empresas farmacêuticas nos mantêm como reféns. A dor é tão terrível que você se dispõe a tentar toda e qualquer coisa, e elas causam consideráveis efeitos colaterais."

Weil, uma pessoa eminentemente racional, chegara à mesma conclusão de muitos outros pacientes de cefaleia em salvas: cogumelos mágicos parecem ser a melhor opção.

Em algum momento – ela não consegue lembrar quando –, alguém sinalizara que um ensaio clínico deveria custar cerca de 50.000 dólares, e sugerira que o grupo começasse a arrecadar fundos. Ela gostou da ideia de que um estudo poderia converter o conhecimento que eles detinham em um tratamento válido, de modo que as pessoas não mais precisariam "adquirir sua substância ilegalmente". Entretanto, Weil não acreditava que uma empresa farmacêutica se apresentaria para financiar o projeto. Cefaleia em salvas nunca atraía muita atenção das corporações.

Isso a levou a matutar.

Wold sabia que precisava da colaboração de um cientista para desenvolver uma opção farmacêutica capaz de chegar a mais pacientes que necessitavam de ajuda. Mas, como? Lançar mão de ligações não solicitadas para professores das universidades não parecia uma alternativa frutífera: "Olá, eu encabeço uma rede semicriminosa de usuários de drogas psicodélicas. Temos uma ideia sensacional. Você gostaria de colaborar conosco?".

Diversas pessoas do grupo sugeriram que Wold tentasse contato com Rick Doblin, diretor executivo e fundador da Multidisciplinary Association for Psychedelic Studies (MAPS), uma pequena organização que, acreditava-se, costumava financiar alguns cientistas que estavam à frente de pesquisas com psicodélicos e cannabis em universidades. Muitas pessoas haviam escrito para Doblin ao longo dos anos, procurando saber se a MAPS estaria interessada em apoiar um estudo sobre uso de psicodélicos contra cefaleia em salvas. Ele sempre se mostrou disposto; e explicou que a organização poderia ajudar a projetar um estudo piloto, bem como obter permissão para sua realização e conduzi-lo, por um valor em torno de 50.000 dólares.

Wold, no entanto, preferia se alinhar a uma organização menos intimamente associada ao uso de drogas ilegais do que a MAPS, a qual sempre se mostrou disposta a permitir que o misticismo e os usuários de roupas tingidas pela técnica *tie-dye* se infiltrassem em seus empreendimentos de colaboração com a ciência. A pesquisa convencional só faria diferença se o FDA reconhecesse sua legitimidade. Wold se perguntava se uma agência governamental consideraria sério um projeto associado à MAPS; ou, se o apoio dessa organização à descriminalização poderia desacreditar e estigmatizar tudo em sua órbita – até mesmo uma pesquisa universitária bem conduzida?

Então, ele decidiu começar com especialistas em dor de cabeça – os médicos responsáveis por tratar essa doença. Muitos deles também conduziam ensaios clínicos para empresas farmacêuticas. Wold já conhecia os nomes mais proeminentes da área. Havia anos, ele se dedicava à leitura dos artigos científicos escritos por esses profissionais, e tinha sido paciente de muitos de seus consultórios. E agora que as conferências médicas recepcionavam defensores de pacientes, ele sabia como encontrá-los. Com certeza, esses especialistas abraçariam a oportunidade de investigar a droga que estava fazendo que seus pacientes, para os quais os tratamentos convencionais não tinham eficácia, experimentassem melhoras.

Então, estávamos em 2003. Durante 33 anos, desde a entrada em vigor do Controlled Substances Act, pouquíssimas pesquisas acadêmicas com substâncias psicodélicas tinham sido realizadas em seres humanos. A maior parte da sociedade sequer aprovava o retorno dos estudos com psicodélicos às universidades. Todas as discussões que Wold conduzia no universo da dor de cabeça pareciam apontar na mesma direção: interesse, até curiosidade, mas nenhum comprometimento.

Wold fez uma postagem sobre esses encontros no quadro de mensagens do grupo: “Eu escrevi para diversos dos principais especialistas em cefaleia em salvas nos Estados Unidos, e conversei com eles... Tudo indica que até mesmo a discussão do assunto por e-mail os deixa temerosos”. Wold ficava imaginando se, talvez, eles temessem que seus e-mails acabassem nas mãos da imprensa. Parecia que a Guerra às Drogas e a emergente crise dos opioides estavam amedrontando os doutores.[3] “Que Deus tivesse pena de alguém que preconizava a legalização da psilocibina... Seria semelhante a [defender a legalização da] heroína.”[4]

Agora, duas décadas depois, nós sabemos que tudo isso iria mudar. Todavia, naquela época, nenhum deles conseguia antever a guinada que estava prestes a acontecer.

Havia outro problema, além do estigma legal e social dos psicodélicos. A medicina da dor de cabeça já enfrentava dificuldades para obtenção de financiamento, porque a dor de cabeça *em si* era estigmatizada. O próprio governo federal quase não destinava recursos financeiros para as pesquisas sobre o tema. Todo o setor dependia da generosidade das grandes empresas farmacêuticas. Em 2003, a GlaxoWellcome, a maior financiadora de medicamento para dor de cabeça, detinha a patente do sumatriptano, remédio que – quando injetado – conseguia interromper uma crise de cefaleia em salvas em quinze minutos ou menos. Será que os médicos ignorariam um tratamento potencial como a psilocibina por temerem que ela interferisse nos lucros de seus financiadores? Em suas interações nas conferências sobre dor de cabeça, Wold percebeu que os cogumelos mágicos eram encarados como potenciais solapadores dos lucros das grandes indústrias farmacêuticas.

Wold explicou no fórum, “Eu tentei conseguir que alguém apresentasse o assunto [da psilocibina] para discussão em uma [conferência profissional sobre dor de cabeça] no ano passado; e me disseram que o problema era o fato de a maioria desses eventos ser patrocinada pelas empresas farmacêuticas. Passagens aéreas pagas... hotéis etc. Tente trazer à baila alguma coisa que não vá propiciar a alguém algum dinheiro... durante anos... e possa prejudicar as vendas... Você jamais será convidado novamente para uma conferência".[5]

De acordo com Wold, os médicos pareciam interessados na ideia do estudo, mas nenhum deles conseguia enxergar uma alternativa além das questões práticas de financiamento e legalidade e das complicações associadas às tratativas com o DEA e o FDA. Contudo, ele encontrou apoio. "Acreditem ou não... muitos deles adorariam ter condições de [receitar psilocibina]. Muitos têm plena ciência das evidências de sua eficácia." Todavia, um estudo destinado a testar psicodélicos seria arriscado demais – um potencial aniquilador de carreiras.[6]

A MAPS seria a próxima alternativa lógica, se ele conseguisse de alguma forma obter 50.000 dólares. No entanto, ninguém no Clusterbusters parecia ter uma ideia sobre como eles poderiam arrecadar fundos para tal objetivo. Muitos deles lutavam com dificuldades para manter um trabalho, além da necessidade de pagar os próprios medicamentos. Nunca ocorreu a Wold que um multimilionário pudesse estar acompanhando incognitamente o fórum.

"Meu marido e eu desejamos contribuir com 50.000 a 100.000 dólares para a MAPS levar adiante um estudo piloto."

Wold não respondeu imediatamente ao e-mail enviado por Marsha Weil em 3 de outubro de 2003. Posteriormente, ele lhe diria que preferia agir com cautela. Na verdade, ele pensou que ela estivesse brincando.

Por sorte, Marsha Weil estava sendo sincera, muito sincera.

Os Weils tiveram sorte na vida. David, o marido de Marsha, tornara-se o 25.º funcionário da Microsoft, em 1980, logo depois de a empresa se mudar do Novo México para Seattle, e continuou trabalhando lá nos 17 anos seguintes, antes de se aposentar. A maioria das *startups* fracassam. A Microsoft transformara em milionários seus primeiros milhares de funcionários, no início dos anos 1990.

Os Weils apoiavam diversas iniciativas filantrópicas por meio da fundação familiar, mas Marsha imaginava um estudo psicodélico como algo que ela deveria fazer por si mesma. "Isso iria ser alguma coisa minha", disse-me ela. Seu marido a apoiava, da mesma forma que ela sempre apoiara tudo o que ele fez. Esse seria um projeto escolhido e encabeçado por Marsha.

Para ela, um estudo como esse deveria fazer com que as informações chegassem a mais pessoas que necessitavam desse medicamento. "Eu sabia que nós teríamos publicidade... Havia muitas pessoas que provavelmente não estariam na internet, mas que gostariam de saber mais sobre isso. Penso que essa é uma forma excelente de divulgar a notícia para além de nosso pequeno grupo", disse-me Weil.

O sonho de Wold de ver o mundo subterrâneo e o convencional trabalhando juntos estava prestes a se transformar em realidade. E, certamente, não fazia mal algum ter um anjo investidor a bordo.

Poucas pessoas têm condições de reivindicar para si tanta responsabilidade pelo sucesso do renascimento psicodélico quanto Rick Doblin. Nas últimas quatro décadas, seu ativismo político pavimentou o caminho para que pesquisadores em todo o mundo pudessem realizar pesquisas clínicas sobre o uso de psicodélicos para um vasto espectro de doenças e enfermidades. Desde sua fundação, em 1986, a MAPS se transformou em um multimilionário império de pesquisas, capaz de realizar, por meio de sua corporação de utilidade pública (hoje denominada Lykos Therapeutics) estudos clínicos de vanguarda sobre psicodélicos.

Doblin nunca se intimidou diante das câmeras. Na verdade, sua estratégia sempre teve como objetivo ser tão conhecido (ou, nas suas palavras, "tão transparente") quanto possível, de modo que "as informações corretas" chegassem a todos.[7] E a imprensa não se cansa dele. O livro campeão de vendas, que Doblin publicou em 2018, *Como Mudar sua Mente*, foi para ele e a MAPS uma enorme alavancagem, ao apresentar à sociedade a ideia de que as substâncias psicodélicas podiam ser utilizadas com um propósito diferente de "ficar ligado" e ter um barato.[8] Doblin conseguiu participar de um TED Talk no ano seguinte, o que lhe assegurou uma plataforma global para discutir "o futuro da terapia assistida por psicodélicos".[9]

Em 2021, a revista *Nature Medicine*, um dos mais destacados periódicos médicos do mundo, publicou resultados de um ensaio clínico patrocinado pela MAPS, ensaio este que forneceu fortes evidências de que o MDMA, quando administrado em combinação com a terapia conversacional, conseguia tratar efetivamente graves transtornos de estresse pós-traumático (TEPT). Entre os noventa participantes do estudo, 67% daqueles que receberam MDMA em conjunto com terapia conversacional não mais apresentavam diagnóstico de TEPT dois meses após o tratamento. A mesma resposta foi observada em apenas 32% dos que receberam placebo. De acordo com os autores do estudo, a ação do MDMA se deu na forma de maximização da terapia conversacional e não da alteração da neuroquímica do indivíduo no longo termo.[10] Conforme Doblin relatou ao *New York Times*, "Não se trata da droga – é a terapia maximizada pela droga".[11] A imprensa ficou eufórica, e passou a descrevê-lo como revolucionário, o que o colocou na categoria de ícone do corrente movimento psicodélico, assim como Ben & Jerry são para o sorvete artesanal.[12] A exemplo deles, Doblin infunde ao movimento uma atmosfera descontraída, nos moldes dos anos 1960.

Trata-se de um personagem público que não se modificou no correr das décadas. Trinta anos atrás, a revista *New York* descreveu-o como "um proselitista despudorado, um líder de torcida psicodélico segundo a tradição do Dr. Timothy Leary", um guru brilhante que "fervilha com esplendor psicodélico e bom humor".[13] Essa descrição caracteriza perfeitamente a pessoa que eu encontrei ao longo dos anos, um homem que mantém uma alegria e um otimismo incansáveis, mesmo diante das mais sombrias previsões políticas – ou quando lida com as personalidades mais difíceis.

Um jeito descontraído e extasiado indica que alguma coisa é diferente em Doblin. A despeito de seu título de doutor em política pública pela Universidade de Harvard, ele não dá muita importância para suas credenciais científicas. Ao contrário de muitos outros que circulam no universo psicodélico, Doblin faz tantas brincadeiras sobre o uso de drogas que sempre parece ter um pé fincado no mundo das tinturas *tie-dye* da contracultura, mesmo enquanto trabalha com o outro pé firmemente plantado no universo "convencional" dos cientistas de laboratório. Como costuma dizer, foi o fato de ter usado LSD – muito LSD – que o levou a se interessar pela terapia psicodélica. "Eu fui usuário de LSD, portanto, identificado como um desses criminosos usuários de drogas da contracultura. Desse modo, era assim que eu pensava sobre mim mesmo, quem eu era. Eu simplesmente aceitava o fato."[14] Ou seja, foi assim até o momento em que ele se convenceu de que o mundo convencional tinha vantagens, como oferecer os recursos de que ele necessitava para combater o sistema estando do lado de dentro do próprio sistema.

Doblin nunca foi o tipo de indivíduo que franqueia às autoridades permissão de se interporem em seu caminho, tendo aprendido a duras penas que os governos nem sempre se pautam pela retidão moral. A exemplo de muitas crianças judias de sua geração, também ele tem consciência quanto à persistente sombra do Holocausto. Doblin teve sorte – sua família emigrou para os Estados Unidos antes de o indescritível derramamento de sangue ter assolado a Europa. "Eu nasci em 1953... Ainda muito jovem aprendi sobre o Holocausto, e isso me assustou demais; a desumanização, a busca de bodes expiatórios, o domínio do pensamento irracional sobre o racional", disse ele.[15]

Do mesmo modo, Doblin não conseguia entender a razão que levava os Estados Unidos a se envolver em uma guerra no Vietnã. A crise dos mísseis em Cuba e o indelével potencial para uma guerra nuclear entre os Estados Unidos e a União Soviética tornaram mais firme sua decisão: era melhor agir de acordo com sua bússola moral do que testemunhar a dissolução do mundo em uma "insanidade cultural" estimulada pelo medo de outras pessoas.[16]

Doblin tampouco estava disposto a permitir que o pensamento convencional definisse sua bússola moral. Ele fugiu do alistamento militar aos dezoito anos – uma decisão que o tornou um criminoso. A outra opção, que era requerer isenção, declarando-se um objetor de consciência, não lhe pareceu honesta, dissera ele. Doblin não podia se declarar um pacifista, porque acreditava que a guerra para deter Hitler fora necessária.

Ele achava provável que essa decisão acabaria levando-o um dia para a prisão, mas lhe pareceu sensato cursar uma faculdade nesse meio-tempo. Mudou-se então para Sarasota, a fim de cursar o New College of Florida, que – naquela ocasião, de qualquer forma – gozava da reputação de adotar uma metodologia livre e não convencional para o ensino de graduação. Foi então que ele começou sua experiência com LSD, uma droga que rodava livremente no campus, apesar ter sido criminalizada naqueles dias. Era uma viagem turbulenta. Ele se deleitava com as cores vivas, as sensações intensas e o êxtase coletivo de uma festa que se estendia noite afora. Porém, essas experiências o deixavam inseguro. Cada uma das viagens removia camadas de seu ser, revelando imperfeições e conflitos interiores arraigados no fundo de sua psiquê. Doblin não tinha a menor ideia sobre o que fazer com essas revelações; e foi aí que um orientador educacional da escola sugeriu que a leitura do trabalho de Stanislav Grof – um psiquiatra que realizara pesquisas com LSD durante anos – poderia ajudá-lo. Não tardou para que Doblin abandonasse a faculdade e fosse de carona até a Califórnia, onde Grof apresentaria um seminário de uma semana sobre terapia com LSD.[17]

Durante seu TED Talk, Doblin explicou que os psicodélicos "proporcionavam essa percepção de nossa humanidade compartilhada, nossa unidade com toda a vida... E eu senti que essas experiências tinham potencial para agir como antídoto ao tribalismo, ao fundamentalismo, ao genocídio e à destruição ambiental".[18] Ele tomou a decisão de que a lei não o impediria de encontrar uma forma de o LSD regenerar o mundo. Uma herança de seus avós e o apoio de pais generosos lhe garantiram o tempo e os recursos necessários para a construção de uma casa personalizada para si próprio, uma casa que ele projetou de modo a maximizar o conforto durante uma viagem movida a ácido.[19] Doblin viria então a se converter em empreiteiro de tempo integral, especializado na construção de casas personalizadas. Entretanto, a empresa esbarrou em dificuldades quando as taxas de juros atingiram 18% no final dos anos 1970. Ele fechou a loja e se matriculou novamente como aluno de graduação no New College of Florida. Talvez ainda conseguisse se tornar um terapeuta psicodélico clandestino.[20]

Se o LSD já transformara o mundo de Doblin, com sua capacidade de produzir conexões cósmicas e místicas, ele logo viria a descobrir que o MDMA produzia algo ainda mais poderoso: um amor e uma autoaceitação muito profundos – um remédio primordial para o tipo de psicoterapia que cicatrizava rapidamente até mesmo os traumas mais profundos.

No início da década de 1980, Doblin começou a se questionar se o MDMA conseguiria fazer ainda mais. "Adam", em sua experiência, inspirava uma mentalidade radical e liberal, o antídoto à desumanização que ele vinha procurando durante toda a sua vida. Ele se tornou um crente de tal maneira convicto que passou a pregar o evangelho do MDMA para qualquer um que se propusesse a escutar. Começou também a enviar comprimidos pelo correio para líderes políticos e espirituais, convencido de que eles poderiam usar uma droga que gerava empatia e buscariam promover o bem no mundo. Sua campanha de difusão produziu frutos quando um dos destinatários – um monge beneditino de nome David Steindl-Rast – foi citado em um artigo da *Newsweek*: "Um monge passa toda a sua vida cultivando a mesma atitude iluminada [que o MDMA] oferece a você".[21]

Nem todas as iniciativas mirabolantes foram bem-sucedidas. A tentativa de Doblin de contrabandear um pacote com mil pílulas a membros das forças armadas soviéticas que iriam negociar com o presidente estadunidense Ronald Reagan, em 1985, não foi além de Moscou. Que pena. Valeu a tentativa.

Todavia, sua militância conseguiu adentrar um espaço importante: o Esalen Institute.

Laura Huxley tomou conhecimento da existência de Rick Doblin depois de ver uma cópia da correspondência dele com Brother David. Ela lhe enviou um convite para visitar o Esalen e – blá-blá-blá, blá-blá-blá – o jovem Rick Doblin decidiu assumir as iniciativas do mundo clandestino voltadas a manter a legalidade do MDMA. É justo dizer que o DEA não previra o movimento de Doblin quando anunciou a intenção de enquadrar o MDMA como Classe I do Controlled Substances Act.

Doblin, por sua vez, não apenas previra a ação do DEA, como também já havia preparado uma defesa robusta. Ele concluiu que a melhor maneira de lutar contra o sistema seria operar dentro dele, jogando de acordo com suas regras – uma espécie de jiu-jítsu político. Além disso, convenceu os psicodélicos mais velhos a adotarem algumas ações essenciais enquanto o MDMA continuava legal, como coletar, junto aos terapeutas que usavam a substância, dados sobre sua segurança e sua eficácia. Isso e a contratação de David Nichols para sintetizar dois quilos da substância durante um período de proibição foram jogadas de gênio. Com que argumento poderia o DEA enquadrar o MDMA como droga desprovida de utilidade terapêutica diante de tantas evidências que os especialistas já haviam acumulado? De acordo com esses dados, a psicoterapia assistida por MDMA podia ser administrada com segurança e produzira claros benefícios médicos para aqueles pacientes que eles haviam tratado.

Em 1984, Rick substituíra o proselitismo por correspondência sobre MDMA por um estratagema ainda mais audacioso. Em agosto daquele ano, ele entregou pessoalmente um pacote na sede do DEA em Washington, DC, contendo as petições que ele reunira com os especialistas, junto com a solicitação para uma audiência administrativa na presença de um juiz.

Doblin considera esse ato – a decisão de se envolver com o sistema que desde sempre ele evitara – como um marco importante tanto em sua carreira como no movimento psicodélico. Ele costuma exibir para a plateia um autorretrato tirado logo antes de entrar no gabinete do DEA. É uma foto embaçada, em tom sépia, que mostra sua imagem refletida em uma janela ao nível da rua, adornada com o brasão da nociva agência federal.

Doblin ainda não entrara para descobrir como os agentes iriam reagir a uma confrontação de um *hippie* que se esquivou do serviço militar. E a janela não exibia sinal algum do que estava por vir – uma cortina escamoteava qualquer espécie de transparência que ela pudesse oferecer em relação ao poder do governo.

Para essa missão, Doblin vestiu uma camisa formal com botões, mas decidiu levar as petições em uma bolsa de miçangas coloridas, retratando o cacto peiote, trabalho tradicional do povo Huichol – um símbolo sutil, mas poderoso, da medida direta que ele tomava naquele momento. "Quando bati na porta do DEA e entrei, senti que estava cruzando uma fronteira", Doblin explicou a um jornalista que escrevia para a *Alternet*. "Eu estava passando de uma existência clandestina e secreta para uma ostensiva e convencional."[22] Ele levou diretamente ao inimigo o micélio social – dormente por tanto tempo, e preparado para sair das sombras.

A inação não era uma alternativa – não em um mundo que sempre pareceu estar à beira da aniquilação. E quanto mais ele se comprometia a tornar o mundo mais seguro, menos temia os riscos pessoais desse envolvimento. Sua bússola moral apontava em uma direção: a criação de um mundo mais pacífico e tolerante. Os psicodélicos seriam a ponte.[23]

A estratégia ousada de Rick Doblin pegou o DEA desprevenido. Eles ignoravam o fato de que médicos e terapeutas usavam em suas clínicas o MDMA, uma substância ainda legal. Essas credenciais colocavam o DEA diante de um grande desafio. Contrariando suas expectativas, as autoridades se deram conta de que a proibição esbarraria em mais dificuldades do que se o MDMA fosse apenas mais uma substância usada por garotos em busca de diversão.

No final, as cortes deram duas vezes parecer favorável à organização sem fins lucrativos de Doblin, decidindo que "o peso esmagador das evidências dos pareceres médicos recebidos nessa ação indicou que existem informações suficientes para fundamentar a avaliação de médicos respeitáveis, segundo a qual o MDMA é seguro para uso sob supervisão médica".[24]

Todavia, tudo isso acabou não dando em nada. Se o DEA desejava criminalizar o MDMA, então era exatamente o que faria – as cortes que se danassem. Na verdade, o DEA não era obrigado a acatar as decisões dos tribunais, que tinham um papel apenas consultivo. A agência não apenas resolveu ignorar essas decisões, como também optou pela mudança da definição de "benefício médico" por um conjunto de critérios que incluíam a aprovação do FDA, o que, no futuro, na ausência de ensaios clínicos que "atestassem" a segurança e a eficácia de uma droga como medicamento, faria ser quase impossível modificar seu enquadramento como substância da Classe I.

Doblin, sempre um otimista, encarou essa reviravolta nos acontecimentos como nada mais do que um pequeno contratempo. Para ele, o importante era o fato de ter descoberto uma estratégia exitosa para combater a Guerra às Drogas: manipular o sistema para combatê-lo. Em primeiro lugar, ele fundou a MAPS a fim de contar com uma organização a partir da qual fosse possível lutar pela volta dos psicodélicos. O próximo passo seria entender como a máquina do sistema funcionava, para, assim, jogar areia com mais efetividade em suas engrenagens.

Na conclusão do curso superior iniciado em 1971, Doblin escolheu para trabalho de graduação um tema que o ajudaria a identificar uma forma de conduzir uma pesquisa rigorosa: uma análise crítica do famoso estudo duplo-cego e controlado por placebo, intitulado Good Friday Experiment (Experimento da Sexta-feira Santa ou Experimento da Capela Marsh), que foi realizado em 1962 por Walter Pahnke. Esse estudo demonstrou que a psilocibina conseguia induzir experiências místicas quando administrada no ambiente adequado. Além disso, Doblin escreveu uma tese que atendia aos critérios para publicação em um periódico revisado por pares – a principal moeda corrente nos círculos acadêmicos. Ele começava a aprender a falar a linguagem que os cientistas convencionais e os reguladores entendiam e apreciavam.[25]

Doblin esperava continuar sua formação em um departamento de psicologia clínica, onde pudesse tentar um doutorado; contudo, os programas de pós-graduação o rejeitaram por causa de sua determinação de realizar pesquisas clínicas com MDMA. Ele não pôde deixar de constatar a permanente interferência da política sobre a ciência. Desse modo, tomou uma decisão: se a política era a barreira à ciência psicodélica, então seria melhor aprender a ser um político na instituição mais tradicional e confiável que ele conseguia vislumbrar: a Universidade de Harvard.

Nos anos 1990, Doblin se matriculou na Kennedy School of Government, de Harvard, onde escreveu uma tese de doutorado sob a orientação de Mark Kleiman (curiosamente, Kleiman era visto como um reservado mas poderoso apoiador do renascimento dos psicodélicos).[26]

A Kefauver-Harris Drug Amendments, de 1962, fora apenas o começo da crescente fiscalização do governo sobre as questões científicas. Escândalos continuavam acossando os cientistas. Alguns estudos, como o Tuskegee Syphilis Study – por meio do qual o Public Health Service dos Estados Unidos passou décadas observando o efeito da ausência de terapia para sífilis em um grupo de homens afro-americanos, que não eram informados de serem portadores da doença, nem tampouco recebiam tratamento –, foram impressionantes em seu grau de depravação. Em resposta, os legisladores colocaram em prática medidas burocráticas cada vez mais restritivas, destinadas a garantir que os cientistas atuassem de maneira responsável, ética e legal.

A legislação de drogas, associada à cultura do medo, tornou essa burocracia ainda mais complicada para aqueles que desejavam realizar ensaios clínicos com substâncias da Classe I. Além disso, para dificultar muito mais a tarefa, só havia financiamento federal, em geral, para pesquisas com drogas que demonstrassem a extensão dos danos causados por substâncias da Classe I. Doblin sabia que a MAPS seria a única das empresas filantrópicas privadas a financiar o tipo de trabalho com o qual o governo não se envolveria – os estudos que avaliavam os benefícios potenciais dessas substâncias.

Doblin aproveitou esse período em Harvard para adquirir proficiência na arte do mundo convencional, projetando soluções para os mais difíceis desses problemas políticos. Ele escolheu para sua tese um tema complicado: regulação do uso médico de psicodélicos e maconha. Nesse trabalho, apresentou um roteiro político que explicava a maneira mais eficaz de se obter permissão do FDA para estudo desses compostos.[27]

Em um tom muito distante de seus apelos apaixonados para salvação do mundo por meio de psicodélicos, a tese de Doblin é escrita na linguagem moderada do mundo "respeitável". Dois dos capítulos são dedicados aos mecanismos internos de um programa do FDA que, entre 1989 e 1995, estabeleceu a política corrente da agência para avaliação de protocolos relativos a psicodélicos e maconha. Outros dois capítulos abordam questões complicadas envolvendo os desafios metodológicos do estudo de psicodélicos. Um capítulo final apresenta uma política hipotética destinada a indicar a maneira como as prescrições deveriam ser escritas e distribuídas com segurança no caso da psicoterapia legalizada com psicodélicos.

Na condição de professora de universidade, eu li dezenas de teses de doutorado, algumas vezes como principal orientadora de um candidato ao título de doutor em meu departamento, mas, quase sempre, como parte de um comitê de premiação que avaliava teses de candidatos de todo o território norte-americano. Apesar de sua aparência de figurante do filme *Dazed and Confused* que se sai bem a despeito de quão "chapado" esteja, Rick Doblin escreveu uma tese consistente e bem fundamentada, perfeitamente pensada para dar suporte à sua busca psicodélica.

O processo de pesquisa de Doblin para o artigo foi uma excelente oportunidade para realização de entrevistas com autoridades governamentais do presente e do passado dentro do FDA – contatos que, tenho certeza, seriam profícuos para o diretor executivo da MAPS. Porque, naturalmente, Doblin não podia se limitar a apenas estudar ciência – não se ele quisesse mudar o mundo. A pavimentação do renascimento psicodélico exigiria mais do que somente fatos: ela demandaria um político – motivo pelo qual Doblin costuma dizer que a MAPS "realmente não faz ciência; nós fazemos ciência política".[28]

É fácil observar como o pragmatismo político moldou, e continua moldando, as decisões de Doblin – como a opção por buscar transformar a prática da medicalização em caminho para legalização; ou então sua decisão mais recente de fazer parceria com veteranos que sofrem de TEPT. Ele é franco sobre as escolhas políticas que faz – sua meta sempre foi usar a medicalização como meio de legalizar os psicodélicos de forma mais geral. Doblin costuma dizer aos jornalistas: "Trata-se de um direito humano fundamental a exploração da própria consciência".[29] De acordo com a opinião dele, a obtenção da aprovação do FDA para uso do MDMA como medicamento era apenas o primeiro passo. Ele sempre atuou com a visão de longo prazo.

Apesar do pequeno porte da MAPS em 2003 – quando Bob Wold entrou em contato com Doblin –, a empresa já havia conseguido um avanço importante. Ela até mesmo tinha alguns ensaios clínicos em andamento.

Doblin ainda se lembra da primeira troca de e-mails com Bob Wold, ainda em 2003, pouco depois de este último ter começado a pensar seriamente na oferta que Weil lhe fizera, também por e-mail. "Wold dizia algo como: 'nós estamos fazendo pesquisa com psicodélicos, e não queremos ser criminosos. Você pode nos ajudar a tentar estudar isso?'"

Doblin fundara a MAPS para fazer exatamente o que Wold estava pedindo – organizar pesquisa clínica sobre os benefícios dos psicodélicos para a saúde. Além de compartilhar desse objetivo, também agradava a Doblin o fato de o financiamento já existir. Ele respondeu.

"Fico feliz em saber do progresso que você fez para obtenção de financiamento para a pesquisa. Definitivamente, a MAPS tem interesse em tomar parte. Ela poderia ajudar você a organizar a pesquisa e orientar sobre a melhor forma de atuar junto ao FDA."[30] A MAPS disponibilizava consultores capazes de ajudar a conectar uma organização como a Clusterbusters a pesquisadores acadêmicos, bem como auxiliar no desenvolvimento de protocolos para os ensaios clínicos, prestar orientações sobre como lidar com questões regulatórias da universidade e oferecer assessoria qualificada na condução das tratativas junto ao FDA e o DEA. Ela podia também oferecer uma plataforma muito mais abrangente para as comunicações sobre o estudo. Havia muito a ser conversado. "Essa é uma questão complicada. Ligue-me, por favor, para discutirmos o assunto."[31]

Isso foi numa quarta-feira, 12 de novembro de 2003. Eles passaram a tarde da sexta-feira ao telefone, discutindo exaustivamente uma forma de as duas organizações poderem colaborar entre si. Dois dias depois, Wold postou no quadro de mensagens do Clusterbusters uma descrição detalhada da conversa.[32]

Doblin iniciou o diálogo fazendo perguntas que lhe permitissem conhecer melhor Bob Wold e a organização que ele representava.

Era ela uma legítima ONG? "Não ainda, mas a caminho de ser."

Era a cefaleia em salvas suficientemente rara para ser enquadrada no "*orphan drug status*" (estatuto de medicamento órfão), concedido pelo governo federal estadunidense a doenças que acometem menos de duzentas pessoas no país? Em caso afirmativo, isso poderia representar milhões em financiamento federal. "Possivelmente. Ela é bastante incomum."

Doblin também tinha dúvidas que pareciam mais específicas de *seus* interesses. Por exemplo, sendo um homem que sempre priorizou questões relacionadas à consciência, ele queria saber se a experiência psicodélica tinha papel importante no tratamento. Wold explicou que as pessoas não precisavam de uma dose grande para se tratar, mas ele considerava provável que a ação psicodélica de uma dose maior pudesse ajudar a aliviar o trauma associado à cefaleia em salvas. Para ele, certamente, tinha sido útil.

Doblin fez também uma sugestão extravagante de usarem no ensaio clínico o LSD em vez da psilocibina – ou além dela. A ideia pareceu a Wold uma escolha bizarra, motivada mais pelas predileções pessoais de Doblin do que por razões de praticidade. A princípio, Wold concordou que o LSD poderia ser uma terapia melhor que a psilocibina, tendo como base os relatos de alguns participantes da pesquisa que haviam experimentado a substância. Contudo, as pessoas já tinham medo de experimentar cogumelos mágicos. Seria ainda mais difícil convencê-las a tomar uma droga tão estigmatizada como o LSD. Ademais, de que maneira um indivíduo qualquer poderia obter LSD? (Eu acredito que Wold sempre encarou a pesquisa acadêmica como um meio conveniente para as pessoas fazerem um autotratamento). Entretanto, ele falou que analisaria a possibilidade.

Posteriormente, Doblin me contou que, desde o início, ele gostara da ideia de trabalhar com o Clusterbusters. O grupo tinha uma boa trajetória com os medicamentos psicodélicos – uma trajetória que se adequava perfeitamente à "ciência política" que ele praticava na MAPS. Quem, afinal de contas, poderia ser mais receptivo do que indivíduos que sofriam de uma doença rara e debilitante? Doblin sabia que as pessoas ainda acreditavam que os psicodélicos geravam uma espécie de neurotoxidade capaz de induzir alguém ao suicídio. Contudo, os membros do Clusterbusters usavam psicodélicos para *evitar* o suicídio. "Eles afirmavam o oposto: que trabalhavam em prol de pessoas com inclinações suicidas provocadas pela cefaleia em salvas e que isso as estava ajudando a aguentar", relatou-me Doblin.

Melhor ainda, a desesperada necessidade de assistência médica sentida pelos membros do Clusterbusters se revelava uma excelente contranarrativa sobre criminalidade. Se Bob Wold era considerado criminoso, isso se devia exclusivamente à sua coragem de fazer a coisa certa a despeito da lei. E Wold liderava um grupo inteiro de pessoas iguais a ele: pessoas que haviam chegado à mesma conclusão a que ele chegara décadas antes. De acordo com Doblin, era como eles diziam: "Não queremos ser criminosos, mas estamos dispostos a fazer isso porque a comunidade médica e a indústria farmacêutica não nos atendem. A consequência é que tem gente cometendo suicídio e sofrendo demais... Nós só somos criminosos porque temos necessidade de atenção médica".

Talvez seja irônico que a admissão de crime por parte de Doblin – embora honesta – tenha deixado Wold constrangido. Ele ainda temia a possibilidade de prejudicar o Clusterbusters por causa da colaboração com a MAPS. Seria razoável operar junto com uma organização que pretendia manter um pé no subterrâneo, se seu objetivo principal era exatamente colocar o seu no mundo convencional?

"Ainda não estou convencido de que a MAPS seja o lugar para fazer isso, porém tenho interesse em ouvir um pouco mais o que têm a dizer", acrescentou Doblin em sua postagem sobre a conversa. "Eu falei a [Doblin] sobre minhas reservas em relação à MAPS e às impressões que diferentes organizações podem dar. Evidentemente, ele não viu qualquer problema no envolvimento da MAPS e em como isso poderia ser percebido pela 'classe dominante'."[33]

Como ficou patente, a questão era irrelevante. Ninguém na medicina da dor de cabeça se sentia qualificado a assumir um estudo com toda essa bagagem política e cultural. Mesmo Doblin, o sujeito mais conectado, enfrentava dificuldades para encontrar pesquisadores de psicodélicos disponíveis, que tivessem a necessária qualificação para conduzir uma pesquisa sobre psicodélicos para cefaleia em salvas.

No entanto, ele tinha de fato uma ideia que poderia dar certo se os Clusterbusters estivessem dispostos a ser pacientes. Ao longo de alguns anos passados, Doblin cultivara uma forte relação de trabalho com John Halpern, uma estrela ascendente na medicina psicodélica e membro do corpo docente do McLean Hospital, vinculado à Harvard Medical School. De início, Doblin não pensara em Halpern como candidato ao projeto Clusterbusters, visto que ele já estava bastante atarefado com o trabalho em um ensaio clínico financiado pela MAPS, ensaio este que estudava os benefícios terapêuticos do MDMA para quem sofre de ansiedade decorrente de câncer em estágio avançado. Todavia, ele estava de olho em um talento emergente, um novo médico que aceitara havia pouco tempo o cargo de bolsista de pós-doutorado no McLean Hospital, e que nutria forte interesse em trabalhar com Halpern em uma pesquisa com psicodélicos.

Conforme Doblin explicou a Wold, a colaboração com o Dr. R. Andrew Sewell se traduzia em uma mistura de oportunidades e desafios. Sewell tinha muito menos experiência do que qualquer um dos médicos pesquisadores que eles esperavam atrair para seu projeto. Na verdade, ele era tão inexperiente que ainda não concluíra sua formação médica. Do lado positivo, seria muito difícil encontrar um médico com um histórico mais exitoso. Sewell estava terminando uma notável residência dupla em neurologia *e* psiquiatria no Massachusetts General, o primeiro e maior de todos os hospitais-escola vinculados à Harvard Medical School. A decisão incomum de Seweel, de cursar duas residências, havia alongado em dois anos sua formação, mas ele se formaria logo. Se o Clusterbusters pudesse aguardar até setembro de 2004, eles conseguiriam uma verdadeira superestrela em ascensão. A orientação de Halpern preencheria a lacuna entre o potencial e a experiência.

Entretanto, havia outro problema. Muito embora Doblin e Halpern tivessem tido papel fundamental na decisão de Sewell de assumir a posição de pesquisador pós-graduando no McLean Hospital de Harvard – aparentemente, Sewell alimentava havia muito tempo o desejo de estudar psicodélicos –, nenhum dos dois possuía recursos financeiros para contratá-lo. Em lugar disso, Sewell aceitou uma bolsa de pós-doutoramento paga pelo centro de pesquisa Alcohol and Drug Abuse Research Center, vinculado ao McLean. Os novos supervisores de Sewell – codiretores do centro de controle de dependências – concordaram que Sewell colaborasse com Halpern nas horas vagas. Sewell não se importava em fazer um trabalho adicional. Ele fora preparado para esse tipo de coisa – sabia que se tornar pesquisador de psicodélicos exigiria muito esforço.

Olhando pelo lado das vantagens, McLean se destacava como uma opção excepcional: a realização da pesquisa do Clusterbusters no importante hospital psiquiátrico da Harvard Medical School – uma instituição que conduz o mais abrangente programa de pesquisa do mundo em neurociência e psiquiatria.[34] Além disso, sua reputação era fora de série: desde muito tempo, o McLean era um refúgio de celebridades e artistas e da elite de Boston, entre os quais Ray Charles, James Taylor e Sylvia Plath.

Doblin desejava poder fazer melhor, mas estava também sem ideias. Ele escreveu a Wold: "Não conheço mais ninguém interessado em empreender uma pesquisa como essa; assim, estou temporariamente sem saber como continuar".[35]

Wold analisou criteriosamente essa nova informação. Ele não tinha conhecimento algum quanto a esse novo bolsista de pós-doutorado, mas sabia que as pessoas encaravam a Universidade de Harvard com seriedade. Marsha Weil confidenciou a Wold que tinha a mesma impressão: "Se nós pudermos trabalhar com a Harvard, tendo a ajuda da MAPS, será sensacional. A participação de uma notável universidade na condução de nossos ensaios seria para nós um bônus muito importante".[36]

Sewell, por sua vez, mostrou-se entusiasmado com a possibilidade de colaborar com o Clusterbusters.

Ele enviou imediatamente um e-mail para Bob Wold: "Seus resultados são bastante intrigantes! Tenho certeza de que não preciso lhe dizer que a di-hidroergotamina [DHE], um dos tratamentos que adotamos para cefaleia em salvas, é derivada do esporão-do-centeio, assim como o LSD pode ser. No entanto, para profilaxia contra futuras crises de dor de cabeça, não temos nenhuma outra droga; e a única coisa que me ocorre é que, se nós estudarmos a DHE, poderemos aprender muito sobre a patogênese das cefaleias em salvas, bem como ajudar aqueles que hoje sofrem dessas doenças".[37]

Wold gostou de Sewell no mesmo instante. Somente os nerds da melhor espécie eram assim tão entusiásticos e bem informados sobre cefaleia em salvas. Talvez esse garoto fizesse jus à espera. "Não temos a menor ilusão de que, a qualquer momento, dentro de alguns anos, isso venha a se tornar uma pílula para ser tomada mediante receita. Nós compreendemos os obstáculos e o tempo envolvidos. Queremos, por assim dizer, apenas colocar a bola em jogo e garantir que ela se mantenha em movimento", respondeu Wold.

Sewell entendeu, e respondeu: "[Eu de fato] não partilho do otimismo do Dr. Doblin em relação a uma rápida aprovação para ensaios clínicos, no entanto... estou me preparando para uma longa e exaustiva batalha burocrática antes de conseguirmos tirar essa ideia do papel. Contudo, a pesquisa com psicodélicos não é para amadores."

Sewell continuava dizendo as coisas certas.

Bastaram apenas mais alguns e-mails e contatos telefônicos antes de Doblin tornar oficial a relação entre Clusterbusters, MAPS e Harvard. Uma carta assinada no final de fevereiro de 2004 confirmou o acordo para "trabalharem juntos a fim de conduzir uma pesquisa aprovada pelo FDA sobre o uso de psilocibina e LSD no tratamento e na prevenção de cefaleias em salvas".[38] Um subsequente memorando de entendimento estabeleceu as condições financeiras. Em abril ou maio de 2004, os Weils doariam à MAPS 25.000 dólares "para o projeto do protocolo e o processo de aprovação, bem como para o próprio estudo", e "até... 25.000 dólares como subsídio de contrapartida", que deveria ser empregado para fins de captação de fundos. "Se o projeto não for aprovado pelo [Institutional Review Board] do McLean nem pelo FDA, a MAPS deverá – de acordo com as instruções dos doadores – devolver a eles todos os recursos remanescentes não utilizados ou retê-los para outras iniciativas aprovadas pelo doador."[39]

29 de fevereiro de 2004.
Cyberspace.

Parabéns a todos os membros do Clusterbusters. Eu [Bob Wold] recebi hoje a cópia impressa da carta de confirmação da MAPS. Nós estamos oficialmente partindo para os Ensaios Clínicos... Sorriam todos vocês e recebam um tapinha nas costas.

Os aplausos chegaram de todos os cantos da internet. Parecia uma realização quase inacreditável. "Parabéns, Bob... incrível", escreveu GeorgieT. "E Harvard também. Não sei como você conseguiu."

"Como?", replicou Wold. "Não sei bem ao certo." Ele apenas fez o que podia, o mais depressa que pôde. "Vou tirar a noite de folga."

Wold merecia um descanso naquela noite, mas voltaria ao trabalho no dia seguinte. Todos os outros membros do fórum também deveriam retornar ao trabalho. O argumento de venda apresentado para Harvard contemplava mais do que apenas o financiamento. Wold prometera dados. Muitos dados. Comprovações de que a terapia psicodélica produzia resultados melhores na interrupção das crises do que o sumatriptano. Evidências de que ela funcionava melhor como preventivo, "superando facilmente a DHE intravenosa, a histamina intravenosa ou qualquer outra droga disponível". E comprovação de que "doses de manutenção únicas tomadas [em] intervalos de três a doze meses evitavam a reincidência dos ciclos de qualquer maneira".[40]

A organização desses dados até outubro, quando Andrew Sewell começou a trabalhar em Harvard, exigiu um esforço *colossal*. No entanto, eles precisavam comemorar cada passo dado na direção correta, se tivessem qualquer esperança de suportar o longo caminho a ser percorrido.

Capítulo Doze

O CURANDEIRO

OS MÉDICOS DEVEM SER TAMBÉM CURANDEIROS. John Halpern me explicou que a tarefa de tratar as pessoas com transtornos de uso de drogas não exige nada menos. "Basta dizer que, à época da escola de medicina, fui criticado por incentivar os dependentes de opioides a irem à minha clínica no período da noite."

"O que esses drogados estão fazendo em nossa clínica, Halpern?"

"Espere aí; o quê?" Halpern não conseguia acreditar que o médico responsável estava revoltado por ele estimular, com sucesso, as pessoas a irem buscar a ajuda médica de que necessitavam. Ele tampouco aceitava que os pacientes fossem depreciativamente taxados de drogados. Contudo, mesmo os jovens e impetuosos estudantes de medicina sabem que uma atitude agressiva não os leva a lugar algum. "Eu os vi no pronto-socorro e os encaminhei à clínica", falou ele a seu supervisor. Aqueles que usam drogas injetáveis quase sempre são contaminados por infecções devido a agulhas infectadas, e suas feridas infeccionariam se ele não os convencesse a procurar tratamento. "Eu me relaciono bem com eles."

"Que se danem esses pacientes", Halpern se lembrava de ouvir o médico dizer. "Nós não temos os recursos para tratá-los. Essas pessoas criam problemas."

Halpern não conseguia entender. Ele era novato na medicina, mas já conhecera o suficiente para saber que usuários de drogas injetáveis só procuravam o atendimento de emergência quando chegavam a uma situação desesperadora. Todas as pessoas mereciam cuidados. Ele se sentia em obrigação moral de informar aos pacientes como obter tratamento seguro e imparcial. Contudo, Halpern fora "advertido de que se [os dependentes de opioides] continuassem a chegar, esse sujeito o reprovaria".

Halpern trabalhou duro até o final de seu plantão, sentindo-se muito incomodado com a questão. Deveria haver um sistema médico mais eficiente e humano que atendesse a todas as pessoas com cuidado e compaixão, mesmo aquelas taxadas de drogadas.

Ele sabia exatamente a quem recorrer. Seu pai, o Dr. Abraham Halpern, um proeminente professor de psiquiatria, era reconhecido tanto por sua contribuição intelectual como psiquiatra forense, como por seu trabalho incansável de defensor dos direitos humanos. Halpern nutria grande admiração pelo pai, "uma pessoa muito doce, compassiva e brilhante… muito, muito mais competente do que qualquer outro que eu conheço".

Halpern se lembrava do pai jogando xadrez com os olhos vendados, contra diversos adversários. "Ele conseguia jogar três partidas simultaneamente. Ia virando a cadeira... mesa um, mesa dois, mesa três. Ele não dava conta de uma quarta mesa. Portanto, se houvesse uma quarta partida, ele ainda ganharia as três, mas não conseguia lembrar as movimentações da mesa quatro." Halpern irradiava orgulho quando ouvia falar das realizações do pai. Entre os pontos altos se destacam: um voo para Selma, no Alabama, em 1965, onde ele prestou assistência médica aos manifestantes que marcharam ao lado do Dr. Martin Luther King Jr.; registros de décadas de protestos contra a pena de morte; e um vínculo de longa data com a prática espiritual chinesa Falun Gong.

Para Halpern, a possibilidade de visitar seus pais mais amiúde era uma vantagem de frequentar a escola de medicina em Nova York. Uma trégua da agitação da cidade estava a apenas uma curta viagem de trem. Mamaroneck, sua terra natal, no Condado de Westchester, fica a cerca de 32 quilômetros ao norte da cidade, mas seus parques verdejantes e sua costa arenosa faziam que parecesse um mundo diferente.

Em uma dessas viagens para casa, o pai convidou Halpern a participar de uma conversa com um velho amigo que, casualmente, fora passar lá o final de semana junto com a família. Era ele um psiquiatra indiano-canadense chamado Dr. Chunilal Roy – uma oportunidade perfeita para um jovem estudante de medicina pedir conselhos.

Halpern dificilmente poderia ter previsto a reação deles à sua mais recente experiência na faculdade. "A conversa acabou girando em torno dos psicodélicos nos anos 1960 e [como] essas substâncias realmente se mostravam promissoras no tratamento da adição."

Logo de início, Halpern não conseguiu acreditar no que estava ouvindo.

O Dr. Roy explicou que os psicodélicos tinham uma ação formidável, mas que o governo encerrara as pesquisas quando as drogas saíram dos laboratórios e ganharam as ruas. Ele conheceu em primeira mão o poder curativo das drogas, a partir de pesquisa que realizou na década de 1960 sobre a predominância do vício em álcool dentro dos povos das chamadas Primeiras Nações, em Saskatchewan.

Os resultados de Roy tinham sido alarmantes: quase todos os entrevistados se enquadravam na definição operacional do que seria um alcoólico. Surpreendentemente, as únicas exceções identificadas correspondiam aos indivíduos pertencentes à Native American Church, o que Roy atribuiu ao fato de eles usarem peiote em suas cerimônias.[1]

A história do Dr. Roy despertou a curiosidade de Halpern, e o fez retornar à escola de medicina com a determinação de ler tudo o que conseguisse encontrar sobre medicamentos psicodélicos.

A pesquisa de Halpern revelou sinais de possíveis fissuras nos fundamentos da proibição das pesquisas com psicodélicos. Três anos antes, em 1990, o governo federal permitira que o Dr. Rick Strassman, professor de psiquiatria clínica na Universidade do Novo México e também budista, injetasse dimetiltriptamina (DMT), uma poderosa substância alucinógena, em um ser humano saudável, a fim de procurar entender a relação entre psicodélicos e experiências místicas.

Ao ler sobre isso, Halpern soube que estava diante de um feito extraordinário. A pesquisa de Strassman era o primeiro – e foi, durante muito tempo, o único – ensaio clínico destinado a testar substâncias psicodélicas em seres humanos, que o governo federal aprovara desde os anos 1970.[2] Halpern enviou uma carta de apresentação a Strassman, perguntando se ele estava aceitando estagiários de pesquisa. "Acabei fazendo um estágio de pesquisa com ele em 1994, durante seis ou oito semanas, enquanto eu terminava meu quarto ano na faculdade de medicina... administrando DMT para as pessoas", contou-me Halpern.

Ele se formou em medicina em 1994 como um dos únicos médicos nos Estados Unidos com experiência na administração de psicodélicos a participantes humanos de um ensaio clínico. Em 1996, Halpern publicou um artigo no qual fazia uma revisão das pesquisas existentes sobre uso de psicodélicos como tratamento para adição, e destacava seu potencial.[3] Em 1997, ele realizou sua própria pesquisa sobre uso de peiote como sacramento na Native American Church, sob orientação do professor Dr. Harrison G. Pope Jr., da Harvard Medical School, um dos mais renomados pesquisadores do país no estudo de drogas. A estrela de Halpern estava em ascensão.

Conforme abordei no Capítulo 7, cientistas como o Dr. Roy vinham, há séculos, aprendendo com os povos indígenas o uso medicinal de plantas psicoativas e fungos. Na verdade, a historiadora de psicodélicos Erika Dyck descreveu como, em 1956, no Weyburn Hospital, em Saskatchewan, a participação de Humphry Osmond e Abram Hoffer em uma cerimônia de peiote na Native American Church ajudou a inspirar o pioneiro estudo que eles realizaram sobre terapia assistida por LSD para adição em álcool.[4] Diante de tudo isso, comecei a me questionar se toda a minha premissa em relação aos membros do Clusterbusters poderia estar errada. Mereceriam eles crédito por sua "descoberta" da medicina psicodélica contra transtornos de dor de cabeça, considerando-se o quanto daquilo que conhecemos sobre essas drogas vem das populações indígenas?

Muitas pessoas interessadas em psicodélicos já ouviram contar a história de R. Gordon Wasson, executivo de um banco de investimentos e micologista amador, que trouxe para o mundo ocidental conhecimento sobre "cogumelos mágicos", quando, em 1957, a revista *Life*, uma das mais populares na época, publicou um relato de viagem que ele escreveu, ilustrado com belas fotografias, descrevendo sua experiência de tomar fungos na companhia do povo Mazateca, em Oaxaca, México, durante uma das cerimônias rituais desse povo.[5] Contudo, como destacam alguns historiadores, essa narrativa não contempla as contribuições da esposa de Wasson, Dra. Valentina Wasson, que não apenas colaborou com ele nesse projeto, mas também era médica e cientista, com larga experiência em micologia. A revista *This Week* publicou o relato da Dra. Wasson sobre a viagem para Oaxaca, junto com uma entrevista em que ela fala sobre sua convicção quanto ao potencial de os cogumelos se tornarem um importante medicamento, que poderia ser de grande valia especialmente no tratamento DE "doenças terminais associadas a dores extremas".[6]

Os Wassons tinham interesse na relação entre os cogumelos e a cultura. Esse interesse foi o que estimulou as viagens do casal ao redor do mundo. Em 1952, Gordon Wasson recebeu uma informação irresistível. Um professor de Harvard confirmara que o *teonanácatl* dos antigos astecas tinha relação com o cogumelo *Panaeolus sphinctrinus*, ainda usado pelos curandeiros indígenas em Oaxaca. Imediatamente, Wasson começou a planejar uma viagem ao México.

Em 1953, eles levaram a filha a Oaxaca, na primeira das dez expedições a Huautla de Jimenez, a cidade onde o cogumelo divino fora originalmente avistado. A viagem desde Nova York até a aldeia na montanha do norte através de estradas estreitas exigia resistência física, tenacidade e, pelo menos, uma mula de carga para levar seus pertences, uma vez que o caminho se tornava intransitável por carro. Além disso, deve ter sido dispendioso.

Ao chegar, a família soube que séculos de perseguições justificavam a relutância dos habitantes do local em falar sobre seus rituais com cogumelos. Mesmo assim, durante a primeira visita a Huautla, os Wassons conseguiram observar uma cerimônia local com cogumelo, ludibriando, para tanto, seu guia, Aurelio Carreras, com uma história triste sobre a debilitação da saúde e do bem-estar emocional de seu filho.[7]

Para sua grande alegria, eles constataram que Carreras era um curandeiro, aquele que, por tradição, tratava os habitantes locais por meio da prática de rituais sagrados. Carreras permitiu que os Wassons observassem uma das cerimônias das *veladas*, esperando que entendessem que os ocidentais não tinham permissão para consumir esses cogumelos.

A família Wasson teve mais sorte na viagem para Huautla em 1995. Nessa oportunidade, lançando mão do mesmo estratagema que dera certo com Carreras – a preocupação com a saúde do filho –, Gordon Wasson conquistou a confiança de uma autoridade local. Este o apresentou a uma *curandera* da comunidade, chamada María Sabina, uma mulher cujas habilidades de adivinhação ele admirava tanto, que ela com frequência atuava como sua conselheira. Sabina, por sua vez, confiava no chefe e concordou em permitir que Wasson e seu amigo, um fotógrafo profissional, assistissem à *velada* daquela noite.

A exemplo de seus ancestrais, María Sabina não sabia dizer com precisão em que ano havia nascido, mas sua mãe, María Concepción, contara-lhe que foi na manhã do dia em que eles celebravam a Virgin Magdalene em Huautla, a aldeia Mazateca em Oaxaca, nas proximidades do local onde elas viviam. (Mais tarde, Alvaro Estrado, o biógrafo de Sabina, um indígena Mazateca de Huautla que registrara essa informação por meio das entrevistas feitas com ela, descobriu nesses registros que ela nascera em 17 de março de 1894).[8]

O pai de Sabina faleceu ainda jovem, tendo sofrido de uma doença durante anos. Sua família o levara a diversos curandeiros, o que significava, em uma localidade isolada como Huautla, ser tratado por *chjote chinje*, ou seja, "pessoas que possuíam conhecimento", "homens sábios" ou, em espanhol, curandeiros.

Esses curandeiros empregavam o poder divino dos cogumelos locais – algumas vezes denominados por eles de “*child saints*” (santos pequeninos) – para atingir o mundo espiritual e pedir ajuda para cura dos enfermos. Os espíritos podiam, então, entregar ao sábio, cânticos e canções, ervas e pomadas, ou outras formas de cura para recuperação da saúde daqueles que buscavam ajuda. Entretanto, pouca coisa restava a ser feita quando os espíritos negavam sua ajuda, o que aconteceu no caso do pai de Sabina.

Esse era um cenário familiar na assistência à saúde dos Mazatecas. A sabedoria dos cogumelos divinos não era transmitida por herança; mas, assim como o pai de Sabina, a maioria das pessoas guardava uma relação de família – embora distante – com seus curandeiros. Do mesmo modo, muitas pessoas procuravam as vigílias embaladas a cogumelos para ajudar em seus distúrbios de saúde. No entanto, para os Mazatecas, as enfermidades podiam ser decorrentes de vários problemas. Algumas vezes, eles tinham apenas uma dor de cabeça; porém, em outras, a saúde debilitada podia estar associada ao mundo psíquico ou o espiritual.

Sabina e a irmã mais nova, María Ana, começaram a consumir os cogumelos locais ainda na infância. Sabina sabia que podia comer os cogumelos, porque seus avós falavam a respeito deles com grande respeito; além disso, ela testemunhara a ocasião em que um homem sábio os utilizou para curar o tio dela. Segundo palavras de Sabina, os cogumelos o fizeram cantar em uma linguagem que “falava de estrelas, animais e outras coisas desconhecidas para mim” e “ele dançou enquanto dizia que ‘via’ animais, objetos e gente”.[s]

Duas semanas depois de ter presenciado a cura do tio pelo homem sábio, Sabina encontrou os mesmos cogumelos sob uma árvore, e pensou: “Se eu comer você, você e você... sei que vocês me farão cantar lindamente”.[10]

Ela também gostou da sensação de contentamento e da saciedade de sua fome que os cogumelos haviam causado. Certo dia, enquanto Sabina comia cogumelos, o pai falecido apareceu para ela e lhe pediu que se ajoelhasse e orasse. Ela acabaria aprendendo que “os cogumelos eram iguais a Deus – traziam conhecimento, curavam as enfermidades –, e que seu povo os consumia desde muito tempo atrás. Eles tinham poder e eram o sangue de Cristo".[11]

Sabina contou ao seu biógrafo: "Na verdade, eu nasci com um destino. Ser uma Mulher Sábia. Ser uma filha dos santos pequeninos".[12] Não demoraria para que ela viesse a cumprir seu destino – quando a única irmã, María Ana, caiu doente. Sabina, que não suportava a ideia de perder a irmã, decidiu curá-la por meio dos santos pequeninos. Seguindo o que fazia costumeiramente, ela deu à irmã alguns cogumelos para comer durante a cerimônia. Sabina comeu muitos mais, cerca de trinta, porque sabia que iria precisar de um "poder colossal".[13]

Os cogumelos produziram efeito: ela orou enquanto os santos pequeninos lhe diziam exatamente o que falar, como cantar e como usar as mãos para auxiliar a irmã. Esta sangrava copiosamente enquanto Sabina entoava cânticos e canções. Contudo, as visões continuaram. Os "pequenos" lhe ofereceram um volumoso livro branco contendo a sabedoria de seu povo. Ela não conseguiu ler, mas, de qualquer modo, compreendeu sua sabedoria. O livro dos santos pequeninos colocou a seu alcance a linguagem necessária para falar com Deus e, quando possível, curar o doente com seus cânticos e canções.

Quando María Ana se recuperou, Sabina soube que se tornara um dos sábios. Entretanto, ao contrário de outros curandeiros e feiticeiros, que, para ela eram "fraudes", Sabina sempre conservou sua fidelidade ao catolicismo e acreditava que uma cura deveria ser oferecida gratuitamente. Esperava-se, no entanto, que aqueles que buscavam tratamento pagassem pelos *hongos* – ou fungos; e a maioria deles levava prendas para os santos, colocadas nos altares dos curandeiros.

Gordon Wasson acreditou que Sabina era a peça que faltava. Segundo ele escreveu, Sabina tinha "uma espiritualidade em sua expressão" e uma "presença" que lhe pareceu ancestral na essência. Todas as coisas na cerimônia – até mesmo o chocolate bebido pelas crianças naquela noite – transbordavam a autenticidade que ele esperava encontrar em um rito cerimonial primitivo.

Trajando seu *huipil* mais requintado, Sabina distribuiu porções de cogumelo para todas as pessoas que deveriam tomá-los, reservando o dobro para si e para sua filha.[14] Wasson mastigou seus cogumelos, notando que eles tinham "um sabor desagradável – acre com odor rançoso". Após mais ou menos uma hora, ele começou a ter visões – inicialmente, angustiantes e vívidas e, depois, mais intensas e resplandecentes. Enquanto isso, Sabina cantava, invocando o cogumelo em nome de Cristo e dos santos. Apesar de ela não saber ler, cada um dos versos purificava Wasson com sua poesia. De acordo com ele, a experiência o deixou "boquiaberto". "Pela primeira vez, a palavra *êxtase* assumiu um significado verdadeiro."[15]

Alguns dias depois, a esposa de Wasson – a médica Valentina Pavlovna Wasson – e a filha adulta do casal se juntaram a ele em Huautla para auxiliar em sua investigação. As chuvas fortes, porém, deixaram-nos presos na cidade por duas semanas – as estradas ficaram barrentas demais para serem percorridas, e o avião em que viajavam não tinha onde pousar. Quando Gordon Wasson ofereceu à família a oportunidade de tomar os cogumelos que ele encontrara, todos concluíram que as alucinações pareciam ser um benefício naquela situação em que estavam: amontoados em sacos de dormir sobre o chão sujo de uma pequena cabana úmida, gelada e sem janela.

Além disso, a Dra. Wasson propôs um pretexto científico para experimentarem os cogumelos: será que produziriam algum efeito na ausência de um xamã? Eles produziram. "Foi como se minha alma tivesse sido arrancada e transportada para um ponto no espaço celeste, deixando para trás minha carcaça vazia dentro da cabana lamacenta", escreveu ela.[16]

Nenhum dos artigos dos Wassons mencionou que Sabina só concordou com a participação deles em troca da promessa de sigilo, incluindo a de nunca publicarem as fotos que haviam tirado. Tampouco fizeram referência ao falso estratagema usado para convencer Sabina a convidá-los para a cerimônia: o bem-estar do filho nunca fora motivo de qualquer preocupação para eles. E, muito embora Wasson tenha usado um pseudônimo para preservar o verdadeiro nome de María Sabina, e mantido o nome Huautla longe da imprensa popular, o verdadeiro nome dela e a localização dos cogumelos foram revelados no livro que os Wassons lançaram em 1957, *Mushrooms, Russia and History* (Cogumelos, Rússia e História).[17]

Dado nosso histórico de roubo de conhecimentos dos povos indígenas sem qualquer consideração nem remuneração, talvez não devêssemos nos surpreender com a devastação que se seguiu. Entretanto, com toda certeza, o fato de terem revelado a identidade de Sabina e a localização da terra onde ela vivia teve trágicas consequências para a *curandera* e à prática de cura que seu povo mantinha desde os primórdios de nossos registros históricos.

Em poucos meses, viajantes começaram a ir atrás de "cogumelos mágicos". Nos anos 1960, a cidade de montanha, anteriormente tranquila foi inundada por *hippies* completamente diferentes dos Mazatecas em termos de comportamento, vestimenta e valores. A lenda dá conta de que celebridades como Bob Dylan, John Lennon e Mick Jagger se juntaram às hordas de visitantes cabeludos e malcomportados que foram procurar aventura e renovação espiritual em Huautla.

Muito embora María Sabina tenha oferecido *veladas* a muitos desses viajantes, isso não significa que ela os aprovasse. No final da década, um verdadeiro tsunami de peregrinos da contracultura havia transformado Huautla em destino turístico, onde viajantes conseguiam facilmente comprar os santos pequeninos de Sabina nos mercados a céu aberto. Era semelhante às hordas de indivíduos nus de Woodstock chegando à Nova Guiné, banhando-se nos riachos sagrados e fazendo sexo nas colinas. Foi tal a irritação dos residentes que a prefeitura solicitou ajuda do governo mexicano. Em resposta, o exército criou pontos de controle militar a fim de manter os forasteiros longe de Huautla e da região adjacente, entre 1968 e 1976.[18]

Nossa memória coletiva considera a contracultura dos anos 1960 um momento revolucionário alinhado com os valores do movimento pelos direitos civis. Entretanto, a verdadeira narrativa é mais complexa. Certamente, os hippies abalaram o *status quo* no que diz respeito a determinados valores como sexo, drogas, casamento, religião e serviço militar.

A incorporação de novas práticas espirituais, como meditação e ioga, estimulou a percepção de que a contracultura realmente desejava transformar o mundo. Porém, como demonstrava o enxame de turistas em Huautla, a romantização de práticas espirituais e culturais "exóticas" não é a mesma coisa que o respeito, a inclusão e a oferta de benefício recíproco para aqueles que estão no âmago dessas culturas. As pessoas iam para Huautla a fim de vivenciar a *velada* em seus próprios termos, como consumidores em vez de convidados bem-vindos, e tomavam mais do que ofereciam, ignorando os problemas que seu comportamento ajudava a criar para a cidade.

A fama recém-adquirida de María Sabina tornou-a um ícone da contracultura. Sua imagem era pintada em murais em todo o México e estampada em camisetas. Por sua vez, essa fama levava os dólares dos turistas para a cidade, inundando Huautla com recursos financeiros. Contudo, o povo da cidade não estava nada feliz com as mudanças observadas em sua comunidade. Somente os homens de negócio mais abastados pareciam usufruir do dinheiro que os turistas para lá levavam, e a comunidade culpava Sabina pela ruína dos costumes dos Mazatecas.

A represália do povo foi implacável: eles queimaram completamente a casa e o armazém de madeira de Sabina, deixando para sobrevivência da família dela apenas tubérculos silvestres. Pior ainda, ela sentia que os forasteiros enfraqueciam seus poderes de divindade. "Antes de Wasson, eu sentia que os santos pequeninos me elevavam. Não sinto isso mais. A potência diminuiu. Se... os forasteiros [não tivessem chegado], os santos pequeninos teriam conservado seu poder."[19]

María Sabina viveu pobre até o dia de sua morte.

Em um prefácio da biografia de Sabina, Gordon Wasson escreveu que "estremeceu" ao ler as palavras dela, e se perguntava se Sabina, em sua sabedoria, estivera certa. Ele se questionava também, retoricamente, se era "responsável pelo fim de uma prática religiosa da Mesoamérica cujas origens datam de um milênio atrás".[20] Mas ele tinha certeza de que tomara a decisão correta. Se mantivesse sua experiência restrita a si só, o mundo conheceria "vagamente" o cogumelo sagrado, mas não sua importância vital.

A disseminação desse conhecimento – acrescentou Wasson – garantira que Sabina tivesse conquistado o "prestígio" que ela merecia.

Não importava que suas ações tivessem exposto a terra, o idioma, os costumes e a cultura dos Mazatecas ao frenesi de apropriação e extração.[21] Para Wasson, era essencial a busca da difusão do conhecimento, um objetivo perseguido por ele com uma determinação que, não raro, ofuscava as significativas contribuições e os direitos das culturas indígenas que estavam no centro de suas descobertas. Gordon Wasson também deixou de citar sua motivação comercial para compartilhar com o público suas experiências e o conhecimento adquirido. Acontece que os artigos dos Wassons não passaram de uma campanha publicitária do livro recém-lançado por eles.

Quer concordemos ou não com as ações do casal, suas decisões tiveram um papel preponderante sobre o florescente conhecimento que, décadas mais tarde, temos dos poderes curativos dos cogumelos.

Ao retornar da visita a Sabina, Gordon Wasson convidou o renomado micologista Professor Roger Heim, do Museu Nacional de História Natural, em Paris, a contribuir na identificação e descrição das espécies de cogumelos que cresciam nas proximidades de Huautla. Heim acompanhou Wasson na viagem seguinte ao México, a fim de coletar amostras para seu laboratório na França, mas também participou entusiasticamente de uma das *veladas* de Sabina. Depois de cultivar um volume suficiente de cogumelos, Heim enviou amostras para Albert Hofmann, o químico suíço que, quinze anos antes, descobrira o LSD em seu laboratório na Sandoz.

Foi a partir dos cogumelos colhidos na aldeia de Sabina que Hofmann isolou a psilocibina e a psilocina. Em 1958 e 1959, quando a Sandoz submeteu três patentes de psilocibina e psilocina no nome de Hofmann, Wasson não foi creditado. No entanto, ele possivelmente obteve benefícios financeiros dessas patentes, conforme evidenciado pelo fato de a Sandoz tê-lo nomeado diretor de uma de suas subsidiárias norte-americanas.

A corrida para registro de patentes de uma cura terapêutica que existia há milênios, sem falar pelos lucros delas advindos, não diminuiu desde então. Muitos outros estão fazendo fila para abocanhar uma fatia da torta de psilocibina: o US Patent and Trademark Office concedeu 78 patentes relacionadas à psilocibina desde a que foi concedida a Roger Heime e Albert Hofmann em 1958. Contudo, essas patentes representam apenas um quinto dos requerimentos submetidos para apreciação. Dá para imaginarmos quantas mais virão na sequência...

É difícil haver exagero na proporção do lucro acumulado por Gordon Wasson a partir dessa extração, dado que ele recebe a maior parte do crédito pela "descoberta" do *Psilocybe caerulescens*, muito embora tenha tomado conhecimento de sua existência por meio de etnobotânicos, e estes certamente sabiam que o povo indígena da região o usava havia muitos séculos. Na verdade, ele é hoje conhecido como o "pai da etnomicologia". O nome de duas espécies de cogumelos *Psilocybe* fazem menção aos Wassons: *Psilocybe wassonii heim* e *Psilocybe wassonorum guzmán*. Wasson foi designado pesquisador honorário do Harvard Botanical Museum e eleito membro da Linnean Society de Londres. Ele também foi agraciado com a medalha Addison Emery Verrill da Universidade de Yale por sua excepcional contribuição à história natural.

Não nos causa a menor surpresa saber que não existem espécies de cogumelos nominadas em homenagem a María Sabina.

Gordon Wasson se comportou de maneira inadequada. Todavia, diante dos confortáveis sessenta anos de retrospectiva, não estaria eu julgando-o com excessiva severidade? Seria a iniquidade de seus intercâmbios uma coisa normal na conduta dos pesquisadores em meados do século XX? Precisava a redescoberta dos psicodélicos ser tão unilateral, extrativista e exploradora?

No fim das contas, não precisei procurar muito longe para encontrar um modelo diferente de engajamento científico com os povos indígenas das Américas.

Richard Evans Schultes (1915-2001) foi o professor de biologia de Harvard cuja pesquisa original fornecera aos Wassons a localização do cogumelo divino que eles procuravam havia décadas. No entanto, descrições de Schultes, conhecido como "o pai da etnobotânica", retratam-no como possuidor de uma humildade genuína e de respeito pela sabedoria coletiva que as comunidades indígenas detinham sobre o uso medicinal das plantas e dos fungos locais.

Consideremos, por exemplo, o relacionamento que ele cultivou com as comunidades indígenas da Amazônia colombiana. Depois de concluir a pesquisa para sua dissertação em Harvard, em 1941, Schultes viajou para a Colômbia a fim de estudar o curare, uma neurotoxina de origem vegetal que certos povos indígenas usavam como veneno em suas flechas. Enquanto alguns cientistas sentiam-se compelidos a levar consigo armas de defesa quando viajavam para dentro de uma floresta cheia de onças e povoada por povos que usavam flechas envenenadas, Schultes se mostrou mais receptivo – ainda que em uma linguagem americana um tanto constrangedora. Ele não precisava ter medo, pois não havia "indígenas hostis". Para Schultes, todos retribuiriam seu "cavalheirismo".[22]

Portanto, ele levou pouca coisa consigo além de "um capacete, uma canoa de alumínio, o mínimo necessário de alimentos e suprimentos médicos, materiais para prensagem de plantas e uma muda de roupa"[23], tendo preferido contar com a hospitalidade local. Conforme acabou descobrindo, os xamãs lhe revelaram informações extraordinariamente valiosas. A conquista da confiança – acreditava Schultes – envolvia sua participação nas atividades da comunidade, entre elas as cerimônias rituais.

Sua aventura na floresta gerou um volume colossal de conhecimentos. Ele constatou que o povo indígena usava mais de setenta plantas e quinze ingredientes para produção de flechas envenenadas. Os colaboradores acabaram descobrindo que o curare e seus derivados tinham aplicações médicas como relaxante muscular, como anestésico e para tratamento do tétano.

Fica fácil percebermos por que, mais tarde, os biógrafos viriam a descrever Schultes como um Indiana Jones da vida real. Ele ministrou sua conhecida disciplina, Plants and Human Affairs (As plantas e as relações humanas), em uma sala de aula de Harvard guarnecida com tantos artefatos culturais reunidos durante suas viagens, que poderia facilmente ser confundida com um museu de antropologia. Os alunos, pensando com seus botões se a botânica conseguiria despertar-lhes o interesse, descobriam, logo na primeira vez que Schultes decidiu usar sua zarabatana de dois metros e assoprar dardos sobre a cabeça deles, que seria melhor não divagarem.

Entretanto, ao contrário do Indiana Jones ficcional, cujo *modus operandi* quase sempre parecia ser o roubo de artefatos culturais de consumo (Indy sempre deixou claro que trabalharia para qualquer pessoa que pagasse a ele para recuperar itens de valor), as ações de Schultes visavam preservar as terras e proteger o povo, que eram objetos de seu estudo.

As "florestas medicinais", como Schultes as denominava, continham plantas e fungos passíveis de serem extraídos para todos os tipos de uso.[24]

Contudo, ele afirmou que a melhor maneira de compreender esses recursos seria "usufruir dos benefícios oferecidos pelos conhecimentos acumulados em posse dos... clínicos nativos das assim chamadas sociedades primitivas". Certamente, os bioquímicos seriam capazes de fazer o trabalho por conta própria, mas isso demandaria décadas, ou talvez, mais ainda. Em vez disso, Schultes exortava os colegas a "aproveitar aquilo que os povos aborígenes haviam aprendido ao longo dos séculos... [como] um tipo de 'atalho' para a definição de quais das cerca de 500.000 espécies de plantas – ou mais – existentes no mundo demandavam um exame com mais urgência".[25]

Um cético poderia interpretar a militância de Schultes em prol da conservação das florestas como um tipo de maquiagem verde (greenwashing), cujo verdadeiro objetivo seria permitir que ele e outros iguais a ele continuassem explorando o conhecimento indígena. Tenho certeza de que existem inúmeras razões para criticá-lo – ele era um homem branco, que lecionava em Harvard, em meados do século XX, e usava artefatos obtidos no Sul Global para atirar dardos nos alunos –; contudo, sua conduta geral indica uma disposição a colaborar e intercambiar com as comunidades que encontrava. O extraordinário estudo exploratório realizado por Schultes no noroeste da Amazônia colocou-o em contato com cenários impressionantes, remanescentes de antigas civilizações andinas, e com povos indígenas isolados que nunca tinham estado diante de um ser não indígena. Ele fora advertido ao longo do caminho a respeito da cultura de luta e dos guerreiros dos povos indígenas, mas acabou constatando que, mesmo os mais temíveis, revelavam com generosidade seu conhecimento sobre as plantas.

Schultes retornou aos Estados Unidos convencido de que essas terras e os povos que ali habitavam deveriam ser protegidos a qualquer custo. Sua militância nesse sentido, associada à autoridade de sua pesquisa, foi, em grande parte, a força propulsora por trás da criação, em 1989, do Serranía de Chiribiquete National Park, a maior floresta tropical protegida do mundo. Para os três povos isolados que ali habitam, esse parque é o seu lar.[26]

Todo esse conhecimento adquirido – ou roubado, dependendo do ponto de vista – com as comunidades indígenas remete diretamente aos gabinetes geradores de lucro de algumas das maiores empresas farmacêuticas do mundo. Entretanto, ao contrário dos povos indígenas, que detêm o conhecimento acumulado durante gerações sobre o poder e o potencial dessas substâncias, os cientistas não têm a menor ideia do que começar a fazer com elas.[27] Alguns desses pesquisadores acreditavam que a reciprocidade era importante. Outros não.

No universo do conhecimento científico, a Universidade de Harvard está proeminentemente colocada no topo da pirâmide de influência. Seu escudo vermelho promete nada menos do que *veritas* – ou verdade. Se a credibilidade das demandas científicas depende do respaldo institucional, então, o símbolo “Harvard” garante às pesquisas uma força extraordinária no mercado das ideias.

Eu fiquei matutando se *teria sido difícil ser um pesquisador de psicodélicos em um hospital afiliado à Harvard Medical School.* Quando perguntei,

Halpern me assegurou que o interesse dele nas pesquisas com psicodélicos não fora um obstáculo para sua carreira. "Eu disse logo de início ao meu supervisor de residência [em Harvard] que eu desejava estudar o uso dos psicodélicos para o problema da adição. Ele respondeu algo assim: 'Você está aqui para fazer sua residência em psiquiatria'; e eu retruquei. 'Por certo, mas quero apenas que você fique sabendo'."

No último ano da residência médica, Halpern aceitou uma bolsa de estudos de pesquisador, para trabalhar com Jack Mendelsohn, um dos codiretores do Alcohol and Drug Abuse Research Center, do McLean. Foi assim que conheceu seu "principal mentor" em Harvard, o Dr. Harrison G. Pope.

Halpern descreveu Pope – a quem ele se refere pelo nome de "Skip" – como um "supergênio do tipo Wile E. Coyote", merecedor de crédito por uma longa lista de descobertas em psiquiatria. "O primeiro a publicar sobre o potencial de uso abusivo dos esteroides... O primeiro a escrever sobre a síndrome da serotonina... O primeiro a escrever sobre o transtorno dismórfico corporal – pessoas que se sentem pequenas quando são grandes. Tudo isso foi descoberto por ele. O primeiro a descobrir que Depakote [pode tratar transtorno bipolar]... esse é Skip."

Pope também tinha o registro de uma publicação de estudos de algumas das mesmas drogas psicoativas que interessavam a Halpern. Uma das primeiras publicações de Pope, uma revisão da literatura existente sobre iboga – uma planta com propriedades alucinógenas encontrada no Gabão – foi escrita originalmente como trabalho de conclusão para o curso Plants and Human Affairs, ministrado por Richard Evans Schultes. Halpern contou que Pope escreveu também um livro intitulado *Voices from the Drug Culture* (Vozes da cultura das drogas), que apresentava um retrato excepcionalmente neutro do uso de drogas ilícitas.[28] De acordo com Halpern, Pope publicara também um relato em primeira pessoa sobre a autoinjeção de DMT. (Não consegui encontrar isso, e Pope afirmou que não era verdadeiro. Ademais, apesar de Pope ser um personagem muito respeitado na psiquiatria, ele não descobrira a síndrome da serotonina. A maioria das pessoas que entrevistei guardava lembranças imperfeitas, mas eu acabei constatando que a tendência de Halpern ao exagero fazia dele um narrador particularmente pouco confiável).

De qualquer modo, ele definiu Pope como a "pessoa perfeita" no McLean Hospital a quem pedir conselhos. Halpern, com seu talento especial para imitações, reencenou o fatídico encontro, adotando a "voz dos brâmanes de Boston", característica de Pope.

"Você sabe, Halpern", começou ele, acentuando o sotaque, "não estou realmente interessado em suas ideias de estudar um grupo de usuários de alucinógenos. Isto é, você nunca encontrará, de qualquer forma, uma população de genuínos usuários de alucinógenos".

Halpern respondeu: "E os indígenas estadunidenses? Usuários de peiote usam peiote, e eles nunca usaram quaisquer outras drogas. Portanto, eis aí o grupo".

Pope recusou a ideia. "Não. Alguma vez você soube de alguém com problema causado por peiote? Sinto muito."

No dia seguinte, contudo, Pope ligou para Halpern logo ao amanhecer. "'Halpern, quando foi a última vez que [o National Institutes of Health] realizou um estudo apenas com participação de algumas centenas de indígenas estadunidenses?' Eu disse: 'Não sei, Skip. Quando? Quantos? Quando foi a última vez?' Ele continuou, 'Vou lhe dizer, nunca. Venha se encontrar comigo imediatamente'."

Muito embora o governo federal parecesse determinado a impedir que os pesquisadores das universidades continuassem os experimentos com psicodélicos em seres humanos, as regras em relação à coleta de dados de pessoas que já usavam essas substâncias eram consideravelmente mais flexíveis. Visando compreender melhor o vício em drogas, o governo financiava com frequência esse tipo de pesquisa. Certamente, havia considerações de cunho ético, como a garantia da confidencialidade dos participantes e a precaução no sentido de evitar qualquer influência sobre os hábitos deles quanto ao uso de drogas. No entanto, as implicações éticas e legais da observação do modo como as pessoas usam drogas são mais facilmente contornadas do que as complexas e rigorosas regulamentações envolvidas na administração de drogas a seres humanos em um ensaio clínico.

Se eles soubessem usar suas cartas, Halpern poderia projetar um estudo sobre a Native American Church, que estabeleceria os alicerces para pesquisas futuras capazes de revelar os benefícios do uso de psicodélicos.

A negociação do acesso à Native American Church, uma comunidade que tinha razões para desconfiar de pesquisadores não nativos, levou certo tempo. Halpern passou alguns anos em viagens à Nação Navajo (Diné) a fim de explicar suas intenções e conquistar a confiança dos indígenas.[5]

O senso comum dizia que o National Institute on Drug Abuse (NIDA) não financiava pesquisas destinadas a investigar os efeitos positivos do uso de drogas ilícitas. (A expressão *dependência de drogas* no nome da instituição revela alguns de seus preconceitos). A proposta de pesquisa feita por Pope e Halpern ao NIDA formulava o estudo da forma mais pessimista possível, usando linguagem neutra como título para sua solicitação de subsídio: "Cognitive Effects of Substance Use in Native Americans" (Efeitos cognitivos do uso de substâncias pelos indígenas estadunidenses).

A proposta percorreu o processo de análise do NIDA, conseguindo a concessão a Halpern de uma bolsa de "formação" para estudo da Native American Church sob orientação do Dr. Harrison Pope. Essa pesquisa, que não encontrou evidências de deficiência psicológica nem cognitiva entre os nativos estadunidenses que usavam peiote em um ambiente religioso, tornou-se um elemento decisivo de comprovação na batalha pela preservação da liberdade religiosa para uso do peiote.[30]

Os anos passados por Halpern na comunidade da Native American Church definiram a forma de abordagem de seu estudo dos psicodélicos e, pelo menos até certo ponto, sua vida. Apesar das restrições impostas pelo sistema legal ao tipo de pesquisas que ele podia realizar, seu estudo sobre a Native American Church produziu um modelo abalizado para o projeto de pesquisas com psicodélicos dentro das barreiras desse sistema.

A metodologia se revelou particularmente conveniente quando surgiu a necessidade de se solucionar um dos maiores desafios enfrentados por Rick Doblin: demonstrar a segurança do MDMA. O medo generalizado de que o ecstasy causasse "danos cerebrais" permanentes ganhara espaço no NIDA, e a imprensa estava dando visibilidade para o assunto. Mas a pesquisa que despertara esse pânico não correspondia à experiência dos pesquisadores clandestinos quanto ao uso de drogas. (Um dos mais influentes entre esses estudos foi removido do periódico *Science*). A comprovação da segurança do MDMA, entretanto, seria um desafio. O risco de neurotoxidade tornava ainda mais difícil a obtenção de aprovação para o ensaio clínico que eles precisariam realizar para testar essa segurança em seres humanos. Porém, a outra opção – captar dados de pessoas que dançavam a noite toda em *raves* – introduzia toda sorte de variáveis "contraditórias". Os efeitos da noite passada em claro e do consumo de uma mistura de outras drogas poderia induzir a conclusão de *déficit* cognitivo.

Um aluno de doutorado da Universidade de Utah entrou em contato com Doblin, apresentando uma solução. Ele, a exemplo de muitos outros jovens mórmons, abstinha-se de tomar as drogas que sua religião proibia explicitamente. Entretanto, ele se sentia livre para consumir muito MDMA, já que essa substância não era mencionada nas regras. Nada de "mistura de fármacos" para prejudicar a integridade da pesquisa. Doblin apresentou o aluno a Halpern.[31] Em sua solicitação de subsídio ao NIDA, Halpern explicou que o estudo de jovens mórmons como esse estudante garantia "uma população única de usuários quase 'livres' de ecstasy", um grupo que lhe daria condições de avaliar os efeitos do uso de MDMA no longo prazo. O NIDA concedeu-lhe uma bolsa de 1,8 milhões de dólares para financiar o estudo. Esse dinheiro garantiria pelo menos 60% de seu salário entre 2004 e 2009.[32]

Halpern entendeu, portanto, que fontes de dados "fiéis à realidade" e consistentes tornavam possível a realização de pesquisas com psicodélicos. Ademais, ele aprendeu desde o início que a internet continha um verdadeiro acervo muito valioso dos tipos de dados que pesquisadores de drogas como ele havia muito tempo procuravam.[33] Assim, quando Halpern e os membros do Clusterbusters se descobriram mutuamente, talvez ele tenha encontrado uma forma muito mais conveniente de realizar a pesquisa que já vinha fazendo tão bem. A internet simplesmente disponibilizava uma nova maneira para localização, observação e coleta de dados das comunidades que os etnobotânicos já haviam estudado – algo mais parecido com *botânica cibernética*, o estudo do conhecimento gerado nas comunidades on-line.

Será que Halpern enxergava o Clusterbusters do mesmo modo que Gordon Wasson, o bioextrator, enxergava – isto é, não como uma comunidade de assistência nem um grupo de pessoas com problemas que necessitavam de solução, mas como uma fonte de conhecimentos que ele poderia deliberadamente extrair? Ou, quem sabe, ele visse os membros do Clusterbusters da mesma forma que o professor Schultes pedia que seus colegas etnobotânicos vissem: como aliados, com os quais nós compartilhamos uma relação de interdependência. Se quiséssemos continuar aprendendo com aqueles que conheciam tudo acerca das "florestas medicinais", será que não deveríamos oferecer nosso respeito e nossa proteção?

Lamentavelmente, à medida que a história se desenrolava, Bob Wold e os membros do Clusterbusters logo aprenderiam a mesma lição que María Sabina aprendera todos aqueles anos atrás. Algumas vezes a ciência pode decepcionar.

Capítulo Treze

A QUEM PERTENCE O CONHECIMENTO?

BOB E MARY WOLD CHEGARAM A BOSTON NUMA TERÇA--FEIRA, 21 DE OUTUBRO DE 2004, pouco mais de seis anos depois da publicação histórica de Flash no *CH.com*. Já era quase meia-noite quando eles conseguiram chegar a seu hotel no subúrbio, mas Bob nunca precisou de muitas horas de sono. Mary se acomodou para dormir, sabendo que Bob estaria melhor lá fora, caminhando no estacionamento – o ar fresco e um fluxo constante de nicotina conseguiriam acalmar seus nervos, enquanto ele repassava pela milésima vez o plano para o final de semana.

A missão deles – levar os psicodélicos de volta a Harvard – parecia absurda; porém, a mesma coisa podia ser dita da extravagância da organização que representavam. E, no entanto, eles já haviam realizado muitas coisas. Rick Doblin já promovera um acordo formal entre o Clusterbusters e o departamento de psiquiatria do McLean Hospital, vinculado à Harvard Medical School. Entretanto, como Wold estava começando a entender, eles iriam precisar de mais do que apenas um acordo para tirar esse estudo do papel. À medida que as estimativas de custo do projeto cresciam, a realidade da obtenção de recursos para financiá-lo ia se tornando cada vez mais desencorajadora.

Para ter a menor esperança de sucesso, o Clusterbusters precisaria garantir total apoio da administração da universidade – em especial de seu Development Office.

Wold começara a fechar os últimos detalhes dos planos para essa viagem poucas semanas antes. Na manhã seguinte, tomaria o desjejum com um grupo de Busters que ele reunira para ajudar em sua apresentação em Harvard. Marsha Weil tinha ido de Seattle para lá. Outros três se juntariam a eles: Mitch Derrick, um músico do Texas e importante colaborador do fórum; Dan Bemowski, um Buster com anos de experiência no trabalho em organizações sem fins lucrativos; e Stuart Miller, advogado e lobista da área de Washington, DC. Wold esperava que eles tivessem o tipo de aparência capaz de conquistar o respeito dos administradores de Harvard. Para uma pessoa descrente, seria fácil demais desqualificá-los como "viciados".

Os "Boston Six", como se autodenominavam, deveriam se encontrar com Doblin e Halpern no McLean Hospital, para almoçarem antes da reunião com os superiores no hospital. Eles teriam duas horas para defender suas ideias – se tivessem sorte. Halpern advertira que o tempo da conversa com seu supervisor, o Dr. Harrison "Skip" Pope, poderia ser abreviado, pois ele tinha outros compromissos.

O grupo precisaria de uma boa estratégia para conseguir prender a atenção de Pope.

Doblin e Halpern decidiram que o Dr. Andrew Sewell deveria iniciar com uma apresentação médica sobre cefaleia em salvas. Wold compreendeu o raciocínio deles: apesar de Halpern ser, entre os dois, o acadêmico com mais tempo de experiência, caberia a Sewell, um psiquiatra e neurologista, a condução do projeto. Ele tinha uma qualificação mais do que relevante para falar sobre transtornos de dor de cabeça.

Wold insistiu, no entanto, que a agenda incluísse um paciente capaz de transmitir a experiência vivida com a doença por aqueles reunidos no recinto. Antes dessa oportunidade, Wold nunca havia feito uma apresentação com PowerPoint – e a ideia de fazê-la em um recinto cheio de doutores de Harvard deixou-o apavorado –, mas sua ida a Boston tinha uma razão. Teria que ser ele.

Wold deu uma tragada no cigarro, seu sacramento ritual. Mary podia rezar pelos dois. Ele compensava a falta de fé redobrando o cuidado na preparação.

No dia seguinte, enquanto entrava no McLean Hospital de Harvard, Wold avaliou cada um dos dez créditos de curso que recebera da faculdade comunitária local. Ele sentiu um misto de orgulho – *nada mal para o filho de um carpinteiro*, pensou com seus botões – e nervosismo. O que quer que acontecesse nas duas horas subsequentes, não seria apenas uma demonstração de sua própria competência (ou falta dela) – representava um trabalho muito importante para toda uma comunidade de pacientes.

O ingresso no edifício dava a sensação de uma travessia para outro mundo. Posteriormente, Wold descreveu o espaço de reuniões como "uma terra estranha... uma sala carregada de história, exibindo em todas as paredes retratos de homens brancos com cabelos grisalhos. O cheiro de painéis de madeira envelhecidos e aquele inconfundível ar de academia" intensificavam a sensação de se estar entrando em um novo universo.[1] Pelo menos, havia a torcida organizada do Boston Six, incluindo – como Wold gostava de dizer gracejando – "o espírito de Timothy Leary... sentado no canto".

O encontro foi melhor do que qualquer um poderia ter imaginado. Halpern providenciou para que, no recinto, estivessem presentes todos os protagonistas e agentes políticos mais apropriados naquela conjuntura: Pope, o membro sênior do corpo docente, que teria de fazer a aprovação formal como supervisor; Jay Livingston, do Development Office do McLean; e um representante da esfera pública. Sewell abriu a sessão apresentando um panorama da cefaleia em salvas como doença. No entanto, as descrições feitas pelos pacientes sobre suas batalhas roubaram a cena.

Como relembra Halpern, seus colegas consideraram a postura objetiva de Wold tão irresistível como a ele também parecera. "Sua ingenuidade... era uma vantagem importante. Ele era muito franco, no estilo de Illinois, o que você vê é o que você recebe... É o jeito dele. Sempre escuta com muita atenção e responde com precisão. Wold sabe como ninguém chegar ao cerne da questão... é sua própria história. Ele conhece isso bem demais.

Pode não ter as credenciais acadêmicas de um professor, mas, quando se trata daquilo que o debilita, é um especialista."

Se existe alguma coisa que Wold sabia com certeza é que, embora a descrição que um paciente faz da dor seja angustiante, ela pode facilmente ser subestimada. Não seria tão fácil, no entanto, se os presentes testemunhassem o profundo terror de uma crise.

Analisando em retrospectiva, Wold ficou na dúvida se deveria tê-los advertido sobre o fragmento visual de um documentário autêntico a que eles estavam prestes a assistir. Mas, em vez disso, deixou que se desenrolasse na tela.

Um homem – vamos chamá-lo de Ben – em um quarto de hotel, sendo tomado pelo desespero enquanto ajusta o fluxo de seu tanque de oxigênio e coloca junto ao rosto uma máscara não reinalante à medida que a dor aumenta. Um momento depois, outro homem – talvez um amigo – entra no quarto e apoia a parte superior do corpo de Ben com um dos braços, enquanto, com a mão livre, pressiona-lhe uma toalha fria sobre o olho afetado. Contorções dolorosas os impelem a sair da cama, rodar pelo quarto e se deitar no chão, em uma dança mórbida ao som angustiante dos gemidos de Ben.

Wold sabia que as cenas mostradas no vídeo seriam perturbadoras. Pessoas arfavam. Algumas choravam. Quase todas desviavam o olhar. Doblin classificou o espetáculo de "horripilante".

De acordo com a plateia presente, Pope permaneceu após a apresentação por um tempo muito maior do que se poderia prever, participando de uma longa e animada sessão de perguntas e respostas que girou em torno de potenciais modelos de estudo. Haviam eles estabelecido a abrangência de seu ensaio inicial? Quais substâncias psicodélicas eles planejavam estudar? Usariam eles placebo nesse ensaio clínico inicial; e, em caso afirmativo, de que modo encontrariam um placebo convincente para estudo de um psicodélico? Quantas vezes seria necessário que cada sujeito tomasse um psicodélico? Os voluntários precisariam ser submetidos a uma terapia antes e/ou depois de tomar um psicodélico? Onde seria realizado o experimento? Quais eram os riscos oferecidos por essas drogas a quem as tomasse? De que modo eles planejavam minimizar os danos potenciais para os sujeitos humanos?

Eram questões inteligentes sobre um tema que Rick Doblin adorava discutir. Ninguém ainda precisava saber que, havia meses, eles estavam postergando as decisões difíceis sobre a estrutura do estudo.

No final, o encontro durou duas vezes mais do que esperado, só terminando quando a equipe da limpeza deixou claro que o local não estava mais disponível. Poucos dias depois, Halpern me enviou um e-mail relatando, “Skip Pope ficou tão emocionado que disponibilizará a Andrew e a mim quanto nós precisarmos do tempo dele; e ele abraçou 100% a ideia. SIM”.[2] (Pope não se lembra de ter ficado “emocionado”, mas concorda que “privilegiou” o plano para essa pesquisa.)

O relato de Halpern continha também boas notícias da parte de Jay Livingston, cujo departamento conduzia a captação de fundos para o hospital. (Não consegui contato com Livingston para confirmar a veracidade desse relato, mas, de acordo com o e-mail de Halpern, ele identificara um importante doador, cujo filho sofria de cefaleia em salvas e que poderia estar disposto a oferecer “seed money” [capital semente] para pesquisa.)

“Essencialmente”, contou Halpern ao grupo, “nós temos o apoio total do hospital para o que estamos planejando começar. Tudo está se encaixando tão bem nos devidos lugares que eu custo a crer, e fico pensando se esquecemos alguns detalhes ou se, de repente, as coisas irão desandar. Bem... nós enfrentaremos batalhas difíceis e definitivas, com certeza, mas estamos todos unidos, trazendo o combustível de que precisamos para chegar do outro lado.”[3]

Doblin e Halpern convidaram os Boston Six para um encantador final de semana. Rick e a esposa receberam todos em sua casa duas vezes – na primeira, para a refeição do Shabbat de uma sexta-feira à noite, e depois, para um *brunch* na manhã do domingo. No intervalo, Halpern convidou todos para um passeio pela cidade de Salem, em Massachusetts, resplandecente em meio às folhagens fantásticas da Nova Inglaterra. O passeio foi seguido por uma reunião na casa da irmã de Halpern. Uma escolha perfeita de ambiente e contexto para cultivo de uma parceria e desenvolvimento de planos destinados a levar para Harvard o ensaio clínico desejado pelo grupo.

Os Boston Six retornaram para casa animados pela descoberta de pesquisadores compassivos, empáticos e dedicados que reconheciam o valor dos conhecimentos detidos pelos pacientes e a necessidade de preservá-los. Bob Wold e Marsha Weil ficaram maravilhados diante da facilidade com que tudo acabou se encaixando no final. Doblin, Halpwern e Sewell eram as pessoas certas para o projeto deles – tão perfeitas que pareciam "destinadas a ser". O trabalho ao lado de Doblin e Halpern se assemelhava a uma nova maneira de lidar com a medicina.

Os pesquisadores clandestinos haviam encontrado seu par perfeito no mundo convencional. Que bom seria se a pesquisa convencional não fosse tão lenta!

Wold cumpriu a promessa de apresentar inúmeras evidências. Quando Sewell chegou ao McLean Hospital, Wold já compilara e enviara dados de, pelo menos, uma centena de pessoas que haviam experimentado o uso de substâncias psicodélicas para tratamento da cefaleia em salvas. No cálculo de Wold, os resultados eram extraordinariamente positivos. As únicas pessoas que aparentavam ter tido algum problema com o tratamento eram doentes crônicos de cefaleia em salvas. Entretanto, mesmo estes conseguiram, no geral, algumas semanas livres da dor. Além disso, havia um bônus. Aqueles que também sofriam de enxaqueca relataram que os psicodélicos tiveram efeito positivo nas duas formas de dor de cabeça. Seria maravilhoso se o tratamento proposto por eles tivesse uma aplicação que ajudasse um número ainda maior de pessoas.

Rick Doblin, John Halpern e Andrew Sewell se disseram entusiasmados. A publicação de evidências como essas iria "ajudar a informar às diversas agências e pessoas relevantes sobre o estudo que propomos", de acordo com Halpern.[4] Sewell concordava. "Para fins de comparação, uma série típica de casos contém de seis a dez pacientes; portanto, uma abrangência de mais de cem é bastante irrefutável." Doblin destacou quão "essencial" era "a existência de relatos de caso de sua organização sobre pessoas às quais o uso de LSD ajudou", bem como, "sem dúvida, também relatos semelhantes sobre psilocibina".[5]

Em setembro de 2004, Halpern atribuiu a Sewell a tarefa de revisar as histórias de cogumelos "fantasticamente profícuas" dos membros do Clusterbusters, com vistas à publicação, em um periódico revisado por pares, do estudo de uma série de casos sobre a eficácia desse tratamento. Ele apresentou um cronograma ambicioso. A investigação sobre o estudo de caso deveria levar um mês, quando, então, Sewell dedicaria seu tempo à tarefa muito mais importante de projetar o ensaio clínico destinado a testar os psicodélicos como tratamento para a cefaleia em salvas. A obtenção de aprovação de um ensaio clínico – o que, em última análise, era o principal objetivo deles – e de todas as permissões necessárias para começar poderia levar até dois anos.

Sewell começou a revisão imediatamente. Todavia, quase no mesmo momento, deu-se conta da enormidade da tarefa. Os dados do pessoal do Clusterbusters foram coletados de maneira fragmentada e em diversos formatos. Havia ali alguns elementos de estudo fantásticos, mas estes apresentavam certas particularidades e parecia que faltavam muitos dados. Sewell tinha também diante de si uma pilha de "histórias sobre cogumelos", que eram narrativas qualitativas, em geral, escritas na primeira pessoa, relatando autoexperimentações e resultados individuais. Quase tudo fora enviado de forma anônima, portanto, tornava-se difícil – embora não impossível – encontrar a correspondência entre as histórias dos pacientes e os resultados do estudo.

O primeiro passo seria compilar os dados em um só documento. Sewell abriu um arquivo Excel, nomeando uma planilha como "Cefaleia em salvas – LSD" e a outra, "Cefaleia – psilocibina". Os dados de cada pessoa, às quais havia sido então atribuído um único número de caso, seriam listados ordenadamente em uma única linha, e a história completa de cada uma delas seria resumida em colunas criadas para esse fim.

Número de caso: 75. Nome: Eleanor. Idade: 50. Sexo: Feminino. Idade do início: 34. Número máximo de crises por dia: Seis.

Sewell esquadrinhou então cada um dos relatórios – independentemente de sua origem ser uma história sobre cogumelos ou uma pesquisa – a fim de localizar informações relevantes. Desse modo, ele conseguiu assegurar que os dados de todos estivessem em um único lugar.

Não levou muito tempo até que Sewell percebesse quanta informação essencial ainda faltava. Ele enviou um e-mail para Wold, descrevendo todas as peças faltantes. Algumas pessoas, escreveu ele, entregaram registros bastante completos sobre suas crises e seu tratamento. No entanto, outras deixaram de incluir informações demográficas básicas como idade e sexo, bem como detalhes sobre o número de crises que elas tiveram. Sewell também conseguiu identificar que os históricos médicos estavam incompletos. "Entretanto, parece que o material vale a pena, e os testemunhos são tão impressionantes que eu não vejo a hora de começar um ensaio formal!"[6]

Wold entendeu perfeitamente por que Sewell estava encontrando dificuldades.

Quando assumiu o trabalho de organizar o Clusterbusters, em 2002, ele herdou também um projeto de coleta de dados semiacabado, que continha um arquivo digital repleto de histórias sobre cogumelos e um link para uma pesquisa no Erowid. Em vez de incluir um *link* para a pesquisa na página de FAQs desenvolvida pelo grupo, Wold havia praticamente esquecido esse lado do trabalho – isto é, até o momento em que assumiu o colossal compromisso em relação às evidências que eles tinham.

Foi então que ele se deu conta, com uma sensação cada vez maior de desconforto no estômago, que eles não haviam desenvolvido um sistema para coletar novos testemunhos sobre o tratamento.

Seria difícil transformar em algo parecido com uma coleta sistemática de dados os resultados relatados no fórum do grupo – ou, pior ainda, no grande fórum público do *CH.com*. E que chance existia de alguém ter respondido àquele levantamento no Erowid, se ninguém estava promovendo o *link*?

Wold tinha expectativa de que sua equipe conseguiria, mas quase tudo o que estava nas mãos de Sewell fora reunido nos nove meses anteriores. O processo tinha sido confuso.

Ele postou seu primeiro SOS no final de novembro de 2003. “Precisaremos do máximo de evidências circunstanciais que conseguirmos reunir... Escreva uma história sobre cogumelos. Responda à pesquisa. Entre em contato com qualquer pessoa que você saiba que experimentou essas drogas, mas não está mais on-line. Convença-as a experimentarem, mesmo se estiveram com medo de serem pegas. Precisamos de dados.”[7]

A resposta foi desanimadoramente tímida. Nos três meses seguintes, apenas treze pessoas, incluindo ele próprio, atenderam ao seu pedido de responder à pesquisa. Alguma coisa devia estar errada, mas o quê? Em geral, os Clusterbusters se mostravam interessados. Estaria isso ligado a um desejo de anonimato? Nesse caso, parecia um problema que eles poderiam resolver.

Wold suspeitou da possibilidade de haver um problema com o estudo que Flash e Earth haviam projetado. Ele observou que muitas pessoas pularam a seção que perguntava até que ponto o tratamento com psicodélico fora eficaz. Certamente, isso representaria um problema se eles desejassem documentar sua eficácia. Contudo, Wold entendia também por que alguém poderia ter dificuldades para responder àquele conjunto de perguntas, dada a natureza da autoexperimentação. O levantamento fazia parecer que um experimento era um processo de avaliação único e facilmente quantificável, com um “antes” e um “depois”. Porém, a autoexperimentação envolvia muitas tentativas de ajuste.[8]

Parecia que a resposta envolvia um pouco de cada coisa. As pessoas responderam dizendo que não haviam entendido quando deveriam enviar seus dados. Em que ponto no autoexperimento seria apropriado enviar uma pesquisa relatando um resultado? Como eles apresentariam um relatório se estivessem conseguindo “interromper” um ciclo com êxito, mas não um segundo ciclo? Deveriam eles apresentar um relatório separado todas as vezes que conseguissem uma interrupção? Em caso afirmativo, como poderiam se identificar em uma pesquisa anônima de modo que as respostas pudessem ser ligadas entre si?

Wold atribuiu a cada pessoa um número de caso e exortou-as a enviarem suas experiências com a maior frequência possível, qualquer que fosse o resultado. Ele estimulava todos aqueles que esquecessem seu número de caso a pedirem um lembrete – sempre havia a possibilidade de procurar esse código no documento mestre que ele mantinha em arquivo. A canalização de mais dados seria uma forma de agilizar o processo científico. Wold enfatizou: "Esses dados são, provavelmente, o mais importante conjunto de informações que nós podemos reunir nesse momento, com vistas à obtenção da aprovação do governo. O tempo começa a ser uma questão fundamental agora".[9]

Nesse ínterim, um voluntário se ofereceu para esquadrinhar os dois fóruns em busca de quaisquer testemunhos que eles podiam ter deixado passar – e seriam então acrescentados às "histórias sobre cogumelos" que Jonas começara a reunir em 2001. A concatenação desses fragmentos de história não era uma tarefa pequena. A cada narrativa precisava ser associado um número adequado, para depois ser rastreada através do tempo. O rastreamento dos passos de cada pessoa em seu tratamento assemelhava-se a um trabalho de detetive – um processo meticuloso que exigia paciência e um olhar perspicaz quanto aos detalhes, em especial diante do fato de que as funções de busca em 2004 eram mais um obstáculo do que uma ajuda.

O empenho de Wold, somado aos esforços coletivos de pacientes em todo o mundo, produziu uma pilha gigantesca de relatos desordenados. A metade dos dados não continha um rótulo com os números de caso; portanto, Wold passou a maior parte daquele verão correlacionando os dados da pesquisa respondida por cada pessoa com as histórias sobre cogumelos que elas relataram.

Ainda assim, a análise de Sewell facilitou a identificação do volume de dados faltantes. Halpern sugeriu algumas opções. As primeiras possibilidades exigiriam que eles obtivessem aprovação de seu Institutional Review Board (IRB, Comitê de Ética em Pesquisa), um processo que ele descreveu como "objetivo" e rápido: "Fale pelo telefone com cada um dos indivíduos" ou "faça tudo isso via on-line". Entretanto, ele sugeriu também que, se Wold conseguisse "de alguma forma encontrar essas informações adicionais e passá-las para nós... poderíamos evitar o IRB" – um atalho ao mecanismo de supervisão ética nos hospitais.[10]

Talvez eles devessem apenas procurar obter os registros médicos de todos, respondeu Sewell. Desde quando o chefe do IRB falou que uma coleta de dados por meio da internet poderia causar apreensão na comunidade médica, ele estivera pensando que essa poderia ser uma opção.[11] Se eles fizessem o levantamento de registros médicos, haveria maior probabilidade de um periódico revisto pelos pares publicar o estudo.

Halpern concordou. "Eu encontrei o 'Caso 150' no evento da (Multidisciplinary Association for Psychedelic Studies [MAPS]) em NYC... É extraordinário saber o quanto ele sofria e quanto esses tratamentos foram benéficos para ele." Sewell deveria verificar todas as informações "desse trabalho fantástico... [que Wold] está fazendo e... compartilhou conosco".[12]

(A ideia de que eles deveriam verificar todas essas informações junto aos mesmos médicos cujos pacientes haviam decidido se afastar tanto assim da medicina convencional soou-me irônica. Essa ação, no entanto, deve ter parecido inevitável em um sistema que concede aos médicos tanta autoridade para falar sobre o sofrimento de outros indivíduos.)

A obtenção de todos os registros médicos impunha um novo desafio: a maioria das pessoas enviava seus relatos de forma anônima. Ademais, mesmo que elas tivessem fornecido endereços de e-mail, seria falta de ética entrar em contato com sujeitos que ainda não haviam dado seu consentimento para serem procurados por um pesquisador em busca de informações complementares.

Mais uma vez, parecia que Wold seria um caminho profícuo para driblar as regras que regulavam a ciência nos ambientes institucionais. Afinal de contas, ele possuía a chave que conectava os números de caso às identidades verdadeiras. Sewell propôs que, talvez, Wold pudesse entrar em contato com cada uma dessas pessoas e pedir que elas o chamassem pelo telefone ou lhe enviassem um e-mail.[13] Como seria de se esperar, Wold concordou.

Que tal aproveitar o relacionamento colaborativo do Clusterbusters com o Erowid?, perguntou Sewell. Se Earth concordasse, os pacientes de cefaleia em salvas poderiam ser encaminhados ao Erowid, onde seria pedido seu consentimento para uma entrevista com os pesquisadores.

A ideia agradou tanto a Sewell que ele enviou a Earth um e-mail com a solicitação.

"Notícias fantásticas!", respondeu Earth, acrescentando que essa lhe parecera uma oportunidade incrível e que ele ficaria feliz em oferecer apoio adicional, dado seu "entusiasmo genuíno" pelo projeto. Contudo, ele manifestou também um "pequeno aborrecimento" pelo fato de o Clusterbusters ter pagado a John Halpern para fazer o trabalho que ele teria feito gratuitamente.[14]

Havia tempos, o website Erowid era um recurso fundamental no ecossistema psicodélico, disponibilizando um espaço seguro para cultivo do conhecimento fora do domínio das autoridades governamentais. De acordo com seus fundadores, até 2023, essa ONG havia publicado 41.919 "relatórios de experiências", que tinham sido selecionados entre os 117.359 recebidos.[15] Esse tipo de conhecimento servia a qualquer pessoa – de psiconautas a legisladores.

A coleta oficial de registros médicos foi interrompida depois de atingido um conjunto completo de informações de 53 pessoas que usavam psilocibina ou LSD no autotratamento de cefaleia em salvas. Este seria um excelente estudo de caso.

Os resultados foram extraordinários. De acordo com os relatos, LSD e psilocibina conseguiam acabar com um episódio de cefaleia em salvas, bem como evitar um novo ciclo da doença (ou, pelo menos, alongar o período de remissão) e abortar uma crise. Uma droga capaz de evitar um ciclo de cefaleia em salvas e impedir a reincidência de um ciclo? Era algo inédito. Exceto, sem dúvida, na internet, onde, havia vários anos, os pacientes relatavam suas experiências nesse sentido.

Para Doblin – talvez confirmando suas expectativas –, os resultados do estudo de caso que demonstravam a eficácia do LSD eram, de longe, a descoberta mais extraordinária. Os dados do estudo de caso que se referiam a LSD eram reconhecidamente muito mais escassos do que as evidências sobre a psilocibina: apenas oito pessoas no estudo relataram uso de LSD, contra 48 que usaram psilocibina. Mas sete das oito pessoas que usaram LSD relataram que a droga havia interrompido seu ciclo no início. Em comparação, apenas 25 dos 48 indivíduos do grupo da psilocibina relataram o mesmo efeito. Como seria de se esperar, Flash aparecia como caso de sucesso nas duas colunas: a do LSD e a da psilocibina.

Naturalmente, os dados tinham limitações. A falta de um grupo placebo e as incertezas sobre a composição exata de cada dose introduziam imprecisões potenciais. A parcialidade do autorrelato pode levar os participantes a exagerar ou minimizar a eficácia da intervenção. Ninguém tinha a expectativa de que o FDA julgaria os autorrelatos de pessoas que tomavam cogumelos mágicos em casa com a mesma seriedade dedicada a um ensaio randomizado e controlado (RCT). Todavia, as pesquisas e os autorrelatos dos membros do Clusterbusters eram um importante ponto de partida, particularmente diante das restrições governamentais que tornavam tão difícil a realização de um ensaio no padrão RCT para testar substâncias psicodélicas.

"Estou muito feliz", escreveu Sewell em um relatório para os associados da MAPS, no *MAPS Bulletin*, na primavera de 2005, "com o progresso que estamos conseguindo na direção de reiniciar a pesquisa com LSD em Harvard." O estudo "não tem peso científico, mas pode ser usado como justificativa para a organização de um ensaio controlado mais formal, destinado a verificar se o fenômeno relatado de fato existe".[16]

Apesar da forma vagamente insultuosa de rejeição de sua falta de "peso científico", os trabalhos clandestinos levados a cabo durante meses e anos, que Wold e seus colegas Clusterbusters haviam reunido, finalmente ganharam a luz do dia. O Clusterbusters deixara de ser apenas um autocontido quadro de mensagens do mundo subterrâneo. Ao cabo de grande esforço, as pessoas *do lado de fora* agora estavam escutando.

Muitas vezes me perguntei se o excesso de reconhecimento agiu do mesmo modo que a densa copa das árvores na floresta, obscurecendo, durante tanto tempo, a indispensável rede subterrânea de micélios, ao impedir que os membros do Clusterbusters percebessem a relevância de sua própria contribuição ao campo da pesquisa: uma inestimável sabedoria ciberbotânica que ensinou ao restante de nós a maneira de usar contra transtornos de dor de cabeça as substâncias dotadas de estrutura indol como o LSD e a psilocibina.

No final de abril de 2005, Wold recebeu um primeiro esboço do estudo de caso em que aparecia como coautor ao lado de Sewell, Halpern e Pope.

A resposta de Wold, remetida uma semana depois, continha comentários ponderados sobre as doses que as pessoas haviam tomado, além de modificações específicas do texto – por exemplo, correções quanto aos critérios oficiais de diagnóstico da cefaleia em salvas. Em 10 de maio, Sewell enviou seu esboço seguinte para todos os três colaboradores, com uma nota dizendo que ele incorporara "os comentários de todos". O próximo passo no processo envolvia uma meticulosa avaliação interna dentro do hospital. A versão preliminar de Sewell seria enviada a Halpern – para seus comentários –, e depois para análise dos outros colegas.

Enquanto isso, Wold especulava o que estaria acontecendo com o protocolo de pesquisa proposto por eles – se é que havia alguma coisa. Já fazia nove meses desde a chegada de Sewell a Harvard – nove meses dedicados a um estudo de caso. O ritmo na academia era mais lento do que ele jamais imaginara.

(Eu poderia tê-lo advertido quanto à demora dessas coisas, em especial quando o principal autor tem um trabalho de tempo integral em outros projetos de pesquisa.)

Sewell tentou tranquilizá-lo. "Nós estabelecemos como prazo informal para envio do projeto ao IRB o centésimo aniversário de Albert Hofmann."[17]

Havia planos para celebração do 11 de janeiro, dia do nascimento de Albert Hofmann, com um simpósio internacional que se estenderia de 13 a 15 de janeiro de 2006, na cidade da Basileia, na Suíça. Era esperada a presença de personagens eminentes do mundo psicodélico, entre os quais o próprio centenário Albert Hofmann. Doblin havia até providenciado um painel para apresentação de alguns dos pesquisadores de psicodélicos que atuavam em universidades ao redor do mundo. O simpósio poderia ser uma plataforma global para anúncio da volta do LSD a Harvard.

Com isso, eles tinham seis meses.

"Eu, particularmente", continuava o e-mail de Sewell para Wold, "não consigo entender por que deve demorar tanto assim, mas também preciso salientar que imaginei que nós conseguiríamos submeter essa série de casos em fevereiro passado [2005], e eis-nos aqui, seis meses depois; portanto, minhas estimativas de prazo para fazer essas coisas não merecem crédito."[18]

A premonição de Sewell se mostrou completamente verdadeira.

Naquele mês de setembro, Sewell enviou um convite a uma *listserv* (lista de discussão) exclusiva na qual poderiam debater e – se tudo ajudasse – chegar a um consenso acerca do modelo do ensaio clínico.

O Clusterbusters ainda não tinha os recursos financeiros para um estudo; portanto, o ensaio proposto deveria ser pequeno: de dez a doze participantes, no máximo. Já que experimentos são essencialmente exercícios estatísticos, a pergunta da pesquisa deveria ser objetiva.

Isso implicava a tomada de decisões difíceis. Considerem, por exemplo, o debate sobre a escolha da droga a ser estudada. Certamente, os membros do Clusterbusters insistiram na inclusão da psilocibina. O objetivo principal era legitimar o uso dos cogumelos mágicos – um fungo que eles podiam cultivar na própria casa. Doblin, cujo objetivo político era de certo modo diferente, desejava garantir que o ensaio clínico incluísse o LSD – uma droga que, segundo ele, era mais eficaz como tratamento. Para Sewell, havia uma lógica no modelo de um estudo que incluísse as duas substâncias, visto que "ele parece ser muito mais eficaz... Se Harvard recusar a pesquisa com LSD, será porque foi Harvard que recusou, e não eu". No entanto, não estava muito claro se um experimento de pequeno porte teria a capacidade estatística para contemplar duas drogas experimentais e um placebo.

E esse era apenas um dos problemas. De que maneira escolheriam uma dose? Deveria ela ser ministrada uma única vez ou repetida várias vezes no correr de diversos dias? Iriam algumas pessoas receber um placebo? Em caso afirmativo, iriam eles convidar os participantes a retornar e tomar uma dose ativa (também conhecido como modelo cruzado)?

No final do ano, havia sinais de que poderiam chegar a um consenso: eles convidariam a participar do ensaio clínico doze pessoas que estivessem vivendo um ciclo de cefaleia em salvas. A metade delas receberia LSD e a outra metade, psilocibina. Ninguém receberia placebo. Eles esperavam que a intervenção viesse a abreviar o ciclo.

E então, nada mais, até agosto de 2006, quando uma mensagem de Andrew Sewell colocava certa ênfase na importância de um controle com placebo.

Os riscos envolvidos se afiguravam desoladoramente altos: algumas vezes essa parecia ser a única chance que eles poderiam ter de realizar um ensaio clínico. O grupo não era uma grande empresa farmacêutica que dispõe de recursos financeiros ilimitados para realizar um ensaio de tamanho considerável, com uma infinidade de participantes e inúmeros dispositivos de segurança de alto custo. A pressão tornava ainda mais difícil conciliar os problemas importantes para os pacientes sem perder de vista o pragmatismo em relação a questões como burocracia, finanças e obstáculos políticos.

Isso era complicado e arriscado, e eles precisavam fazer tudo certo.

Andrew Sewell conseguira, entretanto, ter o estudo de caso pronto para ser submetido no final de 2005. O texto final – com apenas oitocentas palavras – pareceu não ser o esperado por Wold, a despeito de um e-mail enviado por Sewell no final de agosto, tratando da revisão interna.

O e-mail enviado por ele em agosto fora portador de boas notícias: "Ninguém teve qualquer crítica da ciência."

Entretanto, houve também algumas notícias ruins: "Os vínculos com o Clusterbusters atraíram algumas considerações desfavoráveis".

O Revisor Um decidiu visitar o website do Clusterbusters e "ficou estarrecido de encontrar colaboradores chamados 'Flash', 'Pinky' e 'Erowid'... e imagens psicodélicas de cogumelos". Qualquer editor de um periódico médico faria a mesma coisa e "daria muita risada". O Revisor Dois "sugeriu que nós tínhamos sido enganados por um bando de drogados que deseja impor a própria agenda".

Por fim, Sewell acrescentou que o Revisor Três apreciara o documento. Ele acreditava que deveria ser submetido como estava.

Sewell recomendou que o rascunho seguinte deveria minimizar ou mesmo "cortar tantos vínculos com o Clusterbusters quanto possível".

Ele perguntou a Wold, "O que você acha de passar seu nome da lista de autores para a de agradecimentos?".

No e-mail, Sewell temeu estar indo longe demais com esse pedido, porque, com frequência, essas disputas levavam os acadêmicos a escaramuças para a vida toda. Todavia, ele acreditava que Wold "provavelmente" não se importaria. Como Wold "não seguia uma carreira acadêmica", era possível que uma "publicação" interessasse muito mais do que o crédito pelo trabalho. O sucesso – acrescentou ele – algumas vezes significa "escutar as autoridades".[19]

Wold fez uma característica brincadeira despretensiosa e disse que entendia.

No entanto, talvez, ele não tivesse aceitado tão bem.

O documento final incluiu um breve reconhecimento da colaboração de Bob Wold e Earth. O financiamento do estudo foi atribuído à MAPS, o que estava tecnicamente correto, já que aquela organização conduzira as transações financeiras. E, em uma curiosa reviravolta, os métodos de pesquisa não apenas deixaram de citar que os estudos de caso provinham de um coletivo de pesquisa que se uniu para desenvolver um protocolo, como apresentaram uma nova história explicando que os autores foram estimulados a realizar o estudo depois de serem procurados por um homem "que relatou completa remissão de seus períodos de cefaleia em salvas depois de usar LSD repetidas vezes, como recreação, entre seus 22 e 24 anos de idade".[20]

De acordo com essa história revisionista, todo o restante advinha de pesquisa realizada por Sewell, Halpern e Pope, incluindo a localização "por meio de grupos de apoio para cefaleia em salvas e um levantamento com base na internet – [de] algumas centenas de pessoas portadoras de cefaleia em salvas que relataram o uso de cogumelos contendo psilocibina ou de LSD especificamente para tratamento de sua doença".[21]

Sem dúvida, isso não passava de ficção, assim como a opção de Sewell pelo uso da história de Flash "por respeito ao fato de que ele foi o primeiro [e] porque o caso de Flash também ilustra o uso de LSD e de psilocibina".[22]

É compreensível que Wold tenha ficado surpreso. Esta é a descrição dos métodos de pesquisa apresentada no último rascunho que ele havia lido: "Os casos dessa série foram extraídos de três fontes [incluindo]... um grupo de internet, Clusterbusters... que fizeram uma coleta sistemática [desses] casos... [e] levantamentos on-line... hospedados... no website Erowid".[23]

A quem pertencia esse estudo?

Ao longo de um período de sete anos, centenas de pessoas se engajaram em um autoexperimento coletivo com o objetivo de encontrar uma forma de tratar a cefaleia em salvas. O trabalho transformou essas experiências em um resumo de 53 estudos de casos passíveis de serem publicados em duas páginas impressas. Era preciso fazer escolhas.

Mas que nível de redução é tolerável? O quê, precisamente, foi perdido quando o Clusterbusters deixou de ser citado? Quem – se alguém – foi prejudicado pela omissão do nome de Bob Wold da lista de autores, e sua citação apenas na seção de agradecimentos?

Não existem respostas fáceis para a pergunta "O que é um autor?" Entretanto, existem diretrizes, e a integridade científica depende da transparência. O reconhecimento do crédito no lugar em que é devido ajuda a garantir que os benefícios e as responsabilidades da autoria sejam equitativamente distribuídos. E uma dessas responsabilidades diz respeito à identificação de potenciais conflitos de interesse. A decisão dos autores no sentido de omitir informações sobre a contribuição dos membros do Clusterbusters para a produção dos dados usados nesse documento fora uma tentativa explícita de fazê-lo parecer mais objetivo.[24]

Andrew Sewell incluiu as contribuições do Clusterbusters nos trabalhos colaborativos que realizaram depois. John Halpern não o fez.[25]

A ciência precisa se apresentar como uma prática objetiva e livre de influências políticas. Uma pesquisa, assim como qualquer outra espécie de trabalho, é uma atividade complicada, recheada de todas aquelas características que nos tornam humanos: ambição e curiosidade, erros e frustrações, criatividade e angústia, política e paixão. A melhor forma de ciência faz uma avaliação honesta da capacidade que seus métodos de pesquisa têm de minimizar esses vieses, de modo a permitir que os leitores entendam como interpretar os achados.

A maior qualidade que faltou a esse documento? Sabedoria.

Ao apresentar um relato absoluto de como muitas pessoas haviam encontrado alívio por meio do uso de psilocibina ou LSD, o documento pressupõe que o contexto social em que se deram esses experimentos não teve relevância na eficácia da terapia. E como podemos saber se isso é verdadeiro? Foram autoexperimentos *coletivos* realizados com o apoio e o incentivo de um fórum on-line. Que parcela da magia decorria da droga, e que parcela fora induzida pelo ambiente? A exclusão dos membros do Clusterbusters não apenas os privou do crédito que lhes é devido pelo trabalho, essa atitude também tornou os resultados do estudo menos objetivos – e mais difíceis de serem interpretados.

As pesquisas contemporâneas com psicodélicos são fomentadas por um processo alquímico de transformação do conhecimento adquirido a duras penas por uma comunidade nos produtos que os acadêmicos mais prezam: publicações validadas pelos pares, subvenções para as pesquisas e perfis bajuladores em revistas populares que mesmo aqueles considerados "estrelas" da academia raramente apreciam. O Clusterbusters não é, nem de longe, o único grupo acossado por dúvidas e apreensões sobre quem deve ser reconhecido como especialista ou o detentor da propriedade intelectual. Ao longo dos anos, eu acabei percebendo que não é incomum a omissão das marcas da ciência produzida por cidadãos e das inovações de foras da lei nas pesquisas publicadas sobre substâncias psicodélicas. Trata-se de um problema quase inevitável, dado que as rígidas regulamentações obstruíram durante muito tempo a possibilidade de os cientistas realizarem estudos clínicos com substâncias psicodélicas.

Quando Wold manifestou sua preocupação quanto à omissão do nome do Clusterbusters na pesquisa, Sewell responsabilizou um processo de revisão de sete meses que envolveu "intenso debate" sobre "cada palavra" do documento. "Eu nunca testemunhei tanto alarido."[26]

Tampouco deveríamos nos incomodar com o fato de os membros do Clusterbusters serem apagados da história.

"É provável que um dia você escreva um livro sobre isso. E vou dizer uma coisa. Se eu terminar meus dias vivendo em uma caixa de papelão porque essa insensatez de cefaleia em salvas pôs um fim à minha carreira, prometa que você me trará muitos pãezinhos velhos para que eu não morra de fome, tá? Não acredito que haverá viagens ou prêmios – pelo menos, não num futuro próximo. Talvez em algumas décadas, se isso der resultado. Mas é melhor nós contarmos com muita resistência nesse meio-tempo."[27]

Capítulo Quatorze

COMO SE TORNAR UM PESQUISADOR DE PSICODÉLICOS

CHICAGO, 31 DE DEZEMBRO DE 2005.

Tudo estava demorando demais. Nenhuma das regras da universidade fazia qualquer sentido. Quem estariam protegendo? Quando alguém começaria a se importar com os pacientes?

Bob Wold se afundou em sua cadeira predileta, tomou um belo gole do amargo chá de cogumelos, cerrou os olhos e se permitiu acompanhar a voz de chocolate aveludado de Stevie Nick para onde quer que ela desejasse levá-lo.

Normalmente, a coisa mais exótica que ele costumava comer era um cheeseburger, mas toleraria qualquer coisa que conseguisse expulsar as sombras que se avultavam nessa fria e nublada véspera de Ano-Novo. Mary providenciara para que Wold ficasse sozinho naquela noite, de modo a poder se entregar ao momento, permitindo que seus pensamentos vagassem sem rédeas.

Os caprichos da sorte pouparam Wold de ir para o Vietnã, um destino do qual seu irmão não escapou. Ele logo iria se casar e ter filhos. Wold nunca tomou parte em qualquer coisa de caráter, nem remotamente, "contracultural", a menos que consideremos seus aplausos silenciosos aos manifestantes dos protestos que tomaram as ruas. Mas, ele nunca se envolveu com o movimento – exceto pela música, que se tornou um santuário. Pink Floyd ocupou imediatamente o lugar de favorito. Nos últimos tempos, contudo, "Whipping Post", uma música dos Allman Brothers, passara a fazer parte de sua "*playlist* de viagens". A canção, com sua ardente agonia e o som implacável de seu baixo, comunicava uma verdade perversa e alimentava uma fúria oculta.

O exercício de infundir cada interação com aquela permanente fachada de jogo do meio-oeste estadunidense cobrou um preço alto.

E então, ele se lembrou do documento que eles haviam elaborado. Com sorte, logo seria publicado. O avanço poderia ser lento, mas ele deveria ter previsto que demoraria algum tempo para aprender o ritmo característico da Ivy League.

Tudo parecia estar caminhando bem naquele momento. Os membros do Clusterbusters estavam tão agradecidos a Andrew Sewell que providenciaram o subsídio total de seu salário para o ano calendário iniciado em setembro de 2006. Com isso, Sewell poderia se dedicar em tempo integral à pesquisa promovida por eles, o que ajudaria a agilizar o trabalho.

Wold observara também um aumento do interesse científico em relação aos psicodélicos. Ele ouvira rumores sobre um estudo na Universidade Johns Hopkins destinado a reproduzir o Good Friday Experiment de Walter Pahnke, em um ambiente mais controlado. Em apenas algumas semanas, a cidade suíça da Basileia estaria fervilhando de rostos ansiosos, provenientes de todo o mundo, para celebrar o centenário de Albert Hofmann.

Halpern estaria lá para falar sobre seu estudo da terapia assistida por MDMA, e Sewell preparara um folheto sobre sua pesquisa a respeito da cefaleia em salvas. Doblin desejava assegurar que eles enfatizassem a proposta de o ensaio clínico avaliar o LSD. Quem poderia deixar passar a oportunidade oferecida por um ambiente tão estimulante propiciado pela coincidência com o aniversário de Hofmann? O simpósio deveria ser uma celebração – não apenas da vida de Hofmann, mas também do potencial renascimento da pesquisa com psicodélicos de que ele fora inadvertidamente o pai.[1]

Wold se encheu de gratidão ao pensar em quanto esse Time classe A estava fazendo para ajudar as pessoas que tanto precisavam. Teria ele sentido tanta gratidão se tivesse sabido o que viria a se desenrolar duas semanas mais tarde?

Quase duas mil pessoas haviam se deslocado de todo o mundo até a Basileia para participar do simpósio de comemoração do aniversário de Albert Hofmann. Este, animado e engajado como nunca, presenteou-as com histórias encantadoras sobre como o LSD lhe havia proporcionado "alegria interior, abertura para novas ideias, gratidão, percepção aguçada e uma sensibilidade interior para os milagres da criação".[2]

O painel de Doblin não teve o mesmo sucesso. Na verdade, a cena, capturada em vídeo e distribuída pelo YouTube, viria a se tornar a maior polêmica sobre psicodélicos associada à Harvard Medical School desde a humilhante saída de Leary.

A crise começou quando Mark McCloud, conhecido membro da comunidade psicodélica, invadiu o painel no instante em que Halpern anunciava: "Em algum momento em 2006, nós devemos iniciar esse estudo [sobre MDMA] em Harvard".

"Você é agente do DEA?"

"Não." Halpern sorriu, com certa expressão de estranheza. "Não, mas eu gostaria de continuar falando. Permita-me apenas fazer minha palestra. Haverá uma sessão de perguntas e respostas no final."

McCloud insistiu. "Você é agente do DEA?"

"Não", repetiu Halpern; e, em seguida, com um balanço de cabeça desdenhoso, disse novamente: "Não."

Doblin reclamou em voz alta: "Se John fosse agente do DEA, esse nosso estudo já teria sido aprovado há muito tempo".

A plateia começou a rir. Halpern, um agente do DEA? Ele mais parecia um acadêmico da Ivy League, encarando a multidão através do pequeno par de óculos sem armação empoleirado sobre seu nariz. Os escassos fios de cabelo que ainda lhe restavam na cabeça, Doblin usava um pouco compridos e despenteados. Porém, o paletó esportivo de tweed espinha de peixe e a gravata o distinguiam dos espectadores, cuja aparência era de quem acabara de sair de uma máquina do tempo, vindos de um show dos Grateful Dead.

Uma mulher da plateia perguntou: "E o que você diz de ter delatado Leonard Pickard?".

Durante uns instantes, Halpern ficou sério: "Eu não fiz isso."

Ela continuou: "Seu testemunho ajudou."

Ele ergueu a sobrancelha, defendendo-se de forma evasiva: "Eu nunca testemunhei!".

McCloud interveio com uma sarcástica expressão de desprezo: "Você nunca testemunhou a favor do DEA desde 4 de dezembro – *por acaso, meu aniversário* – de 2000?". Ele agitou uma pilha de papéis em sua mão. "Isto aqui é registro público, *Agente* Halpern."[4]

"Se eu não fizer esse trabalho, não haverá uma volta a Harvard", contestou Halpern. A efetividade desse argumento, no entanto, dependia de o quanto tal objetivo poderia justificar uma colaboração com um suposto agente do estado.

Pairava no ar certo toque de constrangimento à medida que um murmúrio coletivo enchia o auditório. Poderia Halpern ser um delator? Estariam vulneráveis os próprios membros da plateia?

Doblin, que nesse momento caminhara até a frente do recinto, tentou fazer que a atenção da plateia se voltasse de novo ao painel. "Ele não é um agente do DEA... tão logo esse evento termine, vocês poderão ficar aí e falar sobre isso... Todas essas pessoas vieram até aqui com um objetivo diferente."

McCloud sentou-se – pelo menos naquele momento –, mas recomeçou a fazer suas denúncias tão logo o painel terminou. John Halpern – afirmou ele, enquanto o público se aglomerava ao seu redor – foi uma testemunha colaboradora no caso de 2003, conhecido como *Estados Unidos da América vs. William Leonard Pickard e Clyde Apperson*, que o DEA definia como a maior interrupção da produção de LSD no mundo. Pickard, considerado um santo por muitos da comunidade psicodélica, em virtude do quanto ele se arriscara produzindo a substância tão importante para todos, estava agora cumprindo duas sentenças sucessivas de prisão perpétua. Sem chance de liberdade condicional. (Pickard mantinha sua alegação de inocência.)

Depois de terminado o painel, circularam pelo local advertências para que as pessoas não se deixassem ver na companhia de Halpern – mesmo os filantropos endinheirados se alertavam uns aos outros sobre a possibilidade de que ele estivesse usando escuta.[5] Se um colaborador de confiança estava conspirando com as autoridades policiais, então quem mais poderia ser um agente da lei disfarçado?

Mesmo no universo psicodélico, em que as pessoas costumavam não fazer segredo quanto a usarem drogas ilegais, a delação violava uma norma tão fundamental do pertencimento que praticamente não havia necessidade de ser mencionada. Até mesmo o indício de que alguém poderia ser um informante convertia esse indivíduo em pária.

O problema começara anteriormente, em 6 de novembro de 2000, quando William "Leonard" Pickard, então com 55 anos de idade, fugiu em um rotineiro congestionamento no trânsito de Kansas. Helicópteros, agentes do DEA e cães farejadores levaram dezoito horas para recapturá-lo.[6]

À primeira vista, Pickard parecia um improvável arquiteto de crimes. Ele exibia a calma sobrenatural de um monge budista – uma qualidade que deve ter desenvolvido durante o período em que viveu em um monastério zen. Ele trabalhava sim com drogas, mas como diretor adjunto do Drug Policy Analysis Program na Universidade da Califórnia, em Los Angeles. O diretor, Mark Kleiman, acabara de se transferir para lá, vindo do Kennedy School of Government, de Harvard, onde orientara Pickard em seu mestrado em política pública.[7] Apesar de não ter um doutorado, Leonard Pickard conquistara quase todos os símbolos de respeito no mundo acadêmico.

No entanto, ele, que desfruta da reputação de brilhante químico clandestino dentro da comunidade psicodélica, não era desconhecido da lei. O histórico de suas detenções começa em 1964, quando ele tinha apenas dezoito anos, e inclui duas condenações envolvendo a produção – ou tentativa de produção – de drogas psicodélicas. Pickard recebeu a primeira sentença de prisão em 1977, depois que as autoridades localizaram e fecharam seu pequeno laboratório de MDMA. Sua mais recente temporada na prisão terminara em 1992 – quatro anos de pena após o DEA descobri-lo saindo de um armazém que continha um laboratório de ácido e uma quantidade de LSD suficiente para 200.000 pessoas.[8]

De acordo com diversas publicações da imprensa, Halpern e Pickard se conheceram em meados dos anos 1990, no Novo México, ocasião em que Halpern se apresentou como residente médico voluntário ao Dr. Rick Strassman. Pickard viajara para Albuquerque a fim de "realizar pesquisa com drogas".[9]

Conforme os relatos, Halpern não estava em boa forma quando os dois se conheceram.[10] Pickard encontrou-o agachado em um canto escuro da casa de um companheiro deles dois, perdido em uma tenebrosa viagem de ayahuasca. Segundo consta, Pickard tranquilizou o jovem, afirmando que ele havia consumido "mais LSD do que qualquer um no planeta" e poderia guiá-lo até um local mais relaxante.[11] Eles eram grandes amigos na ocasião em que Halpern se libertou do habitual uso de drogas.

Em algum estágio desse relacionamento, Pickard supostamente pagou a Halpern uma vultosa quantia em dinheiro em troca do encontro que este conseguira com um abastado amigo seu de infância, alguém que tinha condições de lavar o dinheiro que Pickard obtinha com as drogas. Cinco anos depois do fatídico encontro de Halpern com Pickard, os agentes federais descobriram um laboratório de drogas em um antigo silo de mísseis no Kansas, um local que fora transformado em extravagante e brega mansão do mundo clandestino.

Todos pareciam concordar que Halpern não estava envolvido com a prisão de Pickard. O "verdadeiro informante" fora Gordon Todd Skinner, o proprietário e morador do silo. Antes de se encontrar com Pickard, Skinner passara grande parte de sua vida adulta em apuros, entre um delito e outro: uma tentativa fracassada de traficar drogas em larga escala que acabara dramaticamente em prisão e indiciamento; um histórico de colaboração com o DEA para se livrar de condenações; e um padrão de má gestão financeira que revela não apenas infortúnio, mas também profunda desconsideração pelos limites éticos e as responsabilidades. Ao que tudo indica, não lhe faltavam motivos para temer a lei – entre eles uma possível condenação por homicídio –, quando, no final de 1999, o DEA foi bater em sua porta.[12]

Skinner garantiu sua imunidade, fornecendo evidências que levaram à detenção de Pickard. No entanto, a liberdade de Skinner durou pouco. Depois de sua prisão no festival Burning Man, em 2003, por distribuir MDMA, ele foi sentenciado a quatro anos em presídio federal. Em 2009, enfrentou consequências ainda mais dramáticas – uma sentença de prisão perpétua de mais de noventa anos –, depois de ter sido condenado por um júri em Tulsa pelos crimes de sequestro, agressão e conspiração em um caso devastador que envolveu a tortura de um homem durante uma semana inteira.[13]

É uma história bárbara e libidinosa que faz lembrar a trama de um sucesso de bilheteria de Hollywood.

"Na verdade, muita gente sabia [o que aconteceu]", Halpern falou ao público que se aglomerara em volta dele depois do painel na Basileia. Na conversa que mantivemos, Halpern enfatizou também que deixara de contar àqueles com quem havia trabalhado sobre seu relacionamento com Pickard e os problemas subsequentes com o DEA: "Eu contei ao NIDA, contei a Harvard, contei ao McLean". Rick Doblin também conhecia essa história.

Talvez ninguém tenha se dado conta quando o suposto relacionamento de Halpern com Pickard foi alvo de cobertura, em 2001, pelo jornal *San Francisco Gate*. Mas, certamente, não passou despercebido quando a *Entheogen Review*, uma revista clandestina dedicada às substâncias psicodélicas, publicou uma revelação sobre o "Halperngate", em março de 2006. O artigo, escrito por Jon Hanna, analisava as acusações de McCloud e fazia uma avaliação do caso sob a perspectiva "da maior comunidade do subterrâneo clandestino". Hanna entregou a Halpern e Doblin um rascunho de seu texto, acompanhado do convite para que fizessem comentários. A resposta completa de Doblin foi publicada junto com o artigo. Halpern se recusou a fazer comentários escritos.[15]

Doblin fala sobre operar a MAPS com transparência e muito embora seja frequentemente criticado por ficar aquém desse ideal, ele tem o cuidado de disponibilizar um volume bem maior de informações do que a maioria dos líderes das mais importantes organizações.[16] A resposta de Doblin a Hanna me pareceu bastante sincera, especialmente no tocante à explicação de suas razões para trabalhar com Halpern.

De acordo com Hanna, Halpern recebeu um "acordo de colaboração" em troca da entrega ao governo de todas as informações verbais, eletrônicas e escritas que eles possuíssem sobre o caso, incluindo e-mails e mensagens de voz. A resposta de Doblin começou com a explicação de que ele não tratava uma delação de maneira leviana, e que acreditava em "aceitar qualquer punição que, infelizmente, possa vir a ser imposta a alguém por estar envolvido [com]... drogas ilegais", mas que também acreditava em "perdão e redenção".[17]

Também estava em questão um aspecto político muito mais relevante, que deveria ser levado em consideração. Halpern representava o único caminho viável que Doblin tinha para chegar a Harvard – o tipo de vitória simbólica que representaria "o início da era pós-Leary", o que, na opinião dele, todos na comunidade deveriam concordar que se tratava de um objetivo importante. Quaisquer que fossem os riscos representados por Halpern para a comunidade, eles não se haviam materializados; porém, como poderiam ser quantificados os riscos de *não* trabalhar com ele? Doblin comandava a MAPS com a perspectiva corajosa de levar a pesquisa com psicodélicos de volta aos laboratórios das universidades. Leonard Pickard concordava. Doblin conversara com Pickard por telefone na prisão, para se assegurar do apoio dele à decisão da MAPS de trabalhar em colaboração com Halpern.

Hanna, no entanto, afirmava que a opinião de Pickard não tinha importância. Consideremos, por exemplo, que Halpern fora acusado de usar um grampo para gravar suas conversas com algumas das pessoas mais queridas da comunidade psicodélica, entre as quais o químico clandestino Sasha Shulgin. Ninguém sabia se era verdade, mas – argumentava ele –, em uma "comunidade de foras da lei... confiança é o bem mais precioso".[18]

Hanna pressionou Doblin: não haveria alguém mais em Harvard que pudesse fazer essa pesquisa?

"Eu não tenho conhecimento sobre outros doutores de Harvard que estejam interessados em realizar pesquisa com psicodélicos", respondeu Doblin.[19]

A revelação de Hanna apresentou duas novas informações importantes. Em primeiro lugar, John Halpern não seria bem recebido no festival Burning Man naquele verão, devido à falta de confiança; com isso, ele estaria ausente da celebração do vigésimo aniversário da MAPS. Segundo o McLean Hospital, vinculado à Harvard Medical School, não mais aceitaria subsídio oferecido pela MAPS. De acordo com Doblin, o Dr. Jack Gorman, novo presidente do hospital, tinha certa preocupação quanto à manutenção do relacionamento com a MAPS, "em parte" porque ele desejava desvincular o hospital da posição pró-legalização defendida pela MAPS e, "em parte", porque temia que toda a pesquisa financiada por essa organização pudesse ser considerada tendenciosa, independentemente de quão consistente fosse a ciência.

Doblin buscara assegurar que Peter Lewis, o filantropo que financiava a pesquisa de Halpern com MDMA, tivesse condições de fazer as doações diretamente ao hospital.[20] Nada foi dito sobre o destino da pesquisa sobre cefaleia em salvas feita por eles.

(Em uma irônica guinada, Gorman se demitiu de seu cargo no McLean poucos meses depois de admitir ter feito sexo com uma antiga paciente).[21]

Drogas são uma atividade turbulenta, até mesmo nos salões sagrados de Harvard.

Wold só ficou sabendo do escândalo em abril, quando um amigo lhe enviou um *link* para um vídeo on-line contendo a gravação de McCloud gritando com Halpern. Uma rápida pesquisa na internet levava ao artigo de Jon Hanna, onde ele encontrou os detalhes restantes. Em algum lugar entre o complicado relacionamento de Halpern com a lei e o afastamento da MAPS do McLean Hospital, Wold começou a se perguntar por que Doblin não o havia procurado muito tempo antes para tratar desse assunto. Aparentemente, Halpern não tinha sido franco com todos os seus colaboradores.

Para fazer sua pesquisa clandestina chegar aos prestigiosos salões de Harvard, os membros do Clusterbusters haviam arriscado muita coisa – tempo, energia, dinheiro e credibilidade, sem se esquecer do fato de terem admitido o que alguns podem chamar de atividade criminosa. Nunca ocorreu a Wold que o professor de Harvard com quem eles trabalhavam pudesse estar enredado em questões legais muitíssimo mais graves do que consumir cogumelos proibidos.

Em maio, as notícias chegaram até o fórum do Clusterbusters, levando diversos participantes a postar suas preocupações quanto à possibilidade de que a colaboração do grupo com um "conhecido informante do DEA" expusesse os pacientes à vulnerabilidade. Afinal, não haviam eles entregado a Halpern centenas de documentos repletos de evidências de que vinham usando drogas ilegais?

Wold fez o melhor que conseguiu para conter essas inquietações. Segundo ele, Halpern e Sewell eram profissionais de enorme competência, que preservariam a confidencialidade no trabalho com os dados. Wold confiava que salvaguardariam os dados do mesmo modo que fariam com qualquer outra pesquisa médica confidencial. Contudo, um escândalo dessa magnitude ameaçava erodir ainda mais a confiança dentro de uma comunidade que já se sentia traída pela classe médica. Wold enviou um e-mail para Doblin falando das preocupações que o escândalo suscitara em sua comunidade. "Eu esperava ter sido avisado sobre a decisão do McLean antes que meus companheiros de fórum tomassem conhecimento dela por meio do boletim informativo da MAPS."[22]

A tranquilidade com que Doblin encarou as preocupações de Wold levava a crer que esse não tinha sido o primeiro e-mail delicado que ele recebera sobre o assunto.

"Peço desculpas por não ter informado você antecipadamente. As etapas finais da negociação com o McLean foram muito intensas e difíceis... A MAPS só se retirou porque esse era o último recurso, em uma situação em que somente isso funcionaria."[23] Doblin insistiu, contudo, que nada disso influenciaria a possibilidade de a MAPS apoiar Halpern, Sewell ou o Clusterbusters. Conforme afirmou Doblin, a MAPS continuava comprometida com o cumprimento de sua promessa de bancar o salário de Sewell em Harvard durante o ano fiscal seguinte, o que lhe garantiria tempo para estudar a eficácia das substâncias psicodélicas como tratamento para cefaleia em salvas.

As questões de financiamento – Doblin assegurou a Wold – poderiam ser resolvidas nos bastidores, uma vez que o Clusterbusters tivesse obtido o status de organização sem fins lucrativos. A MAPS simplesmente encaminharia o dinheiro levantado para esse projeto (a maior parte doada pelos Weils) de volta ao Clusterbusters. Doblin escreveu que ainda planejava captar um financiamento adicional de "20.000 a 25.000 dólares" para o Clusterbusters, "por meio da venda de objetos de arte e livros assinados por Albert Hofmann".

Wold esperava que os Weils se tranquilizassem com isso, dado que eles haviam destinado metade de sua doação de 50.000 dólares na condição de subsídio de contrapartida. Até onde ele tinha conhecimento, a MAPS era obrigada a levantar esse recurso.

Wold sabia que não lhe restavam muitas opções exceto confiar em Doblin. Portanto, respirou fundo e decidiu acreditar que tudo caminhava bem em seu pequeno canto do universo psicodélico. E, por algum tempo, tudo se desenrolou conforme as expectativas.

Enquanto isso, Andrew Sewell não sentia a menor inquietação em relação à colaboração entre eles. Ele estava ansioso para ser liberado. Era inegável o enorme entusiasmo e comprometimento de Sewell em conduzir o tipo de pesquisa que importava para os pacientes de cefaleia em salvas. Esse fator, somado ao profundo respeito que ele nutria pelo conhecimento detido por esses pacientes, tornava-o uma força a ser levada em conta.

Sewell estava cheio de ideias para o estudo. O que esperar do relato das 22 pessoas que responderam ao levantamento sobre cefaleia em salvas, dizendo que usavam um remédio à base de ervas chamado "kudzu" para lidar com crises individuais? O kudzu possuía várias propriedades bioativas. Ele gostaria de investigar essas propriedades.

Outros participantes do fórum de cefaleia em salvas juravam conseguir abortar suas crises bebendo galões de água. Sewell sugeriu que a base fisiológica para o tratamento poderia estar na estimulação vascular. Ele adoraria conduzir o estudo por esse ângulo.

E, o que pensar dos membros do Clusterbusters que faziam um autotratamento usando amida do ácido lisérgico (LSA, ou ergina), uma substância psicodélica obtida a partir de sementes baratas e acessíveis de glória-da-manhã, compradas legalmente? Um estudo pequeno para investigar o uso de LSA poderia ser bastante interessante. Não apenas havia facilidade para obtenção de sementes de glória-da-manhã, como também aqueles que usavam as sementes podiam enviar legalmente a Sewell, pelo correio, uma amostra de seu estoque, para que ele conseguisse avaliar a potência de suas doses.

E a grande notícia foi que a edição de julho de 2006 do periódico *Neurology*, o principal periódico da American Academy of Neurology, publicou o estudo de caso do grupo: "Response of Cluster Headache to Psilocybin and LSD" (Resposta da cefaleia em salvas à psilocibina e ao LSD). Finalmente, uma documentação confiável de que os psicodélicos podiam (segundo relatos informais) tratar a doença deles.[24]

De acordo com Sewell, Halpern e Pope, os achados eram dignos de nota por diversas razões. Em primeiro lugar, nenhum medicamento disponível no mercado conseguia interromper com tal efetividade um ciclo da doença. Em segundo lugar, poucas doses pareciam produzir um alívio duradouro, o que significava não haver necessidade de uma medicação diária. E, terceiro, se algumas pessoas de fato melhoravam com uma microdose, então, era possível que o tratamento não exigisse alteração da consciência.

Antes de concluir com a clássica afirmação, "justifica-se a realização de pesquisas complementares", o artigo defendia que os resultados apresentavam uma forma polêmica de terapia para uma famigerada doença.

Wold enviou um e-mail a Sewell, perguntando se esse era o primeiro estudo sobre psicodélicos e dor desde os dias de Timothy Leary.

Quase isso. Apenas uns poucos tinham sido publicados. Nenhum nos últimos vinte anos.

O compartilhamento da notícia com o pessoal do Clusterbusters foi um dos destaques daquele ano. O fórum se encheu de exaltação e otimismo: "É um ENORME passo inicial, e nós faremos muito por aqueles que se sentem tão desesperançosos".

"Eu espero que ALGUÉM esteja escutando."

Entretanto, a parceria que os levara até tão longe estava prestes a entrar em rota de queda livre.

O caminho até o início do colapso espetacular do relacionamento entre mentor e pupilo é difícil de ser rastreado. Contudo, um e-mail tenso que Halpern enviou a Sewell em 17 de janeiro de 2006 sugere que a colaboração entre eles já estava em chamas havia algum tempo antes de a conflagração começar de fato.

Halpern iniciou o e-mail com um reconhecimento contundente: "O que está acontecendo entre nós neste exato momento já vem se insinuando há algum tempo."[25]

De acordo com Halpern, Sewell supostamente cometera diversas violações éticas, inclusive o erro por não renovar o levantamento sobre cefaleia em salvas junto ao IRB e obter um certificado de confidencialidade

– um documento que protege os sujeitos da pesquisa contra intimações –, apesar das instruções claras de Halpern nesse sentido. Halpern também manifestou preocupações com a possibilidade de Sewell ter iniciado um estudo sobre LSA e outro sobre kudzu sem pedir que um supervisor avaliasse sua solicitação ao IRB. "Estou tentando proteger você", advertiu ele.

O e-mail continuava, dizendo que qualquer pesquisa envolvendo "alucinógenos" no McLean Hospital teria que ter a aprovação de Halpern, diretor do recém-criado Integrative Biological Psychiatry Lab. Sewell precisava compreender que não importava quem estava pagando o salário dele – não era assim que a supervisão funcionava no hospital. Halpern destacou também que "o dinheiro da MAPS para qualquer futuro estudo de cefaleia em salvas virá para meu laboratório".

Será que Sewell concordaria com a obrigação de ter a aprovação de Halpern antes de estudar qualquer coisa relacionada a alucinógenos? Halpern insistia nessa necessidade. O trabalho deles era importante demais para que se corresse o risco de expô-lo a essa "maluquice".

A resposta de Sewell destilava desdém. "Qualquer coisa relacionada a psicodélicos, John, fico feliz de realizar com você – esse é o seu domínio. Entretanto, a maior parte do que faço não tem relação alguma com psicodélicos."

Em junho, Sewell enviou um e-mail a Doblin e Wold, apresentando a proposta de transferir seu estudo sobre cefaleia em salvas, incluindo o financiamento do Clusterbusters, ao departamento de neurologia, onde ele, mais cedo ou mais tarde, criaria uma clínica da dor de cabeça. De acordo com Sewell, o diretor do departamento gostara da ideia. "A única condição", Sewell teria dito ao chefe de neurologia, era ele "emprestar seu apoio e sua aprovação a um ensaio clínico com psilocibina contra cefaleia em salvas a ser submetido ao IRB".[26]

Doblin pareceu estar de acordo com o esquema, desde que "o experimento incluísse LSD, além da psilocibina". Entretanto, Halpern desaprovou completamente a ideia. "O dinheiro da bolsa é para uma pesquisa aqui [neste laboratório] sobre cefaleia em salvas + LSD/psilocibina… Certo, Bob e Rick?"[27]

Ninguém respondeu.

A única coisa que interessava a Bob Wold era que a maldita pesquisa fosse feita.[28]

O time dos sonhos implodiu no início de setembro, quando Halpern descobriu que, naquele verão, Sewell publicara um artigo intitulado "So You Want to Be a Psychedelic Research?" (Então, você quer ser um pesquisador de psicodélicos?), nos periódicos *MAPS Bulletin* e *Entheogen Review*.[29] O curto editorial, hoje considerado um clássico dos estudos psicodélicos, oferecia orientações para aqueles que desejassem fazer parte dessa estigmatizada profissão. Sewell sugeria no editorial que os alunos da graduação poderiam procurar cursos pertinentes – o que encontrariam na antropologia –, ou se juntar a uma seção local de um grupo do campus, como o Students for Sensible Drug Policy. Enquanto isso, ele recomendava a leitura de uma literatura científica acessível, bem como a participação em convenções e o apoio a organizações como MAPS e Erowid por meio de doações ou trabalho voluntário.

Para se tornar um pesquisador de psicodélicos do mundo convencional era necessário um título de pós-graduação. Sewell se manifestou por escrito, dizendo que decidira se tornar médico, pois, assim, algum dia teria permissão para "receitar essas drogas para as pessoas", e também que ele gostava da ideia de os cidadãos permitirem que os médicos lhes dissessem o que era "bom ou ruim" para eles. Do ponto de vista mais prático, um médico sempre podia ganhar dinheiro atendendo aos pacientes. A busca de um título de doutor em neurociência, em psicologia clínica ou em ciência cognitiva também proporcionaria a credibilidade necessária para o sucesso. Nas palavras dele, "Quanto mais rigorosa e restrita sua pesquisa e a interpretação dela, mais dificuldade as pessoas terão para contestá-la, rejeitá-la ou a levar a sério".

Ainda assim, as palavras de Sewell continham um inconfundível desafio. Ele advertia os bacharelandos a "manter a discrição e penetrar nas estruturas do sistema", explicando que, algumas vezes, era necessário atender às expectativas dos outros a fim de adquirir credibilidade, antes de partir para pretensões mais independentes. Em um aparte conspiratório, ele revelou que sua estratégia tinha sido a seguinte: "Eu não deixei vazar uma palavra sequer de meus interesses antes de vir a integrar o corpo docente da Harvard Medical School".

Não quer dizer que Sewell fosse um sujeito arrogante. Ao contrário, ele reconhecia que "cientistas amadores" estavam fazendo algumas das "descobertas mais avançadas na ciência psicodélica, por estarem livres dos obstáculos legais que impediam a pesquisa acadêmica nesse campo", acrescentando recomendações de conferências nas quais as pessoas que atuavam no mundo convencional se associavam àquelas do universo clandestino.

Como se para sublinhar o intrincado relacionamento entre esses dois mundos, Sewell concluiu apresentando detalhes de contato de dezessete colaboradores que haviam concordado em disponibilizar recursos às pessoas interessadas nesse campo. O fato de Marc "Lord Nose" Franklin, conhecido fotógrafo do subterrâneo psicodélico, aparecer na lista de contatos de Sewell ao lado de Nicholas Cozzi, professor do departamento de farmacologia da Universidade de Wisconsin, é uma mostra de como a competência da pesquisa com psicodélicos ultrapassava as fronteiras das instituições reconhecidas como locais de pesquisa da legítima "classe dominante" e dos espaços menos formais.[30]

Ao descobrir esses artigos, Halpern enviou um e-mail a Wold classificando como o "cúmulo da estupidez" a decisão de Sewell de publicar esse tipo de conteúdo em duas das mais controversas organizações psicodélicas – *MAPS* e *Entheogen Review*.[31] O McLean *acabara* de cortar seus vínculos com a MAPS. E, apesar do fato de que Halpern realmente continuasse trabalhando com Rick Doblin – uma necessidade, porque a MAPS ainda era a única organização que subsidiava ensaios clínicos com MDMA –, a colaboração entre eles deveria permanecer em sigilo. Um artigo do *MAPS Bulletin* mostrando um vínculo da Harvard Medical School só serviria para incitar inquietações de seus patrões conservadores.

Halpern ficou particularmente incomodado com a insinuação feita por Sewell de que ele fora desonesto com seu empregador a fim de garantir o cargo. Halpern sempre revelou suas intenções aos patrões da Harvard. Do mesmo modo, a administração do McLean sabia que Sewell chegara à Harvard Medical School com a intenção de trabalhar no laboratório de psicodélicos de Halpern. Por que fingir o contrário?

Wold teve dificuldade em lidar com essa nova informação. A preocupação de Halpern era justificada. Talvez esse fosse o empresário que havia nele, mas Wold não conseguia deixar de se inquietar com a insinuação de Sewell, de que as pessoas mentem para seus empregadores sobre suas reais aspirações. Um pouco de bom senso é muito importante. Imagine aconselhar a um carpinteiro que aceitar um emprego seria uma boa maneira de seduzir a filha do chefe! Por que alimentar a besta em um campo já abundante em suspeitas (quase sempre injustas) de uma moralidade questionável? (Posteriormente, Sewell se retrataria, e diria a Wold que tinha sido honesto com a Harvard Medical School.)

Mais uma vez, Wold se viu matutando sobre o quanto a pesquisa do Clusterbusters fora prejudicada em virtude do trabalho com pessoas tão intimamente alinhadas com o subterrâneo clandestino. A circunstância de tomar conhecimento sobre o Halperngate e a decisão do McLean de cortar relações com a MAPS tinham sido um golpe de misericórdia. Ele agora precisava enfrentar Sewell. Wold entendia o prazer de desafiar as autoridades de forma rude e insolente, e apreciava o fato de Sewell tratá-lo como um igual, apesar de ele não ter as mesmas qualificações acadêmicas. Contudo, os membros do Clusterbusters tinham um motivo para querer trabalhar com um hospital vinculado à Harvard Medical School. Para ter qualquer esperança de mudar o sistema, o mundo clandestino precisava de pessoas como Halpern e Sewell. Portanto, ele preferia que seus parceiros da pesquisa convencional evitassem se tornar *personae non grata* nos respeitáveis salões da academia.

Teriam, porém, aqueles fatos ultrapassado os limites? Sewell se transformara em verdadeiro patrimônio. Ele não apenas era uma força propulsora da pesquisa que eles estavam fazendo no McLean, como também possuía um talento extraordinário para se envolver com a comunidade de pacientes nos termos da própria comunidade. Sewell escutava as histórias, as lutas e as aspirações dessas pessoas e levava a sério as sugestões feitas por elas. Os Clusterheads raramente encontravam na medicina esse nível de empatia. Talvez uma parcela dessa determinação tenha feito dele um obstinado, mas os jovens podem algumas vezes ser teimosos. Todo mundo precisava de redenção e perdão, certo? Sewell podia ser um pouco imaturo, mas era movido por uma determinação verdadeira. Wold esperava que Halpern conseguisse ver as coisas assim depois desse incidente.

Não aconteceu. O fosso surgido entre os dois pesquisadores só fez aumentar.

Em nada ajudou o fato de Sewell ter se recusado a admitir o malfeito. "Continuo achando que você está fazendo uma tempestade em copo d'água", escreveu ele para Halpern. "Para início de conversa, não acredito que eu tenha cometido algum erro pelo qual precise ser punido, e sustento tudo o que escrevi." Sewell se recusou até mesmo a admitir que o ensaio violara o acordo segundo o qual ele submeteria a Hapern, antes da publicação, qualquer coisa que fizesse referência a um alucinógeno. "Isso nem mesmo menciona uma pesquisa com LSD ou psilocibina."[32]

Sewell não tinha interesse em se curvar a Halpern – um sujeito que ele considerava um delator narcisista desagradável e aparentemente tão antipático à comunidade psicodélica que fora desconvidado do festival Burning Man naquele ano. Sewell participara do festival e se divertira, mas, no retorno, recebera uma bronca de Halpern por voltar com a cabeça raspada. (Sewell acreditava que o hospital daria preferência à cabeça raspada do que ao estilo moicano a que ele se afeiçoara no deserto).

Naquele momento, os e-mails de Halpern para Wold eram dominados por queixas em relação a Sewell, entre elas, alegações de que este, com o incentivo de Doblin, vinha planejando "um grupo de pesquisa no McLean totalmente independente de mim". Halpern relatou a Wold: "Eu fiz lembrar a Rick que existe aqui uma solução muito simples: Andrew pode trabalhar para mim ou ser demitido."[33]

Nada disso, porém, parecia impedir Sewell de ir adiante. Em meados de outubro, Wold recebeu de Sewell notícias novas a respeito do estudo sobre LSA e cefaleia em salvas que ele desejava realizar. Halpern fora muito claro: o IRB do McLean não aprovaria quaisquer das pesquisas de Sewell sobre psicodélicos, a menos que elas tivessem a sua assinatura. De qualquer forma, Sewell enviou um protocolo, o qual – ele estava feliz em relatar – acabara de receber aprovação do IRB. "A declaração [do Dr. Halpern] de que eu deveria interromper imediatamente todos os trabalhos de pesquisa sobre cefaleia em salvas ou psicodélicos não tem peso algum", escreveu ele confiante. "Eu não tenho paciência para esse tipo de brincadeira sem graça... [e] estou tranquilo porque essas ameaças parecem ser bastante vazias."[34]

Entretanto, a tentativa de Seweell no sentido de transferir sua pesquisa de psicodélicos para o departamento de neurologia saiu pela culatra. A situação atingiu um ponto crítico no final de outubro, quando Halpern percebeu que Sewell vinha "difamando-o" em e-mails enviados a um serviço de listas chamado "Visionary Plant" – um grupo de discussões secreto limitado a um círculo fechado de VIPs psicodélicos. Halpern já não era mais bem-vindo no grupo, mas ainda contava com uns poucos aliados naquele núcleo.

De acordo com os e-mails de Sewell para a lista, Halpern lhe dava ordens o tempo todo – mas ele não passava de um sujeito que trabalhava no mesmo hospital. De fato, eles haviam sido colaboradores em um estudo, mas, "desde então, nós tomamos rumos distintos".[35] Sewell contou na lista que o comportamento lhe parecera tão estranho que ele perguntara ao diretor de pesquisas do McLean Hospital se, por acaso, Halpern seria seu chefe. "Ele confirmou que, muito embora todos soubessem que eu estava trabalhando com Halpern em uma pesquisa sobre alucinógenos, em lugar algum ele estava indicado como meu supervisor."[36]

Sim. Era assim que as coisas funcionavam.

Andrew Sewell, de acordo com John Halpern, já não era bem-vindo no McLean Hospital. Todas as pessoas com quem ele conversara classificavam Sewell como "não supervisionável".

Bob Wold não conseguia acreditar que as coisas tivessem desandado tão depressa. Sewell acabara de relatar no grupo do Yahoo! que ele vinha fazendo progressos em um novo estudo sobre LSD e sementes de glória-da-manhã.

Wold enviou para Halpern um e-mail, dizendo: "Todos os comedores de semente no CB estão em êxtase".[37] "Só espero que no final as pessoas não saiam se sentindo usadas e abusadas, [com] sua dor, seu sofrimento e suas contribuições, perdidos no labirinto de um caos burocrático... Estou certo de que você – e espero que Andrew também – entenda que não é bom acenar às pessoas com esperança, realizações e avanços, para depois deixá-las pisando no vazio."[38]

Contudo, Halpern e Sewell estavam travando uma batalha que teria como consequência apenas prejuízos. Sewell jamais concordaria em trabalhar sob a supervisão de Halpern; e este insistia que toda pesquisa com psicodélicos no McLean fosse realizada com sua orientação. E Wold já estava farto de tudo isso.

Os e-mails de Wold foram inundados com notícias de morte. Ele soube de, pelo menos, seis pacientes de cefaleia em salvas que haviam falecido nos últimos dez meses – dois exatamente no último mês: um suicídio por arma de fogo e uma overdose acidental de fentanil.

Todas elas sensibilizavam Wold, mas a overdose de Eddie*, em especial, perturbou-o demais. Alguns anos antes, Eddie havia tentado a terapia com cogumelos, mas não teve condições de ajustar a dosagem. Ele conseguira entrar em remissão; porém, as crises de cefaleia em salvas tinham voltado a atacar havia alguns meses. Wold encaminhou a Doblin, Halpern e Sewell sua última e devastadora mensagem, para lhes dar uma ideia da crise que ele estava administrando: "Estou disposto a experimentar qualquer coisa. Um .45 parece legal nesse momento. Eu vivo em [um lugar em que cogumelos psicodélicos não crescem naturalmente] e, assim, a ideia de me deparar com algum no parque parece fora de questão. Estou pedindo por puro desespero. Eu sinto que se pudesse arrancar meu olho tudo isso teria um fim. Preciso desesperadamente de uma saída, apenas por uns momentos. Meu desejo é que a morte pudesse me levar ou que Deus me poupasse. Estou desesperado... Por favor, ajudem-me ...? Deus, por favor, ajude".[39]

A causa da morte de Eddie foi definida como overdose por fentanil. Wold acredita que é dessa forma que as mortes relacionadas a cefaleia em salvas são classificadas. Os médicos legistas simplesmente não entendem. Um bando de acadêmicos inseguros brigando por um território não ajuda ninguém.

Teria o seu amigo precisado de fentanil se tivesse tido acesso a psilocibina ou LSD? Poderia um ensaio clínico aprovado ter-lhe oferecido a esperança de que ele precisava para viver mais um dia?

"Não tenho certeza... [mas nós] precisamos começar logo esses ensaios. Não sei quantos mais amigos eu posso perder."

Tudo o que ele podia fazer era implorar.

Não seria suficiente. No final de novembro, Andrew Sewell foi forçado a renunciar.[40]

Naquele momento, Bob Wold estava diante de um novo conjunto de problemas. Sua caixa de entrada apresentava as questões mais prementes: a cada dia, chegava uma nova série de alegações e acusações de um dos membros do antes conhecido como time dos sonhos contra outro. Wold gosta de brincar que ele "nunca se imaginou tendo que um dia ser psicólogo dos psiquiatras de Harvard". E, com a saída do líder do projeto, o Clusterbusters precisava encontrar alguém para realizar esse projeto. Mas nada preocupava Wold tanto quanto a situação financeira do grupo, e o controle de todo o orçamento da pesquisa ainda estava nas mãos da MAPS.

Como Doblin desejava realocar a provisão de 80.000 dólares que a MAPS e o Clusterbusters haviam reservado para financiar uma bolsa de estudos de um ano para Andrew Sewell?

Doblin explicou que a MAPS só continuaria comprometida com o financiamento se a possibilidade do projeto fosse mantida. E, oficialmente, a MAPS não tinha capacidade para contribuir com as iniciativas deles no McLean. Doblin gostara da ideia de financiar a bolsa de Sewell e, assim, havia decidido fazer que acontecesse. Todavia, essa já não era mais uma possibilidade. No entanto, ele continuaria dando apoio. Uma vez que o estudo sobre psilocibina/LSD fosse aprovado, a MAPS doaria 26.000 dólares obtidos com as vendas de itens assinados por Albert Hofmann.[41]

Contudo, aparentemente, Hofmann também estava farto de Halpern. Uma semana depois da partida de Sewell, Doblin recebeu a notícia de que, após tomar conhecimento dos "recentes incidentes envolvendo John Halpern", Hofmann "desejava veementemente que todos os recursos provenientes das vendas dos impressos que ele assinou… ficassem restritos aos estudos e às pesquisas sobre LSD na Suíça".[42] Uma ordem como essa, vinda do "pai do LSD", poderia muito bem ter servido como banimento formal do mundo psicodélico.

"A principal lição aqui", explicou Doblin, "é que os desentendimentos entre Halpern e Sewell estão prejudicando a todos, independentemente de quem seja o responsável pelas disputas que estão ocorrendo."[43]

A decisão de Hofmann implicava que a MAPS não mais teria 25.000 dólares adicionais em seu orçamento para destinar à pesquisa sobre cefaleia em salvas. Todavia, Doblin assegurou a Wold que cumpriria sua promessa, desde que os membros do Clusterbusters apresentassem um projeto *que fizesse jus* ao dinheiro da MAPS. Wold deveria saber que a captação desses recursos seria um desafio, pois o maior doador de fundos irrestritos à MAPS também estipulara que nenhuma parcela desse dinheiro poderia ser direcionada a John Halpern.

A decisão de Doblin enfureceu Marsha Weil, principal (e, de algum modo, única) financiadora do Clusterbusters. A última metade de sua contribuição de 50.000 dólares à MAPS fora especificada como subsídio de contrapartida. Até onde cabia a ela, a MAPS tinha agora um débito de 25.000 dólares para com eles – dinheiro que a MAPS já levantara e agora se recusava a destinar às prioridades do Clusterbusters.

Doblin fez o possível para amenizar a situação, mas Weil não queria ouvir mais nada. Ela permaneceria no Conselho Diretor do Clusterbusters e ajudaria Wold a supervisionar a pesquisa em Harvard. Entretanto, ela fora totalmente desencorajada pela forma como essa iniciativa filantrópica se desenrolara.

Para Weil, não importava muito o fato de Halpern ter agido como delator, mas causava preocupação a reputação dele depois do evento "Halperngate". Se, como ela acreditava, as pessoas na comunidade psicodélica não aprovassem o pesquisador de quem estavam dependendo, ele teria dificuldades para ser convidado a participar das conferências da ciência psicodélica. De que maneira Halpern captaria fundos se fosse impedido de participar dos encontros nos quais se reuniam aqueles que tinham interesse nessa pesquisa? Será que o mundo psicodélico também desprezaria o Clusterbusters? Eles precisavam de todos os aliados que conseguissem reunir.

Enquanto isso, Wold e Weil não conseguiam entender como Harvard conseguira gastar mais de 14.000 dólares para criar um protocolo de um ensaio clínico que, até então, não existia (a universidade pagara o salário de um consultor disponibilizado pela MAPS). Halpern tentou tranquilizar Wold, dizendo que garantiria pessoalmente que a pesquisa do Clusterbusters fosse concluída a contento. Entretanto, Doblin e Halpern não conseguiram fazer nada capaz de reconquistar a confiança de Weil. Ela não pretendia colocar dinheiro bom em cima de dinheiro ruim.

Os recursos financeiros estavam mais escassos do que nunca; alianças importantes haviam sido irreparavelmente prejudicadas; e o número de pessoas em condições de levar a cabo a tarefa em questão diminuía dia a dia – porque, conforme se revelou, estava ficando terrivelmente difícil encontrar pesquisadores de psicodélicos.

Apesar das consequências do artigo de Sewell sobre a maneira de se tornar um pesquisador psicodélico, a questão por ele colocada quanto a como realizar nas universidades um estudo tão controverso é, ao mesmo tempo, importante e difícil de ser respondida. Ironicamente, dada a desavença entre eles, John Halpern pode ter sido um dos poucos cientistas com a competência necessária para responder a essa questão em 2006. Não há muitos outros em condições de alardear que estavam realizando um ensaio clínico financiado para testar um psicodélico.

Halpern sempre tivera o cuidado de enfatizar a importância da boa ciência. Ele compreendia também que a ciência se dá dentro de um contexto político que associava os psicodélicos a uma contracultura sem freios, orgiástica, socialmente perturbadora, que desrespeita as normas, abraça árvores e foge do recrutamento militar. Para poder se contrapor a esses estereótipos era necessário que ele se apresentasse como um cidadão respeitável e cumpridor das leis. Halpern fazia questão de ressaltar que o trabalho da ciência envolvia muito mais do que apenas realizar experimentos bem formulados; incluía também burocracia, interesses públicos e aprovação da alta cúpula do corpo docente. Para um jornalista que perguntou sobre o legado de Timothy Leary, Halpern respondeu, "Nós vimos como não fazer isso, não é?".[44]

Halpern tinha bons motivos para se preocupar. Uma necessidade absoluta de sua linha de trabalho era a manutenção do controle. Por exemplo, a decisão do McLean de se distanciar da MAPS, motivada pela preocupação de que a militância política da organização pela reabilitação das drogas fosse uma desvantagem, destacava as inquietações existentes quanto à permanente influência do controverso legado de Leary em Harvard.[45]

O livro de Danielle Giffort, *Acid Revival* (O renascimento dos ácidos), descreve uma "política de respeitabilidade" que prepara a nova onda da pesquisa psicodélica.[46] Originalmente, o termo se referia a um código de conduta que comunidades constituídas por minorias seguiam para conquistar aceitação social, mas a adaptação feita por Giffort ao universo dos psicodélicos é muito coerente. Todos aqueles envolvidos na pesquisa de psicodélicos temem que os políticos possam confiscar seus ganhos no caso de alguma coisa dar errado; portanto, eles buscam neutralizar o risco eliminando qualquer sinal de anormalidade. Essa é a razão pela qual, pelo menos até recentemente, a maioria dos cientistas proeminentes nessa área se recusavam a comentar se já haviam experimentado as drogas. (Halpern fez uma exceção quanto ao uso de peiote, porque ele havia tomado a substância a convite da Native American Church. Ele disse a um jornalista: "Eu não teria conseguido realizar o trabalho se não tivesse tomado").[47]

Paradoxalmente, o artigo de Sewell violara a norma básica dentro da pesquisa com psicodélicos: o espetáculo de sobriedade e respeitabilidade. Halpern argumentava que todas as atitudes posteriores de Sewell apenas comprovavam seu ponto de vista: em e-mails enviados a Wold ele defendia que o pós-doutor carecia do "caráter necessário para enfrentar a tempestade de fogo que atravessaremos". Esta é a política de respeitabilidade em ação.

Como destaca Giffort, dada a realidade política da área, fica difícil manter as aparências. Por um lado, é difícil parecer objetivo em relação às drogas quando você volta do Burning Man com o cabelo azul (como, aparentemente, Andrew Sewell fez depois – embora eu tenha ouvido dizer que os colegas dele na Yale não ficaram nem um pouco abalados). Por outro, a captação de fundos e o apoio material para as pesquisas dependiam de filantropos que tinham interesse na promoção de pesquisas com psicodélicos em razão de suas experiências pessoais com drogas de expansão da consciência. A capacidade para manter a contracultura à distância e, ao mesmo tempo, preservar um sólido relacionamento com o subterrâneo clandestino é um feito que exige equilíbrio.

Sewell advertiu os leitores a manterem as aparências – então, por que ele não foi capaz de seguir o próprio conselho? Posteriormente, fiquei sabendo que o Burning Man tinha sido um dos interesses passionais de Sewell. Ele adorava a comunidade psicodélica em geral – e, até onde sei, era por ela adorado. Se o McLean pretendia se distanciar da MASP para provar sua "objetividade", seria possível que Sewell desejasse se distanciar de Halpern para demonstrar sua "credibilidade"?

Em nossas conversas, John Halpern sempre afirmou que o Halperngate não prejudicou sua carreira. Ele fazia ciência, o que não tinha relação alguma com "o braço Talibã do movimento psicodélico" – e isso, ele admitia, era algo bastante sensacionalista para ser dito.

Ele me afirmou que sua consciência estava tranquila.

Quando Halpern tinha seus vinte anos, Pickard havia lhe dado dinheiro. (Apenas cerca de um terço da quantia que foi relatada, diz ele.) O dinheiro lhe permitiu ter mais confiança na possibilidade de conseguir "arcar com os custos" de uma carreira na pesquisa acadêmica, enquanto a prática clínica lhe renderia muito mais.

"Então, um bando de cretinos do subterrâneo psicodélico, sujeitos que desejavam ter, de alguma forma, um envolvimento direto na conspiração de Pickard, atacou-me como se eu fosse um delator. E ISSO é uma grande besteira", contou-me ele.

As preocupações daqueles que atuavam na clandestinidade em relação a ele eram equivocadas, afirmou Halpern. Ele não estava lá para "se infiltrar no sistema", mas sim para ser a melhor parte desse sistema. E Halpern tinha evidências que atestavam essa intenção: sua militância em prol do peiote e a pesquisa conduzida por ele sobre a segurança a longo prazo dessa substância ajudaram a garantir a liberdade religiosa para a Native American Church e seus membros. Uma petição *amicus curiae* que ele redigira em nome da União do Vegetal, uma pequena igreja internacional estabelecida no Brasil que usava a ayahuasca como sacramento, ajudou a convencer a Suprema Corte a emitir uma decisão unânime pela proteção da liberdade de quaisquer grupos religiosos reconhecidos – mesmo os grupos recém-formados – para usarem substâncias enquadradas na Classe I. As pesquisas de Halpern sobre a segurança de longo prazo do MDMA abriu caminho para realização de ensaios clínicos destinados a testar sua eficácia como medicamento.

Ele está certo: John Halpern merece mais crédito pelo "renascimento" psicodélico do que a maioria das pessoas está disposta a lhe atribuir.

Entretanto, acredito que ele está errado em relação ao subterrâneo psicodélico. O Halperngate dificultou sobremaneira o seu trabalho. Eu consigo ver, particularmente, o impacto sobre a capacidade dele para captar recursos financeiros. Enquanto a maior parte das pessoas provavelmente acredita que um professor da Harvard Medical School ganha um vultoso salário, professores ligados a pesquisas, como Halpern, raramente ganham um salário fixo garantido, que dirá receberem financiamento de seus empregadores para as "despesas gerais", como equipamentos de laboratório e computadores. Eles atuam muito mais como empreendedores, que precisam "garantir" sua renda e pagar as despesas gerais mediante financiamento para pesquisa ou atendimento a pacientes.

Em 2006, 60% do salário de Halpern foi pago por meio de subvenção do National Institute on Drug Abuse, um subsídio que financiou seu estudo sobre o uso de MDMA pelos mórmons. Ele dependia de filantropos como Peter Lewis para conseguir os outros 40% de suas necessidades financeiras. No entanto, no final do ano, Halpern começou a perceber o enxugamento dos fundos privados a que podia ter acesso. O dinheiro da doação de Lewis estava retido nas malhas da burocracia. Ele esticara ao máximo a doação do NIDA para conseguir cobrir todos os seus projetos, mas a situação deixava-o preocupado.

A MAPS não podia mais fazer doações para o McLean (pelo menos, não abertamente), mas Doblin continuava tentando captar fundos para Halpern, esbarrando, contudo, em dificuldades para encontrar pessoas dispostas a apoiar o pesquisador. Nas palavras de Doblin, a MAPS "pagara um alto preço" pelo apoio a Halpern. O Halperngate convertera o pesquisador em pária na comunidade psicodélica. De acordo com Doblin, a MAPS não apenas recebeu reclamações sobre sua decisão de colaborar com Halpern, como as pessoas citavam essa única questão como motivo para *não* se tornarem membros da organização. Os doadores mais abastados colocavam cláusulas de restrição no dinheiro doado à MAPS, especificando que parcela alguma poderia ser direcionada à pesquisa de Halpern.

Enquanto Andrew Sewell se mostrou um aliado muito convicto da clandestinidade, o erro de John Halpern foi sua suposta aliança com as autoridades policiais.[48]

Você não pode ser um pesquisador de psicodélicos se não contar com a confiança de todos.

Eu acreditei em Halpern quando ele disse que estava lá para ser a melhor parte do sistema – mas o "sistema" é uma rede que conecta os cientistas credenciados tanto com o subterrâneo psicodélico como com as culturas indígenas. Quando uma regulamentação restritiva para a ciência psicodélica obriga os cientistas convencionais a depender do conhecimento gerado pelo subterrâneo clandestino, deixam de existir, em algum momento, o convencional e o clandestino – fica apenas lama. As conexões entre os dois mundos não podem ser tão facilmente desenredadas.

O sucesso de Rick Doblin se deveu à sua capacidade de transitar dentro dessa rede, fortalecendo seus vínculos entre a pesquisa convencional e a clandestina. Contudo, a pressão no sentido de parecer "objetivo" quase sempre estimula os cientistas a apresentarem sua pesquisa – o fruto de seu trabalho – sem demonstrar a origem. Desse modo, há o risco de biopirataria – a exploração do conhecimento e dos recursos daqueles que têm menos poder. Durante muito tempo, as comunidades indígenas foram vítimas da exploração de seu conhecimento e seus recursos, e agora, ao ampliarmos nossa perspectiva, precisamos também reconhecer a existência de pilhagem semelhante que vitima as comunidades clandestinas de pacientes e os cientistas cidadãos, bem como devemos criar mecanismos de proteção contra essa pilhagem. Iniciativas que promovem uma colaboração respeitosa e o compartilhamento equitativo de benefícios entre as partes – pesquisadores, empresas, grupos comunitários, comunidades indígenas e cientistas cidadãos – podem ser essenciais para o enfrentamento e a mitigação dessas tensões multifacetadas.

No entanto, a ocultação das inovações fora da lei não as torna irrelevantes. Assim como o ato de admirar apenas o cogumelo que emerge acima do solo impede a percepção da importância dos filamentos emaranhados do micélio ali abaixo, não podemos permitir que nossa admiração por acadêmicos eminentes nos impeça de ver suas conexões com o universo subterrâneo. Um simplesmente não pode existir sem o outro.

A participação nos fóruns do Clusterbusters nos permite perceber facilmente a ironia que existe na valorização das contribuições ao conhecimento feitas por aqueles que atuam no "mundo convencional" mais do que as daqueles que trabalham no "universo clandestino" – ou seja, ilegalmente e sem credenciais. Nesses eventos, médicos, residentes e representantes do setor farmacêutico ouvem os testemunhos apaixonados de Clusterheads que descrevem como as drogas psicodélicas os salvaram depois de suas vidas quase terem sido arruinadas pelos medicamentos. Eu testemunhei a transformação sofrida por médicos, inicialmente céticos, que ficaram paralisados diante da experiência – um espaço repleto de pacientes de cefaleia em salvas energizados e otimistas é muito diferente da típica consulta clínica com um único paciente em luta contra sua doença, um paciente que é, com muita frequência, marcado pelo fracasso da medicação.

E nesse domínio existe muito conhecimento. Eu mantive o foco dessa história concentrado nos cogumelos, mas há um volume muito grande de inovações desenvolvidas nesse grupo de pacientes, entre elas um protocolo de suplementação com vitamina D em estudo no Health Science Center da Universidade do Texas, em Houston. Um representante do setor farmacêutico que participou de uma conferência me confidenciou: "Não há nada que [esses pacientes] possam aprender conosco. São eles que estão na vanguarda da pesquisa". Atualmente, esse tipo de humildade é algo escasso – necessário, porém, para que se possa prosperar nesse campo.

"Está tudo bem? Não tenho notícias suas há algum tempo.", Halpern perguntou a Wold em uma mensagem enviada na terça-feira, 2 de janeiro de 2007, às 6h54.

Já fazia duas semanas inteiras que ele não recebia resposta a seus e-mails.

Wold respondeu dois dias depois. "Está tudo bem aqui, agradeço por se preocupar. Só precisei me afastar por alguns dias durante as festas de fim de ano. Prepare-se para receber algumas respostas por e-mail, rindo muito alto, rolando de rir."

Ele recebera pelo menos sete mensagens de Halpern durante as duas semanas anteriores – cada uma delas um novo drama contendo acusações sobre o roubo da correspondência, alegações sobre integridade e ética, ataques de fúria em relação ao comportamento de Sewell e instruções para Wold examinar o website "Free Leonard Pickard", porque, muito embora houvesse um "segmento de pessoas que pertencem à MAPS e/ou fazem doações para a MAPS [que] têm essa agenda de destruir qualquer pesquisa em que eu esteja envolvido", Wold não encontraria um "único comentário [no website] me atacando ou tentando me fazer parecer o demônio... As pessoas que deveriam importar não apoiam essa agenda".[49]

A história não terminaria aí.

Já fazia alguns anos que Wold organizava toda a sua vida em torno do propósito de ajudar as pessoas a sobreviverem a essa doença terrível. Muita coisa o levou a se questionar durante o Ano-Novo psicodélico. Teria ele cometido um erro ao escolher esse caminho? Estaria a Universidade de Harvard à altura da missão? Qual seria a alternativa? O Conselho Diretor do Clusterbusters tentava encontrar uma solução para a situação. Que outro caminho poderiam eles tomar? Subsídios limitados e gastos irrecuperáveis os mantinham presos a Halpern. Tudo indicava que a única forma de avançar seria encarar o desafio. Eles haviam feito as escolhas; agora deviam enfrentar as consequências.

Capítulo Quinze

ESQUEÇA A VIAGEM

A SENSAÇÃO DE TOMAR UMA DROGA PSICODÉLICA É SEMELHANTE À DE MERGULHAR NO OCEANO à noite. Você pode se preparar, mas, até mesmo o psiconauta mais experiente não tem ideia do que acontecerá quando estiver cercado pelo azul profundo. Talvez o mar caleidoscópico ofereça uma navegação tranquila. Talvez os tentáculos da ansiedade – ou mesmo do pânico – surjam como ameaças ao longo do caminho. Todavia, há certas características infalíveis: os padrões se desdobram em harmonia geométrica. As distâncias se desfiguram, fazendo que algo ao longe pareça estar apenas alguns metros além. O mundo, agora animado, afigura-se mais vivo, mais real. Tome uma dose suficientemente grande e o mundo começará a se mostrar – realmente se mostrará – infundido com um intenso senso de unidade. Ideias que antes pareciam banais agora se afiguram totalmente geniais; pensamentos e ideias que antes eram borrados se tornam mais nítidos e cristalinos.

Estamos completamente sozinhos.

Há mais beleza no mundo do que jamais conseguimos imaginar.

O momento presente é tudo o que existe.

Isso aconteceu antes. Isso acontecerá novamente.

Só a mudança é o que permanece.

Para as comunidades indígenas, que durante milênios usaram plantas psicoativas e fungos como sacramento, não é segredo que a experiência psicodélica deve ter uma dimensão espiritual. O fato de essa mesma consciência alterada poder encontrar um lugar dentro dos corredores da medicina ocidental, regidos por rigorosa regulamentação, representa um afastamento significativo da costumeira forma de atuação do setor. A ciência – epistemologia da medicina – fundamenta sua autoridade em alicerces opostos aos do mundo do misticismo e da espiritualidade. O conhecimento baseado em experimentos meticulosos, as evidências incontestáveis e a lógica rigorosa permitiam que os cientistas dissessem: "O pregador pode lhe ensinar como viver sua vida. Nós lhe ensinaremos a verdade".

Para Aldous Huxley, por exemplo, essa abordagem reducionista da vida era deficiente. Para ele, a ciência e a espiritualidade poderiam – ou melhor, deveriam – coexistir. Durante o período em que cuidou de sua primeira esposa, Maria, na luta dela contra o câncer, Huxley foi tomado por uma profunda convicção quanto ao potencial da consciência, e até mesmo da espiritualidade, como fatores de mitigação das agonias físicas e existenciais relacionadas à morte. Ele observou que os vivos poderiam proporcionar um desenlace mais tranquilo para aqueles que estão morrendo, elevando o que talvez seja o ato mais fisiológico da existência humana a um plano de consciência e ressonância espiritual.

O romance utópico de Huxley, *A Ilha*, de 1962 – o livro que inspirou os fundadores de Esalen – descreve uma terra onde uma droga psicodélica fictícia chamada moksha ajudava os habitantes a encararem sua mortalidade com serenidade, aceitação e alívio. Um dos personagens, Lakshmi, uma mulher idosa que luta contra o câncer, explica como a moksha a separou de sua dor. Ela afirma: "Seria ruim se fosse realmente minha dor. Mas, de alguma forma, não é. A dor está aqui, mas eu estou em outro plano. É mais ou menos isso que o remédio moksha leva você a perceber. Nada realmente pertence a você. Nem mesmo sua dor".[1]

O romance se assemelha a uma pregação. No ano seguinte, Huxley confiou à sua segunda esposa, Laura, a tarefa de lhe administrar cem microgramas de LSD, pouco antes de ele morrer. Tempos depois, Laura descreveria mais tarde como ele estava em agonia física e psíquica antes da injeção, mas então o LSD lhe trouxe paz, de modo que "como uma música que se torna cada vez menos audível, ele foi se apagando".[2]

Quando, em novembro, a revista *New Scientist* convidou cinquenta "mentes brilhantes" para fazerem uma previsão do futuro, seria bem possível pensar que era Huxley o *ghostwriter* por trás das palavras de Halpern. Nestas, ele descreveu como sua pesquisa com psicodélicos poderia "conduzir a um novo campo da medicina no qual a espiritualidade é despertada para nos ajudar a aceitar, sem medo, nossa mortalidade, e onde aqueles que enfrentam problemas de dependência, ansiedade ou cefaleia em salvas descobrem um caminho para a cura genuína".[3]

Halpern, com a assistência de Rick Doblin e da MAPS, chegou tentadoramente perto do sucesso. Se tudo saísse como planejado, ele (e Doblin) teria dados empíricos capazes de demonstrar que o MDMA era o verdadeiro remédio moksha.

Foi Huxley quem cultivou um dos esporos dessa ideia. Todavia, o plano de Halpern e Doblin era fundamentado em pesquisas dos anos 1960 e 1970, as quais geraram evidências consistentes de que a terapia com psicodélicos conseguiria amenizar o sofrimento existencial. Menos conhecido, no entanto, é o fato de que essas pesquisas haviam começado como uma série de estudos sobre a dor.

Os escritos de Aldous Huxley sobre LSD e morte foram pela primeira vez colocados à prova pelo Dr. Eric C. Kast, um psiquiatra que ocupou o cargo de professor-assistente de medicina e psiquiatria na Chicago Medical School, e de anestesista no Cook County Hospital, em Chicago, no início dos anos 1960. A inspiração de Kast, entretanto, não foi Huxley, mas sim uma busca pragmática no sentido de estudar as limitações dos opioides – que eram o tratamento padrão para dores severas.

Segundo Kast, a medicina não dispunha de um analgésico ideal. Os opioides – o analgésico preferido – afetavam os sentidos dos pacientes, minavam seu interesse pela vida, levavam ao vício, podiam causar overdoses e frequentemente não conseguiam produzir alívio. Kast levantou a hipótese de que o LSD poderia ser uma alternativa viável, porque a dor não era apenas um processo mecânico objetivo, e sim uma interação entre a existência concreta e inerte dos nossos corpos e as narrativas complexas que nossas mentes criavam em torno deles. Ele argumentava que as pessoas com dor ficam enredadas em um conflito entre o desejo de manter a sua integridade corporal e o desejo contrastante de se desvincular das partes dolorosas.[4]

A ação dos analgésicos à base de opioides – observou ele – se dava não por meio do entorpecimento dos sentidos, mas sim pela indução de uma "sensação de separação entre o eu e os problemas emocionais".[5] Em outras palavras, os opioides não entorpeciam a dor, porém provocavam nos pacientes uma alteração de sua percepção mental da dor. Entretanto, esse tipo de substância, como todos nós no século XXI sabemos, cria mais problemas do que resolve. Kast queria encontrar uma droga capaz de alterar a percepção mental da dor sem deixar um rastro de devastação.

O componente psicológico do LSD era um substituto potencial. Kast tinha um particular interesse em entender como a droga dificultava a concentração da atenção em sensações específicas. Talvez essa característica ajudasse os pacientes com dor a reduzir o foco no que os afligia.[6]

A Sandoz concordou. Kast foi um entre os apenas dezessete pesquisadores que a empresa permitiu que estudassem o LSD logo em seguida à introdução de novos controles regulatórios pelo FDA, depois que o escândalo da talidomida despertou na sociedade preocupações quanto ao risco dos medicamentos.[7]

Entre 1963 e 1967, Kast administrou LSD a mais de 250 pacientes com dor intensa, tratados no Chicago Medical School e no Cook County Hospital – a maioria deles com câncer terminal. Entretanto, ao contrário dos pesquisadores contemporâneos que hoje estudam a capacidade de cura psicoespiritual dos psicodélicos, o interesse de Kast não era a ansiedade da proximidade da morte – ele queria aliviar a dor física dos pacientes. Os resultados foram surpreendentes: uma única dose de cem microgramas de LSD proporcionou alívio mais duradouro da dor do que opioides como demerol e hidromorfona. O alívio imediato se manteve por até doze horas, com efeitos que persistiram por até três semanas. Além disso, o LSD se mostrou bem tolerado, mesmo pelos pacientes terminais.[8]

Kast levantou a hipótese de que uma dose alta de LSD desviava a atenção dos pacientes de sua dor, tornando mais proeminentes na consciência da pessoa outras sensações menos angustiantes. Ele argumentou que a expectativa quanto aos acontecimentos futuros podia ser uma excelente estratégia de sobrevivência, mas proporcionava poucos benefícios positivos para aqueles que viam na morte sua melhor chance de sentir alívio. A possibilidade de privar uma pessoa da capacidade de se concentrar – mesmo que por um curto período – era uma poderosa forma de libertação: uma libertação da hipervigilância da dor e do medo do que está por vir. Em uma dose suficientemente alta, a dissolução do ego proporcionava aos pacientes o espaço cognitivo capaz de distanciá-los de sua dor.

Conforme palavras de Lakshmi, "A dor está aqui; mas eu estou em outro plano".

Pouca coisa no estudo de Kast sugeria qualquer envolvimento real com Aldous Huxley ou com a psicoespiritualidade. Se o interesse de Kast na morte era psicoespiritual, ele foi bastante eficiente em mantê-lo em sigilo. Contudo, em uma época na qual era tabu pronunciar a palavra câncer, Kast não pôde deixar de observar que os pacientes tratados com LSD quase sempre falavam sobre sua morte com uma espontaneidade cheia de franqueza.[9]

No início, ele mencionou esse fato como uma observação secundária. Os pacientes de seu primeiro estudo expressavam "uma curiosa desconsideração pela gravidade de sua situação [médica] e falavam livremente sobre a morte iminente com um sentimento considerado inadequado em nossa civilização ocidental, mas bastante benéfico para o estado psíquico em que se encontravam".[10] Eles salpicavam a conversa com observações casuais sobre a própria mortalidade e, em seguida, falavam a respeito da beleza do momento ou algo aparentemente trivial, destacando uma mudança dramática de perspectiva e uma transgressão das normas sociais relativas a discussões sobre a morte.

As ideias de Kast quanto ao potencial terapêutico do LSD são algumas das oportunidades perdidas na história da medicina. Parte do problema foi simplesmente a escolha do momento. A pesquisa científica sobre LSD sofreu drástica redução após a promulgação da Kefauver-Harris Act, nos Estados Unidos, em 1962. Kast foi um dos poucos cientistas brindados com a sorte de receber permissão da Sandoz para conduzir sua pesquisa sobre LSD, em 1964. A nova ênfase da medicina em fazer a distinção entre o efeito terapêutico das drogas e do placebo também não trouxe bons prognósticos para o LSD. As descobertas de Kast também não interessaram a seus colegas da anestesiologia, pois estes privilegiavam os analgésicos passíveis de controle. No entanto, a ideia de Kast de que o LSD poderia aliviar a angústia da proximidade da morte chamou a atenção de alguns dos demais pesquisadores da área.

Sidney Cohen percebeu. Ele, um dos primeiros psiquiatras a compreender o potencial terapêutico do LSD, também foi um dos primeiros a alertar sobre seus perigos. Em 1962, Cohen publicou um estudo determinante, alertando sobre o risco que a droga poderia oferecer se usada de forma incorreta. Ele temia que os estudos sobre LSD tivessem se tornado flexíveis demais: festas embaladas pela droga e teorias pseudocientíficas marginais não tinham lugar na ciência.[11]

A pesquisa de Kast, por outro lado, impressionou-o. Em um ensaio de 1965 publicado na *Harper's Magazine*, Cohen relatou que as descobertas de Kast eram compatíveis com a pesquisa que ele vinha realizando desde a década anterior. Assim escreveu Cohen: "Parece que o LSD não age diretamente na parte do cérebro que recebe os impulsos da dor. Ao contrário, há indícios de que ele altera o significado da dor e, com isso, diminui sua intensidade".[12]

Eis, por exemplo, o caso de sua paciente Irene. "Movida por pensamentos e sentimentos além de si mesma, ela não se preocupava com a dor, que havia sido o foco principal de sua existência durante meses. Essa dor já não tinha o mesmo peso sinistro." As percepções de Irene mudaram tão drasticamente que ela precisou ser lembrada duas vezes de tomar o remédio para dor. E o efeito analgésico parecia ser duradouro. De acordo com Cohen, Irene disse o seguinte: "A dor voltou, mas acho que consigo lidar com ela. Que dia foi ontem! Uma espécie de férias para mim".[13]

A pesquisa de Kast foi abraçada por cientistas do programa de pesquisa psicodélica do Spring Grove Hospital, em Baltimore, Maryland. Eles projetaram um ensaio clínico que poderia validar as principais descobertas de Kast. Os pesquisadores submeteriam à terapia assistida por LSD pacientes com câncer em fase terminal, e tentariam responder a duas perguntas: a intervenção reduzia a necessidade de opioides para controlar a dor? E a intervenção aliviava a ansiedade e a depressão que muitas vezes acompanham uma morte iminente?

Eram fortes os indícios de que a terapia assistida por LSD conseguiria aliviar as crises existenciais. No entanto, os cientistas tiveram dificuldades para interpretar os dados obtidos sobre a redução da dor. Os pacientes relataram uma redução significativa na intensidade da dor que sentiam, mas a pergunta que a pesquisa tentava responder era se a terapia assistida por LSD reduzia a dependência dos pacientes em relação aos narcóticos. Isso não aconteceu. As pessoas ainda precisavam de seus remédios analgésicos.

Teriam eles simplesmente formulado a pergunta errada? Em geral, os opioides não controlavam por completo a dor de uma morte iminente. Havia indícios de que a terapia assistida por LSD deixava os pacientes mais tranquilos.[14] Os pesquisadores de Silver Spring nunca tiveram a chance de chegar a uma resposta. Tudo o que eles estavam fazendo foi interrompido quando o governo federal colocou um ponto final em suas pesquisas.

Isto é, até 2006, quando Roland Griffiths, da Johns Hopkins, e o Council on Spiritual Practices, Bob Jesse, fizeram chegar um passo mais perto da fruição o sonho da assistência médica com abordagem espiritual. Apesar de o ano ter sido ruim para Halpern, em outros lugares os psiconautas comemoravam a publicação de um artigo no periódico *Psychopharmacology*, intitulado "Psilocybin Can Occasion Mystical-Type Experiences Having Substantial and Sustained Personal Meaning and Spiritual Significance" (A psilocibina pode provocar experiências de caráter místico com substancial significado pessoal sustentado e importância espiritual).[15]

O estudo, um ensaio clínico meticulosamente planejado, descobriu que doses grandes de psilocibina, quando administradas em um ambiente confortável e solidário, promoveram o mesmo tipo de experiência mística relatada por buscadores espirituais ao redor do mundo. A "viagem" – um estado de espírito antes considerado tão patológico que os cientistas julgavam semelhante à esquizofrenia – produziu uma sensação tão profunda de conexão com o mundo que levou 67% dos participantes a descreverem como uma das cinco experiências mais significativas que já haviam tido – comparável ao nascimento de um filho ou à morte de um dos pais.[16] Um estudo complementar demonstrou o impacto duradouro da experiência: quatorze meses depois, 58% e 67% dos voluntários, respectivamente, classificaram a experiência entre as cinco principais em termos de significado pessoal e importância espiritual em sua vida. A experiência aumentou o bem-estar e a satisfação com a vida – e o impacto foi duradouro.[17]

Só depois de alguns anos, foi publicado um ensaio clínico com aplicação dessa descoberta. Em 2011, o psiquiatra da UCLA, Charles Grob, junto com uma equipe de pesquisadores, publicou um ensaio clínico financiado pelo Heffter Research Institute, que estudou as possíveis propriedades terapêuticas da terapia assistida por psilocibina para aqueles que enfrentavam a profunda angústia existencial comum em pacientes com câncer em estágio avançado.[18] O tratamento apresentou bons resultados: uma única dose de psilocibina reduziu a ansiedade dos participantes e melhorou seu humor, mesmo na situação em que eles encaravam a própria morte.

Em 2016, Roland Griffiths publicou um ensaio clínico bem mais abrangente que confirmava as descobertas de Grob. E, em seguida, um segundo ensaio clínico publicado pelo ex-aluno de Grob, Stephen Ross, médico da Universidade de Nova York, fez a mesma confirmação. Enquanto isso, pesquisadores da Basileia, na Suíça, conduzindo ensaios clínicos com administração de LSD a pacientes no final da vida, estavam descobrindo praticamente a mesma coisa: tudo indicava que a viagem psicodélica de fato conseguia ajudar as pessoas a lidar com seus conflitos existenciais.[19]

No entanto, apesar de todos esses estudos fazerem a devida citação da pesquisa fundamental de Eric Kast, eles não dedicaram quase nenhuma atenção à questão do desconforto físico. Era quase como se a dor não tivesse qualquer importância.

O ensaio clínico de Halpern não só poderia ressuscitar a pesquisa em Spring Grove, como também chamar a atenção para os efeitos analgésicos dos psicodélicos. Pelo menos, era esse o objetivo do estudo. Os participantes da pesquisa deveriam preencher um registro diário de sua dor.[20] Infelizmente, em novembro de 2009, apenas três anos após o artigo da *New Scientist* ter publicado a profecia de Halpern, o financiamento capaz de produzir esse futuro chegara ao fim. A única alternativa viável para a permanência em Harvard seria esquecer a viagem psicodélica. A única coisa que ocorreu a Bob Wold foi o pensamento de que o Clusterbusters estava sendo lesado no processo.

No ambiente de trabalho das construções é esperado que existam algumas confusões, mas na atividade diária de Wold nem isso se comparava ao comportamento disfuncional que ele vivenciava em Harvard. Parecia que cada dia trazia uma nova crise a ser administrada.

No início de 2007, Halpern começou a enviar a Wold indicativos de que a situação financeira em Harvard tornara-se precária. O conselho do Clusterbusters estava começando a considerar estranhos e um tanto incômodos os pedidos de recursos financeiros adicionais feitos por ele, dado o estouro orçamentário de sua colaboração conjunta até então. Wold e Weil haviam imaginado que um ensaio clínico custaria quase o mesmo valor que havia sido acordado no memorando de entendimento original de fevereiro de 2004 que Doblin fornecera a eles: 50.000 dólares mais um subsídio de contrapartida, totalizando 75.000 dólares. Halpern estava fazendo "estimativas" de 250.000 dólares, com a ressalva de que "muito mais precisará ser levantado se houver um componente de neuroimagem integrado ao estudo".[21] Um e-mail de janeiro de 2007 lançou informalmente a possibilidade de se chegar a 500.000 dólares.[22] Esse aumento significativo ocorria sem que o desenvolvimento do protocolo apresentasse um avanço observável.

Contudo, os apelos por financiamento não significavam coisa alguma se comparados à escaramuça épica entre Halpern e Sewell, que, de alguma forma, ainda subsistia. Halpern não queria qualquer relação com Sewell e ficava indignado em saber da continuidade da colaboração do Clusterbusters com ele. O fato de, em poucas semanas, Sewell ter encontrado um filantropo disposto a doar 10.000 dólares para viabilizar a continuidade de parte de sua pesquisa sobre cefaleia em salvas enfureceu Halpern.[23] O dinheiro seria desperdiçado, reclamou ele a Wold. Aquele sujeito não tinha futuro na medicina acadêmica. Entretanto, em setembro de 2007, Sewell foi admitido para um trabalho de pesquisa na Yale Medical School e para um cargo clínico de médico assistente no Veterans Administration Hospital local.[24]

De sua parte, Sewell não suportava permanecer no mesmo recinto que Halpern, a quem, em seus e-mails, ele frequentemente se referia como "criminoso". Halpern tinha o mesmo sentimento em relação ao "Angry Swill". Os dois costumavam pedir com tanta frequência a Wold para atuar como mediador em seu relacionamento que este acabava imaginando que esses psiquiatras formados em Harvard queriam pagá-lo para ser seu terapeuta.

Será que os cientistas tratavam da mesma forma os outros patrocinadores? Wold não conseguia acreditar que Halpern fizesse exigências a qualquer um dos outros filantropos que patrocinavam sua pesquisa. Algumas vezes, ele enviava um e-mail para Doblin, questionando como era possível que Peter Lewis tivesse conseguido ser tão generoso em seu subsídio, enquanto o Clusterbusters precisava contar cada centavo. Todavia, quem pode saber? Talvez Halpern não deixasse o telefone de Lewis silenciar. Eu não tenho esses registros! De qualquer forma, um bilionário poderia arcar com os custos de um fracasso de Halpern. O líder de uma comunidade de pacientes desesperados por tratamento não tinha o mesmo luxo.

Cada pedido de subsídio parecia um ultraje, dada a recente implosão da colaboração deles com Andrew Sewell. A última solicitação envolvia um teste clínico no valor de 10.000 dólares. Halpern explicou que essa era uma remuneração muito razoável e bastante necessária. O dinheiro subsidiaria um pequeno ensaio clínico aberto destinado a testar um análogo não alucinógeno do LSD, chamado dietilamida do ácido 2-bromo lisérgico (BOL-148).

"Existe algum lugar onde o Clusterbusters possa solicitar subsídios?", perguntou Wold.

Halpern não tinha muitas sugestões úteis. "Existem outras fundações privadas", respondeu ele; contudo, na sua opinião, as "hiperconservadoras fundações da neurologia" nem as "fundações ligadas à dor de cabeça" estariam interessadas. "Eu acredito que você já sabe o que pode conseguir com elas."

Subvenções federais, acrescentou Halpern, poderiam ser uma possibilidade quando eles tivessem dados de um projeto-piloto; entretanto, "conseguir financiamento [seria] sempre uma árdua batalha". A melhor aposta estava na "subvenção direta por parte de pessoas famosas". Ele conhecia o proprietário de um "megafundo fiduciário", cujo irmão sofria de cefaleia em salvas. Por esse caminho eles conseguiriam recursos financeiros. Amigos com dinheiro.[25]

Wold se perguntou: será que eles precisavam de outro estudo que não tinham condições de bancar?

Halpern afirmava que sim. O Institutional Review Board (IRB) do McLean já demonstrava dúvidas em relação a um protocolo de pesquisa que testasse o LSD para tratamento da cefaleia em salvas. Portanto, Halpern elaborou um plano: para demonstrar que os efeitos psicodélicos desempenhavam um papel fundamental na capacidade do LSD para tratar a cefaleia em salvas, eles administrariam aos pacientes uma versão não alucinógena da droga. Assim, a ausência de resultados do tratamento forneceria uma prova consistente de que o ingrediente mágico do LSD era a própria viagem.

Wold estava descrente – e irritado –, mas havia percebido ao longo desse trabalho conjunto que resistir a Halpern nunca era a melhor alternativa. Ele simplesmente se recusava a aceitar um *não* como resposta. No caso em questão, o argumento de Halpern era que não importava se os membros do Clusterbusters estavam dispostos ou não a pagar por um estudo destinado a avaliar o BOL-148. A política do McLean Hospital, de Harvard, *exigia* que eles realizassem a pesquisa. Algumas vezes, Halpern parecia não conseguir acreditar que eles pudessem resistir à ideia – por que não, em vez disso, apenas agradecê-lo por ter criado uma oportunidade tão extraordinária de receber tanto retorno por um investimento tão pequeno?[26]

O conselho do Clusterbusters não via muito sentido em ministrar às pessoas com dores excruciantes uma droga que elas acreditavam que não funcionaria. Pior ainda, e se a droga produzisse bons resultados? Não seria então a oposição do hospital ao seu ensaio clínico com psilocibina fortalecida por um estudo de caso demonstrando que uma versão não alucinógena do LSD conseguia ajudar a essas pessoas?

Halpern descartou as preocupações do conselho. Na visão dele, esse pequeno estudo não poderia inviabilizar a missão do Clusterbusters. Mesmo que a droga ajudasse um pouco, o estudo envolvia apenas cinco pessoas, enquanto, por outro lado, eles tinham dados muito mais robustos – como o artigo da *Neurology* que documentou 53 relatos de casos de pessoas com cefaleia em salvas beneficiadas por essas drogas – que atestavam a eficácia do LSD e da psilocibina.[27] Eles deveriam, isso sim, considerar um panorama mais amplo: o estudo seria realizado na Alemanha em colaboração com dois médicos respeitados da Hannover Medical School. Os ensaios clínicos na Alemanha custam muito menos do que nos Estados Unidos (especialmente quando a sede do estudo é

Harvard). O financiamento de uma pesquisa como essa, argumentou Halpern, ajudaria o Clusterbusters a consolidar sua reputação de ser uma organização voltada para o paciente que privilegiava mais a busca de um tratamento eficaz do que o divertimento de uma "viagem".

Ninguém se opôs a isso, apesar de a premissa ser bastante inquietante. Certamente, os membros do conselho sabiam que precisavam lidar com esse estigma, já que representavam pessoas com dor *e* um grupo de pacientes interessado em legitimar o uso de medicamentos psicodélicos. Eles já trabalhavam em um amplo espectro de outros projetos destinados a cobrir as lacunas deixadas pelo sistema de saúde: diagnóstico, epidemiologia e acesso à oxigenoterapia.

Depois de muita discussão, o conselho decidiu, em agosto de 2007, que permitiria o estudo, desde que Halpern desse continuidade à busca de aprovação do ensaio clínico com psilocibina. Nesse meio-tempo, Wold fez o possível para garantir que o estudo se desenrolasse sem percalços.

Na conferência do Clusterbusters, de setembro de 2008, John Halpern anunciou que havia submetido ao IRB um protocolo de ensaio clínico com psilocibina – quatro anos depois do início da subvenção de 50.000 dólares feita pela organização, e um ano após eles terem estabelecido a submissão do protocolo como condição para liberação de mais recursos.

Logo depois, o IRB rejeitou a proposta. Halpern, no entanto, não tinha interesse em revisar e reenviar um protocolo. O BOL-148 produzia resultados notáveis – a ação da substância era tão eficaz que poderia até mesmo ser melhor do que a de qualquer outra droga, inclusive psilocibina e LSD.

Halpern afirmou que a enorme eficácia do BOL-148 fazia todo o sentido, o que chamava a atenção, já que ele havia apresentado o estudo ao conselho do Clusterbusters como um fracasso certo. Todavia, agora, mudara de ideia. Era fácil entender: os medicamentos funcionam melhor quando ministrados em uma dose maior, porém os efeitos colaterais limitam a quantidade que uma pessoa pode tomar. Esse problema não acontecia com o BOL-148. Em outras palavras, do ponto de vista da dosagem, era possível ir muito além do que se poderia imaginar conseguir com o alucinogênico LSD. Para Halpern, a ideia de propor uma pesquisa sobre qualquer outro tratamento para a cefaleia em salvas a essa altura "beirava" a falta de ética, independentemente de os membros do Clusterbusters terem sido sempre muito claros ao afirmar que o objetivo do subsídio que concediam era conseguir um protocolo aprovado para o estudo da psilocibina.

O conselho do Clusterbusters se mostrou menos entusiasmado do que Halpern esperava. A descoberta de um novo medicamento para a cefaleia em salvas deveria ter sido motivo de comemoração, mas o conselho via o BOL-148 como mais um obstáculo em um processo frustrante. Os empecilhos para a realização de um teste clínico com um psicodélico só faziam aumentar após quatro anos de trabalho conjunto. De que adiantava uma droga milagrosa que não podia ser cultivada na privacidade de seu armário, e que levaria anos para ser lançada no mercado? As pessoas precisavam de um tratamento naquele momento.

O Clusterbusters havia custeado um "produto" específico: um ensaio clínico aprovado pelo IRB. A ocorrência frequente de brigas, reclamações, desculpas, atrasos e dramas tinham provocado um grande desgaste. O fato de ficarem sabendo da ação de Halpern no sentido de dar entrada na papelada para patentear o BOL-148 só aumentou as dúvidas do grupo quanto às motivações dele. (Na opinião do conselho, Halpern certamente não se interessava em incluir alguém do Clusterbusters na patente. Se questionado, ele responderia, "uma invenção minha? Que vocês não queriam financiar?")

Wold nem sempre se sentia seguro sobre o que fazer ou em quem confiar. Os resultados do pequeno ensaio clínico foram impressionantes, mas ele passara a vida toda lutando para ter acesso ao *oxigênio*. O melhor remédio é aquele que se pode obter. O melhor remédio é aquele que as pessoas não têm medo de tomar. A psilocibina poderia ser obtida agora, embora ilegalmente. Wold esperava que a chancela de Harvard ajudasse a eliminar o estigma de fora da lei enquanto avançava o processo de conversão da droga em medicamento. Todavia, ele não sabia como convencer Halpern da política pragmática por trás do motivo pelo qual os membros do Clusterbusters priorizavam uma solução do tipo "todas as alternativas anteriores".

No entanto, realmente, não restava a eles outra opção. Rick Doblin, um verdadeiro adepto dos transformadores poderes de cura da medicina psicodélica, apoiou a decisão de Halpern de levar adiante o projeto do BOL-148. Doblin escreveu a Wold: "A melhor coisa que poderia acontecer para ajudar o Clusterbusters em seu objetivo de encontrar um medicamento legal e eficaz contra a cefaleia em salvas é a descoberta de uma droga não psicodélica patenteada... Acho que você não percebe a magnitude dessa descoberta".[28]

Wold reconhecia esse avanço potencialmente monumental. Contudo, o que mais o incomodava era quase um tabu para ser dito em voz alta. Anos ajudando pessoas com cefaleia em salvas ensinaram a Wold que não se pode simplesmente eliminar a dor causada por uma doença tão cruel e dar o assunto por encerrado. A medicina psicodélica cura a pessoa integralmente.

Todos pareciam concordar que a cefaleia em salvas podia ser tratada por meio de ajustes dos neurotransmissores. Não há necessidade de se mexer com coisas complicadas como a consciência de uma pessoa. Onde estava o Dr. Eric Kast quando Wold precisava dele?

No início de fevereiro de 2009, os problemas de John Halpern com a questão de financiamento haviam se tornado desesperadores. O maior problema, sem dúvida, tinha a ver com o enorme desafio de arrecadar dinheiro para testes clínicos de medicamentos tão transgressores. Ademais, a Grande Recessão só atrapalhou – um possível financiador perdera seus recursos no esquema de Bernie Madoff. Halpern nem sequer conseguiu atingir o marco seguinte da pesquisa, o ponto em que seria liberado o restante do subsídio já alocado para seu estudo de terapia assistida por MDMA. Pior ainda, o

DEA se recusara a conceder a Halpern uma licença para administração de drogas da Classe I a sujeitos humanos no estudo – uma situação um pouco embaraçosa para um professor que tentava se posicionar como líder em pesquisas psicodélicas. Halpern precisaria contratar um médico que tivesse licença de Classe I, ou o estudo seria encerrado.

Rick Doblin se ofereceu para enviar a Wold uma concessão no valor de 26.000 dólares – a exata quantia certa vez destinada a um ensaio clínico psicodélico – para financiar a nova contratação de Halpern: Dr. Pedro Huertas.

Wold não entendeu. "Não precisamos do Pedro... o MDMA precisa do Pedro."[29]

Sem Pedro, não havia John. Sem John, não havia Harvard. Huertas tinha experiência no desenvolvimento de terapias para doenças hereditárias, raras e órfãs, e sabia como levantar dinheiro junto a investidores de capital de risco. Peça a ele para ajudá-lo a desenvolver o BOL-148, sugeriu Doblin. Peça a ele para fazer alguns cálculos. Wold poderia pensar em outras formas de gastar esse dinheiro, mas Doblin não lhe deixou escolha.

As projeções de Huertas, no entanto, não eram otimistas. De acordo com seus cálculos, só a aprovação do FDA custaria de 30 milhões a 40 milhões de dólares. Os dados do grupo sobre cefaleia em salvas eram limitados e deixavam lacunas significativas na interpretação, particularmente quanto ao perfil de segurança da droga para seres humanos. O FDA exigiria estudos em animais antes da realização de ensaios clínicos em sujeitos humanos. Provavelmente, os investidores de capital de risco não se interessariam, dado o retorno limitado sobre os investimentos em tal nicho de mercado. A entrada no mercado da enxaqueca poderia abrir para eles as portas do sucesso; mas o grupo precisaria, nesse caso, estar preparado para investir 100 milhões de dólares em desenvolvimento de medicamento. Embora houvesse potencial para sucesso, obstáculos substanciais de caráter financeiro, clínico e científico marcavam o caminho à frente. A avaliação final feita por ele: "BOL é a molécula perfeita para ser desenvolvida por uma fundação sem fins lucrativos ou um grupo de interesse formado por pacientes, situações em que o potencial de receita pode compensar os custos de desenvolvimento no longo prazo".[30]

Doblin, que recomendara Huertas, agora argumentava que ele havia errado por um fator de dez em seus cálculos. "A renda é dez vezes maior do que ele sugeriu inicialmente." E, por motivos que Doblin se recusou a explicar, Huertas "reduziu sua estimativa de custo da pesquisa em 5 a 10 milhões de dólares".[31] Quando conseguissem que o governo classificasse a cefaleia em salvas como uma doença orfã, eles se qualificariam para receber os incentivos oferecidos pela Orphan Drug Act do FDA, como créditos fiscais para testes clínicos apropriados e exclusividade estendida de mercado quando o medicamento fosse aprovado.

Halpern também não achava que esses números deveriam detê-los. De qualquer forma, Huertas dissera que o plano poderia dar certo se fosse fomentado por uma fundação sem fins lucrativos, e acrescentou: "Ah... olá, Clusterbusters".[32] Como poderiam eles sequer sonhar em desenvolver um medicamento psicodélico se não conseguiam promover o interesse dos investidores em uma substância não psicodélica?

Poucos meses se passaram e o laboratório estava tão endividado que Halpern foi forçado a se retratar. Ele poderia estudar psilocibina se era isso que o Conselho Diretor do Clusterbusters insistia que fosse feito para então liberar financiamento adicional. Era uma pílula amarga de engolir para um homem que estava arriscando sua reputação e o trabalho de uma vida com o BOL-148. Todavia, ele precisava ganhar algum tempo. Talvez um de seus apelos por doação rendesse frutos. Halpern cortou seu salário pela metade e começou a procurar bicos em psiquiatria clínica. Atender pacientes reais poderia ajudar a estabilizar a situação – pelo menos por um tempo. Enquanto isso, a tábua de salvação financeira do laboratório continuava encolhendo.

Com o tempo passando, Halpern enviou um e-mail dramático ao Conselho Diretor do Clusterbusters, em setembro de 2009: somente mais seis semanas de recursos operacionais. Ele não sabia como seria a vida depois de Harvard, mas um futuro em outro lugar parecia iminente. Entretanto, ainda não tinha desistido: ele sempre acreditou que o BOL-148 era o medicamento perfeito para a Fundação Bill & Melinda Gates, e em uma inacreditável reviravolta do destino, Rick Doblin acabara de conhecer uma pessoa da organização! Alguns doadores suíços manifestaram interesse... e, notícias ainda melhores davam conta de que a National Geographic estava prestes a exibir um documentário chamado *Inside LSD* (Por dentro do LSD), um programa que dedicaria pelo menos cinco minutos à pesquisa de Halpern sobre cefaleia em salvas. Certamente, a atenção da mídia atrairia uma grande empresa farmacêutica!

Como se poderia esperar, nenhuma dessas oportunidades se concretizou, pelo menos não da maneira que Halpern esperava. Particularmente desagradável foi o pouco interesse que o episódio da National Geographic gerou. O trecho foi ótimo. Halpern estimou que uma publicidade como essa custaria de 10 a 20 milhões de dólares, e ele estava orgulhoso de consegui-la de graça.

Apesar de uma campanha de mídia valendo milhões, o telefone permaneceu em silêncio. Foi então que Ari Mello, um amigo que possuía um histórico um tanto obscuro em finanças, fez uma proposta audaciosa. "Por que não fundamos nossa própria empresa? Desenvolver o BOL-148 por nossa conta?"

A Entheogen Sciences Corp, a derradeira cartada de Halpern, afirmou que o BOL-148 era a próxima grande revolução no tratamento da dor de cabeça – um mercado de 3,6 bilhões de dólares. E, a princípio, tudo parecia caminhar muito bem. Filiados do Clusterbusters assumiram algumas posições na estrutura da empresa, entre as quais, Marsha Weil, como membro fundador do conselho diretor, e Bob Wold, como membro do conselho consultivo. Halpern até encontrou um filantropo rico disposto a financiar a empresa na condição de sócio oculto.

Contudo, essa vitória teria vida curta, e as perspectivas da empresa seriam mais uma das vítimas da cansativa e interminável batalha entre Halpern e Sewell.

Quando descobriu que Sewell havia chegado seis meses antes dele ao Patent and Trademark Office dos Estados Unidos, Halpern explodiu.[33] Todavia, Sewell afirmou que, desde 1963, quando lera um artigo de Federigo Sicuteri que investigava o uso de derivados lisérgicos no tratamento da cefaleia, ele já vinha analisando a possibilidade de um análogo não alucinógeno do LSD poder beneficiar pessoas com cefaleia em salvas. O BOL-148 parecia ser o candidato mais provável.

Uma prolongada e dispendiosa estagnação acabou se convertendo em beco sem saída. Quando a poeira baixou, a propriedade do BOL-148 nos Estados Unidos ficou em posse de Sewell, enquanto Halpern e Passie detiveram os direitos em todos os outros lugares. Nenhum dos contendores demonstrou disposição para cooperar com o outro. Entretanto, John Halpern não precisaria lidar com Andrew Sewell por muito mais tempo.

O Dr. R. Andrew Sewell faleceu em 21 de julho de 2013, aos 41 anos de idade – somente doze dias depois de ser submetido ao que deveria ser uma cirurgia de rotina. Vários tumores foram removidos, em um procedimento padrão para uma doença hereditária conhecida como neoplasia endócrina múltipla, um diagnóstico com o qual ele conviveu durante metade de sua vida. Sewell e a equipe médica esperavam uma recuperação tranquila e sem intercorrências.

As circunstâncias envolvidas na saída de Sewell de Harvard seis anos antes de sua morte sempre foram bastante obscuras. Todos sabiam que a rivalidade entre Halpern e Sewell consumia todo o oxigênio do recinto, mas eram tantos os comentários feitos do outro lado do corredor que parecia impossível separar a verdade da ficção.

A raiz dos conflitos de Sewell pode ter sido uma relevante frustração com o sistema. A viúva dele, Nikki Sewell, uma psicoterapeuta especializada em luto – "um legado que sua morte me deixou" –, descreveu-o como rebelde, brilhante, apaixonado, infatigável, dotado de uma grande personalidade e muito, muito ousado. "Ele forçava os limites… Então, quando alguém dizia: 'Veja, você não pode fazer isso', ele questionava: 'Ora, por que não posso?'".

A ideia de que a "burocracia" poderia impedir que bons remédios chegassem aos pacientes o enfurecia.

De acordo com ela, depois de Harvard, Sewell encontrou uma atmosfera mais acolhedora em Yale, onde sua propensão à rebeldia não era apenas tolerada, mas também bem-vinda. Mesmo assim, sua falta de apreço pelas formalidades acadêmicas nunca desapareceu completamente. Talvez tenha sido esse ceticismo quanto às normas estabelecidas que o tornava capaz de ouvir de fato seus pacientes – ouvi-los dizer o que melhorava a enfermidade deles.

Em troca, os pacientes o adoravam. Após sua morte, choveram mensagens provenientes do mundo todo. Os pacientes se referiam ao Dr. Sewell como seu "herói", o homem que lhes proporcionara "esperança" e "alívio", o médico que "salvara [sua] vida". A cruel ironia era o fato de que o homem que havia prolongado tantas vidas não conseguiu salvar sua própria, interrompida em consequência de uma reviravolta devastadora do destino.

A última participação de John Halpern na conferência anual do Clusterbusters coincidiu com a minha primeira, em setembro de 2013. Na época, eu ainda não havia compreendido todas as implicações de sua palestra: uma atualização sobre os esforços da Entheogen Sciences Corp no sentido de obter financiamento corporativo para o desenvolvimento do BOL-148. No entanto, mesmo sendo novata na conferência, percebi sua frustração, que era palpável para todos naquela sala. A interminável batalha com Sewell pela patente frustrara o interesse de possíveis compradores. E os investidores pareciam ter entendido o que Pedro Huertas lhes dissera o tempo todo: o tamanho do mercado de cefaleia em salvas não ofereceria um retorno que justificasse o investimento.

A proposta de Rick Doblin para obter do FDA a classificação de doença órfã ainda não havia rendido frutos. Uma doença órfã, de acordo com o FDA, afeta menos de duzentos mil adultos norte-americanos por ano. A cefaleia em salvas acomete trezentos mil nos Estados Unidos, um número 50% maior do que o estipulado na definição de doença rara. É uma quantidade de indivíduos pequena demais para despertar o interesse da medicina e das empresas farmacêuticas; entretanto, grande demais para atender ao parâmetro de qualificação para recebimento de subsídios governamentais.

Contudo, segundo Halpern confidenciou ao grupo de pacientes em prol dos quais conduzia seu trabalho, o verdadeiro problema era a mesquinharia dos investidores. Eles só se importavam com "quem você conhece e quanto dinheiro vai ganhar; e não com os pacientes e o sofrimento".

No final da conferência do Clusterbusters daquele ano, Wold pediu a Halpern que não voltasse no ano seguinte. Ele não queria que as pessoas perdessem a esperança. E Halpern nunca pensou em voltar. Disse ele: "Eu simplesmente não tive coragem de voltar ainda. Simplesmente fico arrasado com o fato de não ter mais como levar isso adiante".

Deve ter sido muito penoso para Wold testemunhar o fim do relacionamento do Clusterbusters com Harvard. Todavia, o processo seguira seu curso. Ficava a confiança de que a experiência ensinara a eles que o conhecimento coletivo consubstanciado tinha valor real. No futuro, o Clusterbusters precisaria encontrar parceiros confiáveis, ou teria que agir por conta própria.

Capítulo Dezesseis

COMO DESENVOLVER UM REMÉDIO

BOB WOLD SAÍRA DE HARVARD TÃO PESSIMISTA QUANTO QUALQUER ACADÊMICO CALEJADO. Se lhe perguntassem sobre um futuro ensaio clínico, ele se limitaria a balançar a cabeça e resmungar alguma coisa sobre um milagre.

Entretanto, agora que o micélio social criara raízes, Wold não fazia ideia de tudo o que acontecia sob seus pés. Todas as vezes que alguém se referia a psicodélicos e cefaleia em salvas – quer fosse em uma conversa acadêmica, em uma história do noticiário ou no universo on-line – nascia um novo filamento. Algumas vezes, esse filamento se conectava a outra hifa dotada de ideias semelhantes, e essas fibras iam se fortalecendo no subsolo.

Aí reside a beleza inerente às redes sociais: elas operam além das restrições de linearidade e hierarquia, funcionando sem a necessidade de controle centralizado. Seu crescimento alimenta uma capacidade de mudança ilimitada e em constante evolução. Nunca se pode prever onde o próximo cogumelo – o próximo avanço, a próxima história, a próxima fonte de otimismo – poderá emergir.

A conferência anual de 2014 do Clusterbusters, realizada em Nashville, Tennessee, impôs a Bob Wold um novo desafio: encontrar palestrantes que tivessem competência e disposição para ocupar o espaço antes reservado a John Halpern e Andrew Sewell. Pensou ele, *Talvez aquela jovem médica que trabalhara com Sewell em um dos projetos concordasse em tomar o seu lugar e apresentar aos membros do Clusterbusters as últimas atualizações.*

A Dra. Emmanuelle Schindler titubeou em aceitar o convite. Seria ético trabalhar na pesquisa de seu mentor postumamente? Ela ainda era residente – uma formação essencial para o exercício da profissão de médica; assim, entendeu que deveria ponderar.

Wold tranquilizou-a. Tudo o que eles precisavam era de um simples panorama geral sobre o levantamento que ela ajudara Sewell a dissecar. Schindler tinha doutorado em neurociência e era, indiscutivelmente, qualificada. Sua experiência e sua ligação com o falecido Dr. Sewell faziam dela a candidata ideal.

A Dra. Schindler gostou da visita que fez a Nashville. O simples fato de saber o quanto a organização havia feito pelos pacientes encheu-a de admiração. Em sua palestra, descreveu uma pesquisa conduzida por pacientes que fora o objeto do estudo que ela e Sewell estavam realizando. Eles ainda não tinham terminado o trabalho, mas até aquele momento parecia que a maioria das pessoas pesquisadas obteve benefícios reais no uso da psilocibina, e que o LSD realmente se mostrara excepcional como tratamento. Schindler também compartilhou alguns detalhes sobre o estudo da psilocibina para cefaleia em salvas que ela estava ajudando Sewell a estruturar. "Eu não conto com financiamento para isso" – confessou ela com a voz carregada de pesar. "É um grande desejo. Todavia, eu gostaria de ajudar vocês."

Ela não fazia a menor ideia de que o patrocinador perfeito estava sentado logo ali, na plateia. Carey Turnbull, um filantropo que já investira em pesquisa psicodélica, tinha voado para Nashville a fim de assistir a uma palestra de James Fadiman, um "ancião" psicodélico, que publicara havia pouco tempo seu importante livro sobre microdosagem.[1] O nome de Schindler não lhe soou familiar, mas chamou-lhe a atenção ela dizer, quase como um pedido de desculpas aos pacientes reunidos na plateia, que gostaria de estudar a psilocibina em Yale.

Estaria a Dra. Schindler falando sério? Turnbull fazia parte do conselho do Heffter Research Institute, uma organização filantrópica psicodélica que financiava pesquisas científicas de alta qualidade, em prestigiosas universidades, a fim de estudar a psilocibina. Todavia, era uma árdua missão: apenas algumas universidades em todo o país aprovariam um estudo como esse.

Após a palestra, Turnbull procurou a Dra. Schindler para perguntar se ela realmente acreditava que o Institutional Review Board (IRB) de Yale aprovaria testes em humanos com psilocibina.

De acordo com Turnbull, a resposta dela foi: "Sim, essa é uma coisa que ajudará a tratar dores de cabeça. E nós gostaríamos de entender como."

A resposta da doutora soou tão maravilhosamente esperançosa que ele imaginou que ela não entendia a dimensão do desafio à sua frente. Contudo, ao mesmo tempo, pensou que isso fazia sentido: uma psiquiatra tão jovem não conheceria os obstáculos que as universidades impunham a esse trabalho.

Posteriormente, Turnbull viria a se descobrir errado. Schindler ainda tinha dois anos de treinamento médico pela frente antes de poder se considerar uma *neurologista*; entretanto, já podia reivindicar para si o título de "pesquisadora psicodélica". Ela escrevera toda uma tese de doutorado em neurociência baseada em trabalho de laboratório envolvendo psicodélicos e modelos animais com coelhos.

Turnbull lhe perguntou: "Quanto você supõe que precisaria para um estudo?".

"Eu calculo que os protocolos devem custar cerca de 60.000 dólares."

Ele decidiu que a Dra. Schindler não precisava saber que ele tinha condições de conseguir para ela o triplo desse valor. "Se você conseguir fazer que o IRB de Yale aprove testes em humanos usando psicodélicos clássicos da Classe I, tenho certeza de que conseguirei os 60.000."

A esperança do Clusterbusters agora dependia de uma ingênua residente de neurologia e do otimismo de um bilionário quixotesco.

Carey Turnbull e sua esposa e sócia investidora, Claudia, formam um par extraordinário – altos e esbeltos, com cabelos grisalhos combinando, vestimentas pretas e o bem-estar radiante que só os verdadeiramente ricos conseguem alcançar. Ambos são fascinados pela pesquisa psicodélica e acreditam em seu potencial; porém, eu tenho a impressão de que a questão da dor de cabeça é toda com Carey. Claudia se desculpou após nossa breve apresentação e deixou Carey falar.

Turnbull se apresenta como um filantropo "discreto", orientado por uma mistura de altruísmo e pensamento estratégico, em vez de experiência pessoal, muito embora tenha admitido em entrevistas que é uma "criança dos anos sessenta".[2] O casal se conheceu quando eram estudantes de graduação no Goddard College, uma pequena escola de artes liberais em Vermont, conhecida por sua abordagem experimental à educação. Ele confessou a um jornalista: "Na faculdade que eu frequentei, o LSD escorria pelas paredes do dormitório".[3]

Depois da faculdade, os Turnbulls escolheram a meditação transcendental como caminho para a autodescoberta e iluminação. Eles foram atraídos para Fairfield, em Iowa, um centro de seguidores do Maharishi Mahesh Yogi, que inspirou personalidades como Ram Dass e os Beatles. Lá, eles passaram a fazer parte de uma comunidade e universidade conscientemente devotada aos ensinamentos do Maharishi.

Com o passar dos anos, a vida dos Turnbulls tomou um rumo inesperado. O nascimento de uma criança levou Carey a colocar em foco sua carreira e a pensar sobre como sustentar a família que estava aumentando, sem perder de vista seu alicerce espiritual. Ele nunca se imaginou em trajes convencionais no mundo empresarial; mas, quando surgiu uma oportunidade de negócio, foi forçado a vivenciar a experiência de trabalhar em um emprego das nove às cinco.

A conversão de um praticante dedicado de meditação em executivo de negócios pode parecer contraditória; entretanto, no contexto da comunidade de Fairfield, era uma trilha tradicional. Havia muito tempo que a cidade nutria uma geração de CEOs e empreendedores. A meditação transcendental e o capitalismo não eram forças opostas, mas sim facetas complementares de uma filosofia mais ampla abraçada pela comunidade. O próprio Maharishi endossava a busca por riqueza material, não como uma forma de contraposição ao crescimento espiritual, e sim uma extensão dele. Turnbull era competente nos negócios e, em 2006, vendeu para o GFI Group – listado na Bolsa de Valores de Nova York – a Amerex, uma corretora de intermediação entre *dealers* de negócios com derivativos e futuros do mercado de energia, que ele havia fundado em 1983.[4]

Nesse mesmo ano, ele se deparou com o artigo revolucionário de Roland Griffiths, publicado em 2006 na *Psychopharmacology*, no qual o autor demonstrava a capacidade de a psilocibina produzir experiências místicas significativas quando administrada nas circunstâncias certas.[5]

Os Turnbulls consideravam acertado fazerem doações para a ciência psicodélica. Eles se perguntavam o quanto a ciência havia perdido durante os anos em que o pânico moral tornou a pesquisa psicodélica um tabu. A filantropia psicodélica abria um espaço no qual suas contribuições financeiras poderiam realmente fazer a diferença. Uma contribuição de 50.000 dólares para a pesquisa do câncer dificilmente "mudaria o jogo". A mesma quantia em um estudo psicodélico poderia ser "uma alavanca" – termo frequentemente usado em conferências psicodélicas – para atrair atenção e financiamento.

A jornada filantrópica do casal começou com um passo cauteloso: uma doação para Stephen Ross – psiquiatra da Universidade de Nova York (NYU), envolvido com o tratamento de viciados, que estava estudando o potencial da terapia assistida por psilocibina para alívio da ansiedade e da depressão em pacientes com câncer terminal. Foi assim que Turnbull ficou sabendo do tratamento psicodélico contra cefaleia em salvas. A ideia de que os psicodélicos podiam produzir um benefício fisiológico, em contraposição a um uso estritamente psiquiátrico, despertou seu interesse.

Turnbull também conheceu John Halpern e teve contato com sua pesquisa sobre o BOL-148 – a variante não alucinógena do LSD –, cujos resultados iniciais se mostravam promissores. Para Turnbull, o trabalho de Halpern tinha implicações políticas de longo alcance. A atividade incipiente e estigmatizada da medicina psicodélica precisava romper o preconceito que ainda mantinha essa área em uma camisa de força. Ali estava um composto capaz de mudar fundamentalmente a narrativa. O BOL-148 não possuía as associações contraculturais do LSD. Era o tipo de investimento que ele poderia discutir abertamente com sua mãe – um trampolim na direção de uma aceitação social mais ampla.

Halpern levou Turnbull a uma conferência do Clusterbusters para que ele conhecesse melhor as pessoas que o BOL-148 poderia beneficiar. A experiência o abalou profundamente. O dinheiro não seria a solução definitiva, mas era um recurso com o qual Turnbull poderia colaborar.

Halpern e os membros do Clusterbusters não apenas identificaram um tratamento eficaz; eles conseguiram uma narrativa convincente. A descoberta fortuita de que o BOL-148 tratava a cefaleia em salvas "provou" que esses pacientes estavam o tempo todo dizendo a verdade. Eles tomavam psicodélicos para controlar uma dor insuportável, e não porque – como disse Turnbull – "queriam uma desculpa para ficarem chapados". Simplesmente precisavam de ajuda para transformar essa substância em um medicamento aprovado pelo FDA.

No início de 2010, Carey Turnbull investiu 250.000 dólares na Entheogen Sciences Corp, como investidor oculto. Ele entendia de negócios, mas pareceu intimidado em sua primeira tentativa de desenvolvimento de um medicamento. Carey me confidenciou que fora ingênuo ao confiar em Halpern para comandar o barco. "É muito diferente ser um profissional de desenvolvimento de medicamentos, muito diferente de fazer algum tipo de ciência, uma ciência investigativa e... fazer um estudo de pequeno porte."

Turnbull decidiu que, na próxima vez que tentasse o desenvolvimento de um medicamento – se é que haveria uma próxima vez –, ele trabalharia, desde o início, em colaboração com uma empresa de biotecnologia.

Enquanto isso, estava satisfeito com o bom andamento de sua iniciativa filantrópica. Stephen Ross, da NYU, tinha até conseguido atrair os holofotes para o primeiro artigo de Michael Pollan sobre medicina psicodélica, publicado em 2015 na *New Yorker* com o título "The Trip Treatment" (O tratamento por meio da viagem).[6]

Apesar dos resultados adversos da Entheogen Sciences Corp, Carey Turnbull costumava enxergar de longe as oportunidades. E ele identificou algo significativo na Dra. Schindler.

A Dra. Schindler, acostumada a escolher cuidadosamente suas palavras, descreve-se com frequência como "mente analítica", o que significa hiper-racional, sistemática e, acima de tudo, "cumpridora das normas". A exemplo da maioria dos pesquisadores psicodélicos, também para ela é uma prioridade que as pessoas entendam o que pode e o que não pode ser corroborado por evidências. Ela também não se enquadra no rol de pesquisadores psicodélicos que apenas simulam ser "discretos" durante o dia, enquanto passam longas noites em conferências de ciência psicodélica. Em geral, mostra-se disposta a curtir um jantar tranquilo e uma taça de vinho, mas, podendo optar, prefere a companhia de seus gatos. O que você vê é o que obtém: uma abordagem calvinista à vida, em cardigãs simples de cores neutras.

A modéstia da doutora é injustificada. Cientistas médicos como Schindler, que obteve seu doutorado em neurociência enquanto frequentava a faculdade de medicina, possuem uma formação muito mais abrangente do que a maioria dos médicos que lideram pesquisas clínicas. Em uma profissão frequentemente eclipsada por colegas do sexo masculino e pelo glamour midiático, o nome de Schindler não costuma frequentar as manchetes. E isso lhe cai muito bem.

No entanto, seu interesse em psicodélicos é um pouco curioso.

A Dra. Schindler se deparou com o tema um tanto acidentalmente. Sua pesquisa de doutorado fazia parte de uma iniciativa mais ampla do laboratório onde ela trabalhava – um estudo destinado a entender como os receptores de serotonina influenciam o aprendizado e o comportamento. Os experimentos utilizavam drogas psicoativas como forma de manipular pontos de receptores específicos em animais, a fim de observar as alterações provocadas em seu comportamento. Assim, o coelho toma essa droga que sabemos que bloqueará determinado receptor, e então podemos observar o que acontece.

Ela estava inicialmente usando drogas antipsicóticas (antagonistas do receptor 5-HT2A) em seus experimentos; contudo – como geralmente acontece nas pesquisas –, os estudos não estavam caminhando conforme esperado. Quando decidiu mudar o rumo, ela chegou à conclusão de que os *agonistas* do receptor de serotonina 2 fariam mais sentido: o fato de as drogas serem psicodélicas – LSD e DOI – pareceu-lhe irrelevante.

Expressando-se com um humor autodepreciativo, Schindler minimizou, como seria de esperar, a ousadia e a importância dessa pesquisa. "Injetei LSD em coelhos e contei quantas vezes as cabeças deles balançaram. Quer dizer, eu basicamente só fiquei observando as cabeças balançando o dia todo."

Entretanto, a farmacologia das drogas despertara seu interesse. Ela imaginou que *talvez conseguisse encontrar uma forma de continuar estudando psicodélicos enquanto seguia com sua formação na faculdade de medicina.* Todavia, poucos médicos se dedicavam ao estudo de psicodélicos quando ela se formou na University College of Medicine, de Drexel, em 2012 – e os poucos que estavam trabalhando na área eram psiquiatras ou médicos que tratavam de viciados. A Dra. Schindler queria se tornar neurologista.

Ela, no entanto, lembrava-se de ter lido um artigo intrigante de 2006 na *Neurology* descrevendo como pessoas acometidas por cefaleia em salvas usavam substâncias psicodélicas como tratamento preventivo e de crises agudas. Ela ficou impressionada com a singularidade de um artigo sugerindo que os psicodélicos poderiam ser profícuos em um transtorno de caráter neurológico, e não psiquiátrico. A Dra. Schindler explicou a um jornalista: "A psilocibina e outros psicodélicos, como o LSD, possuem estrutura química e farmacológica semelhante à dos medicamentos existentes para dor de cabeça. [Pensar] que eles agem positivamente sobre os transtornos de dor de cabeça não é um exagero, embora tenham a capacidade única de produzir efeitos duradouros após uma única dose".[7]

Uma rápida apuração revelou que o Dr. Sewell, o primeiro autor do estudo, havia se mudado para a Yale Medical School, instituição que oferecia um excelente programa de residência em neurologia, incluindo um centro da dor de cabeça que formava residentes e pesquisadores. Schindler também nutria grande apreço pelas pessoas de lá, o que era muito importante para ela. O programa de residência de Yale ocupava o topo da lista da doutora, e é provável que a instituição também a admirasse.

No verão de 2012, Schindler mudou-se para New Haven a fim de começar o trabalho de residente. É uma agenda exigente (oitenta horas por semana no hospital e na clínica é a norma), mas ela dedicou o máximo de tempo que pôde à colaboração nos projetos de Sewell.

O primeiro projeto – a análise de uma pesquisa sobre uso de medicamentos na qual pacientes ao redor do mundo classificaram suas experiências com vários tratamentos – fora iniciado por Marsha Weil, que sempre matutava se haveria outro Flash, em algum lugar, envolvido com a busca de um novo tratamento inovador. Weil me contou que sua motivação para realizar a pesquisa tinha sido a dúvida que martelava em sua cabeça: "talvez exista alguma coisa de que não ouvimos falar". Todavia, ela não tinha ideia do que fazer com os dados que coletou. "Ninguém" – disse-me Weil – "se interessaria por um bando de pessoas com cefaleia em salvas que fizeram um estudo". No entanto, Sewell se interessou. Mais dados significavam mais apoio para um ensaio clínico com psilocibina.

O segundo projeto foi o mesmo ensaio clínico com psilocibina que Sewell vinha estruturando desde 2004. Ele nunca desistiu desse sonho.

A Dra. Schindler desejava continuar o trabalho, mas uma médica residente não tinha a qualificação necessária para ser a pesquisadora principal. Ela nem estava ainda qualificada para tratar pacientes sozinha. Felizmente, o Dr. Deepak Cyril D'Souza, o mesmo professor de psiquiatria que contratara Sewell após o rompimento com Halpern, ofereceu-se para assumir o trabalho. O Dr. Christopher Gottschalk, diretor do Yale Headache and Facial Pain Center e proeminente neurologista, chegou para colaborar. Entretanto, todos sabiam perfeitamente quem faria o trabalho: a Dra. Schindler.

A tarefa de projetar o ensaio clínico poderia ter sido um pesadelo, porém, ao assumir que esse ensaio era a primeira etapa de um longo processo de desenvolvimento de medicamentos, e não a oportunidade única da vida, Emmanuelle Schindler conseguiu evitar muitos dos problemas que assolaram a equipe de pesquisa em Harvard.

Naturalmente, Schindler não foi obrigada a administrar as mesmas pressões que o pessoal do McLean. Não era necessário incorporar uma "intervenção com LSD" para satisfazer o desejo de Rick Doblin, visto que Carey Turnbull já havia manifestado interesse em financiar um estudo clínico com psilocibina. Também deve ter sido positivo trabalhar em um ambiente acolhedor e amigável, onde os colegas consideravam interessante a pesquisa. A importante decisão dizia respeito apenas à dosagem e às prescrições.

E se ela errasse a dosagem? Eu me perguntava. O medo de o ensaio clínico fracassar fora o fantasma que assombrou o grupo anterior de Harvard. Um resultado desastroso no ensaio clínico inicial poderia aniquilar a chance de um futuro financiamento da pesquisa de psicodélicos para cefaleia em salvas.

Para Schindler, isso não era um problema. Quase sempre, o desenvolvimento de medicamentos exigia várias iterações de experimentos em estágio inicial, disse-me ela. A análise dos resultados iniciais ajudava os pesquisadores a refinar a dosagem e as prescrições para o teste seguinte.

Seria ela tão simplista quanto Turnbull pensava? Ou apenas imperturbável? Nem uma coisa nem outra, de acordo com a própria doutora. Basta observar as evidências – a maioria das quais, como ela sempre fazia questão de mencionar, era produzida pelos pacientes. Nas pesquisas sobre uso de medicamentos, os pacientes de cefaleia em salvas invariavelmente relatavam que os psicodélicos eram a droga preventiva mais eficaz que já haviam tomado. Algumas pessoas precisavam apenas de uma ou duas doses para controlar seus ciclos. Medicamentos mais convencionais, como oxigênio e sumatriptano, ocupavam os primeiros lugares na categoria abortiva, mas a psilocibina vinha logo em seguida, em terceiro lugar.[8]

Mais recentemente, Schindler foi coautora de um artigo de revisão destinado a analisar todos os estudos publicados que avaliaram a eficácia dos tratamentos contra cefaleia em salvas e, da mesma forma, concluiu que o LSD e a psilocibina eram os preventivos mais eficazes para essa doença. O contrário também era verdadeiro: nenhum dos estudos publicados sugeria que essas drogas *não* pudessem tratar a cefaleia em salvas.[9] Entretanto, mais uma vez, esse resultado se baseava quase inteiramente em evidências circunstanciais.

Eu perguntei à Dra. Schindler por que ela acreditava que esse grupo específico de pacientes era confiável. Não se preocupava com a possibilidade de ser um desses movimentos anticientíficos e conspiratórios que convencem os pacientes a rejeitar tudo, das vacinas à tecnologia 5G?

Porém, Schindler via alguma coisa diferente na comunidade do Clusterbusters: um desejo genuíno de entendimento, o rigor no autorrelato e um padrão que se alinhava com a perspectiva científica emergente. Ela também achou tranquilizador o fato de que, embora os psicodélicos pudessem ser um tratamento excepcional, seus efeitos positivos não fossem sentidos por todas as pessoas nem ocorressem de forma consistente. É assim que os medicamentos para dor de cabeça geralmente operam. "Seria suspeito" – disse-me ela –, "se os psicodélicos produzissem um benefício terapêutico profundo para todos os pacientes do Clusterbusters."

Era importante que o relato dos pacientes fosse levado em consideração, mas o interesse da doutora em dar continuidade a essa pesquisa não se baseava apenas em evidências circunstanciais. Ela buscava a convergência entre as experiências vividas e uma investigação científica rigorosa – um vínculo capaz de abrir um novo caminho para a medicina e a cura.

Schindler valorizava a contribuição dos pacientes, mas credibilidade era um fator importante. Ela precisava de evidências que se alinhassem com o conhecimento biomédico existente. E a literatura da pesquisa biomédica corroborava a conclusão do Clusterbusters: "A estrutura química dos psicodélicos é muito, muito próxima, quase idêntica à dos medicamentos para enxaqueca", destacara ela.[10] Tudo isso se somava. Os psicodélicos atravessam a barreira hematoencefálica, o que – em teoria – poderia torná-los uma terapia mais potente. E algumas pesquisas haviam deixado indícios de diversas razões biológicas pelas quais essas drogas funcionavam tão bem: a psilocibina e o LSD conseguem aumentar a neuroplasticidade, o que – teoricamente – poderia contribuir para o alívio duradouro que os pacientes experimentavam. Estudos mostraram que os psicodélicos alteravam as conexões funcionais que entram e saem do hipotálamo – a parte do cérebro mais provavelmente envolvida na cefaleia em salvas. Quem poderia saber? Talvez – sugeriu ela –, as drogas conseguissem "acionar" o que quer que fosse aquele interruptor no hipotálamo que "ligava" e "desligava" os ciclos de cefaleia.[11]

A Dra. Schindler explicou que os pacientes possuíam muito conhecimento, mas que isso – na opinião dela – não os tornava necessariamente especialistas em todos os tratamentos. Alegações bizarras – ela fez uma pausa, talvez pensando em seus gatos – como o poder de cura das "orelhas de tigre moídas" eram rapidamente ignoradas.

Schindler é uma médica clínica que compartilha do alívio prazeroso de seus pacientes quando eles se sentem melhor, porém ela não realizava um estudo científico para validar cada afirmação que cada paciente fez. Ela é uma cientista, portanto, os tratamentos sugeridos precisam ser eficazes dentro do domínio das possibilidades biomédicas.

O FDA falava a linguagem dos ensaios clínicos randomizados. A Dra. Schindler entendia que seu papel era o de uma tradutora em condições de converter a sabedoria da comunidade do Clusterbusters no tipo de evidência que a agência federal poderia reconhecer.

Ela decidiu que, se o objetivo era mostrar que os cogumelos mágicos poderiam tratar a cefaleia em salvas, então, havia lógica em dar continuidade ao protocolo do Clusterbusters. O protocolo de Bob Wold recomendava três doses de um a dois gramas de cogumelos *Psilocybe*, com intervalo de cinco dias, e especificava certos medicamentos que deveriam ser evitados, dada a possibilidade de bloquearem a ação do tratamento. Como os cogumelos não produzem uma dose padronizada de psilocibina, Schindler adaptou o protocolo aos parâmetros dos ensaios clínicos e, para tanto, calculou a média de psilocibina existente na variedade *Psilocybe cubensis* e determinou uma dose relativa ao peso. Ela escolheu uma dosagem de 0,143 mg/kg por sujeito – um terço da dose usada em ensaios clínicos focados em saúde mental e adição.

A partir daí, Schindler projetou um estudo relativamente simples. Os participantes seriam alocados de forma aleatória em um grupo de psilocibina ou um grupo placebo. Cada um deles seria submetido a três sessões de dosagem experimental em um laboratório de atendimento ambulatorial, com intervalo de três a sete dias, dependendo das necessidades de programação.

Schindler considerou relativamente fácil a obtenção de aprovação de Yale e do IRB da Veterans Administration. Também não lhe pareceu difícil conseguir a permissão do FDA nem o registro no DEA. Rindo, ela comentou que, talvez, tenha contribuído o fato de ela estar tão ocupada na ocasião. "Se não estivesse cursando a residência [médica], eu teria pensado, ufa, isso está demorando uma eternidade."

O FDA nem mesmo pareceu se importar com a circunstância de que o protocolo fosse fundamentado na experiência de pessoas que, na perspectiva do governo, estavam "abusando" de substâncias ilícitas. Absolutamente nada foi dito a respeito da orientação sobre dosagem que ela recebeu por correspondência pessoal de um certo Mr. Robert Wold, um homem sem quaisquer credenciais após seu nome.

Carey Turnbull ficou tão surpreso com a aprovação da Yale Medical School concedida a Schindler que visitou Yale em nome do instituto Heffter e, em suas palavras, "foi bater diretamente na porta do chefe do departamento de psiquiatria" para perguntar se, talvez, "Emmanuelle tenha se mostrado um tanto discreta, e, quem sabe, você não tenha percebido o que ela estava fazendo aqui. Eu gostaria de saber, sinceramente, se ao optarmos por esse caminho, haverá hostilidade e seremos obrigados a remar contra a corrente".

O Heffter não financiaria um estudo sem ter a garantia do apoio da instituição – porque eles já sabiam perfeitamente como um hospital pode criar um ambiente de trabalho favorável ou tornar a pesquisa insustentável. Estaria Yale, uma universidade conservadora da Ivy League, disposta a colocar em risco sua reputação realizando um estudo com psilocibina? Mesmo em 2016, as universidades não se dispunham a hospedar pesquisas financiadas pelo Heffter.

Turnbull recebeu a garantia de que precisava. O departamento tinha um histórico de trabalho com medicamentos da Classe I, e a faculdade de medicina estava entusiasmada com a pesquisa da Dra. Schindler. Desde os anos 1990, D'Souza, o principal pesquisador do estudo, vinha administrando medicamentos da Classe I – inclusive cannabis e salvinorina A, um poderoso alucinógeno – a sujeitos humanos. A faculdade de medicina já tinha a infraestrutura necessária para a segurança desse trabalho. Schindler contava com seu total apoio.

Há muito tempo, os cientistas sociais destacam que, quando se trata da tomada de decisão, a cultura institucional tem importância maior do que a opinião de um único líder. Para um IRB, a tarefa de observar procedimentos operacionais padrão – chamamos isso de "dependência de trajetória" – é muito mais fácil do que aprovar um protocolo que sinaliza uma mudança radical. No tocante ao prognóstico de sucesso do estudo de Schindler, o endosso do chefe de psiquiatria era importante, mas não tão significativo quanto a infraestrutura que Yale já tinha instalada.

O instituto Heffter concordou em emprestar ao projeto sua experiência e disponibilizar a revisão científica, o que garantiria que o ensaio clínico da

Dra. Schindler estaria em sintonia com a pesquisa sobre psilocibina que já estava sendo realizada na Johns Hopkins e na Universidade de Nova York. Os Turnbulls seriam os doadores por trás do projeto.

Em 2017, Turnbull começou a reavaliar sua posição anterior quanto à necessidade de fazer parcerias com empresas de biotecnologia para novos medicamentos. A situação da Entheogen Sciences Corp não era muito boa, mas o mercado de medicamentos psicodélicos vinha se desenvolvendo muito mais depressa do que Turnbull podia ter imaginado. "Eu pensava que [isso] estaria a uma ou duas gerações de distância", falou-me ele.

Segundo observou Turnbull, havia diversas iniciativas em andamento que visavam comercializar e até patentear a psilocibina. O trabalho junto com o Heffter permitiu que ele acompanhasse o processo de perto – e este lhe pareceu simples. "Você vai ao FDA, tem uma reunião [prévia do Investigational New Drug], apresenta a molécula, fala sobre o trabalho que Harvard fez... E eles dirão algo como, sim, não ou talvez", relatou-me ele.

Em sua opinião, a comunidade do Clusterbusters merecia um medicamento de verdade; e Turnbull nutria, de fato, grande admiração por Wold. Ele me falou assim: "Bob se tornou um amigo... Ele é um sujeito incrível".

Turnbull decidiu fundar uma nova corporação chamada CH-Tac – nome que, no final, acabou sendo alterado para Ceruvia. A ideia dele era que um investimento de um milhão de dólares "pavimentaria o caminho" e atrairia "dinheiro das grandes farmacêuticas" para desenvolvimento do BOL-148. E aquela guerra de patentes entre Halpern e Sewell? Turnbull resolveu a disputa como qualquer outro projeto empresarial: com recursos financeiros e diplomacia. O fato de nenhum dos dois detentores da patente guardarem ressentimento em relação a ele ajudou bastante. E a decisão de Carey Turnbull no sentido de expandir seu portfólio para incluir a enxaqueca foi uma agradável surpresa para a comunidade da cefaleia em salva.

Tudo caminhava perfeitamente. O Clusterbusters tinha um patrono, e a Dra. Schindler, um patrocinador. O apoio de Turnbull permitiu que ela realizasse dois ensaios clínicos: um estudo destinado a testar o uso de psilocibina para cefaleia em salvas *e* outro para testar essa substância como tratamento da enxaqueca. O primeiro ensaio clínico aprovado para avaliar o uso de psilocibina como tratamento para cefaleia em salvas foi iniciado em novembro de 2016.

A oportunidade de trabalhar junto com uma universidade solidária, com colegas de faculdade e financiamento adequado aumentou a confiança de Bob Wold na possibilidade de seus esforços finalmente serem recompensados. Todavia, eles tinham um problema a resolver: encontrar pessoas que tivessem condições para participar do estudo.

Carey Turnbull ficou tão frustrado com a situação que compareceu à reunião anual do Clusterbusters, em 2018, em Denver, para tentar mobilizar as pessoas. Ele enfatizou como era decisivo que os pacientes "fizessem sacrifícios pelo grupo" e dedicassem seu tempo, sua energia e seu bem-estar. Não conseguiu controlar a emoção enquanto se dirigia aos presentes. Estamos tão perto! "Não é o DEA dizendo: *não toque nessas coisas ou vamos prender você*. Não é o FDA dizendo: *não estude isso a menos que você o faça desta maneira*. Não é a administração de uma instituição acadêmica de elite... O fator limitante são os esforços dos membros do Clusterbusters", falou Turnbull aos ouvintes.

Entretanto, o problema nunca foi a falta de interesse pelo estudo. O gabinete de Schindler recebia um fluxo invariável de consultas. Como todos os pesquisadores, ela precisava ser cuidadosa na triagem de possíveis sujeitos de pesquisa para minimizar os riscos da participação e aumentar a validade de suas descobertas. Por exemplo, como medida de segurança, o estudo da doutora excluiu todos os portadores de uma doença psiquiátrica ou médica de gravidade e qualquer pessoa que tomasse algum medicamento com potencial para interferir na validade dos resultados, o que, infelizmente, incluía vários remédios dos quais essa população de pacientes dependia. No final, ela acabou permitindo o uso limitado de sumatriptano, quando ficou claro que pedir aos pacientes com cefaleia em salvas que não tomassem o remédio tornaria o recrutamento quase impossível.

No entanto, havia ainda outros problemas.

Cerca de 85% dos portadores de cefaleia em salvas têm a forma episódica da doença, o que significa que, geralmente, estão "em ciclo" uma ou duas vezes por ano. O estudo de pessoas com uma doença episódica, ou seja, que entra e sai do ciclo, impunha desafios. A Dra. Schindler me contou que a maioria dos pacientes acometidos pela cefaleia em salvas episódica melhora depressa demais para ser incluída em um estudo que visa testar a eficácia de um medicamento. "Seus ciclos simplesmente não são longos o bastante. Eles nos ligavam por volta da metade do ciclo e, então... já era tarde demais. Daí dizíamos, 'tudo bem, podemos incluir você no próximo ano e... Oh, meu Deus, esqueça'."

Além disso, havia ainda a questão de quantos pacientes poderiam faltar ao trabalho por dez a doze dias para viajarem (às próprias custas) a Connecticut durante o período do estudo. A maioria dos estadunidenses tem dificuldades para conseguir pagar despesas médicas inesperadas. Muitas pessoas com cefaleia em salvas têm uma vida precária, à beira do desemprego.

De 238 candidatos, apenas vinte se qualificaram para uma triagem adicional.[12]

Ao contrário da maioria dos medicamentos em desenvolvimento por empresas farmacêuticas, os potenciais participantes do estudo conseguem acesso à psilocibina com relativa facilidade. Não apenas era mais fácil obter cogumelos mágicos do que se qualificar para o ensaio clínico da Dra. Schindler, como também o método "faça você mesmo" não exigia que alguém fosse submetido a um placebo.

As principais empresas farmacêuticas do mundo também têm problemas para estudar essa doença. Elas dispõem de contas bancárias recheadas que permitem fazer certa compensação – por exemplo, inscrevendo pacientes com cefaleia em salvas em clínicas ao redor do mundo, em locais mais convenientes, em vez de pedir que todos se desloquem até um laboratório de atendimento ambulatorial específico. Entretanto, a vantagem de bolsos fartos só chega até certo ponto. A cefaleia em salvas é uma doença tão difícil de ser estudada que os ensaios simplesmente não saem do papel.

Mesmo com a persistência obstinada de Schindler em localizar potenciais participantes para o estudo, ainda era necessário um pouco de sorte. Ken Maxwell, um veterano dos Estados Unidos e empreendedor de sucesso, já vivia com cefaleia em salvas há seis anos quando, em 2019, ficou sabendo que a Universidade de Yale estava realizando um ensaio clínico para avaliar se os psicodélicos eram eficazes como tratamento. "Se uma universidade do porte da Yale – uma proeminente instituição acadêmica – está fazendo essa pesquisa, eu quero saber o que eles dizem. Mas, não consegui encontrar um relato", contou-me.

Maxwell ligou para o Departamento de Neurologia e solicitou uma cópia do relatório das descobertas. Duas semanas depois, recebeu um telefonema do gabinete da Dra. Schindler recrutando-o para o estudo. Foi difícil acreditar na sua sorte. Ele lera sobre tratamento psicodélico no Clusterbusters, e tudo lhe pareceu um pouco fora de seu alcance. "Isso não tem nada a ver comigo. Não é minha praia."

Maxwell, dono de uma barba grisalha bem aparada que combina com um estilo de cabelo igualmente bem cortado, costumava beber uma taça de vinho tinto na companhia da esposa. Todavia, isso foi antes de a bebida passar a desencadear suas crises. "Quero dizer, minha única experiência com drogas recreativas foi no ensino médio. Literalmente, eu fumei maconha uma vez em uma excursão da igreja. Holy Rollers." Ele fez uma pausa. "Eu não fazia ideia de que deveria tragar. Então, tive a exceção de Bill Clinton."

Em resumo, Wold sabia que ele era um excelente exemplo do tipo de Clusterhead que Schindler precisaria alcançar. Maxwell sofria de cefaleia em salvas crônica e tinha várias crises todos os dias, sem interrupção. O veterano dos Estados Unidos que se tornou executivo orgulhava-se do sucesso que havia conseguido nos negócios e em seu trabalho em prol da comunidade. Entretanto, a cefaleia em salvas veio comprometer tudo isso.

"Eu estava operando em um nível muito alto durante um tempo. E desde esse diagnóstico, tudo só fez piorar, mais e mais – simplesmente implacável. Não havia um só dia sem crises. De agosto de 2020 a outubro de 2021, tive 415 dias consecutivos com crises."

Apesar de sua posição quanto às drogas – e seu ceticismo em relação aos psicodélicos – a ideia de que esse estudo estava sendo realizado na Universidade de Yale mudou tudo. Havia legitimidade. Maxwell quis fazer parte.

O processo de triagem médica para o estudo levou dois meses para ser concluído. A equipe de Yale responsável pela pesquisa consultou os profissionais que atendiam Maxwell – o médico de atenção primária, o neurologista, o hematologista e o neurocirurgião – para avaliar sua saúde psicológica, o histórico familiar e o histórico pessoal. Eles procuraram até mesmo contatos pessoais. Para Maxwell, esse meticuloso processo de triagem foi tranquilizador.

"Eles não querem que você chegue lá e sofra um colapso psicológico severo ou algo assim durante as viagens e sejam obrigados a abortar, porque investiram muito para te levar até lá", disse ele.

Infelizmente, o momento não poderia ter sido pior. A autorização de Maxwell chegou no início de março de 2020, pouco antes de a Covid-19 forçar a interrupção do experimento. As ligações mensais de Schindler o ajudaram a administrar aquele período turbulento. Naquela ocasião, as crises eram ininterruptas havia quase dois anos.

O lado positivo é que essa parada permitiu que a Dra. Schindler tivesse tempo para publicar os resultados de um ensaio clínico destinado a testar a psilocibina para enxaqueca. Foi um estudo pequeno – apenas dez participantes –, mas os resultados, publicados na *Neurotherapeutics*, reproduziram o que as pessoas vinham dizendo havia anos no ambiente on-line: uma única dose de psilocibina (a mesma usada no ensaio clínico da cefaleia em salvas) produziu uma redução média de 50% na frequência das crises de enxaqueca, por, pelo menos, duas semanas. As crises de enxaqueca subsistentes foram cerca de 30% menos penosas e 60% menos debilitantes do ponto de vista funcional do que os pacientes costumavam ter.[13]

Outros medicamentos existentes no mercado conseguem reduzir efetivamente a frequência das crises de enxaqueca, mas eles precisam ser tomados em doses diárias e/ou permanecer no sistema da pessoa. A psilocibina, por sua vez, produzia um efeito preventivo duradouro sobre a enxaqueca após uma única dose, muito embora fosse metabolizada e eliminada do corpo em poucas horas. Schindler não tinha certeza quanto à forma de ação da substância, mas nenhuma outra no mercado conseguia um efeito semelhante.

A Dra. Schindler ligou para Ken Maxwell em outubro de 2020 com notícias muito boas. O ensaio clínico seria retomado em novembro, e ela ficaria muito feliz se ele participasse. No entanto, a Covid-19 ainda impunha algumas restrições. Connecticut, por exemplo, exigia uma quarentena de duas semanas a todos os que desejassem entrar no estado. O estudo não contava com recursos financeiros para arcar com essa exigência; porém, felizmente, Maxwell podia ficar com a filha, que morava perto.

Entretanto, havia também outras regras a serem observadas. Duas semanas antes do estudo, ele seria obrigado a monitorar todas as crises e teria que limitar o uso das injeções de sumatriptano das quais dependia como abortivo. Para se certificar de que Maxwell entendera todo o processo, Schindler submeteu-o a um questionário sobre os requisitos do protocolo: o primeiro dia do estudo envolvia um exame físico, exames de sangue e um teste de Covid-19. Ele receberia uma "dose" no segundo dia e, em seguida, retornaria para duas doses adicionais nos dez dias subsequentes. Entretanto, como se tratava de um estudo duplo-cego, nem ele nem a equipe sabiam se ele havia recebido psilocibina ou um placebo.

Maxwell achou interessante ler o livro de Michael Pollan, *Como Mudar sua Mente,* sobre terapia assistida por psicodélico; muito embora o estudo de Yale utilizasse doses muito menores de psilocibina do que Pollan descrevia, além do que, não tinha como objetivo alterar a perspectiva cognitiva dos participantes quanto à sua dor. Todavia, Maxwell não conhecia coisa alguma sobre a experiência psicodélica e julgou que seria melhor compreender o que estava para acontecer.

Quanto mais ele lia, mais matutava sobre a possibilidade de um estado de espírito transformador ajudá-lo a se curar. Talvez fosse desespero. Talvez fosse arrogância. Todavia, ele estava determinado a descobrir se algo profundamente enraizado em sua psiquê perturbara o equilíbrio de seu cérebro, provocando essa doença.

Maxwell se sentiu preparado na manhã da primeira dose. O experimento ocorreu em uma maca hospitalar colocada em uma área separada por divisórias de hospital; portanto, ele conseguia ouvir todos que circulavam do lado de fora, e todos podiam ouvi-lo. Um aparelho de medir pressão arterial ficava próximo para que uma enfermeira pudesse fazer medições regulares; e tanques de oxigênio estavam colocados perto da cama, para o caso de ele precisar abortar uma crise. Ao contrário da maioria dos ensaios clínicos com psilocibina, que deixam dois terapeutas acompanhando os participantes enquanto estes tomam o medicamento, Maxwell estaria sozinho. Contudo, uma enfermeira treinada ficaria do lado de fora do quarto, pronta para atendê-lo se ele espirrasse, e uma câmera fixada na cama monitorava tudo o que acontecia. Medicamentos poderiam ser rapidamente administrados por meio de um tubo intravenoso em caso de emergência. Antes de lhe entregar uma cápsula gelatinosa azul e um copo de água, uma enfermeira mediu seus sinais vitais e fez algumas perguntas sobre como ele estava se sentindo.

Depois de ter lido a descrição de Pollan sobre salas de terapia equipadas com sofás felpudos, esculturas de Buda e cogumelos de pedra, Maxwell não esperava encontrar a estética médica frugal daquele recinto.[14] A decisão do modelo não foi uma escolha explícita feita por Schindler – tratava-se simplesmente do laboratório de pesquisa ao qual ela teve acesso em Yale. Todavia, Maxwell se inscrevera como participante de um estudo realizado em hospital para se sentir seguro, e o fato de tomar psilocibina em um ambiente repleto de equipamentos médicos deixou-o mais tranquilo. O processo o ajudava a se sentir assistido e seguro.

Suas preces para que a pílula contivesse "a substância de primeira linha" logo foram atendidas. O quarto de hospital cinza e sombrio se converteu em um "passeio de tapete mágico" que expandiu sua mente e tornou tudo muito maior e mais bonito do que ele já tinha visto antes. Seu corpo foi sacudido pelas gargalhadas que deu ao se deparar com um livro que levara consigo para ajudar a passar o tempo. Ele simplesmente não precisaria daquilo.

Isso foi o que Maxwell relatou sobre o momento em que decidiu que chegara a hora de vasculhar seu inconsciente a fim de descobrir o que estava acontecendo lá dentro: "Eu comecei a fazer perguntas... E foi aí que tudo começou a acontecer. Eu não ouvia as palavras tanto quanto as *sentia*. Eu sentia o significado. Entendia intuitivamente o que estava acontecendo, mesmo não sendo óbvio. Foi uma experiência inacreditável nesse sentido".

Até onde Maxwell conseguia perceber, não havia uma fera da cefaleia escondida nas profundezas de sua memória subconsciente. Em vez disso, ele encontrou algo parecido com paz e aceitação pessoal.

Apesar de a dor ter melhorado só um pouquinho, Maxwell considerou sua participação um sucesso. Após o estudo, as crises ainda aconteciam de três a quatro vezes por dia, mas não duravam tanto nem doíam tanto como antes. Qualquer alívio era bem-vindo, mesmo se o efeito acabasse se dissipando dois meses depois.

A Dra. Schindler, por sua vez, ficou empolgada. De acordo com os critérios definidos em seu estudo, uma melhora ligeira na frequência das crises não era suficiente para que Maxwell fosse computado como um paciente que respondia à psilocibina, mas ela conseguia ver que a droga modificara alguma coisa – por menor que fosse. O fato de existirem tênues filetes de esperança era importante no tratamento de uma doença tão persistente quanto a versão crônica da cefaleia em salvas.

Os resultados do ensaio, publicados em uma edição de 2022 do periódico *Headache*, reproduziam boa parte do otimismo da Dra. Schindler sobre a psilocibina como tratamento para cefaleia em salvas. As oito pessoas do grupo que recebeu psilocibina tiveram uma redução média de 30% no número de crises, em relação aos seis participantes do grupo placebo. Essas seis pessoas não experimentaram redução alguma.[15]

Os resultados não foram espetaculares, mas deixaram Schindler satisfeita. Ela gosta de chamar a atenção para o fato de que a "redução de 30%" nas crises é uma média do bem-estar sentido pelas pessoas após o protocolo. Alguns tiveram uma redução acentuada no número de crises sofridas. Outros, como Maxwell, não tiveram. O estudo envolveu um número de pessoas muito pequeno para que o resultado apresentasse números estatisticamente significativos, mas ela ficou entusiasmada com a redução observada e, mais tarde, ao ver seus resultados corroborados por um estudo aberto de cefaleia em salvas com psilocibina realizado na Universidade de Copenhague, sentiu a merecida satisfação.[16]

Esse estudo dinamarquês me pegou de surpresa, em grande parte porque não foi necessária uma batalha hercúlea para fazê-lo acontecer. A comunidade do Clusterbusters e seu micélio social haviam inspirado o projeto: o Dr. Martin Madsen, neurocientista e psiquiatra que liderou o estudo, é, ele próprio, um Clusterhead.

Madsen, que teve sua primeira crise aos 24 anos, na época em que era aluno de doutorado, descreveu para mim a dor como sendo "de outro mundo". Por sorte, os medicamentos prescritos regularmente têm efeito positivo em seus ciclos episódicos, e ele pareceu bem em termos de saúde. Foi sua experiência que alimentou seu interesse pelo cérebro. A leitura de relatos de pacientes no website do Clusterbusters colocou-o em contato com o conjunto de trabalhos de John Halpern e Schindler, o que, por sua vez, levou-o a trocar vários e-mails com Bob Wold.

O ensaio clínico de Madsen testou o protocolo de interrupção da crise na população de pacientes que representava os casos mais implacáveis: cefaleia em salvas crônica. Dez pessoas com esse diagnóstico receberam três doses baixas de psilocibina, com espaço de cerca de sete dias; nenhuma recebeu placebo. Os resultados foram portadores de boas notícias na questão de segurança. Ninguém apresentou efeitos colaterais sérios, e pelo menos uma pessoa relatou benefícios psicológicos duradouros. A frequência das crises teve redução de 30% em média, e uma pessoa experimentou uma remissão de 21 semanas. As tomografias cerebrais incluídas no protocolo sugeriram que a psilocibina ajudou a redefinir as vias neurais que conectam as partes do cérebro mais provavelmente envolvidas na cefaleia em salvas: o hipotálamo posterior e o cluster diencefálico. Ao alterar essas conexões e aumentar a capacidade do cérebro para formar novas vias (um fenômeno conhecido como *neuroplasticidade*), é possível que a psilocibina consiga reduzir a frequência da cefaleia em salvas. A ideia não está muito distante da teoria proposta por Flash e PinkSharkMark no antigo fórum do *CH.com*, quando imaginaram que os cogumelos poderiam restaurar algum comutador danificado.

Atualmente, Madsen transferiu-se para outra pesquisa – mas não parece que o motivo tenha tido relação com os problemas políticos envolvidos nesse projeto. Segundo ele me contou, não foi difícil obter as aprovações para o estudo. A Dinamarca classifica a psilocibina como um "fármaco potencial", muito embora o uso recreativo da droga seja criminalizado.

A política da Dinamarca faz muito mais sentido do que o Catch-22 embutido na estrutura regulatória dos Estados Unidos, o que, na prática, impede que a pesquisa clínica investigue aplicações terapêuticas de drogas da Classe I, porque já foi determinado que elas não têm "valor médico algum".

Emmanuelle Schindler sabia, por experiência clínica, que o efeito dos tratamentos para dores de cabeça demorava muitas vezes para ser observado. De fato, isso acontecia com tanta frequência que, junto com os medicamentos, ela prescrevia paciência.

A razão era neurobiológica: crises reiteradas de dor de cabeça geravam no sistema nervoso um estado de "sensibilização central" cuja reversão levava tempo. A dor crônica tem múltiplas causas, como as lesões nos nervos decorrentes de uma hérnia em um disco da coluna, o que pressiona o nervo e pode provocar uma dor excruciante; a dor neuropática ocorre quando um nervo sofre lesão, como pode acontecer no caso da neuropatia induzida por diabetes; e, naturalmente, como a dor é processada na consciência, o processo psicológico pode torná-la mais persistente.

Ocorre uma sensibilização central – quarto fator que contribui para a dor crônica – quando o sistema nervoso central passa por um processo de amplificação, o que leva o corpo a processar os estímulos de uma forma muito mais exagerada. Os pesquisadores acreditam que a exposição prolongada a uma dor aguda pode ser o fator responsável pela sensibilização central. A sujeição contínua do sistema nervoso à dor sensibiliza de forma exagerada as vias de processamento do corpo, fazendo-as perceber todos os estímulos como dolorosos. Pode levar algum tempo para o dano ser revertido. Eu comparo isso à experiência de se dirigir em uma estrada de terra: no início, a passagem sobre o cascalho é sacolejante, mas se continuamos viajando pelo mesmo caminho, a trilha sob os pneus fica aplainada e o deslocamento se torna mais suave. Cada crise de dor de cabeça opera da mesma maneira: grava percursos no sistema nervoso, tornando-o propenso a ir progressivamente sentindo uma dor mais intensa. Mais dor resulta em mais dor – uma simplificação hiperbólica de um processo complicado –, porém é esse o princípio geral.

O subsídio concedido a Schindler pela empresa de Turnbull, a Ceruvia, incluía recursos destinados a trazer as pessoas de volta para uma segunda rodada de tratamento. Dessa vez, todos os participantes do ensaio de cefaleia em salvas receberiam psilocibina, inclusive as seis pessoas que inicialmente tomaram um placebo. Dez pessoas retornaram, entre elas Ken Maxwell.

A segunda rodada não proporcionou a Maxwell uma remissão total – infelizmente, nem mesmo o deixou um dia sequer sem dor. Todavia, ele continuou afirmando que o tratamento mudou sua vida. O “espectro da dor” que o assombrava havia muito tempo, entre as crises, quase desapareceu, e ele se sentia com mais energia e clareza mental do que antes. Maxwell ainda sofria crises diárias, porém, pela primeira vez em três anos, ele e a esposa conseguiram escalar as Great Smoky Mountains, o pano de fundo de sua casa na Carolina do Norte.

Um sinal de esperança.

Entretanto, a ciência produzida por cidadãos tem suas desvantagens. Como eles podem saber se o benefício foi resultado de um placebo? Como podem determinar a dose real contida em um cogumelo? Que tipo de distorção pode acontecer na interpretação dos resultados?

Ken Maxwell não foi o único que se beneficiou de uma segunda rodada de doses. Todos aqueles – como Maxwell – que haviam recebido psilocibina na primeira onda do estudo obtiveram resultados melhores na segunda vez que se submeteram ao protocolo.

A Dra. Schindler agora dispunha de dados convenientes para divulgar que a psilocibina produzia um efeito *estatisticamente significativo* no número de crises vividas por pessoas com cefaleia em salvas.

Segundo ela, ali estava um exemplo excelente da importância de se lembrar que, em geral, é necessária mais de uma rodada de tratamento para que uma cefaleia em salvas adversa ceda à terapia. Um assim denominado estudo negativo não deve ser interpretado com excesso de pessimismo.

Afinal, os membros do Clusterbusters sempre obtiveram os melhores resultados por meio de sucessivos ajustes de suas doses até entender o que funcionava para eles. Algumas pessoas têm sorte – uma dose pequena é bastante eficaz. Schindler às vezes desejava ter condições de ajustar as doses da mesma forma que Wold fazia para aqueles que ajudava. Um ensaio no padrão RCT oferecia dados confiáveis sobre a eficácia de um medicamento em um regime estabelecido, mas o resultado geral para os pacientes era menos radical do que mostravam as evidências circunstanciais. "É uma coisa determinada." Uma limitação. Ela gostaria de poder fazer sua pesquisa com a mesma presteza que os Clusterbusters, mas tudo exigia tempo e dinheiro no mundo convencional.

Infelizmente, um estudo pequeno não tem condições de realizar o sonho pelo qual Bob Wold trabalhava há anos: a prova definitiva de que um cogumelo pode curar a doença mais penosa que os seres humanos enfrentam. Wold acredita que os fungos conseguem produzir ótimos resultados por pouco dinheiro, mas ele não é um mercador ambulante de óleo de cobra, que vende um milagre vazio. Ao contrário, está tentando reparar um sistema disfuncional e manter os pacientes vivos. O ato de ensinar as pessoas a cultivarem os próprios remédios garante a elas pronto acesso a algo capaz de aliviar sua dor imediatamente. E se não aliviar? Pode simplesmente ajudá-las a conviver com tal dor.

Foi o que aconteceu com Ken Maxwell.

Ele voltou ao website do Clusterbusters depois de ter percebido que poderia encontrar algum alívio com a psilocibina. As instruções explicavam que os casos verdadeiramente resistentes de cefaleia em salvas crônica exigiam, às vezes, várias rodadas de tratamento com psilocibina até apresentarem melhora. Algumas pessoas relatavam que precisaram tomar a dose *nove vezes* antes de perceberem remissão – uma proposta difícil, considerando-se que cada "viagem" demorava seis horas.

Mesmo assim, ele precisava tentar. "Eu ainda tenho uma família para sustentar, minha esposa e eu temos objetivos e sonhos em nossa vida... Tudo isso está em risco. [Se] eu não conseguir controlar essa doença, de nada servirei para as pessoas", revelou-me Maxwell.

O cultivo de cogumelos por conta própria parecia muito complicado, então ele buscou uma fonte em que confiava e fez o melhor que pôde para chegar à dose que recebeu no hospital. Pois, vejam só; depois de ter tomado a nona dose, ele passou três dias maravilhosos livre da dor. A remissão não perdurou, mas ele continua buscando ajustar o protocolo de interrupção para encontrar uma dose que lhe seja favorável. A frequência de suas crises de cefaleia em salvas teve uma redução de cerca de 48% e ele tem agora 80% menos crises severas. Em alguns meses, ocorre apenas uma crise por dia.

Segundo me contou Maxwell, o primeiro tratamento que lhe deu esperança – fator vital para a sobrevivência – foi o baseado em psicodélicos.

"Quando você está tendo uma crise terrível", disse-me ele, "é como um incêndio de alto nível de urgência (*five-alarm fire*). Ou seja, é necessário mobilizar todos os recursos. Você tem que manter sob controle. Todavia, a sensação realmente perversa ocorre entre as crises, porque sua mente divaga: será que vou ter outra crise? Se eu for a um restaurante ou a um lugar diferente, o que farei quando ela acontecer? Terei que avaliar com cuidado e procurar o banheiro. Tenho que ter meu oxigênio comigo. Você está constantemente tentando administrar o que vai acontecer ou o que pode acontecer em seguida."

Contudo, Maxwell é também cauteloso e procura não deixar seu otimismo sair de controle. Ele não quer que eu o considere derrotista, mas um neurologista o alertou recentemente que os medicamentos para cefaleia em salvas sempre deixam de funcionar. E ele quer estar preparado para essa eventualidade. De acordo com Maxwell, é aí que as pessoas ficam mais vulneráveis ao suicídio. A recém-descoberta possibilidade de viver o presente é, segundo ele, o ponto em que os psicodélicos realmente ajudaram. "Sinto que recuperei minha vida. [Porém] não tenho excesso de otimismo. Eu valorizo o momento."

Qualquer pessoa que já tenha trabalhado – ou padecido – nesse campo entende que o tratamento das doenças relacionadas à dor de cabeça requer um amplo conjunto de recursos e uma dose considerável de tentativa e erro. Ninguém sabe isso melhor do que Bob Wold – os Clusterheads necessitam de tratamento em qualquer forma que consigam obter.

Assim, Wold entrou em ação quando tomou conhecimento de que várias empresas farmacêuticas estavam patrocinando ensaios clínicos destinados a testar uma nova classe de medicamentos para enxaqueca – drogas cuja ação se dava por meio da inibição de uma proteína chamada peptídeo relacionado ao gene da calcitonina (CGRP). De acordo com a pesquisa, devido ao importante papel do CGRP na enxaqueca, sua redução poderia interromper a doença. Wold ficou imaginando se o mesmo comportamento poderia ser observado na cefaleia em salvas.

Não foi fácil convencer uma empresa farmacêutica a testar seu produto em pacientes de cefaleia em salvas, dada a dificuldade de estudar essa doença. Todavia, a Eli Lilly concordou. Como resultado, a cefaleia em salvas episódica conta agora com um novo medicamento preventivo aprovado pelo FDA, chamado Emgality. (Infelizmente, o ensaio clínico não demonstrou benefícios no caso da versão crônica da doença.)

Com o objetivo de satisfazer ao Center for Medicare Services dos Estados Unidos, cuja alegação – sem lógica alguma – era a falta de evidências quanto à segurança ou à eficácia do tratamento que justificassem o financiamento da terapia, a comunidade do Clusterbusters organizou também um novo estudo destinado a testar a eficácia do oxigênio.

Nenhum desses avanços foi fácil, mas a transformação de cogumelos em medicamento será, de longe, a batalha mais difícil. Martin Madsen me relatou que "os psicodélicos" são um "campo inexplorado... Há muita coisa que não sabemos".

Carey Turnbull estava encontrando extrema dificuldade para atrair uma empresa de biotecnologia disposta a fazer uma parceria com ele no desenvolvimento de pesquisas sobre enxaqueca e cefaleia em salvas. O maior problema continuava sendo a diminuta dimensão do mercado de cefaleia em salvas; e, em 2023, ele se tornara muito menos otimista do que em 2017 quanto à possibilidade de converter os psicodélicos em grande negócio corporativo.

Ele simplesmente não conseguia fazer o investimento gerar frutos. Conforme me explicou, o desenvolvimento de um medicamento é excepcionalmente caro, "algo em torno de 100 milhões de dólares", segundo suas estimativas.

Turnbull continuará investindo em medicina psicodélica e engajado com as atividades filantrópicas. Contudo, no tocante aos medicamentos para dor de cabeça, está entrando em modo de hibernação novamente. Ele sabe que os resultados já obtidos – o que foi demonstrado em vários estudos, tanto aqueles cuidadosamente organizados na academia, como os de Harvard e Yale, quanto os que carecem de uma organização mais meticulosa, como o trabalho que os Clusterbusters vinham realizando há anos – são extraordinariamente promissores. "Existe uma ciência consolidada de Harvard e de Yale que corrobora o valor disso."

Turnbull não é a única pessoa a pisar nos freios na questão do desenvolvimento de drogas psicodélicas. Em 2023, quase nenhuma das quase cinquenta empresas do mercado de psicodélicos que abriram o capital na bolsa de valores nos anos anteriores estava se saindo bem. A Wesana, uma empresa fundada pelo jogador profissional de hóquei Daniel Carcillo, cujo propósito era desenvolver tratamentos psicodélicos para lesões cerebrais traumáticas e enxaquecas, já havia falido. Quando o Silicon Valley Bank quebrou em março de 2023, Turnbull percebeu que, logo, as empresas privadas de biotecnologia também estariam em uma situação difícil para encontrar financiamento. O investimento em pesquisas sobre dores de cabeça precisava ser interrompido.

"Eu não desisti disso", disse-me Turnbull. Todavia, a simples convicção não basta. Ele não é hoje tão ingênuo quanto antes sobre o desenvolvimento de medicamentos. Em sua iniciativa para fomentar a inovação e defender a segurança dos pacientes, o governo havia criado o que ele descreveu como um "matagal cheio de problemas". Turnbull acreditava que a supervisão regulatória era essencial: as pessoas devem ter acesso a medicamentos seguros. Todavia, o sistema representa uma "parede de 100 milhões de dólares entre você e a conquista de uma droga convertida em medicamento controlado". A ilegalidade dos psicodélicos só introduz mais obstáculos no caminho. Talvez com o parceiro correto – uma rede de apoio – ele viria a trilhar esse caminho novamente.

Conclusão

DA CONTRACULTURA AO BALCÃO DE MEDICAMENTOS

O SOL DA TARDE AINDA BRILHAVA EM MILE HIGH CITY QUANDO nós desmontamos o estande informativo do Clusterbusters na conferência Psychedelic Science de 2023, um encontro promovido pela Multidisciplinary Association for Psychedelic Studies (MAPS). Uma única viagem era suficiente para transportar todo o material, incluindo a mesa e os mostradores. Eileen Brewer, presidente de longa data do conselho do Clusterbusters e organizadora do evento realizado pelo grupo, fez um gesto na direção do salão de exposições quando nós saímos. "Hora de investir em um mostrador maior, não é?"

Raras vezes eu vi tantas tendas em um único espaço, que dirá em um recinto fechado!

Depois de pouco mais de um quarteirão, chegamos ao quarto de hotel de Bob Wold, onde pudemos reavaliar o evento. Mais de doze mil pessoas haviam se registrado previamente para ouvir mais de quinhentos palestrantes falarem sobre o potencial de cura de substâncias que, durante mais de meio século, foram enquadradas no rol das drogas mais perigosas do mundo.

Contudo, havia poucos indícios de que algum participante do encontro sentisse necessidade de refrear seu autêntico eu psicodélico ou de fingir sobriedade em uma cidade como Denver, no Colorado, o coração do movimento nacional em prol da descriminalização do que é hoje eufemisticamente denominado "medicamentos fitoterápicos". Em 2023, os habitantes do Colorado e seus visitantes desfrutavam das leis mais flexíveis do país quanto ao cultivo, à distribuição (desde que no caráter de "compartilhamento") e ao consumo de substâncias psicodélicas. Em uma expressão desse espírito aberto, o governador do Colorado, Jared Polis, deu as boas-vindas ao público presente na cerimônia de abertura.

A atmosfera amigável tomou conta da cidade. Para onde quer que eu olhasse, deparava-me com pessoas usando seus crachás sobre a vestimenta sugerida para a ocasião – "traje casual de negócios com toque psicodélico". Minhas inovadoras meias de cogumelo pareciam inofensivas ao lado de todos os chapéus com inspiração em cogumelos, os macacões com estampas de animais, os jalecos de jeans sobre o peito nu, vestidos folgados em estilo retrô e chapéus de cowboy conjugados com trajes chiques demais para um sítio. Um dos estandes do salão de exposições disponibilizava terapia com cães para ajudar as pessoas a se acalmarem quando a intensidade do ambiente aumentava demais – talvez, perdendo-se no *Deep Space*, uma instalação gigante de arte interativa imersiva ou num encontro assustador com a própria sombra junguiana.

Para dar início ao evento, Rick Doblin serpenteou pelo palco ao som de uma animada canção de bossa nova, parecendo um guru dentro de um terno branco combinado com uma camisa de linho com o colarinho desabotoado. Doblin estava preparado: havia décadas, ele pregava o evangelho da experiência do êxtase. Sorriu enquanto observava a plateia. Cinco mil pessoas estavam reunidas no auditório.

"Impressionante!", expressou-se entusiasmado.

Qual era a proporção das mudanças? Doblin listou os avanços que haviam acontecido apenas nos últimos anos: a Public Benefit Corporation da MAPS – o braço farmacêutico da organização, fundado em dezembro de 2014 – acabara de finalizar o último estudo de Fase III que o FDA exigia antes da solicitação de aprovação da terapia assistida por MDMA para TEPT; a Compass Therapeutics estava prestes a concluir os ensaios clínicos de Fase III, destinados a testar o uso da psilocibina para depressão resistente ao tratamento; e o Usona Institute – uma organização sem fins lucrativos dedicada à pesquisa médica – estava conseguindo um avanço importante nos ensaios clínicos de teste da psilocibina para depressão grave.

Tudo vinha caminhando muito bem. O crescimento do número de publicações de pesquisa nos últimos vinte anos evidenciava um aumento significativo, semelhante à elevação brusca da lâmina de um taco de hóquei, uma indicação clara de uma área florescente. A expansão do mercado já abarcava o desenvolvimento de novas substâncias psicodélicas, que Doblin, em tom de brincadeira, disse que "estava ansioso para experimentar". E a decisão recente da American Medical Association de criar um código de faturamento para "prolongadas sessões de terapia" foi para ele motivo de alento.[1] Essa determinação era um requisito necessário – mas não suficiente – para que as prolongadas sessões de MDMA tivessem cobertura dos seguros.

Evidências de uma mudança cultural verdadeira ficaram patentes quando Doblin saiu do palco e foi substituído pelo ex-governador republicano do Texas, Rick Perry, um político de carreira mais conhecido por suas posições conservadoras – como a veemente oposição à legalização do casamento entre pessoas do mesmo sexo – do que por uma contestação relacionada à Guerra às Drogas.

Perry, cuja fala tinha uma cadência muito mais parecida com a de um pregador sulista do que a de Doblin, foi direto ao assunto, gesticulando em direção à área dos bastidores.

"Então, Rick Doblin mostrou a vocês a luz e a verdade. Eu sou o rude e sombrio ex-governador republicano, de direita, do estado do Texas. Eu amo Rick Doblin".

A plateia respondeu com risos e aplausos retumbantes. Se os presentes na sala eram intimamente alinhados com a esquerda progressista, como se poderia esperar no caso de pessoas que frequentam eventos psicodélicos, não demoraram muito para perdoar Perry por suas posições políticas de direita.

É difícil alguém continuar descrente depois de ouvir depoimentos tão impactantes quanto a história que o governador relatou. Ele e a esposa fizeram amizade com um veterano que, havia anos, lutava contra um caso complicado de TEPT. Durante mais de uma década, os Perrys fizeram tudo o que estava ao seu alcance para ajudá-lo a encontrar um tratamento. Inicialmente, eles rejeitaram a terapia psicodélica por considerá-la absurda. No final, a terapia assistida por psicodélicos foi o único tratamento eficaz. Depois de testemunhar essa cura, Perry se converteu. E agora estava ali na nossa frente para dar o seu depoimento. Todos nós tínhamos a obrigação de seguir a ousadia de nossas convicções e defender o que era certo. A vida das pessoas estava em risco.

Os veteranos – o mais recente grupo de interesse a se juntar à "grande tenda" psicodélica de Doblin – proporcionaram ao movimento uma poderosa interpretação para a "ciência política" que a MAPS pratica. O índice de suicídio entre os veteranos é 57% maior do que entre adultos norte-americanos que nunca serviram nas forças armadas – uma perda de dezessete veteranos por dia em 2020.[2] Perry fez lembrar à plateia que a nação tinha a responsabilidade de ajudar as pessoas, protegendo a liberdade de seus cidadãos.

A exemplo dos Clusterheads diante deles, uma enorme quantidade de veteranos passou a recorrer ao subterrâneo clandestino ou a viajar para retiros psicodélicos em busca de alívio.[3] Soldados condecorados – muitos dos quais serviram nas unidades mais prestigiosas das forças armadas – têm relatado à imprensa histórias cativantes de uma cura redentora. Ex-integrantes dos Navy SEALs, da elite de pilotos de caça (Top Gun) e das Forças Especiais Boinas Verdes – heróis da América Central – conferiram mais credibilidade ao movimento e, ao mesmo tempo, introduziram uma camada de urgência ao apelo por mais pesquisas.[4] A MAPS chegou até mesmo a contratar um ex-sargento do exército dos Estados Unidos para ajudar a convencer os conservadores de que a terapia assistida por MDMA era a solução de que eles tanto precisavam.[5]

O estratagema foi tão bem-sucedido que a pesquisa psicodélica é uma das poucas questões bipartidárias na nação. Rick Perry agora tem a companhia de alguns dos conservadores mais radicais do Partido Republicano, entre eles o deputado Matt Gaetz (R-FL) e o deputado Dan Crenshaw (R-TX), veterano do exército.[6]

Naquela semana, todas as horas do dia foram tomadas por testemunhos dando conta de que os psicodélicos proporcionavam curas notáveis e quase milagrosas. Cada nova história era tão inebriante quanto a anterior, e elas se sucederam com tal rapidez que, no momento em que uma delas perdia o ímpeto, a próxima tomava conta. Algumas vezes, eu me senti prestes a ser arrebatada por um despertar secular.

Rick Doblin – pelo menos como me pareceu – gostava de desfrutar do brilho residual. Em alguns momentos eu o via, com sua risada contagiante que, como um farol, alertava a todos sobre sua presença, enquanto se movia apressado pelo centro de convenções, cercado por uma pequena e afetuosa comitiva. Para que ninguém se esquecesse de quem nos havia conduzido até o evento, a MAPS cobriu o local com cartazes que exibiam o slogan RICK DOBLIN LIVRE impresso ao redor de sua imagem. Não pude deixar de matutar sobre quantas pessoas ali teriam considerado isso um pouco engraçadinho demais.

Halpern não compareceu à reunião. Depois que a Entheogen Sciences faliu, ele assumiu o cargo de diretor médico de um requintado hospital privado de reabilitação nos subúrbios de Boston. Quando, em agosto de 2017, o *Boston Globe* e a revista *STAT* publicaram uma denúncia de "atendimento de qualidade inferior" no hospital, os repórteres não se furtaram a registrar que Halpern possuía "um currículo excelente, com exceção de um passado que incluía uma suposta ajuda na lavagem de dinheiro para uma vultosa operação de tráfico de LSD".[7] Leonard Pickard assombra Halpern muito mais do que Timothy Leary.

Mas Halpern diz que está feliz agora que atua em consultório particular. O atendimento aos pacientes é um motivo de grande alegria. Além disso, ele é também presidente da American Association for Social Psychiatry, uma organização profissional dedicada aos problemas sociais que afetam o bem-estar psicológico. Todos os anos, a instituição concede uma honraria – o Abraham L. Halpern Humanitarian Award – àqueles que deram uma contribuição extraordinária para a promoção dos direitos humanos. O que me traz à memória uma última novidade.

No verão de 2020, Leonard Pickard foi libertado da prisão em caráter humanitário por causa da ameaça da Covid-19. Ele trabalha em uma empresa de capital de risco dedicada aos psicodélicos e retornou para Harvard como pesquisador afiliado no Project on Psychedelics Law and Regulation realizado na instituição. Segundo o que Pickard me contou, John Halpern telefonara para se desculpar, o que o alegrou, mas essa foi a última vez que ele teve notícias.

E foram muitas as pessoas que acolheram Pickard como herói, considerando-o um "prisioneiro de guerra" merecedor do mais profundo respeito.

Nós estávamos no Hilton, conversando sobre a percepção pública da situação, quando Bob Wold entrou na sala. "Você quer dizer Rick Goblin?"

Ele estava apenas repetindo um apelido que ouvira de passagem um pouco mais cedo, mas havia um fundo de ironia na risada de Wold. Era reconfortante saber que outros se mostravam céticos em um espaço aparentemente tomado por uma explosão de cores e fantasia. As escolhas de Doblin – em especial quando se tratava do tamanho e da estrutura de suas alianças – incomodaram muitas pessoas ao longo dos anos.

O equilíbrio instável de Doblin entre a medicina convencional e o bem-estar alternativo despertara tensões em muitos universos clandestinos. Quem ganha financeiramente com o conhecimento originário dos círculos indígenas e subterrâneos? De que modo a medicalização afetará o acesso a essas substâncias? Como o mundo ocidental retribuirá os benefícios extraídos do saber das comunidades indígenas que continuam sendo exploradas? Como um movimento que promete promover a paz mundial pode fazer parceria com os militares ou, pior ainda, aceitar dinheiro de fanáticos de extrema-direita? Se os psicodélicos reduzem o racismo, por que tão poucas pessoas negras e de grupo étnicos participam da convenção? As conquistas do movimento psicodélico ajudarão ou prejudicarão as iniciativas no sentido de desmantelar as políticas de drogas mais danosas?

Tanto os militantes quanto os descrentes temem que a promoção excessivamente apaixonada da ciência psicodélica possa estar ofuscando seus méritos reais. Em um detalhe paradoxal, a consequência do medo paranoico da medicina psicodélica quanto a uma possibilidade de o governo interromper a pesquisa, é que, até muito recentemente, os danos potenciais associados aos psicodélicos foram insuficientemente avaliados. No entanto, essas descobertas nunca têm espaço no noticiário – são eclipsadas pela promessa gloriosa de avanços na saúde mental e de experiências transformadoras. Qualquer pessoa poderia facilmente sair de uma conferência de Ciência Psicodélica com a impressão de que cada *bad trip* não passa de uma "experiência desafiadora" – difícil, sem dúvida; porém, no final das contas, uma forma de se desenvolver resiliência. O fato de essas substâncias vez ou outra destruírem as pessoas fica, com muita frequência, sem ser dito.

E os dilemas éticos continuam se acumulando. Em um dos exemplos mais chocantes, uma participante de um ensaio clínico conduzido pela MAPS veio a público com alegações de abuso sexual por parte de um de seus terapeutas. Este, de acordo com os relatos, não negou ter feito sexo com a participante; em vez disso, argumentou que eles "eram colegas envolvidos em um estudo". A MAPS enfrentou reações adversas por ter deixado de dar uma resposta adequada.[8]

Os estudos psicodélicos contam com vários mecanismos para prevenir esse tipo de abuso – incluindo câmeras de vídeo que gravam as sessões de administração de doses. Entretanto, o incidente desencadeou debates sobre a ética em torno da terapia psicodélica: induzir tanta sugestibilidade em pessoas submetidas a um processo terapêutico cria uma série de novos dilemas que ainda exigem muita reflexão e uma discussão cuidadosa.

Daí realmente decorre a questão substancial implícita em grande parte da tensão: quem ditará as regras?

Todos desejam ter um lugar à mesa.

Em um universo alternativo, Bob Wold e Rick Doblin poderiam ter feito em Denver um brinde a duas décadas de uma frutífera colaboração, uma lembrança da época em que as pessoas com cefaleia em salvas eram para Doblin participantes fundamentais de seu plano ousado de transformar a percepção pública em relação à terapia psicodélica e catapultar o LSD de volta para o eixo acadêmico predominante, sendo Harvard o prêmio máximo.

A aliança deles foi abalada quando a ambição de Doblin não se realizou como planejado. A queda livre de John Halpern, a recusa do McLean Hospital em trabalhar junto com a MAPS e os problemas burocráticos no recrutamento de participantes para o estudo da terapia assistida por MDMA em Harvard causaram um impacto devastador em tudo. Doblin, que já se via às voltas com a tarefa hercúlea de arrecadar fundos para o desenvolvimento de medicamentos, enfrentou dificuldades para encontrar patrocinadores dispostos a manter ativo um suposto informante muito desprezado. A descoberta feita por Halpern, de um tratamento não alucinógeno para cefaleia em salvas, parecia a melhor solução possível para todos os envolvidos. Doblin não entendia a insatisfação da comunidade do Clusterbusters. Naturalmente, eles não haviam conseguido o projeto que financiaram, mas tinham algo muito melhor. Uma "cura" verdadeira com um medicamento fora da lista de drogas controladas!

Soava de certa forma absurdo que um grupo de pacientes pudesse rejeitar um medicamento aparentemente "perfeito", mas os portadores de cefaleia em salvas já haviam demonstrado uma aptidão muito maior do que a de qualquer especialista credenciado para explicitar suas necessidades. Mesmo que o BOL-148 se provasse tão seguro e eficaz quanto todos esperavam, a utilidade de um medicamento depende diretamente da possibilidade de o paciente ter acesso a ele. E o acesso ao BOL-148 exigiria recursos que a comunidade da cefaleia em salvas talvez nunca viesse a ter. Wold conseguia colocar agora mesmo os cogumelos mágicos ao alcance das pessoas. O que ele de fato precisava era do selo de aprovação de Harvard, um fator determinante para que conquistassem os mesmos doadores que financiavam o renascimento psicodélico mais abrangente.

Entretanto, uma mudança no foco da pesquisa seria devastadora para a aliança já frágil entre as duas entidades. Os membros do Clusterbusters, fundamentados em um uso pragmático de psicodélicos para alívio dos sintomas, perceberam-se marginalizados em favor da missão mais ampla de Doblin de explorar os aspectos espirituais e transformadores da terapia psicodélica. Se o tratamento da cefaleia em salvas (e, por extensão, da dor) pudesse ser feito sem o efeito psicodélico, não fazia muito sentido Doblin despender recursos para manter o Clusterbusters dentro de seu círculo cada vez maior de alianças.

A comunidade do Clusterbusters carecia de mais do que um medicamento; eles precisavam de uma mobilização. O sucesso exigia uma robusta rede de apoio – muito mais poderosa do que o problema da dor de cabeça já conseguira mobilizar. Em 2010, a medicina psicodélica ainda era limitada, mas seus defensores tinham a capacidade de se conectar com prósperas redes já existentes, por meio de seus vínculos com a espiritualidade da Nova Era e os trabalhadores do setor de tecnologia do Vale do Silício, que já demonstravam disposição para apoiar um movimento que desafiava velhos dogmas.

Em junho de 2023, o relacionamento do Clusterbusters com a MAPS chegara a tal ponto de deterioração que os organizadores da conferência rejeitaram a solicitação do grupo para realização de um *workshop*. Enquanto isso, parecia que todos os outros veteranos do mundo psicodélico tinham uma tônica própria.

Mesmo assim, ainda havia sinais de esperança. O Clusterbusters, em colaboração com os cofundadores da empresa biofarmacêutica REMAP Therapeutics e a plataforma de mídia Psychedelics Today, além do financiamento da RiverStyx Foundation, anunciou a formação da Psychedelic and Pain Association, uma organização dedicada a promover pesquisas, informações e a conscientização sobre a medicina psicodélica para tratamento da dor crônica, bem como o acesso a ela. Uma nova safra de pesquisadores que se apresentaram na manhã final da conferência trouxe atualizações sobre ensaios clínicos de teste da psilocibina como tratamento da síndrome do membro fantasma, e também da fibromialgia e da dor lombar crônica. Além disso, em um desenvolvimento bastante otimista, o psiquiatra Stephen Ross, do Center for Psychedelic Medicine, da Universidade de Nova York, do qual Carey Turnbull é doador fundador e presidente do Conselho Consultivo, anunciou planos de um grande ensaio clínico multi-hospitalar para retomada da pesquisa clássica do Dr. Eric C. Kast sobre ação do LSD nos estágios finais da vida. O objetivo seria investigar se a droga consegue aliviar a dor associada ao câncer ósseo metastático. O National Institutes of Health se mostrara interessado em financiar esse estudo. Nesse contexto, até mesmo um "pode ser" é uma notícia significativa.

Depois de tantos anos perdidos em vasculhar arquivos deploráveis, foi revigorante poder ouvir, na última manhã da conferência, jovens pesquisadores falarem tão entusiasticamente sobre o futuro da pesquisa psicodélica no tratamento da dor. Eles fizeram uma exposição franca e otimista, sem se deixar abater pelo desânimo diante de persistentes obstáculos burocráticos e narrativas enganosas. No entanto, o entusiasmo dos jovens muitas vezes carece da sabedoria qualificada daqueles que já trilharam antes esses caminhos.

O que esse universo convencional renovado pode aprender com uma comunidade liderada por pacientes como o Clusterbusters? Como podemos trazer para esse mundo convencional o melhor que seu congênere clandestino produz – mesmo, ou talvez especialmente, não sendo lucrativo?

Bob Wold fez algumas reflexões.

"Sei que a regra número um é sempre 'não causar danos'... Mas há danos – um sistema que realmente decide quem vai viver e quem vai acabar tirando a própria vida."

A ação dos medicamentos era apenas um reflexo do sistema que os fornecia. E esse sistema era marcado pela injustiça. Ele passou a vida lutando contra um sistema que tornava quase impossível para os pacientes a obtenção de oxigênio, que dizer então de drogas psicodélicas!

Nem mesmo o cultivo próprio era suficiente. Quantas pessoas precisaram de ajuda para encontrar a dose certa? Ou para identificar a melhor maneira de se desvencilhar de outros medicamentos? E quando o remédio não era eficaz – certamente, nem sempre é – o que acontecia? Quem apoiaria os pacientes quando eles perdessem as forças?

O maior erro? Acreditar que um cogumelo mágico pode ser a bala de prata.

Comunidades alicerçadas na empatia e na compreensão preenchem essa lacuna. À medida que a medicina psicodélica desperta de seu estado de dormência, autoridades governamentais e médicos continuarão afirmando que essas drogas só são seguras quando administradas dentro de "ambientes médicos controlados". Contudo, será que não há mérito em reconhecer o potencial terapêutico existente fora desses limites?

Wold não é médico. No entanto, até onde ele consegue entender, a esperança é o início da pavimentação do caminho que leva do inferno até o céu. Comece aos poucos. Ouça. Crie um ambiente onde seja plausível que alguém exponha suas vulnerabilidades. A dor isola, mas o fato de você saber que não está sozinho pode fazer toda a diferença.

CONSIDERAÇÕES FINAIS

BOB WOLD TRILHOU UM LONGO CAMINHO NAS DÉCADAS POSTERIORES À SUA PRIMEIRA viagem induzida por cogumelos. Ainda não tenho certeza sobre o que ele vivenciou naquele festejo com fogos de artifício, mas sua audaciosa missão está rendendo frutos. O Clusterbusters, que é agora a organização de referência na defesa de pacientes com cefaleia em salvas, faz tudo o que está ao seu alcance para garantir que os portadores dessa doença recebam todas as formas de tratamento.

Restava apenas uma última coisa na lista de desejos de Wold.

Em 2020, Ainslie Course entrou para o Conselho Diretor do Clusterbusters com o objetivo de tornar o grupo mais conhecido no Reino Unido e na Europa. A organização de uma conferência no continente era essencial. Sua realização em Glasgow – uma cidade a poucas horas de Aberdeen – significava que Flash poderia se juntar ao grupo. Ele sempre quis participar; porém – conforme suas palavras –, uma viagem de mais do que algumas horas de carro estava fora de questão. Voar o aterrorizava demais; além disso, ele era a única pessoa capaz de cuidar adequadamente de Chilli, sua arara-de-asas-verdes.

Se Flash não podia ir para os Estados Unidos, o Clusterbusters iria até ele.

Um pequeno grupo de Clusterheads e membros da equipe providenciaram uma sala discreta fora do saguão do hotel, onde poderiam filmar a primeira interação pessoal entre Flash e Bob. O plano, no entanto, foi frustrado, porque Flash chegou e avistou Wold em seu lugar de costume – no meio de um grupo de Busters, bebendo café e fumando cigarros. Os dois ficaram ali por um momento, perplexos demais para dizer algo além do que um olá, antes de um membro do conselho perceber o erro logístico e conduzir Wold de volta para o local onde ele deveria estar esperando.

Flash entrou uns instantes depois – trajando uma camiseta com estampa de vulcão em estilo tiki-bar, mais nova do que o normal, e calça jeans azul – e abraçou seu velho amigo, dizendo "Finalmente".

O riso dissipou o absurdo de todo o cenário – uma amizade digital de décadas se materializando em forma analógica.

"Incrível". Flash suspirou. "Quando entrei naquele fórum pela primeira vez, me senti perdido naquela confusão... Mas você foi um dos criativos." Nem todo mundo reconhecia o que Flash tinha a oferecer. O apoio de Wold foi significativo naquela ocasião. Ele riu. "Havia tantas ideias malucas naquele website, e esta era a mais maluca de todas!"

Wold sorriu, orgulhoso com o que eles haviam realizado. "E agora dezenas de milhares de pessoas em todo o mundo estão recebendo ajuda."

"Surreal demais. Não consigo acreditar que isso está acontecendo." Flash balançou a cabeça.

Wold concordou. Ele ainda não assimilara o fato de estar na Escócia – um lugar que sempre sonhou em visitar – agora sua realidade.

E então lá estavam eles, dois foras da lei que ousaram pisar um terreno de que muitos temiam se aproximar, agora face a face na mesma sala – um encontro que estava sendo germinado há anos e acontecia no devido tempo.

Nem todos conseguiram viver esse momento. PinkSharkMark, o enigmático terceiro pioneiro do movimento de pacientes, falecera quase uma década antes. Nem Flash nem Wold conheceram Pinky, mas falaram com ele por telefone. Certa vez, Pinky chegou até a pensar em viajar a

Aberdeen para conhecer o bar de Flash, mas desistiu quando se deu conta das condições meteorológicas ruins que encontraria.

Wold vasculhou seu computador e encontrou uma foto de Pinky. “Ele era um sujeito bem apessoado.”

Flash acrescentou, “Parecia um ator. Ele me lembrava um pouco Sam Elliot; sabe quem é, né? O leão-de-chácara mais velho de *Road House* (matador de Aluguel)?”.

Flash, que era agora um pai de família, bem-sucedido nos negócios e dedicado aos filhos, riu quando pensou na viagem induzida por ácido que desencadeou uma mobilização. “Imagine só, eu estava prestes a fazer essa descoberta que afetaria tantas pessoas, e tudo o que realmente me interessava ali era ficar chapado!”

Será que ocorreu a ele que a verdadeira inovação nunca foi a relação com drogas ilícitas, mas sim a recusa em ficar isolado e a perseverança no propósito de compartilhar aquilo que ele estava convicto de que tinha condições de oferecer ajuda? Esta é a verdadeira magia: a humanidade, em toda a sua glória encantadora e imperfeita, sempre buscando alívio e conexão.

AGRADECIMENTOS

O QUE PODE SER UM AUTOR, SENÃO O FRUTO DE UM ESFORÇO COLETIVO, UMA TEIA de diálogos, comentários trocados sobre rascunhos de trabalhos, conversas estimulantes às altas horas da noite, reuniões de trabalho em cafeterias, milhares de textos e um incontável número de favores? Sou infinitamente grata ao micélio social que me nutriu nesses últimos anos.

Muito obrigada a vocês do Clusterbusters, por me convidarem a entrar em seu mundo. Vocês me ensinaram qual é o verdadeiro significado de comunidade. Minha sincera gratidão a todos os "assistentes" que Mr. Rogers estimulou todos nós a procurar quando os problemas estavam acontecendo: Bob e Mary Wold, Eileen Brewer, Kevin Lenaburg, Ainslie Course, Craig "Flash" Adams, Marsha Weil e Joe McKay. Vocês infundem em mim o propósito de ser uma pessoa melhor.

Devo muito ao apoio da comunidade de defesa dos que sofrem de dor de cabeça, com especial deferência a Shirley Kessel, Jill Dehlin, Katie Golden, Katie Mac-Donald, Alan Kaplan, Catherine Charrett-Dykes, Tammy Rose, Paula K. Dumas, Angie Glaser, Anna Williams e os doutores Robert E. Shapiro, William B. Young, Stephanie Nahas-Geiger, Christopher Gottschalk, Mark Weatherall, Emmanuelle Schindler, Dawn Buse, Elizabeth Loder e Brian McGeeney. Vocês sempre foram generosos demais com seu tempo, conhecimento e seus comentários fecundos.

Muito obrigada também pelo extraordinário apoio em minha própria luta para controlar a enxaqueca crônica. Dr. Young, Jen Cho e Carla Alizzo fazem mais do que é possível para me manter em pé.

Grande parte da minha sensibilidade como pesquisadora foi adquirida a partir do exemplo de meu querido amigo, o falecido e grande Chuck Bosk. Seus olhos brilharam quando falei a ele sobre a comunidade do Clusterbusters durante o almoço em seu restaurante chinês favorito em Narberth. Na hora seguinte, ele me ensinou bastante sobre o armário de suprimentos em Spring Grove, Maryland, antes de se recostar na cadeira e dizer: "Você tem que fazer isso".

Chuck possuía um instinto excepcional, cujo alicerce – eu imagino – é sua profunda convicção quanto à importância vital de se testemunhar a dor. Entretanto, ele também sabia que um etnógrafo consciencioso teria dificuldade em não se envolver quando testemunhasse sofrimento. Pude adotar seu conselho, por mais enigmático que tenha sido. Graças a Deus, eu conto com Emily Bosk e Betsy Armstrong, que intervêm em caso de necessidade. Obrigada, queridas Emily e Betsy. Nada disso teria sido possível sem vocês.

Tenho uma rede inteira de pessoas que me conferem superpoderes: meu grupo de redação A-Team, Rene Almeling, Laura Carpenter e Jen Reich; a acadêmica local Anastasia Hudgins; Catherine Lee e Norah MacKendrick, companheiros virtuais da pausa para o cafezinho; os bioeticistas e queridos amigos Jon Merz e Dominic Sisti; meus próprios veteranos, Olga Shevchenko e Chloe Silverman; Shelby Siegel, o melhor editor de filmes com quem já trabalhei em um livro; a artista e designer Lizzy Hindman-Harvey; e os padrinhos Jules Evans, Jonty Claypole e Ben Smith.

Meu sincero agradecimento a John Bailey, por trazer seus conhecimentos precisos para nossas colaborações. O Capítulo 10 é baseado em nosso trabalho conjunto. E muito obrigada a Gabriel Varela por tornar esses dados passíveis de utilização.

Tive a sorte de conhecer um sem-número de acadêmicos excepcionais enquanto escrevi este livro. Obrigada a todos da equipe da Outlaw Bio, em especial Anna Wexler, Christi Guerrini, Alex Pearlman e Lisa Rasmussen. Não posso deixar de agradecer imensamente aos historiadores Nancy Campbell, Jonathan Moreno e Lucas Richert por sua generosa ajuda na travessia desse novo território. Foi extraordinário ter a chance de conversar com acadêmicos como Danielle Giffort, Nicolas Langlitz, Tehseen Noorani, Ksenia Cassidy e Jarrett Rose sobre todos os temas relacionados aos psicodélicos. Muito obrigada a William Russell por sua proficiência com as palavras, Ben Gambuzza pela assistência na pesquisa, edição e verificação de fatos e a Sheena Raja por sua ajuda com as referências. Agradeço a Barbara Di Gennaro Splendore, historiadora da medicina, por me ajudar a esquadrinhar os arquivos da pesquisa de Frederico Sicuteri na Itália em busca de evidências, o que levou a uma entrevista fascinante com a viúva e ex-colaboradora de Sicuteri, Dra. Maria Nicolodi. Obrigada, Gretchen Bakke, por me brindar com o "micélio social". Muito obrigada a Brendan Burns por sua corajosa atuação como caixa de ressonância, a Holly Lynch-Fernandez pelos conselhos perspicazes sobre política, a Dan Menchik pelos profundos conhecimentos sociológicos, a Anna Mueller por ajudar a tornar este manuscrito o mais respeitado e profícuo possível, a Hannah Glassman pelas lições de profunda empatia e criação de um ambiente seguro e acolhedor, e a Court Wing, da REMAP Therapeutics, por sua brilhante ajuda na decodificação da ciência dos psicodélicos e da dor.

Minha gratidão ao Dr. Ethan Russo por compartilhar comigo a correspondência trocada com o Dr. Albert Hofmann. Sou grata a Daren Johnson, proprietário da Web Vision Enterprises LLC, por permitir a reprodução de trechos do fórum on-line *Clusterheadaches.com*. O fato de os médicos ainda não compreenderem a dimensão de sua dívida para com DJ – que transformou o entendimento da cefaleia em salvas nesse novo milênio – evidencia o significativo abismo existente entre as iniciativas conduzidas por pacientes e o reconhecimento da medicina tradicional.

A batalha para reunir essas histórias em um livro que lhes fizesse justiça me aterrorizou. Bridget Wagner Matzie, agente literária e terapeuta ocasional, acreditou neste projeto – e em mim – desde o primeiro dia. Ela me indicou Lauren Marino, a cuja direção editorial e visão apurada devo a robustez deste livro. Obrigada a toda a equipe do Hachette Book Group: Niyati Patel, Cisca Schreefel, Carolyn Levin e Jennifer Kelland. A gentileza, a experiência e a brilhante capacidade de edição de Jane Franken Franssen contribuíram para o bom andamento deste projeto.

Tive sorte de encontrar um trabalho que me permite perseguir minha curiosidade aonde quer que ela me leve. Recebi generoso suporte de várias instituições dedicadas à liberdade acadêmica e à investigação, sendo meu Departamento de Sociologia na Rutgers University o mais fundamental. Agradecimentos especiais a Julie Phillips, Paul McLean e Lisa Iorillo, os líderes destemidos que me garantiram acesso a tudo o que precisei para realizar meus objetivos.

Fui brindada pela oportunidade de apresentar este trabalho para diversas plateias ao redor do mundo, graças aos convites das instituições: Universidade de Edinburgh, Universidade da Pensilvânia, Montclair State University, Universidade de Wisconsin, Thomas Jefferson University, Qualitative Analysis Conference no Canadá, Williams College, Student Psychedelic Conference, PhilaDelic e, naturalmente, o Clusterbusters. Sou muito grata a Martyn Pickersgill, que patrocinou um painel público com Ainslie Course e Craig "Flash" Adams.

Sou uma grata patrona de vários programas de acadêmicos visitantes, entre eles o Center for Health and Wellbeing da Princeton University, o Departamento de Bioética da Universidade da Pensilvânia e o Center for Cultural Analysis da Rutgers University, com seu Institute for Research on Women. Partes desta pesquisa foram subsidiadas por generosas doações feitas pelo Departamento de Sociologia da Rutgers University e pela Porta Sophia Psychedelic Prior Art Library. Meus mais sinceros agradecimentos à AAUP-Rutgers por assegurar que Nova Jersey tenha a universidade que merece.

Ninguém escolhe a família a que pertence, e, nesse aspecto, sou a pessoa mais sortuda do mundo. Jim e Ruth Kempner me cercaram de amor em seu mundo de curiosidade, justiça, debates sem fim, pilhas de livros e humor irônico. Pai, você é um escritor extraordinário. Obrigada por suas revisões, seus conselhos e sua escuta paciente. Mãe, você é a razão que me faz escrever.

Não me agrada ser a filha do meio, mas preciso agradecer por estar comprimida entre Evan e Michelle, dois gênios lindos e divertidos. E agora minha família inclui Supriya, Sona e Thara. Sou uma orgulhosa tia paterna. A família Stone torna minha vida plena de felicidade. Melissa, obrigada por me aconselhar sobre um outro livro.

A família Drury também é maravilhosa. Martin e Liz me adotaram nos últimos vinte anos, e sou muito grata por compartilhar da presença dessas duas almas brilhantes e sábias. Matt, Kate, Daisy, James, Sam, Nancy, Tommy, Frankie, Billie e Freddie transformam todas as férias em alegria.

Somente os melhores amigos poderiam me ajudar a enfrentar o duplo golpe que foi ser mãe e escrever um livro durante a pandemia. Penso em vocês, Mara Cooper, Shelby Siegel, Erica Benjamin, Lisa Katzer, Amy Chao e na experiência de Hollace Detwiler. Meu carinho especial por todos os amigos e parentes estendidos da amada vizinhança de West Philly. Meu muito obrigada por ajudarem nossa família a continuar caminhando nesses últimos anos, com especial apreço por Pete, Sugirtha, Zoe e Kalin.

O fato de Joe Drury ter escolhido viver comigo é uma prova do poder da mágica do universo. Obrigada por ser um verdadeiro parceiro. Obrigada por acreditar na força desta história. E obrigada por ler cada uma das palavras deste manuscrito.

Noah e Tessa: minhas criações favoritas e as melhores companhias.

APÊNDICE

Minha gratidão ao Dr. Ethan Russo por compartilhar comigo a carta original que foi enviada a ele pelo Dr. Albert Hofmann e que você, leitor, verá abaixo:

ALBERT HOFMANN
DR. PHIL. II, DR. H.C. MULT.
CH-4117 BURG I.L.
RITTIMATTE TEL. 061 731 14 33

19 May, 1997.

Ethan B. Russo, M.D.
The Western Montana Clinic
515 West Front Street
Missoula, Montana 59802

Dear Dr. Russo,

I beg to apologize for the long delay in responding to your letter of February 28 and the very interesting reprints.

Your idea, that LSD in low doses may be effective in migraine prophylaxis, seems to me very reasonable. I am glad that MAPS will support a study in this direction. I do hope that the Health Authority will allow use of LSD for this kind of investigation.

In addition to the suspected effect on migraine, I could immagine that other valuable therapeutic observations could be made during a chronical application of such very low doses of LSD.

I had always planned to investigate in self-experiments the effects of daily use of low, no hallucinations producing doses of LSD, but came only to very preliminary studies. I am therefore very interested in your approaching investigation.

I thank you for the information about your work for which I wish you much success.

Sincerely,

Albert Hofmann

Please convey kind regards to Rick Doblin.

ALBERT HOFMANN
DR. PHIL. II, DR. H.C. MULT.
CH – 4117 BURG I.L. 19 de maio de 1997.
RITTIMATTE TEL. 061 731 14 33

Ethan B. Russo, Doutor em Medicina.
The Western Front Clinic
515 West Front Street
Missoula, Montana 59802

Caro Dr. Russo,

Peço desculpas pela longa demora em responder à sua carta de 28 de fevereiro e aos interessantes fragmentos impressos.

Sua ideia de que o LSD em pequenas doses pode ser eficaz na profilaxia da enxaqueca me parece bastante razoável. Alegro-me em saber que a MAPS patrocinará um estudo nessa direção. Espero verdadeiramente que as autoridades da saúde permitam o uso de LSD para esse tipo de investigação.

Além do presumido efeito sobre a enxaqueca, eu imagino que outras valiosas observações terapêuticas poderiam ser feitas durante a aplicação contínua de tais doses muito pequenas de LSD.

Faz parte de meus planos a investigação por meio de autoexperimentos dos efeitos produzidos pelo uso cotidiano do LSD em doses pequenas e não causadoras de alucinações, mas cheguei apenas a estudos muito preliminares. Tenho, portanto, bastante interesse em sua pesquisa vindoura.

Agradeço pelas informações sobre seu trabalho, para o qual desejo a você muito sucesso.

Sinceramente,
Albert Hofmann

Transmita, por favor, minhas cordiais saudações a Rick Doblin.

FONTES

Notas da Autora

1. Muitas das ideias apresentadas neste livro são fruto de mais de vinte anos de projetos de pesquisa que abarcam desde as políticas da medicina da dor de cabeça até a repressão à ciência. A coleta de dados para este projeto começou em uma conferência do Clusterbusters em setembro de 2013 e continuou durante os dez anos seguintes. Participei de nove conferências do Clusterbusters (duas das quais foram realizadas on-line), de cinco convenções sobre substâncias psicodélicas (entre elas, MAPS Psychedelic Science, Horizons Perspectives on Psychedelics, em Nova York, e Wonderland, promovida pela Microdose), e de, pelo menos, quinze eventos de defesa da atenção à questão da dor de cabeça – em todos eles, tive a oportunidade de manter conversas abrangentes com médicos, pesquisadores, ativistas, pacientes, cuidadores, entusiastas dos psicodélicos, investidores e formuladores de políticas, sobre o uso potencial de psicodélicos para tratamento de distúrbios de dor de cabeça e/ou da dor. Isso, contudo, trata-se do objetivo principal do meu sistemático trabalho de campo. Também tenho acompanhado o desenrolar dessa conversa na mídia tradicional e nos meios on-line.

A pesquisa histórica que busca entender a evolução do movimento liderado pela comunidade de pacientes do Clusterbusters depende principalmente das pegadas digitais deixadas ao longo do caminho. Três arquivos on-line foram a fonte principal, em cujas evidências me baseei para relatar esta história: (1) *Clusterheadaches.com* (*CH.com*), um fórum público de suporte eletrônico, que me forneceu a história entre 1998 e 2002; (2) Clusterbusters, um grupo privado do Yahoo!, fundado por Robert "Bob" Wold, de onde obtive o relato de agosto de 2002 em diante (esta análise termina no final de 2005); e (3) correspondências trocadas via e-mail entre Wold e Richard Doblin, John H. Halpern, R. Andrew Sewell e Marsha Weil, no período entre novembro de 2003 e novembro de 2011.

Sou grata a Daren "DJ" Johnson, proprietário do *CH.com*, e a Bob Wold, fundador do Clusterbusters, por me garantirem acesso aos fóruns por eles criados. Nem o grupo Clusterbusters do Yahoo! nem a correspondência por e-mail estão abertos para acesso público. Bob Wold e eu mantemos cópias digitais desses arquivos para aqueles que possam ter dúvidas quanto à fonte primária.

O volume de informações contidas nesses fóruns é impressionante. A pequena porção de mensagens que analisei no *CH.com* (entre 1998 e 2002) inclui centenas de milhares de postagens. Entre agosto de 2002 e 2005, o fórum Clusterbusters do Yahoo! produziu 12.618 mensagens. Na análise desses arquivos adotei duas formas de abordagem: (1) como um arquivo histórico passível de ser pesquisado, que registra as atividades e a linha de pensamento do grupo; e (2) como um reflexo dinâmico do processo decisório coletivo da comunidade, de cujas discussões no fórum emergiram fundamentalmente padrões de interação, de tomada de decisão e de solução de problemas. Detalhes sobre essa análise podem ser encontrados em artigos revisados por pares que escrevi junto com meu colaborador, John Bailey: "Collective Self-Experimentation" (Autoexperimentação coletiva) e "Standards Without Labs" (Padrões sem pesquisas). A exemplo de qualquer outro pesquisador, tive que decidir o que eu poderia – e, acima de tudo, o que não poderia – aprender com esses arquivos. Apesar de ter recebido um sem-número de mensagens, muita coisa ainda ficou faltando: conhecimento sobre a vida das pessoas no mundo fora das redes;

transcrições das ligações telefônicas que fizeram entre si; documentação de suas interações pessoais e seus e-mails privados. Como eu poderia certificar-me de ter entendido o que as pessoas queriam dizer, se não pude rastrear essas informações? Quase todo mundo já passou pela experiência de ter um e-mail ou um texto mal interpretado. Além disso, havia a questão da verificação: como dizem, "Na internet, ninguém sabe de fato quem você é".

As informações obtidas a partir desses arquivos podem ser robustas ou frágeis, dependendo das perguntas que minha pesquisa apresenta. Por exemplo, eu estou me valendo desses dados para entender como é a experiência de ser portador de cefaleia em salvas ou para saber como um grupo on-line conduz a autoexperimentação? Ou, esses arquivos me servem de documentos históricos para dizer que um evento aconteceu? Os dados on-line são mais adequados para responder a certos tipos de pergunta.

Esses arquivos fornecem evidências muito robustas para descrição de uma *experiência*, porque não foram contaminados por minha presença e não dependem da memória de ninguém. No entanto, há limitações importantes a serem consideradas. A busca por entendimento da experiência da dor de cabeça em salvas a partir de fóruns de internet bastante antigos gerou um forte "viés de seleção". Também não consegui avaliar a característica demográfica das pessoas que participaram desses fóruns; entretanto, o conteúdo das conversas, somado a meu trabalho de campo, levou-me a acreditar que, em sua maioria, os colaboradores eram adultos brancos dos Estados Unidos, do Canadá e do Reino Unido, portadores de formas mais graves da doença do que o restante da população. O trabalho de campo, as entrevistas e as conversas informais com dezenas de pessoas da comunidade da dor de cabeça me ajudaram a preencher essas lacunas.

O uso desses arquivos como forma de *evidência histórica* envolve um conjunto diferente de pontos fortes e fracos. Algumas vezes, um e-mail é a prova irrefutável da ocorrência de um fato, em especial se esse fato for "Ele enviou um e-mail..."

Outros tipos de afirmação exigiram mais evidências documentais: entrevistas (tanto gravadas quanto confidenciais), checagem de fatos, registros judiciais e outras formas de registros públicos. As entrevistas concedidas pelas pessoas sobre suas ações passadas nem sempre estavam em sintonia com os documentos públicos ou com suas correspondências. Tampouco as pessoas concordavam umas com as outras quanto aos acontecimentos. A memória pode pregar peças curiosas em todos nós. Sempre que possível, tentei fazer a triangulação com dados adicionais. Eu me vali dos registros históricos para solucionar discrepâncias.

À medida que eu juntava as peças dessa história, comecei a perceber que, às vezes, não importa se um evento aconteceu ou se as pessoas acreditam que ele aconteceu. Em 1999, por exemplo, alguém relatou ao fórum *CH.com* que ouvira um cientista dizer que um ensaio clínico para teste da psilocibina como tratamento da cefaleia em salvas custaria cerca de 30.000 dólares. Nos anos seguintes, ouvi a repetição dessa afirmação em várias formas e, apesar de o nome do cientista nunca ter sido mencionado, eu deduzi que o autor original deve ter conversado com o Dr. Francisco Moreno, professor de psiquiatria na Universidade do Arizona.

Naquela ocasião, o Dr. Moreno obtivera financiamento da Multidisciplinary Association of Psychedelic Studies e do Heffter Research Institute para realização de um pequeno estudo piloto de teste da psilocibina como tratamento para transtorno obsessivo-compulsivo. Em um e-mail recente, o Dr. Moreno me disse que não se lembra de ter conversado com alguém desse grupo; tampouco ele – na condição de psiquiatra – "esperaria liderar" um estudo sobre cefaleia em salvas, como diziam os rumores que circulavam no fórum. O Dr. Moreno ressaltou também que o ensaio clínico conduzido por ele em 2000 custara 54.030 dólares; portanto, a estimativa apresentada no fórum lhe pareceu muito aquém da realidade.

Eu imagino que a intenção da pessoa responsável pelo compartilhamento inicial da informação não tenha sido maldosa, pois muitas vezes perdemos informações na tradução. (E peço desculpas se me enganei quanto ao cientista em questão.) Entretanto, como *artefato histórico*, é fundamental o entendimento de que a comunidade do Clusterbusters acreditava que um cientista *poderia* e *realizaria* um teste clínico por 30.000 dólares. Faço o possível para distinguir entre o que *aconteceu* e o que as pessoas *acreditavam que* havia acontecido.

Todas essas evidências conseguem respaldar meus argumentos sociológicos? Os leitores terão que decidir isso por si mesmos.

Todos os dados coletados para este livro foram aprovados pelo Institutional Review Board da Rutgers University.

Uma última e importante confissão: de nada adianta eu fingir que tenho algum tipo de posição objetiva em relação às pessoas dessa comunidade de pacientes. Entendo perfeitamente a afirmação feita por Carey Turnbull: "Cometi o erro fatal de me envolver emocionalmente".

Eu também.

NOTAS

Introdução

1. "About Clusterbusters".
2. Ellison, "A New Treatment May Halt Cluster Headaches".
3. Carhart-Harris, "Entropic Brain-Revisited"; Johnson *et al.*, "Classic Psychedelics".
4. Chrysanthos e Dow, "Australia Becomes First Country to Recognise Psychedelics as Medicines"; Schumaker e Foley, "We're on the Cusp of Another Psychedelic Era"; "Psilocybin and Psilocin".
5. Yakowicz, "Why Toms Shoes Founder Blake Mycoskie Is Committing $100 Million to Psychedelic Research".
6. Carey, "Tim Ferriss".
7. Shakhnazarova, "Aaron Rodgers Says Psychedelic Drugs Led to 'Best Season of My Career.'"
8. Romero, "Demand for This Toad's Psychedelic Toxin Is Booming".
9. Prince Harry, *Spare*; Semley, "Psychedelic Drugs Have Lost Their Cool"; Smith, *Will.*
10. Marks e Cohen, "Patents on Psychedelics".
11. Pollan, Khan e West, "UC Berkeley Center for the Science of Psychedelics Unveils Results of the First-Ever Berkeley Psychedelics Survey".
12. Mais de um terço das pessoas que sofrem de enxaqueca (36,3%) relatou que usava ou mantinha à mão medicamentos opioides para

tratar dores de cabeça, apesar de, em geral, os opioides piorarem a dor de cabeça. Lipton *et al.*, "Characterizing Opioid Use in a US Population with Migraine".

13. Esta pesquisa não inclui pacientes de asilos nem militares da ativa, o que leva a crer que o número apresentado está subestimado. Veja Rikard *et al.*, "Chronic Pain Among Adults".
14. Burch, Rizzoli e Loder, "Prevalence and Impact of Migraine and Severe Headache in the United States".
15. Bonnelle *et al.*, "Analgesic Potential of Macrodoses and Microdoses"; Castellanos *et al.*, "Chronic Pain and Psychedelics"; Kooijman *et al.*, "Are Psychedelics the Answer to Chronic Pain".
16. Christie *et al.*, "MDMA-Assisted Therapy Is Associated with a Reduction in Chronic Pain Among People with Post-Traumatic Stress Disorder".
17. Williams, Reed e Aggarwal, "Culturally-Informed Research Design Issues in a Study for MDMA-Assisted Psychotherapy for Posttraumatic Stress Disorder"; Gerber *et al.*, "Ethical Concerns About Psilocybin Intellectual Property"; Hart, *Drug Use for Grown-ups*.

Capítulo Um

1. Um relatório de 2021, preparado pela SAMHSA, apontou que entre pessoas negras o índice de uso de drogas ilícitas no ano anterior foi de 20,8%, enquanto entre os brancos, o índice de uso no ano anterior foi de 19,6%. Substance Abuse and Mental Health Services Administration, *Racial/Ethnic Differencesin Substance Use, Substance Use Disorders, and Substance Use Treatment Utilization Among People Aged 12 or Older (2015-2019)*. Para pesquisas sobre raça, uso de drogas e tráfico de drogas, veja Floyd *et al.*, "Adolescent Drug Dealing and Race/Ethnicity".
2. Substance Abuse and Mental Health Services Administration, 2023.
3. Edwards *et al.*, *A Tale of Two Countries*.
4. Racismo também foi a mola mestra da resposta do governo federal dos Estados Unidos à epidemia de opioides; veja Hansen, Netherland e Herzberg, *Whiteout*.
5. Ibid.

6. Miech *et al.*, "Monitoring the Future National Survey Results on Drug Use,1975-2022".
7. National Vital Statistics System, "Provisional Drug Overdose Death Counts".
8. Kinzer, *Poisoner in Chief.*
9. Hagan, *Who Are the Criminals?*
10. Harris, *Swimming in the Sacred*; Williams *et al.*, "People of Color in North America Report Improvements in Racial Trauma and Mental Health Symptoms Following Psychedelic Experiences".

Capítulo Dois

1. Burch, Rizzoli e Loder, "Prevalence and Impact of Migraine and Severe Headache in the United States"; Russell, "Epidemiology of Cluster Headache"; Rozen and Fishman, "Cluster Headache in the United States".
2. Burch, Rizzoli e Loder, "Prevalence and Impact of Migraine and Severe Headache in the United States".
3. Schindler e Burish, "Recent Advances in the Diagnosis and Management of Cluster Headache".
4. Ibid.
5. Benkli *et al.*, "Circadian Features of Cluster Headache and Migraine".
6. Goadsby, "Pathophysiology of Cluster Headache"; May *et al.*, "Hypothalamic Activation in Cluster Headache"; Madsen *et al.*, "Psilocybin-Induced Reduction on Chronic Cluster Headache Attack Frequency Correlates".
7. Burish *et al.*, "Cluster Headache Is One of the Most Intensely Painful Human Conditions".
8. Ibid.
9. "The Kip Scale".
10. Veja, por exemplo, Andre e Cavers, "A Cry in the Dark"; Rossi *et al.*, "If You Want to Understand What It Really Means to Live with Cluster Headache"; Schindler *et al.*, "Mixed-Methods Analysis of a Cluster Headache Survey".

11. Para o relato de caso, veja Rothrock, "Cluster". Estudos de caso igualmente terríveis foram relatados em Blau, "Behaviour During a Cluster Headache"; Loder e Loder, "Medicolegal Issues in Cluster Headache".
12. Rozen e Fishman, "Cluster Headache in the United States of America"; Koo *et al.*, "Demoralization Predicts Suicidality in Patients with Cluster Headache".
13. Os historiadores observam que diversos médicos descreveram a cefaleia em salvas antes desta data, mas parece que nenhum desses autores reconheceu o fenômeno descrito como um novo diagnóstico. Horton, MacLean e Craig, "A New Syndrome of Vascular Headache"; Koehler, "Prevalence of Headache in Tulp's Observationes Medicae (1641) with a Description of Cluster Headache"; Isler, "Episodic Cluster Headache from a Textbook of 1745"; Harris, "Ciliary (Migrainous) Neuralgia and Its Treatment".
14. Minha pesquisa pelo termo "cluster headache" nas edições de PubMed entre 1939 e 1969 retornou 71 artigos.
15. Haane, Dirkx e Koehler, "History of Oxygen Inhalation as a Treatment for Cluster Headache".
16. Graham, "Cluster Headache".
17. Ibid.
18. Allena *et al.*, "Gender Differences in the Clinical Presentation of Cluster Headache?"
19. Foucault, *The Birth of the Clinic*.
20. Graham e Wolff, "Mechanism of Migraine Headache and Action of Ergotamine Tartrate".
21. Kempner, *Not Tonight*, 58.
22. Buture *et al.*, "Systematic Literature Review on the Delays in the Diagnosis and Misdiagnosis of Cluster Headache"; Voiticovschi-Iosob *et al.*, "Diagnostic and Therapeutic Errors in Cluster Headache"; Begasse de Dhaem *et al.*, "Workforce Gap Analysis in the Field of Headache Medicine in the United States".
23. Ford *et al.*, "Societal Burden of Cluster Headache in the United States of America"; Petersen *et al.*, "The Economic and Personal Burden of Cluster Headache".

24. Lund *et al.*, "Current Treatment Options for Cluster Headache".
25. Robbins *et al.*, "Treatment of Cluster Headache"; Schindler e Burish, "Recent Advances in the Diagnosis and Management of Cluster Headache".

Capítulo Três

1. Stamets, *Mycelium Running.*
2. Sheldrake, *Entangled Life.*
3. Entre outros exemplos bem conhecidos de substâncias psicodélicas clássicas estão a mescalina (o composto ativo do peiote), a N,N-dimetiltriptamina (DMT) (um ingrediente essencial da ayahuasca) e o 5-MeO-DMT (que é secretado por, pelo menos, uma espécie de sapo).
4. "Opinions, Facts & Observations – Expanded Psychedelic Section".
5. Nutt, King e Phillips, "Drug Harms in the UK".
6. O micélio social é, naturalmente, uma variação do rizoma de Deleuze e Guattari, embora reconheça mais explicitamente a invisibilidade e a marginalização de cientistas não credenciados e não autorizados. Veja Deleuze e Guattari, *A ThousandPlateaus.*
7. O perfil dos fundadores do Erowid, traçado por Emily Witt na *New Yorker*, "A Field Guide to Psychedelics", proporciona uma perspectiva detalhada de como a internet disponibilizava (e continua disponibilizando) um importante espaço não regulamentado para produção de conhecimento ilícito.
8. Halpern e Pope, "Hallucinogens on the Internet", relataram ter encontrado 81 websites em uma busca no Yahoo! em 2001.
9. Giffort, *Acid Revival*; Taylor, "Social Movement Continuity".
10. Huxley, *Island.*
11. Giffort, *Acid Revival.*
12. Para saber mais sobre Leo Zeff, o psicoterapeuta que desenvolveu a terapia assistida por MDMA, veja Stolaroff, *The Secret Chief Revealed.* Para uma ampla perspectiva histórica do uso de MDMA antes de sua criminalização, veja Passie, "The Early Use of MDMA ('Ecstasy') in

Psychotherapy (1977-1985)"; Passie e Benzenhöfer, "The History of MDMA as an Underground Drug in the United States, 1960-1979". Doblin me assegurou que eu encontraria o relato de suas iniciativas para reclassificação do MDMA reproduzido com precisão em Shroder, *Acid Test*.

13. Em 2010, o Independent Scientific Committee on Drugs do Reino Unido, enquadrou o MDMA como a quarta droga recreativa menos prejudicial entre as vinte comumente usadas. As únicas drogas classificadas como menos nocivas foram o LSD, a buprenorfina (suboxone) e os cogumelos *Psilocybe*. O álcool é, de longe, a droga mais perigosa, seguido pela heroína e pelo crack. Nutt, King e Phillips, "Drug Harms in the UK".
14. Shroder, *Acid Test*.
15. Greer, "Using MDMA in Psychotherapy".
16. Shroder, *Acid Test*.
17. Multidisciplinary Association of Psychedelic Studies (MAPS), Disponível em: https://wwwmaps.org. Acesso em: 15 set. 2023.
18. A experiência de Nichols em Esalen teve como frutos diversas colaborações que viriam a se tornar fundamentais para o florescente movimento psicodélico. Por exemplo, ele produziu dois quilos de MDMA que atendiam aos requisitos de pureza definidos pelo FDA – a um custo baixo de 4.000 dólares – a fim de que Rick Doblin tivesse o material necessário para realização de todos os estudos toxicológicos pré-clínicos exigidos pelos legisladores federais. Como os testes toxicológicos requeriam apenas 250 mg de material, Nichols conseguiu doar o restante para pesquisadores que estavam testando MDMA em ensaios clínicos. Veja Nichols, "Heffter Research Institute".
19. Detalhes sobre a fundação do instituto Heffter são encontrados em Nichols, "Heffter Research Institute".
20. Pollan, *How to Change Your Mind*.
21. Ibid.
22. O podcast *Cover Story: Power Trip* é uma exceção importante. Ross e Nickels, "Who Am I Fooling?".

23. Danforth *et al.*, "Reduction in Social Anxiety After MDMA-Assisted Psychotherapy with Autistic Adults"; Hevisi, "Howard Lots of Dies at 66"; Rosenthal, "Daniel Carcillo, the Former Chicago Blackhawks Enforcer, Tells HBO's 'Real Sports' That Psychedelic Drugs Helped Him Battle Post-Concussion Effects".
24. Epstein, *Impure Science*; Gill-Peterson, "Doctors Who?"; Sobo, "Parent Use of Cannabis for Intractable Pediatric Epilepsy".
25. Raudenbush, *Health Care off the Books*; Smirnova, *Prescription-to-Prison Pipeline.*

Capítulo Quatro

1. Bowler, "When Your Child Is Diagnosed".
2. Witt, "Diary".
3. Pesquisas demonstram regularmente que pessoas portadoras de cefaleia em salvas fumam cigarros com mais frequência do que aquelas nos grupos-controle; no entanto, a relação causal entre tabagismo e cefaleia em salvas ainda não está bem compreendida. Parece provável que a relação seja epigenética. Em outras palavras, um histórico de tabagismo – ou mesmo a simples exposição passiva por certo tempo à fumaça – pode "desencadear" uma predisposição genética para cefaleia em salvas. Infelizmente, ao que parece, deixar de fumar cigarros não é suficiente para interromper a dor; e fumar pode ser um bálsamo para aqueles que estão passando por um surto. Rozen, "Cluster Headache Clinical Phenotypes"; Winsvold *et al.*, "Cluster Headache Genome-Wide Association Study and Meta-Analysis Identifies Eight Loci and Implicates Smoking as Causal Risk Factor".
4. Witt, "Diary".
5. Hattle, *Cluster Headaches.*
6. Green *et al.*, "The Unequal Burden of Pain"; Hoffman *et al.*, "Racial Bias in Pain Assessment and Treatment Recommendations, and False Beliefs About Biological Differences Between Blacks and Whites"; Janevic *et al.*, "Racial and Socioeconomic Disparities in Disabling Chronic Pain".
7. Frood, "Cluster Busters".

Capítulo Cinco

1. Adams se autoidentifica como "anarco-sindicalista".
2. Para uma descrição do caso de Craig Adams, veja Sewell, "Unauthorized Research on Cluster Headache".
3. Hofmann, *LSD*.
4. Stamets, *Mycelium Running*.
5. Carrell, "Trump Golf Course Staff Photographed Urinating Woman 'to Detect' Crime!".

Capítulo Seis

1. Usei duas fontes primárias para os detalhes biográficos sobre Hofmann: suas memórias e uma biografia. Hagenbach e Werthmüller, *Mystic Chemist*; Hofmann, *LSD*.
2. Breen, *The Age of Intoxication*.
3. Courtwright, *Dark Paradise*; Courtwright, *Forces of Habit*.
4. Bender, "Rough and Ready Research–1887 Style"; Magnuson, Swan e Richert, "The Introduction of Peyote into Pharmaceutical and Pharmacological Frameworks".
5. Prentiss e Morgan, *Mescal Buttons*.
6. Ellis, "Mescal"; Mitchell, "Remarks on the Effects of Anhelonium Lewinii (the Mescal Button)"; Prentiss e Morgan, *Mescal Buttons*.
7. Eadie, "Ergot of Rye".
8. Graham e Wolff, "Mechanism of Migraine Headache and Action of Ergotamine Tartrate".
9. Silberstein e McCrory, "Ergotamine and Dihydroergotamine"; Silberstein, Shrewsbury e Hoekman, "Dihydroergotamine (DHE)"; Tfelt-Hansen e Koehler, "History of the Use of Ergotamine and Dihydroergotamine".
10. Hofmann, *LSD*.
11. Ibid., 11.
12. Ibid., 36.
13. Ibid., 26-27.
14. Heinrichs, *In Search of Madness*; Metzl, *The Protest Psychosis*.

15. Em seu livro *American Trip*, Hartogsohn traça um fascinante panorama dessa mudança na pesquisa psicodélica. Já em 1950, pesquisas relatavam que o LSD influencia a capacidade de os pacientes se tornarem mais responsivos, expressivos e autoconscientes. O texto de Huxley, de 1954, contribuiu em grande medida para que os pesquisadores se distanciassem do modelo psicomimético.
16. Dyck, *Psychedelic Psychiatry*.
17. Huxley, *Doors of Perception*.
18. Dyck, *Psychedelic Psychiatry*.
19. Stevens, *Storming Heaven*.
20. Ling e Buckman, *Lysergic Acid (LSD 25) and Ritalin in the Treatment of Neurosis*.
21. Sicuteri, "L'emicrania".
22. Sicuteri, "Enrico Greppi International Headache Award".
23. Fanciullacci, Granchi e Sicuteri, "Ergotamine and Methysergide as Serotonin Partial Agonists in Migraine"; Koehler e Tfelt-Hansen, "History of Methysergide in Migraine".
24. Sicuteri, "L'emicrania".
25. Sicuteri, "Prophylactic Treatment of Migraine by Means of Lysergic Acid Derivatives".
26. Kempner, *Not Tonight*.

Capítulo Sete

1. Hart, *Drug Use for Grown-ups*.
2. Breen, *The Age of Intoxication*.
3. Letcher, *Shroom*.
4. Schultes, "Appeal of Peyote (Lophophora Williamsii) as a Medicine"; para um histórico do debate, veja Guzmán, "Hallucinogenic Mushrooms in Mexico".
5. Russo, "Headache Treatments by Native Peoples of the Ecuadorian Amazon".
6. Russo, "Machiguenga".

7. "MAPS, MPP and Dr. Ethan Russo Filed an Updated Version"; Russo *et al.*," Chronic Cannabis Use in the Compassionate Investigational New Drug Program".

Capítulo Oito

1. Nilsson Remahl *et al.*, "Placebo Response".
2. Drugs Act 2005, c. 17, s. 21 (UK).
3. Gottlieb, *Concise Encyclopedia of Legal Herbs*; Ott, *Pharmacotheon.*
4. Oss e Oeric, *Psilocybin, Magic Mushroom Grower's Guide.*
5. Power, *Drugs Unlimited.*
6. Edmond, "Pioneers of the Virtual Underground".
7. Leary, *High Priest.*

Capítulo Nove

1. Dyck, *Psychedelic Psychiatry*; Herzberg, *White Market Drugs*; Oram, *Trials of Psychedelic Therapy.*
2. O slogan "Better Living Through Chemistry" foi introduzido pela DuPont em 1935 para dar voz à crença de que os avanços científicos poderiam melhorar a vida do norte-americano. A frase sobrevive devido à sua capacidade de capturar o espírito de cada tempo, seja a contracultura do uso de drogas ou o pessimismo quanto aos problemas da ciência industrial corporativa.
3. Metzl, *Prozac on the Couch.*
4. Eu me baseei no trabalho de diversos historiadores para descrever a política regulatória que levou à Kefauver-Harris Act de 1962, incluindo Carpenter, *Reputation and Power*; Greene e Podolsky, *Reform, Regulation, and Pharmaceuticals*; Herzberg, *White Market Drugs*; e Tobbell, *Pills, Power, and Policy.*
5. Herzberg, *White Market Drugs.*
6. Carpenter, *Reputation and Power.*
7. Tobbell, *Pills, Power, and Policy.*
8. Jones *et al.*, "Antibiotic Combinations", 1057-1059.
9. Carpenter, *Reputation and Power*; Tobbell, *Pills, Power, and Policy.*

10. US Congress, "Administered Prices in the Drug Industry", 6228.
11. O discurso de Kennedy, originalmente publicado na edição de maio de 1961 de *Drug Trade News*, é citado em Herzberg, *White Market Drugs*, 188.
12. Ibid.
13. Ibid., 188.
14. Oram, *Trials of Psychedelic Therapy*.
15. Tobbell, *Pills, Power, and Policy*.
16. O IND exigia informações como a estrutura química do medicamento, a composição do preparo, os padrões de fabricação e controle de qualidade e os detalhes sobre pesquisas pré-clínicas, incluindo relatórios de toxicologia de estudos realizados com animais. Oram, *Trials of Psychedelic Therapy*.
17. Ibid.
18. Hofmann, *LSD*.
19. Novak, "LSD Before Leary".
20. Herzig, *Suffering for Science*.
21. Stark e Campbell, "Ineffable".
22. Oram, *Trials of Psychedelic Therapy*.
23. Leary, *High Priest*.
24. Leary, *Flashbacks*.
25. Oram, *Trials of Psychedelic Therapy*.
26. Novak, "LSD Before Leary".
27. O FDA mantinha uma expectativa extraoficial de que as empresas farmacêuticas usariam RCTs para demonstrar a eficácia de novos medicamentos. Quando questionada sobre os dados que seriam exigidos, a agência costumava desconversar, e dizia: "Reconhecemos boas evidências quando as vemos". Em 1969, os RCTs se tornaram uma norma estabelecida. Oram, *Trials of Psychedelic Therapy*.
28. Marks, *Progress of Experiment*.
29. Eu uso intencionalmente a palavra *homem*. A medicina alopática se tornou muito mais excludente com sua tentativa de conquistar poder profissional. Veja Starr, *Social Transformation of American Medicine*.

30. Greene e Podolsky, "Reform, Regulation, and Pharmaceuticals".
31. Epstein, *Impure Science*.
32. Siff, *Acid Hype*.
33. Dyck, *Psychedelic Psychiatry*.
34. Oram, *Trials of Psychedelic Therapy*.
35. Bothwell *et al.*, "Assessing the Gold Standard"; Greene e Podolsky, "Reform, Regulation, and Pharmaceuticals".

Capítulo Dez

1. O e-mail de boas-vindas de Wold desencadeou uma longa discussão. Wold (cronista de psicodélicos), "Welcome and Mission Statement".
2. DiMasi, Grabowski e Hansen, "Innovation in the Pharmaceutical Industry"; Van der Gronde e Pieters, "Assessing Pharmaceutical Research and Development Costs".
3. Cetina, *Epistemic Cultures*; Timmermans e Epstein, "World of Standards but Not a Standard World".
4. Brown, "Popular Epidemiology and Toxic Waste Contamination"; Porter, *Trust in Numbers*.
5. Holbein, "Understanding FDA Regulatory Requirements for Investigational New Drug Applications for Sponsor-Investigators".
6. Dworkin *et al.*, "If the Doors of Perception Were Cleansed, Would Chronic Pain Be Relieved?"

Capítulo Onze

1. Uma pesquisa que o Center for Psychedelic Science da Universidade da Califórnia, Berkeley, realizou em 2023 leva a crer que Wold superestimou consideravelmente o número de pessoas que acham essas substâncias seguras. A maioria (61%) não concordou que os psicodélicos seriam "bons para a sociedade", e 69% não encaravam os psicodélicos como "algo para pessoas como eu". No caso da maior parte dos medicamentos, no entanto, não existe a expectativa de que sejam aceitos pelo público em geral como "algo" para eles.
2. GeorgieT, "long ramble on legalization".

3. Wold (cronista de psicodélicos), "long ramble on legalization".
4. Ibid.
5. Ibid.
6. Ibid.
7. Klein, "New Drug They Call 'Ecstasy.'"
8. Pollan, *How to Change Your Mind*.
9. Doblin, "Future of Psychedelic-Assisted Psychotherapy".
10. Mitchell *et al.*, "MDMA-Assisted Therapy for Severe PTSD".
11. Nuwar, "A Psychedelic Drug Passes a Big Test for PTSD Treatment".
12. Jacobs, "Psychedelic Revolution Is Coming".
13. Klein, "New Drug They Call 'Ecstasy'".
14. Doblin, "Future of Psychedelic-Assisted Psychotherapy".
15. Afternoons, "Using Psychedelics to Treat PTSD and Depression".
16. Shroder, *Acid Test*.
17. Ibid.
18. Doblin, "Future of Psychedelic-Assisted Psychotherapy".
19. Shroder, *Acid Test*, 226.
20. Doblin contou a Shroder que havia criado sua própria especialização, "um programa de estudo independente em cuja conclusão se obtém um diploma em psicologia transpessoal", em *Acid Test*, 231.
21. Ibid.
22. Short, "Meet Rick Doblin".
23. Rick Doblin frequentemente utiliza a expressão "a ponte" ou o conceito "ser a ponte". A metáfora, de acordo com o próprio Doblin, diz respeito a um comentário feito por Timothy Leary em um evento de arrecadação de fundos para a MAPS, em 1990. "Se você quer ser uma ponte, precisa se acostumar a ser pisado". Doblin, comunicação pessoal com Ben Gambuzza, encaminhada ao autor, 19 de setembro de 2023. A frase também aparece em um e-mail enviado por Doblin para Wold, "[re: albert's prints]", 8 de dezembro de 2006.
24. Shroder, *Acid Test*, p. 352.
25. Doblin, "Pahnke's Good Friday Experiment".

26. Leonard Pickard, um dos ex-aprendizes e funcionários de Mark Kleiman, definiu-o como herói desconhecido do renascimento psicodélico, em "Underground Histories and Overground Futures".
27. Doblin, "Regulation of the Medical Use of Psychedelics and Marijuana".
28. Ross e Nickles, "Trials of Rick Doblin".
29. Gillespie, "People Should Have the Fundamental Human Right to Change Their Consciousness".
30. E-mail de Doblin para Wold, 12 de novembro de 2003.
31. Ibid.
32. A descrição dessa conversa e todas as citações foram retiradas de Wold (cronista de psicodélicos), "MAPS".
33. Ibid.
34. A Harvard Medical School não possui um hospital. Ela mantém acordos e parcerias com hospitais afiliados, que são responsáveis pelo atendimento aos pacientes e treinamento clínico. John Halpern, assim como muitos dos médicos que trabalham nesses hospitais, também ocupou um cargo de professor na Harvard Medical School. Em nome da objetividade, costumo me referir ao McLean Hospital como Harvard, já que essa simplificação captura melhor a linguagem que as pessoas em minha pesquisa adotavam ao se referir ao McLean e ao status simbólico do hospital. No entanto, uso McLean Hospital quando descrevo as estruturas independentes de operação e governança do hospital.
35. Doblin, "research", 6 de dezembro de 2003.
36. Weil, "re: research", 22 de dezembro de 2003.
37. Sewell, Wold e Doblin, "Re: FW: research", 8-9 de dezembro de 2003.
38. Doblin, carta enviada a Wold em 9 de fevereiro de 2004, em confirmação do acordo para realização de uma pesquisa aprovada pelo FDA sobre o uso de psilocibina e LSD para cefaleia em salvas.
39. Memorando de entendimento entre a MAPS, o Dr. John Halpern, o Dr. Andrew Sewell, Bob Wold e David e Marsha Weil, 12 de abril de 2004 (redigido em papel timbrado da MAPS).
40. Wold, "re: cluster headache research", 19 de dezembro de 2003.

Capítulo Doze

1. Dyck, *Psychedelic Psychiatry.*
2. Strassman, *DMT.*
3. Halpern, "Use of Hallucinogens in the Treatment of Addiction".
4. Dyck, *Psychiatric Psychiatry.*
5. Wasson, "Seeking the Magic Mushroom".
6. O papel do Dr. Wasson nessa "descoberta" costuma ser sempre ignorado. Wasson, "I Ate the Sacred Mushroom"; Williams *et al.*, "Dr. Valentina Wasson".
7. Letcher, *Shroom*, 82.
8. Estrada, *María Sabina.*
9. Ibid., 39.
10. Ibid., 39.
11. Ibid., 40.
12. Ibid., 40.
13. Ibid., 46.
14. Wasson usou o pseudônimo Eva Mendez para esconder a identidade de Sabina, mas um leitor atento identificou nas fotografias que ela usava um *huipil* produzido em Huautla de Jiménez. Os Wassons também usaram o nome verdadeiro dela no livro sobre cogumelos que haviam acabado de publicar, Feinberg, *Devil's Book of Culture.*
15. Wasson, "I Ate the Sacred Mushroom".
16. Ibid.
17. Wasson e Wasson, *Mushrooms, Russia and History.*
18. *Feinberg, Devil's Book of Culture*, 131.
19. Estrada, *María Sabina*, 91.
20. Ibid., 10.
21. As ações de Wasson são frequentemente apontadas como um exemplo típico de extração e apropriação na pesquisa psicodélica. Veja Gerber *et al.*, "Ethical Concerns About Psilocybin Intellectual Property".
22. Kandell, "Richard E. Schultes, 86, Dies".
23. Sequiera, "Richard Evans Schultes, 1915-2001", 9.
24. Schultes and Raffauf, *Healing Forest.*

25. Schultes, "Ethnopharmacological Conservation".
26. Hettler e Plotkin, "Amazonian Travels of Richard Evans Schultes".
27. Há séculos, essas injustiças são comentadas por pessoas que constituem a maioria da população mundial. Informações adicionais podem ser encontradas em organizações como o International Center for Ethnobotanical Education, Research, and Service (ICEERS) e o Chacruna Institute of Plant Medicine. A pesquisa e a militância da Dra. Monnica T. Campbell foram particularmente importantes na revelação da lógica supremacista branca subjacente à ciência psicodélica. A MAPS patrocinou o ensaio clínico de Fase 2 da Dra. Campbell no University of Connecticut Health Center, destinado a avaliar a segurança e a eficácia da psicoterapia assistida por MDMA como tratamento para TEPT em uma população diversa quanto ao aspecto étnico e racial. Infelizmente, o estudo foi encerrado prematuramente devido a obstáculos decorrentes da burocracia e ao racismo e ao sexismo institucionais. "About ICEERS"; George *et al.*, "Psychedelic Renaissance and the Limitations of a White-Dominant Medical Framework"; Williams, Reed e Aggarwal, "Culturally-Informed Research Design Issues in a Study for MDMA-Assisted Psychotherapy for Posttraumatic Stress Disorder".
28. Pope, *Voices from Drug Culture*.
29. Mojeiko, "Interview with Dr. John Halpern".
30. Halpern *et al.*, "Peyote Use Among Native Americans".
31. Shroder, *Acid Test*.
32. Halpern, "Neurocognitive Consequences of Long-Term Ecstasy Use"; Halpern, "Cognitive Effects of Substance Use in Native Americans".
33. Halpern e Pope, "Hallucinogens on the Internet".

Capítulo Treze

1. Wold, Rascunho das memórias.
2. Halpern, "couldn't send the attached mp3 file", 27 de outubro de 2004.
3. Ibid.
4. Halpern, "Letter #2 review", 1 de abril de 2004.

5. Halpern, Doblin e Wold, "Cluster headache research", 22 de fevereiro e 29 de março de 2004; Sewell, "Cluster headache research at Harvard", 15 de outubro de 2004.
6. Sewell, "Psilocybin and LSD data", 30 de setembro de 2004.
7. Wold (cronista de psicodélicos), "Research Update".
8. Wold (cronista de psicodélicos), "Important".
9. Ibid.
10. Halpern, "Psilocybin and LSD Data", 4 de outubro de 2004.
11. Sewell, "FWD. Psilocybin and LSD data", 15 de outubro de 2004.
12. Halpern, "Fwd: Psilocybin and LSD data", 4 de outubro de 2004.
13. Sewell, "Re: requests for information/records", 5 de novembro de 2004.
14. Na Psychedelic Science Conference da MAPS, em 2017, o estande do Erowid foi montado do lado oposto à exposição do Clusterbusters. Quando me apresentei a Earth e expliquei minha pesquisa, ele fez um gesto na direção da mesa do Clusterbusters e descreveu sua irritação por ter se voluntariado para uma pesquisa que a organização mais tarde financiaria em Harvard. Earth me pareceu menos exasperado com a experiência quando eu o questionei sobre isso na Psychedelic Science Conference de 2023. Nós conversamos apenas brevemente, mas ele fez questão de expressar um "grande carinho" por Andrew Sewell. Eu consigo identificar esse carinho no "banco de personagens" de Andrew Sewell, mantido no Erowid, onde o website armazena informações relacionadas ao trabalho dele. A biografia de Sewell, encontrada no Erowid, inclui uma citação atribuída a um e-mail que ele enviou em 2008 e que captura a razão pela qual Sewell era tão estimado pela comunidade do subterrâneo clandestino. "Você pode ser um pesquisador acadêmico sério e promover o estudo legítimo de drogas psicodélicas, ou então administrar sua clínica psicodélica não autorizada, dar LSD aos pacientes, cultivar maconha no seu quintal e tudo mais, mas não pode conjugar as duas coisas; é necessário fazer uma escolha". Earth, "Confusion over case numbers", 26 de outubro de 2004.
15. Erowid e Erowid, "The State of the Stone".
16. Sewell, "LSD and Psilocybin in the Treatment of Cluster Headaches".

17. Sewell, "Clarification of case report", 19 de julho de 2005.
18. Sewell, "Clarification of case report", 15 de agosto de 2005.
19. Sewell, "New developments in case series", 22 de agosto de 2005.
20. Sewell, Halpern e Pope, "Response of Cluster Headache to Psilocybin and LSD", 1920.
21. Ibid.
22. Sewell, "re: status of submission", 28 de dezembro de 2005.
23. Sewell *et al.*, "Treatment of Cluster Headaches with Indole-Ring Psychedelics".
24. Pope me contou que não se lembrava disso. Halpern argumentou que a coleta de registros médicos diferenciava sua pesquisa da do Clusterbusters.
25. Halpern me relatou que a coleta de registros médicos, que ratificavam o diagnóstico de cefaleia em salvas, era um diferencial desse estudo em relação à pesquisa do Clusterbusters. Os revisores não tinham essa informação. Sewell, "Unauthorized Research on Cluster Headache".
26. Sewell, "re: status of submission", 28 de dezembro de 2005.
27. Ibid.

Capítulo Quatorze

1. Langlitz, *Neuropsychedelia*, 81.
2. WIRED Staff, "LSD".
3. Essa cena foi capturada em vídeo e distribuída no YouTube. Veja Nickles, "Mark McCloud Calls Out DEA Snitch & MAPS Researcher John Halpern janeiro 13th, 2006".
4. O conteúdo [e a redação] desses documentos carecem de transparência, mas sua origem pode ter sido a equipe de defesa de Leonard Pickard. Hanna, "Halperngate".
5. Durante uma conversa no Zoom, em 23 de março de 2023, Nicolas Langlitz registrou, em suas anotações de campo do simpósio do centésimo aniversário de Hofmann, advertências trocadas entre as pessoas, indicando que Halpern poderia ser um informante.
6. MacIntosh, "City Jet-Setter's Bizarre LSD Trip"; Rosenfeld, "William Pickard's Long, Strange Trip".

7. Wilkinson, "Acid King".
8. McDougal, *Operation White Rabbit*; Rosenfeld, "William Pickard's Long, StrangeTrip".
9. McDougal, *Operation White Rabbit*; Rosenfeld, "William Pickard's Long, Strange Trip".
10. Ibid.
11. Rosenfeld, "William Pickard's Long, Strange Trip".
12. Elliott, "Life Term Given in Torture Case"; Elliott, "Ex-Informant in Tulsa Jail".
13. Elliott, "Life Term Given in Torture Case".
14. Durante uma conversa no Zoom, em 23 de março de 2023, Nicolas Langlitz registrou, em suas anotações de campo do simpósio do centésimo aniversário de Hofmann, advertências trocadas entre as pessoas, indicando que Halpern poderia ser um informante.
15. Hanna, "Halperngate".
16. Nos últimos anos, a MAPS tem sido o centro de várias polêmicas, incluindo alegações de assédio sexual de um participante de um ensaio clínico por um terapeuta durante uma sessão de MDMA, e de abuso de idosos, bem como de queixas frequentes sobre a falta de diversidade. Veja, por exemplo, Ross e Nickles, "Trials of Rick Doblin"; Goldhill, "Psychedelic Medicine Group Investigating a Board Member Accused of Financial Elder Abuse"; Lindsay, "Corrective Measures Ordered"; Lekhtman, "Why Indigenous Protesters Stopped a Global Psychedelic Conference".
17. Hanna, "Halperngate", 15.
18. Ibid.
19. Ibid., 16.
20. Ibid., 16.
21. Allen, "A Doctor's Downfall, McLean's Fallout".
22. Doblin, "Updates/restricted accounting", 11 de junho de 2006.
23. Ibid.
24. Sewell, Halpern e Pope, "Response of Cluster Headache to Psilocybin and LSD".

25. Halpern, "just a clear example...", troca de e-mail intitulado "well so it isn't" entre Halpern e R. Andrew Sewell, de 17 de janeiro de 2006, encaminhado a Robert Wold, 30 de outubro de 2006.
26. Doblin, Halpern e Sewell, "Psilocybin cluster headache research", 14 de junho de 2006.
27. Ibid.
28. Cerca de uma semana depois, Wold enviou uma mensagem para Sewell afirmando que ele, pessoalmente, não se importava com o local a que se destinava a bolsa de pesquisa, mas insistia que outros protagonistas importantes deveriam participar da discussão, entre eles o Dr. Harrison Pope, Rick Doblin e Marsha Weil. Wold, "Re: Cluster headache research fellowship", 20 de junho de 2006.
29. Sewell, "So You Want to Be a Psychedelic Researcher?"
30. Frauenfelder, "Interview with Marc Franklin".
31. Halpern, "a weekend of patience: besides it's only you and rick ... ", 9 de setembro de 2006.
32. Ibid.
33. Halpern, "A CH'ers complaints", 16 de setembro de 2008.
34. Sewell, "Cluster headache studies", 23 de outubro de 2006.
35. Halpern, "This is for you only", 29 de outubro de 2006.
36. Ibid.
37. Wold, "re: visit", 21 de outubro de 2006.
38. Ibid.
39. Wold, "re: 6th death this year", 15 de outubro de 2006.
40. Sewell, "Re: Sorry to hear", 28 de novembro de 2006.
41. Doblin, "re: updates/Restricted accounting", 11 de junho de 2006; Doblin, "re: money", 27 de novembro de 2006.
42. Doblin, "[re: albert's prints]", 8 de dezembro de 2006.
43. Ibid.
44. Bebergal, "Will Harvard Drop Acid Again?"
45. Hanna, "Halperngate".
46. Giffort, *Acid Revival*.
47. Bebergal, "Will Harvard Drop Acid Again?"

48. Davis, "The Bad Shaman Meets the Wayward Doc".
49. Halpern, "mais alguns pontos precisam ser corrigidos", 25 de dezembro de 2006.

Capítulo Quinze

1. Huxley, *Island*.
2. Shroder, *Acid Test*, 319.
3. Halpern, "John Halpern Forecasts the Future".
4. Ibid.; Gerard, "Pain, Death and LSD"; Kast, "LSD and the Dying Patient"; Kast, "Attenuation of Anticipation"; Kast e Collins, "Study of Lysergic Acid Diethylamideas an Analgesic Agent".
5. Kast, "Measurement of Pain".
6. Kast e Collins, "Study of Lysergic Acid Diethylamide as an Analgesic Agent".
7. Oram, *Trials of Psychedelic Therapy*.
8. Kast e Collins, "Study of Lysergic Acid Diethylamide as an Analgesic Agent"; Kast, "LSD and the Dying Patient"; Kast, "Attenuation of Anticipation".
9. Ibid.
10. Ibid., 291.
11. Cohen, "Complications Associated with Lysergic Acid Diethylamide (LSD-25)"; Novak, "LSD Before Leary".
12. Cohen, "The Anguish of the Dying".
13. Ibid., 72.
14. Oram, *Trials of Psychedelic Therapy*; Richards *et al.*, "LSD-Assisted Psychotherapy and the Human Encounter with Death".
15. Griffiths *et al.*, "Psilocybin Can Occasion Mystical-Type Experiences Having Substantial and Sustained Personal Meaning and Spiritual Significance".
16. Para 33% essa foi a experiência mais significativa de sua vida (ibid.).
17. Griffiths *et al.*, "Mystical-Type Experiences Occasioned by Psilocybin Mediate the Attribution of Personal Meaning and Spiritual Significance 14 Months Later".

18. Grob *et al.*, "Pilot Study of Psilocybin Treatment for Anxiety in Patients with Advanced-Stage Cancer".
19. Gasser, Kirchner e Passie, "LSD-Assisted Psychotherapy for Anxiety Associated with a Life-Threatening Disease"; Griffiths *et al.*, "Psilocybin Produces Substantial and Sustained Decreases in Depression and Anxiety in Patients with Life-Threatening Cancer"; Holze *et al.*, "Lysergic Acid Diethylamide–Assisted Therapy in Patients with Anxiety with and Without a Life-Threatening Illness"; Ross *et al.*, "Rapid and Sustained Symptom Reduction Following Psilocybin Treatment for Anxiety and Depression in Patients with Life-Threatening Cancer".
20. Halpern, "Phase II Dose-Response Pilot Study of 3,4-Methylenedioxymethamphetamine (MDMA) – Assisted Psychotherapy in Subjects with Anxiety Associated with Advanced-Stage Cancer".
21. Halpern, "Letter #2 review", 1 de abril de 2004.
22. Halpern pode ter exagerado, já que forneceu essa estimativa para Torsten Passie em um e-mail que solicitava a redução do custo do estudo do BOL-148. "Espero que possamos manter os custos estimados no menor valor possível. A fundação Clusterbusters é dedicada aos pacientes e é nova. Ela procura economizar o máximo possível de recursos para pagar pelo estudo da psilocibina, cujo valor nós estimamos que poderá chegar a 500.000 dólares, o que ultrapassará o orçamento". Halpern, "actual costs", 23 de janeiro de 2007.
23. Halpern, "re: future plans", 25 de novembro de 2006.
24. "Erowid Character Vaults: R. Andrew Sewell".
25. Halpern, "re: future plans", 25 de novembro de 2006.
26. Halpern, "CB Budget Committee and Passie Discussion", 8 de agosto de 2007.
27. Sewell, Halpern e Pope, "Response of Cluster Headache".
28. E-mail de Doblin para Wold, 2 de fevereiro de 2009.
29. Ibid.
30. Huertas, "Re: ok... let's move ahead... JHH comments", 2 de março de 2009.

31. Doblin, "BOL development prospects", 27 de março de 2009.
32. Halpern, "BOL development prospects", 27 de março de 2009.
33. Sewell, "Compositions and Methods for Preventing and/or Treating Disorders Associated with Cephalic Pain", Patente 8859579, solicitada em 14 de outubro de 2014, e emitida em 20 de março de 2009.

Capítulo Dezesseis

1. Fadiman, *The Psychedelic Explorer's Guide.*
2. Gunther, "Carey Turnbull Wears Many Hats as a Donor and Investor".
3. Ibid.
4. "Maharishi School Makes Business Gurus".
5. Griffiths *et al.*, "Psilocybin Can Occasion Mystical-Type Experiences Having Substantial and Sustained Personal Meaning and Spiritual Significance".
6. Pollan, Michael. "The Trip Treatment".
7. Greco, "Yale's Pioneering Research on Psychedelics Gives Hope to Headache Disorder Community".
8. Schindler *et al.*, "Indoleamine Hallucinogens in Cluster Headache".
9. Rusanen *et al.*, "Self-Reported Efficacy of Treatments in Cluster Headache".
10. Greco, "Yale's Pioneering Research on Psychedelics Gives Hope to Headache Disorder Community".
11. Madsen *et al.*, "Psilocybin-Induced Reduction on Chronic Cluster Headache Attack Frequency Correlates"; Schindler, "Psychedelics as Preventive Treatment in Headache and Chronic Pain Disorders"; Rusanen *et al.*, "Self-Reported Efficacy of Treatments in Cluster Headache".
12. Schindler *et al.*, "Exploratory Investigation of a Patient-Informed Low-Dose Psilocybin Pulse Regimen in the Suppression of Cluster Headache".
13. Schindler *et al.*, "Exploratory Controlled Study of the Migraine-Suppressing Effects of Psilocybin".
14. Pollan, *How to Change Your Mind*, 60-61.
15. Schindler *et al.*, "Exploratory Controlled Study of the Migraine-Suppressing Effects of Psilocybin".

16. Madsen *et al.*, "Psilocybin-Induced Reduction on Chronic Cluster Headache Attack Frequency Correlates".

Conclusão

1. Newberry, "MDMA-Assisted Therapy Could Soon Be Approved by the FDA".
2. U.S. Department of Veterans Affairs, Office of Mental Health and Suicide Prevention, "National Veteran Suicide Prevention Annual Report, 2022".
3. Hooyer *et al.*, "Altered States of Combat".
4. Nos últimos anos, foram criadas diversas organizações voltadas à promoção da pesquisa psicodélica e/ou da terapia para veteranos e socorristas. Entre as mais proeminentes se destacam a VETS e a No Fallen Heroes.
5. Lubecky, "From the Personal to the Political".
6. Conforme documentado por vários acadêmicos, os psicodélicos nunca fizeram jus à fantasia utópica de que vão "mudar sua mente" no sentido de adotar políticas progressivas e ecologicamente corretas. Rebekah Mercer, uma das principais financiadoras do movimento político de extrema-direita nos Estados Unidos, doou à MAPS pelo menos 1 milhão de dólares como apoio à pesquisa. Peter Thiel, um autodenominado libertário conservador e importante doador de candidatos republicanos, apoiou duas das maiores corporações psicodélicas de capital aberto, Atai e Compass Therapeutics. Jordan Peterson, o filósofo mais conhecido por sua defesa das normas de gênero tradicionais, recebe regularmente os principais pesquisadores psicodélicos em seu podcast. Além disso, há os horrores éticos cometidos por médicos nazistas ou agentes "ativos" da CIA sob o disfarce do MKUltra. Ahlman, "House Moves to Expand Psychedelic Therapy Research"; Pace e Devenot, "Right-Wing Psychedelia".
7. Armstrong e Allen, "Behind the Luxury".
8. Lindsay, "As Psychedelic Therapy Goes Mainstream, Former Patient Warns of Danger of Sexual Abuse".

REFERÊNCIAS BIBLIOGRÁFICAS

ABOUT CLUSTERBUSTERS. Clusterbusters. Disponível em: **https://clusterbusters.org/about**. Acesso em: 24 set. 2023.

ABOUT ICEERS. International Center for Ethnobotanical Education, Research, and Service. Disponível em: **https://www.iceers.org/about-us**. Acesso em: 12 maio 2023.

AHLMAN, A. House Moves to Expand Psychedelic Therapy Research. The Intercept, Disponível em: **https://theintercept.com/2022/07/14/ptsd-psychedelic-therapy-research-congress/**. Acesso em: 26 jun. 2023.

ALLEN, S. A Doctor's Downfall, Mclean's Fallout: Sex Secret Kept Quiet for a Year. *Boston Globe*. 14 de outubro de 2007.

ALLENA, M.; DE ICCO, R.; SANCES G.; AHMAD L.; PUTORTI, A.; PUCCI, E.; GRECO, R. e TASSORELLI, C. Gender Differences in the Clinical Presentation of Cluster Headache: A Role for Sexual Hormones? *Frontiers in Neurology* 10 (2019). Disponível em: **https://doi.org/10.3389/fneur.2019.01220**. Acesso em: 20 jun. 2023.

ANDERSSON, M.; PERSSON, M. e KJELLGREN, A. Psychoactive Substances as a Last Resort: A Qualitative Study of Self-Treatment of Migraine and Cluster Headaches. *Harm Reduction Journal* 14, n. 60, 2017.

ANDRE, L. e CAVERS, D. A Cry in the Dark: A Qualitative Exploration of Living with Cluster Headache. *British Journal of Pain* 15, n. 4, p. 420-428, 2021.

ARMSTRONG, D. e ALLEN, E. Behind the Luxury: Turmoil and Shoddy Care Inside Five-Star Addiction Treatment Centers. *STAT*, julho 25, 2023. Disponível em: **https://www.statnews.com/2017/08/25/recovery-centers-of-america-addiction/**. Acesso em: 12 jul. 2023.

BAILEY, J. e KEMPNER, J. Standards Without Labs: Drug Development in the Psychedelic Underground. *Citizen Science Theory and Practice* 7, n. 1, 2022. Disponível em: **https://doi.org/10.5334/cstp.527**. Acesso em: 10 mai. 2023.

BEBERGAL, P. Will Harvard Drop Acid Again? *Boston Phoenix*. 28 de maio de 2008.

BEGASSE de DHAEM, O.; BURCH, R.R.; ROSEN, N.; SHUBIN, STEIN, K.; LODER, E. e SHAPIRO, R. Workforce Gap Analysis in the Field of Headache Medicine in the United States. *Headache* 60, n. 2, 2020, p. 478-481.

BENDER, G. A. Rough and Ready Research – 1887 Style. *Journal of the History of Medicine and Allied Sciences* 23, n. 2, 1968, p. 159-166.

BENKLI, B.; KIM, S. Y.; KOIKE, N.; HAN, C. C.; TRAN, K.; SILVA, E.; Y. YAGITA, Y. K.; CHEN, Z.; YOO, S. H. e BURISH, M. Circadian Features of Cluster Headache and Migraine: A Systematic Review, Meta-Analysis, and Genetic Analysis. *Neurology* 100, n. 22, 2023, e2224-e2236.

BLAU, J. N. Behaviour During a Cluster Headache. *The Lancet* 342, n. 8873, 1993, p. 723-725.

BONNELLE, V.; WILL, J. S.; MASON, N. L.; CAVARRA, M.; KRYSKOW, P.; KUYPERS, K. P. C.; RAMAEKERS, J. G. e FEILDING, A. Analgesic Potential of Macrodoses and Microdoses of Classical Psychedelics in Chronic Pain Sufferers: A Population Survey. *British Journal of Pain* 16, n. 6, 2022, p. 619-631.

BOTHWELL, L. E.; GREENE, J. A.; PODOLSKY, S. H. e JONES, D. S. Assessing the Gold Standard-Lessons from the History of RCTs. *New England Journal of Medicine* 374, n. 22, 2016, p. 2175-2181.

BOWLER, K. When Your Child Is Diagnosed. *Everything Happens*, 14 de maio de 2019. Disponível em: **https://katebowler.com/when-your-child-is-diagnosed**. Acesso em: 10 jul. 2023.

BREEN, B. *The Age of Intoxication: Origins of the Global Drug Trade*. Philadelphia: University of Pennsylvania Press, 2019.

BROWN, P. Popular Epidemiology and Toxic Waste Contamination: Lay and Professional Ways of Knowing. *Journal of Health and Social Behavior* 33, n. 3, 1992, p. 267-281.

BURCH, R.; RIZZOLI, P. e LODER, E. The Prevalence and Impact of Migraine and Severe Headache in the United States: Updated Age, Sex, and Socioeconomic-Specific Estimates from Government Health Surveys. *Headache* 61, n.1, 2021, p. 60-68.

BURISH, M. J.; PEARSON, S. M.; SHAPIRO, R. E.; ZHANG, W. e SCHOR, L. I. Cluster Headache Is One of the Most Intensely Painful Human Conditions: Results from the International Cluster Headache Questionnaire. *Headache* 61, n.1, 2021, p. 117-124.

BURISH, M. J.; PEARSON, S. M.; SHAPIRO, R. E.; ZHANG, W. e SCHOR, L. I. Oxygen as the Optimal Acute Medication for Cluster Headache: A Comment and Additional Validation Step from the Cluster Headache Questionnaire. *Headache* 60, n. 10, 2020, p. 2592-2593.

BUTURE, A.; AHMED, F.; DIKOMITIS, L. e BOLAND, J. W. Systematic Literature Review on the Delays in the Diagnosis and Misdiagnosis of ClusterHeadache. *Neurological Sciences* 40, 2019, p. 25-39.

CARBONARO, T. M.; BRADSTREET, M. P.; BARRETT, F. S.; MACLEAN, K. A.; JESSE, R.; JOHNSON, M. W. e GRIFFITHS, R. R. Survey Study of Challenging Experiences After Ingesting Psilocybin Mushrooms: Acute and Enduring Positive and Negative Consequences. *Journal of Psychopharmacology* 30, n. 12, 2016, p. 1268-1278.

CAREY, B. Tim Ferriss, the Man Who Put His Money Behind Psychedelic Medicine. *New York Times*. 6 de setembro de 2019. **https://www.nytimes.com/2019/09/06/health/ferriss-psychedelic-drugs-depression.html**. Acesso em: 3 ago. 2023.

CARHART-HARRIS, R. L. The Entropic Brain-Revisited. *Neuropharmacology* 142, 2018, p. 167-178.

CARPENTER, D. *Reputation and Power: Organizational Image and Pharmaceutical Regulation at the FDA*. Princeton, NJ: Princeton University Press, 2014.

CARRELL, S. Trump Golf Course Staff Photographed Urinating Woman "to Detect" Crime. *The Guardian*. 4 de abril de 2017. Disponível em: **https://www.theguardian.com/uk-news/2017/apr/04/donald-trump-golf-course-aberdeenshire-staff-photographedurinating-woman**. Acesso em: 4 maio 2023.

CASTELLANOS, J. P.; WOOLLEY, C.; BRUNO, K. A.; ZEIDAN, F.; HALBERSTADT, A. e FURNISH, T. Chronic Pain and Psychedelics: A Review and Proposed Mechanism of Action. *Regional Anesthesia and Pain Medicine* 45, n. 7, 2020, p. 486-494.

Centers for Disease Control and Prevention. U.S. State Opioid Dispensing Rates, 2021. Disponível em: **https://www.cdc.gov/drugoverdose/rxrate-maps/index.html**. Acesso em: 24 set. 2023.

CETINA, K. K. *Epistemic Cultures: How the Sciences Make Knowledge*. Cambridge, MA: Harvard University Press, 1999.

DEVON, C.; YAZAR-KLOSINSKI, B.; NOSOVA, E.; KRYSKOW, P.; LESSOR, D. e ARGENTO, E. M. MDMA-Assisted Therapy Is Associated with a Reduction in Chronic Pain Among People with Post-Traumatic Stress Disorder. *Frontiers in Psychiatry* 13, 2022, p. 1-10.

CHRYSANTHOS, N. e DOW, A. Australia Becomes First Country to Recognise Psychedelics as Medicines". *Sydney Morning Herald*. 3 de fevereiro de 2023. Disponível em: **https://www.smh.com.au/politics/federal/australia-becomes-first-country-to-recognise-psychedelics-as-medicines-20230203-p5chs6.html**. Acesso em: maio 2023.

COHEN, S. The Anguish of the Dying. *Harper's Magazine* 231, setembro de 1965, p. 69-78.

COHEN, S. Complications Associated with Lysergic Acid Diethylamide (LSD-25).

JAMA 181, n. 2, 14 de julho de 1962, p. 161.

COURTWRIGHT, D. T. *Dark Paradise: A History of Opiate Addiction in America*. Cambridge, MA: Harvard University Press, 2001.

COURTWRIGHT, D. T. *Forces of Habit: Drugs and the Making of the Modern World*. Cambridge, MA: Harvard University Press, 2001.

DANFORTH, A. L.; GROB, C. S.; STRUBLE, C.; FEDUCCIA, A. A.; WALKER, N.; JEROME, L.; KLOSINSKI, B. e EMERSON, A. Reduction in Social Anxiety After MDMA-Assisted Psychotherapy with Autistic Adults: A Randomized, Double-Blind, Placebo-Controlled Pilot Study. *Psychopharmacology* 235, n. 11, 2018, p. 3137-3148.

DAVIS, E. The Bad Shaman Meets the Wayward Doc. *Tripzine*. 10 de fevereiro de 2006. Disponível em: **https://www.tripzine.com/listing.php?id=650**. Acesso em: 3 ago. 2022.

DELEUZE, G. e GUATTARI, F. *A Thousand Plateaus: Capitalism and Schizophrenia*. Traduzido por Brian Massumi. Minneapolis: University of Minnesota Press, 1987.

DIMASI, J. A.; GRABOWSKI, H. G. e HANSEN, R. W. Innovation in the Pharmaceutical Industry: New Estimates of R&D Costs. *Journal of Health Economics* 47, 2016, p. 20-33.

DOBLIN, R. E. Regulation of the Medical Use of Psychedelics and Marijuana. PhD diss., Harvard University, 2000. **https://search.proquest.com/openview/c8680fcf5e470c0470d9fe8cfedc9917/1?pq-origsite=gscholar&cbl=18750&diss=y.** Acesso em: dez. 2022.

DOBLIN, R. E. The Future of Psychedelic-Assisted Psychotherapy. TED. abril de 2019. Disponível em: **https://www.ted.com/talks/rick_doblin_the_future_of_psychedelic_assisted_psychotherapy?language=en**. Acesso em: 7 jan. 2023.

DOBLIN, R. E. Pahnke's "Good Friday Experiment": A Long-Term Follow-Up and Methodological Critique. *Journal of Transpersonal Psychology* 23, n. 1, 1991, p. 1-28.

DWORKIN, R. H.; ANDERSON, B.T.; ANDREWS, N.; EDWARDS, R. R.; GROB, C. S.; ROSS, S.; SATTERTHWAITE, T. D. e STRAIN, E. C. If the Doors of Perception Were Cleansed, Would Chronic Pain Be Relieved? Evaluating the Benefits and Risks of Psychedelics. *Journal of Pain* 23, n. 10, 2022, p. 1666-1679.

DYCK, E. *Psychedelic Psychiatry: LSD from Clinic to Campus*. Baltimore: Johns Hopkins University Press, 2008.

EADIE, M. J. Ergot of Rye: the First Specific for Migraine. *Journal of Clinical Neuroscience* 11, n. 1, 2004, p. 4-7.

EDMOND, A. Pioneers of the Virtual Underground: A History of Our Culture. *Resonance Project* 1, 1997. Disponível em: **https://erowid.org/psychoactives/history/references/other/1997_edmond_resproject_1.shtml**. Acesso em: 20 nov. 2022.

EDWARDS, E.; GREYTAK, E.; MADUBUONWU, B.; SANCHEZ, T.; BEIERS, S.; RESING, C.; FERNANDEZ, P. e GALAI GALAI, S. *A Tale of Two Countries: Racially Targeted Arrests in the Era of Marijuana Reform*. Nova York: ACLU, 2020.

ELLIOTT, M. Ex-Informant in Tulsa Jail. *Tulsa World*. 3 de setembro de 2004. Disponível em: **https://tulsaworld.com/archive/ex-informant-in-tulsa-jail/article_f172d57b-257d-532c-9a16-19b4c5ad0ca1.html**. Acesso em: 9 nov. 2023.

ELLIOTT, M. Life Term Given in Torture Case. *Tulsa World*. 21 de julho de 2006. Disponível em: **https://tulsaworld.com/archive/life-term-given-in-torture-case/article_986c46a7-6a53-54ea-817d-54449be51fd1.html**. Acesso em: 21 dez. 2021.

ELLIS, H. Mescal: the Divine Plant. *Popular Science Monthly* 61, 1902, p. 52-71.

ELLISON, K. A New Treatment May Halt Cluster Headaches. But Some Say Psychedelic Drugs Are the Real Answer. *Washington Post*. 4 de abril de 2021. Disponível em: **https://www.washingtonpost.com/health/cluster-headaches/2021/04/02/66ac73f0-8cdc-11eb-9423-04079921c915_story.html**. Acesso em: 3 out. 2023.

EPSTEIN, S. *Impure Science: AIDS, Activism, and the Politics of Knowledge*. Berkeley: University of California Press, 1996.

Erowid Character Vaults: R. Andrew Sewell. Erowid. Updated 15 de agosto de 2013. Disponível em: **https://erowid.org/culture/characters/sewell_andrew/sewell_andrew.shtml**. Acesso em: 18 set. 2023.

Erowid, Earth Fire Erowid, The State of the Stone: Science from the Underground. Apresentação em PowerPoint, Psychedelic Science, 2023, Denver, Colorado. 21 de junho de 2023. Disponível em: **https://2023.psychedelicscience.org/sessions/the-stateof-the-stone-science-from-the-underground**. Acesso em: 10 dez. 2023.

ESTRADA, A. *María Sabina: Her Life and Chants*. Traduzido por Henry Munn. 1.º Eng. ed. Santa Barbara, CA: Ross-Erikson, 1981.

FADIMAN, J. *The Psychedelic Explorer's Guide: Safe, Therapeutic, and Sacred Journeys*. Nova York: Simon and Schuster, 2011.

FANCIULLACCI, M.; GRANCHI, G. e SICUTERI, F. Ergotamine and Methysergide as Serotonin Partial Agonists in Migraine. *Headache* 16, n. 5, 1976, p. 226-231.

FEINBERG, B. *The Devil's Book of Culture: History, Mushrooms, and Caves in Southern Mexico*. Austin: University of Texas Press, 2003. doi: **https://doi.org/10.7560/705500**.

FLOYD, L. J.; ALEXANDRE, P. K.; HEDDEN, S. L.; LAWSON, A. L.; LATIMER, W. W. e GILES, N. Adolescent Drug Dealing and Race/Ethnicity: A Population-Based Study of the Differential Impact of Substance Use on Involvement in Drug Trade. *American Journal of Drug and Alcohol Abuse* 36, n. 2, 2010, p. 87-91.

FORD, J. H.; NERO, D.; KIM, G.; CHU, B. C.; FOWLER, R.; AHL, J. e MARTINEZ, J. M. Societal Burden of Cluster Headache in the United States: A Descriptive Economic Analysis. *Journal of Medical Economics* 21, n. 1, 2018. p. 107-111.

FOUCAULT, M. *The Birth of the Clinic: An Archaeology of Medical Perception*. Nova York: Vintage, 1994.

FRAUENFELDER, M. Interview with Marc Franklin, Photographer of Psychedelic Explorers and High Frontiers' Art Director. *Boing Boing*. 5 de dezembro de 2011. Disponível em: **https://boingboing.net/2011/12/05/interview-with-marc-franklin.html**. Acesso em: 22 dez 2023.

FROOD, A. Cluster Busters. *Nature Medicine* 13, n. 1, 28 de dezembro de 2006, p.10-11.

GASSER, P.; KIRCHNER, K. e PASSIE, T. LSD-Assisted Psychotherapy for Anxiety Associated with a Life-Threatening Disease: A Qualitative Study of Acute and Sustained Subjective Effects. *Journal of Psychopharmacology* 29, n. 1, 2015, p. 57-68.

GEORGE, J. R.; MICHAELS, T. I.; SEVELIUS, J. e WILLIAMS, M. T. The Psychedelic Renaissance and the Limitations of a White-Dominant Medical Framework: A Call for Indigenous and Ethnic Minority Inclusion. *Journal of Psychedelic Studies* 4, n. 1, 2019, p. 4-15.

GERARD, F. Pain, Death and LSD: A Retrospective of the Work of Dr. Eric Kast. *Psychedelic Monographs and Essays*, n. 5, 1990, p. 114-121.

GERBER, K.; FLORES I. G.; RUIZ, A. C.; ALI, I.; GINSBERG, N. L. e SCHENBERG, E. E. Ethical Concerns About Psilocybin Intellectual Property. *ACS Pharmacology & Translational Science* 4, n. 2, 2021, p. 573-577.

GIFFORT, D. *Acid Revival: The Psychedelic Renaissance and the Quest for Legitimacy*. Minneapolis: University of Minnesota Press, 2020.

GILLESPIE, N. People Should Have the Fundamental Human Right to Change Their Consciousness. *Reason* 52, julho de 2020. Disponível em: **https://reason.com/2020/06/21/people-should-have-the-fundamental-right-to-change-their-consciousness**. Acesso em: 11 jan. 2023.

GILL-PETERSON, J. Doctors Who? Radical Lessons from the History of DIY Transition. *The Baffler*, n. 65, setembro-outubro 2022, p. 7-15. Disponível em: **https://thebaffler.com/salvos/doctors-who-gill-peterson**. Acesso em: 2 nov. 2023.

GOADSBY, P. J. Pathophysiology of Cluster Headache: A Trigeminal Autonomic Cephalgia. *Lancet Neurology* 1, n. 4, 2002, p. 251-257.

GOLDHILL, O. Psychedelic Medicine Group Investigating a Board Member Accused of Financial Elder Abuse. *STAT News*. 18 de maio de 2022. Disponível em: **https://www.statnews.com/2022/05/18/maps-psychedelics-group-investigating-board-member-accused-of-financial-elder-abuse**. Acesso em: out. 2022.

GOTTLIEB, A. *A Concise Encyclopedia of Legal Herbs and Chemicals with Psychoactive Properties*. Manhattan Beach, CA: 20th Century Alchemist, 1973.

GRAHAM, J. Cluster Headache. *Headache* 11, 1972, p. 175-185.

GRAHAM, J. R. e WOLFF, H. G. Mechanism of Migraine Headache and Action of Ergotamine Tartrate. *Archives of Neurology & Psychiatry* 39, n. 4, 1938, p. 737-763.

GREAT BRITAIN. Drugs Act 2005. c. 17, s. 21. Disponível em: **http://www.legislation.gov.uk/ukpga/2005/17/section/21**. Acesso em: 10 maio 2022.

GRECO, A. Yale's Pioneering Research on Psychedelics Gives Hope to Headache Disorder Community. Yale School of Medicine. Atualizado em 13 de marco de 2023, acessado em 12 de julho de 2023.

GREEN, C. R.; ANDERSON, K. O.; BAKER, T. A.; CAMPBELL, L. C.; DECKER, S.; FILLINGIM, R. B.; KALAUOKALANI, D. A., *et al.* The Unequal Burden of Pain: Confronting Racial and Ethnic Disparities in Pain. *Pain Medicine* 4, n. 3, 2003, p. 277-294.

GREENE, J. A. e PODOLSKY, S. H. Reform, Regulation, and Pharmaceuticals – the Kefauver-Harris Amendments at 50. *New England Journal of Medicine* 367, n. 16, 2012, p. 1481-1483.

GREER, G. R. Using MDMA in Psychotherapy. *Advances* 2, n. 2, 1985, p. 57-59.

GRIFFITHS, R. R.; JOHNSON, M. W.; CARDUCCI, M. A.; UMBRICHT, A.; RICHARDS, W. A.; RICHARDS, B. D.; COSIMANO, M. P. e KLINEDINST, M. A. Psilocybin Produces Substantial and Sustained Decreases in Depression and Anxiety in Patients with Life-Threatening Cancer: A Randomized Double-Blind Trial. *Journal of Psychopharmacology* 30, n. 12, 2016, p. 1181-1197.

GRIFFITHS, R. R.; RICHARDS, W. A.; JOHNSON, M. W.; MCCANN, U. D. e JESSE, R. Mystical-Type Experiences Occasioned by Psilocybin Mediate the Attribution of Personal Meaning and Spiritual Significance 14 Months Later. *Journal of Psychopharmacology* 22, n. 6, 2008, p. 621-632.

GRIFFITHS, R. R.; RICHARDS, W. A.; MCCANN, U. D. e JESSE, R. Psilocybin Can Occasion Mystical-Type Experiences Having Substantial and Sustained Personal Meaning and Spiritual Significance. *Psychopharmacology* 30, n. 12, 2006, p. 1181-1197.

GROB, C. S.; DANFORTH, A. L.; CHOPRA, G. S.; HAGERTY, M.; MCKAY, C. R.; HALBERSTADT, A. L. e GREER, G. R. Pilot Study of Psilocybin

Treatment for Anxiety in Patients with Advanced-Stage Cancer. *Archives of General Psychiatry* 68, n. 1, 2011, p. 71-78.

GUNTHER, M. Carey Turnbull Wears Many Hats as a Donor and Investor. *Lucid News*. 27 de outubro de 2022.

GUZMAN, G. Hallucinogenic Mushrooms in Mexico: An Overview. *Economic Botany* 62, n. 3, 2008, p. 404-412.

HAANE, D. Y. P.; DIRKX, T. H. T. e KOEHLER, P. J. The History of Oxygen Inhalation as a Treatment for Cluster Headache. *Cephalalgia* 32, n. 12, 2012, p. 932-939. Disponível em: **https://doi.org/10.1177/0333102412452044**. Acesso em: 23 abr. 2023.

HAGAN, J. *Who Are the Criminals? The Politics of Crime Policy from the Age of Roosevelt to the Age of Reagan*. Princeton, NJ: Princeton University Press, 2010.

HAGENBACH, D. e WERTHMULLER, L. *Mystic Chemist*. Santa Fe, NM: Synergetic Press, 2013.

HAICHIN, M. The Top 5 Psychedelic Clinical Trials of 2022. *Psychedelic Alpha*. Disponível em: **https://psychedelicalpha.com/news/the-top-5-psychedelic-clinical-trials-of-2022**. Acesso em: 11 dez. 2023.

HALPERN, J. H. Cognitive Effects of Substance Use in Native Americans. 5K23DA000494. McLean Hospital. National Institutes of Health. Disponível em: **https://reporter.nih.gov/search/c70FJ9QEzEeKxJ0FLIMBlQ/projects**. Acesso em: 2 fev. 2022.

HALPERN, J. H. John Halpern Forecasts the Future. *New Scientist*. 16 de novembro de 2006.

HALPERN, J. H. Neurocognitive Consequences of Long-Term Ecstasy Use. Grant N. 5R01DA017953. McLean Hospital. National Institutes of Health. Disponível em: **https://reporter.nih.gov/search/c70FJ9QEzEeKxJ0FLIMBlQ/project-etails/7488415**. Acesso em: 14 mar. 2023.

HALPERN, J. H. The Use of Hallucinogens in the Treatment of Addiction. *Addiction Research & Theory* 4, n. 2, 1996, p. 177-189.

HALPERN, J. H. e JUNIOR, H. G. P. Hallucinogens on the Internet: A Vast New Source of Underground Drug Information". *American Journal of Psychiatry* 158, n. 3, 2001, p. 481-483.

HALPERN, J. H.; SHERWOOD, A. R.; HUDSON, J. I.; YURGELUN-TODD, D. e JUNIOR, H. G. P. Psychological and Cognitive Effects of Long-Term Peyote Use Among Native Americans. *Biological Psychiatry* 58, n. 8, 2005, p. 624-631.

HANNA, J. Halperngate. *Entheogen Review* 15, n. 1, 2006, p. 9-16.

HANSEN, H.; NETHERLAND, J. e HERBERG, D. L. *Whiteout: How Racial Capitalism Changed the Color of Opioids in America*. Oakland: University of California Press, 2023.

HARRIS, R. *Swimming in the Sacred: Wisdom from the Psychedelic Underground*. Novato, CA: New World Library, 2023.

HARRIS, W. Ciliary (Migrainous) Neuralgia and Its Treatment. *British Medical Journal* 1, 1936, p. 457-460.

HARRY, P.; Duke of Sussex. *Spare*. Nova York: Random House Publishing Group, 2023.

HART, C. L. *Drug Use for Grown-ups: Chasing Liberty in the Land of Fear*. Nova York: Penguin, 2021.

HARTOGSOHN, I. *American Trip: Set, Setting, and the Psychedelic Experience in the Twentieth Century*. Boston: MIT Press, 2020.

HATTLE, A. S. *Cluster Headaches: A Guide to Surviving One of the Most Painful Conditions Known to Man: For Patients, Supporters, and Health Care Professionals*. Pennsauken, NJ: BookBaby, 2017.

HEINRICHS, R. W. *In: Search of Madness: Schizophrenia and Neuroscience*. Oxford: Oxford University Press, 2001.

HEISE, K. Dr. Eric C. Kast. 73. Ran Free Health Clinic. *Chicago Tribune*. 1.º de dezembro de 1988. Disponível em: **https://www.chicagotribune.com/news/ct-xpm-1988-12-01-8802210024-story.html**. Acesso em: 2 jan. 2022.

HERZBERG, D. *White Market Drugs: Big Pharma and the Hidden History of Addiction in America*. Chicago: University of Chicago Press, 2020.

HERZIG, R. M. *Suffering for Science: Reason and Sacrifice in Modern America*. New Brunswick, NJ: Rutgers University Press, 2005.

HETTLER, B. e PLOTKIN M. The Amazonian Travels of Richard Evans Schultes. Amazon Conservation Team. 8 de abril de 2019. Disponível em: **https://www.amazonteam.org/maps/schultes/en**. Acesso em: 5 maio 2023.

HEVISI, D. Howard Lotsof Dies at 66; Saw Drug Cure in a Plant. *New York Times*. 18 de fevereiro de 2010. Disponível em: **https://www.nytimes.com/2010/02/17/us/17lotsof.html**. Acesso em: 2 jan. 2022.

HOFFMAN, K. M.; TRAWALTER, S.; AXT, J. R. e OLIVER, M. N. Racial Bias in Pain Assessment and Treatment Recommendations, and False Beliefs About Biological Differences Between Blacks and Whites. *Proceedings of the National Academy of Sciences* 113, n. 16, 2016, p. 4296-4301.

HOFMAN, A. *LSD: My Problem Child*. Nova York: McGraw-Hill Book Company, 1980.

HOLBEIN, M. Understanding FDA Regulatory Requirements for Investigational New Drug Applications for Sponsor-Investigators". *Journal of Investigative Medicine* 57, n. 6, 2009, p. 688-694.

HOLZE, F.; GASSER, P.; MULLER, F.; DOLDER, P. C. e LIECHTI, M. E. Lysergic Acid Diethylamide-Assisted Therapy in Patients with Anxiety with and Without a Life-Threatening Illness: A Randomized, Double-Blind, Placebo-Controlled Phase II Study. *Biological Psychiatry* 93, n. 3, 2023, p. 215-223.

HOOYER, K.; APPLBAUM, K. e KASZA, D. Altered States of Combat: Veteran Trauma and the Quest for Novel Therapeutics in Psychedelic Substances. *Journal of Humanistic Psychology* 63, n.6, 6 de fevereiro de 2020, p. 744-763.

HORTON, B. T.; MACLEAN, A. R. e CRAIG, W. M. A New Syndrome of Vascular Headache: Results of Treatment with Histamine: Preliminary Report. *Mayo Clinic Proceedings* 14, 1939, p. 257-260.

HUXLEY, A. *The Doors of Perception*. Londres: Chatto and Windus, 1954. *Island, a Novel*. 1. ed. Nova York: Harper, 1962.

ISLER, H. Episodic Cluster Headache from a Textbook of 1745: Van Swieten's Classic Description. *Cephalalgia* 13, n. 3, 1993, p. 172-174.

JACOBS, A. Psychedelic Revolution Is Coming. Psychiatry May Never Be the Same. *New York Times*. 9 de maio de 2021. Disponível em: **https://www.nytimes.com/2021/05/09/health/psychedelics-mdma-psilocybin- olly-mental-health.html**. Acesso em: 4 maio 2022.

JANEVIC, M. R.; MCLAUGHLIN, S. J.; HEAPY, A. A. C. T. e PIETTE, J. D. Racial and Socioeconomic Disparities in Disabling Chronic Pain: Findings from the Health and Retirement Study. *Journal of Pain* 18, n. 12, 2017, p. 1459-1467.

JOHNSON, M. W.; GRIFFITHS, R. R.; HENDRICKS, P. S. e HENNINGFIELD, J. E. The Abuse Potential of Medical Psilocybin According to the 8 Factors of the Controlled Substances Act. *Neuropharmacology* 142, 2018, p. 143-166.

JOHNSON, M. W.; HENDRICKS, P. S.; BARRETT, F. S. e GRIFFITHS, R. R. Classic Psychedelics: An Integrative Review of Epidemiology, Therapeutics, Mystical Experience, and Brain Network Function". *Pharmacology & Therapeutics* 197, 2019, p. 83-102.

JOHNSON, M. W.; SEWELL, R. A. e GRIFFITHS, R. R. Psilocybin Dose-Dependently Causes Delayed, Transient Headaches in Healthy Volunteers. *Drug and Alcohol Dependence* 123, n. 1-3, 2012, p. 132-140.

JONESJR., W. F.; FINLAND, M.; WILCOX, C. e NAJARIAN, A. Antibiotic Combinations: Antistreptococcal and Antistaphylococcal Activity of Plasma of Normal Subjects After Ingestion of Erythromycin or Penicillin or Both. *New England Journal of Medicine* 255, n. 22, 1956, p. 1019-1024.

KANDELL, J.; SCHULTES, R. E.; 86, Dies; Trailblazing Authority on Hallucinogenic Plants. *New York Times*, 13 de abril de 2001. Disponível em: **https://www.nytimes.com/2001/04/13/us/richard-e-schultes-86-dies-trailblazing-authority-on-hallucinogenic-plants.html**. Acesso em: 3 abr. 2022.

KANDELL, J. LSD and the Dying Patient. *Chicago Medical School Quarterly* 26, n. 2, 1966, p. 80-87.

KANDELL, J. The Measurement of Pain: A New Approach to an Old Problem. *Journal of New Drugs* 2, n. 6, 1962, p. 344-351.

KAST, E. C. Attenuation of Anticipation: A Therapeutic Use of Lysergic Acid Diethylamide. *Psychiatric Quarterly* 41, n. 4, 1967, p. 646-657.

KAST, E. C. e COLLINS, V. J. Study of Lysergic Acid Diethylamide as an Analgesic Agent. *Anesthesia and Analgesics* 43, n. 3, 1964, p. 285-291.

KEMPNER, J. The Chilling Effect: How Do Researchers React to Controversy? *PLOS Medicine* 5, n. 11, 2008, e222.

KEMPNER, J. *Not Tonight: Migraine and the Politics of Gender and Health*. Chicago: University of Chicago Press, 2014.

KEMPNER, J. e BAILEY, J. Collective Self-Experimentation in Patient-Led Research: How Online Health Communities Foster Innovation. *Social Science & Medicine* 238, outubro de 2019, 112366.

KEMPNER, J.; MERZ, J. F. e BOSK, C. L. Forbidden Knowledge: Public Controversy and the Production of Nonknowledge. *Sociological Forum* 26, n. 3, 2011, p. 475-500.

KINZER, S. *Poisoner in Chief: Sidney Gottlieb and the CIA Search for Mind Control*. 1. ed. Nova York: Henry Holt and Company, 2019.

KLEIN, J. The New Drug They Call "Ecstasy." *New York Magazine*. 20 de maio de 1985.

KOEHLER, P. J. Prevalence of Headache in Tulp's Observationes Medicae (1641) with a Description of Cluster Headache. *Cephalalgia* 13, n. 5, 1993, p. 318-320.

KOEHLER, P. J. e TFELT-HANSEN, P. C. History of Methysergide in Migraine. *Cephalalgia* 28, n. 11, 2008, p. 1126-1135.

KOO, B. B.; BAYOUMI, A.; ALBANNA, A.; ABUSULIMAN, M.; BURRONE, L.; SICO, J. J. e SCHINDLER, E. A. D. Demoralization Predicts Suicidality in Patients with Cluster Headache. *Journal of Headache and Pain* 22, n. 28, 2021, p. 1-10.

KOOIJMAN, N. I.; WILLEGERS, T.; REUSER, A.; MULLENERS, W. M.; KRAMERS, C.; VISSERS, K. C. P. e WAL, S. E. I. van der. Are Psychedelics the Answer to Chronic Pain: A Review of Current Literature. *Pain Practice* 23, n. 4, 2023, p. 447-458.

LANGLITZ, N. *Neuropsychedelia: The Revival of Hallucinogen Research Since the Decade of the Brain*. Berkeley: University of California Press, 2013.

LEARY, T. *Flashbacks, an Autobiography*. Los Angeles: Tarcher, 1983.

LEARY, T. *High Priest*. Nova York: World Publishing Company, 1968.

LEKHTMAN, A. Why Indigenous Protesters Stopped a Global Psychedelic

Conference. *Filter Magazine*. 17 de agosto de 2023. Disponível em: **https://filtermag.org/indigenous-psychedelic-protest**. Acesso em: 20 dez. 2023.

LETCHER, A. *Shroom: A Cultural History of the Magic Mushroom*. 1. ed. Estados Unidos, Nova York: Ecco, 2007.

LINDSAY, B. Corrective' Measures Ordered, but Health Canada Says 2nd MDMA Trial Can Continue. *CBC News*. 22 de julho de 2022. Disponível em: **https://www.cbc.ca/news/canada/british-columbia/health-canada-mdma-trial-compliant-1.6528137**. Acesso em: 10 mar. 2023.

LING, T. M. e BUCKMAN, J. *Lysergic Acid (LSD 25) and Ritalin in the Treatment of Neurosis*. Londres: Lambarde Press, 1963.

LIPTON, R. B.; BUSE, D. C.; FRIEDMAN, B. W.; FEDER, L.; ADAMS, A.M.; FANNING, K. M.; REED, M. L. e SCHWEDT, T. J. Characterizing Opioid Use in a US Population with Migraine: Results from the CaMEO Study. *Neurology* 95, n. 5, 2020, e457-e468.

LODER, E. e LODER, J. Medicolegal Issues in Cluster Headache. *Current Pain and Headache Reports* 8, n. 2, 2004, p. 147-156.

LUBECKY, J. M. From the Personal to the Political: Why Psychedelic Therapy Is a Bipartisan Issue. *MAPS Bulletin* 28, n. 1, 2018, p. 30-31.

LUND, N. L. T.; PETERSEN A. S.; FRONCZEK, R.; TFELT-HANSEN, J.; BELIN, A. C.; MEISINGSET, T.; TRONVIK, E.; STEINBERG, A.; GAUL, C. e JENSEN, R. H. Current Treatment Options for Cluster Headache: Limitations and the Unmet Need for Better and Specific Treatments – a Consensus Article. *Journal of Headache and Pain* 24, n. 121, 2023.

MACINTOSH, J. City Jet-Setter's Bizarre LSD Trip. *New York Post*. 18 de fevereiro de 2008. Disponível em: **https://nypost.com/2008/02/18/city-jet-setters-bizarre-lsd-trip**. Acesso em: 5 nov. 2022.

MADSEN, M. K.; PETERSEN, A. S.; STENBAK, D. S.; SORENSEN, I. M.; SCHIONNING, H.; FJELD, T.; NYKJAR, C. H.; LARSEN, S. M. U.; GRZYWACZ, M.; MATHIESEN, T.; KLAUSEN, I. L.; OVERGAARD-HANSEN, O.; BRENDSTRUP-BRIX, K.; LINNET, K.; JOHANSEN, S. S.; FISHER, P. M.; JENSEN, R. H. e KNUDSEN, G. M. Psilocybin-Induced Reduction in Chronic Cluster Headache Attack Frequency Correlates with Changes inHypothalamic Functional Connectivity. *MedRxiv*. 10 de julho de 2022. Disponível em: **https://www.medrxiv.org/content/10.1101/2022.07.10.22277414v1**. Acesso em: 14 ago. 2023.

MAGNUSON, M.; SWAN, H. J. C. e RICHERT, L. The Introduction of Peyote into Pharmaceutical and Pharmacological Frameworks. *History of Pharmacy and Pharmaceuticals* 65, n. 1, 1 de outubro de 2023, p. 169-177.

Maharishi School Makes Business Gurus. *Los Angeles Times*. 15 de maio de 1997. Disponível em: **https://www.latimes.com/archives/la-xpm-1997-05-15-fi-58842-story.html**. Acesso em: 30 out. 2022.

MAPS, MPP and Dr. Ethan Russo Filed an Updated Version. Multidisciplinary Association for Psychedelic Studies. 1 de maio de 2003. **https://maps.org/2003/05/01/mmj-news-id1429**. Acesso em: dez. 2023.

MARKS, H. M. *The Progress of Experiment: Science and Therapeutic Reform in the United States, 1900-1990*. Cambridge: Cambridge University Press, 2000.

MARKS, M. e COHEN, I. G. Patents on Psychedelics: The Next Legal Battlefront of Drug Development. *Harvard Law Review* 135, n. 212, 24 de março de 2023. Disponível em: **https://harvardlawreview.org/forum/no-volume/patents-on-psychedelics-the-next-legal-battlefront-of-drug-development**. Acesso em: 28 nov. 2023.

MAY, A.; BAHRA, A.; BUCHEL, C.; FRACKOWIAK, R. S. J. e GOADSBY, P. J. Hypothalamic Activation in Cluster Headache Attacks. *The Lancet* 352, n. 9124, 1998, p. 275-278.

MCDOUGAL, D. *Operation White Rabbit: LSD, the DEA, and the Fate of the Acid King*. Nova York: Simon & Schuster, 2020.

METZL, J. M. *The Protest Psychosis: How Schizophrenia Became a Black Disease*. Boston: Beacon Press, 2010.

METZL, J. M. *Prozac on the Couch: Prescribing Gender in the Era of Wonder Drugs*. Durham: Duke University Press, 2003.

MIECH, R. A., JOHNSTON, L. D.; PATRICK, M. E.; O'MALLEY, P. M.; BACHMAN, J. G. e SCHULENBERG, J. E. Monitoring the Future National Survey Results on Drug Use, 1975-2022: Secondary School Students. ERIC N. ED627366, junho de 2023. Disponível em: **https://files.eric.ed.gov/fulltext/ED627366.pdf**. Acesso em: set. 2023.

MITCHELL, J. M.; BOGENSCHUTZ, M.; LILIENSTEIN, A.; HARRISON, C.; KLEIMAN, S.; PARKER-GUILBERT, K.; OT'ALORA, M. e GARAS, W. MDMA-Assisted Therapy for Severe PTSD: A Randomized, Double-Blind, Placebo-Controlled Phase 3 Study. *Nature Medicine* 27, n. 6, 2021, p. 1025-1033.

MITCHELL, S. W. Remarks on the Effects of Anhelonium Lewinii (the Mescal Button). *British Medical Journal* 2, n. 1875, 1896), p. 1625-1629.

MOJEIKO, V. Interview with Dr. John Halpern. *MAPS* 11, n. 2, 2001, p. 10-11.

MORENO, F. A. e DELGADO, P. L. Hallucinogen-Induced Relief of Obsessions and Compulsions. *American Journal of Psychiatry* 154, n. 7, 1997, p. 1037-1038.

MULLIGAN, J. Using Psychedelics to Treat PTSD and Depression. *Radio New Zealand*. 15 de janeiro de 2020. Disponível em: **https://www.rnz.co.nz/national/programmes/afternoons/audio/2018729959/using-psychedelics-to-treat-ptsd-and-depression**. Acesso em: 2 set. 2022.

National Vital Statistics System. Provisional Drug Overdose Death Counts. National Center for Health Statistics. Disponível em: **https://www.cdc.gov/nchs/nvss/vsrr/drug-overdose-data.htm**. Acesso em: 15 fev. 2023.

NEWBERRY, L. MDMA-Assisted Therapy Could Soon Be Approved by the FDA. Will Insurance Cover It? *Los Angeles Times*, 19 de setembro de 2023.

NICHOLS, D. E. The Heffter Research Institute: Past and Hopeful Future. *Journal of Psychoactive Drugs* 46, n. 1, 2014, p. 20-26.

NICKLES, D. Mark McCloud Calls Out DEA Snitch & MAPS Researcher John Halpern 13 de janeiro de 2006. YouTube. 22 de julho de 2020. Disponível em: **https://www.youtube.com/watch?v=Zs0eQDHkjyQ**. Acesso em: 10 jan. 2022.

NILSSON REMAHL, A. I. M.; MEYER, E. L.; CORDONNIER, C. e GOADSBY, P. J. Placebo Response in Cluster Headache Trials: A Review. *Cephalalgia* 23, n. 7, 2003, p. 504-510.

NOVAK, S. J. LSD Before Leary: Sidney Cohen's Critique of 1950s Psychedelic Drug Research. *Isis* 88, n. 1, 1997, p. 87-110.

NUTT, D. J.; KING, L. A. e PHILLIPS, L. D. Drug Harms in the UK: A Multicriteria Decision Analysis. *The Lancet* 376, n. 9752, 2010, p. 1558-1565.

NUWAR, R. A Psychedelic Drug Passes a Big Test for PTSD Treatment. *New York Times*, 3 de maio de 2021. Disponível em: **https://www.nytimes.com/2021/05/03/health/mdma-pproval.html**. Acesso em: 30 mar. 2023.

Opinions, Facts & Observations – Expanded Psychedelic Section Volume Two Psychedelic and Other Alternative Treatment Manual. Clusterbusters. 2021. Disponível em: **https://clusterbusters.org/resource/psychedelic-treatments**. Acesso em: 17 jun. 2023.

ORAM, M. *The Trials of Psychedelic Therapy: LSD Psychotherapy in America*. Baltimore: Johns Hopkins University Press, 2018.

OSS, O. T. e OERIC, O. N. *Psilocybin, Magic Mushroom Grower's Guide: A Handbook for Psilocybin Enthusiasts*. Berkeley: And/Or Press, 1976.

OTT, J. *Pharmacotheon: Entheogenic Drugs, Their Plant Sources and History*. Kennewick, WA: Natural Products Company, 1993.

PACE, B. e DEVENOT, N. Right-Wing Psychedelia: Case Studies in Cultural Plasticity and Political Pluripotency. *Frontiers of Psychology* 12, 2021, p. 4915.

PETERSEN, A. S.; LUND, N.; SNOER, A.; JENSEN, R. H. e BARLOESE, M. The Economic and Personal Burden of Cluster Headache: A Controlled Cross-Sectional Study. *Journal of Headache and Pain* 23, n. 58, 2022.

PETERSON, M. Madison Ave. Has Growing Role in the Business of Drug Research. *New York Times*. 22 de novembro de 2002. Disponível em: **https://www.nytimes.com/2002/11/22/business/madison-ave-has-growing-role-in-the-business-of-drug-research.html**. Acesso em: 17 out. 2023.

PICKARD, L. Underground Histories and Overground Futures. Artigo apresentado na conferência anual Horizons: Perspectives on Psychedelics, Nova York, 2021.

POLLAN, M. *How to Change Your Mind: What the New Science of Psychedelics Teaches Us About Consciousness, Dying, Addiction, Depression, and Transcendence*. Nova York: Penguin, 2018.

POLLAN, M. The Trip Treatment. *New Yorker*, 2 de fevereiro de 2015. Disponível em: https://www.newyorker.com/magazine/2015/02/09/trip-treatment.

POLLAN, M.; KHAN, I. e WEST, T. UC Berkeley Center for the Science of Psychedelics Unveils Results of the First-Ever Berkeley Psychedelics Survey. UC Berkeley Center for the Science of Psychedelics. 12 de julho de 2023. Disponível em: https:// psychedelics.berkeley.edu/bcsp-first-study-results. Acesso em: 28 nov. 2023.

POPE, H. *Voices from the Drug Culture*. Boston: Beacon Press, 1971.

PORTER, T. M. *Trust in Numbers: The Pursuit of Objectivity in Science and Public Life*. Princeton, NJ: Princeton University Press, 1996.

POWER, M. *Drugs Unlimited: The Web Revolution That's Changing How the World Gets High*. 1. ed. Estados Unidos, Nova York: Thomas Dunne Books, 2013.

PRENTISS, D. W. e MORGAN, F. P. *Mescal Buttons*. Nova York: Publishers' Printing Company, 1896.

"Psilocybin and Psilocin (Magic Mushrooms)". Governo do Canada. 2 de fevereiro de 2023. Disponível em: **https://www.canada.ca/en/health-canada/services/substance-use/** controlled-illegal-drugs/magic-mushrooms.html. Acesso em: 20 set. 2023.

RAUDENBUSH, D. T. *Health Care Off the Books: Poverty, Illness, and Strategies for Survival in Urban America*. Berkeley: University of California Press, 2020.

"Reviews and Impressions from the 2006 LSD Symposium". Erowid. Disponível em: **https://www.erowid.org/general/conferences/2006_lsd_symposium**. Acesso em: 24 set. 2023.

RICHARDS, W.; GROF, S.; GOODMAN, L. e KURLAND, Albert. LSD-Assisted Psychotherapy and the Human Encounter with Death. *Journal of Transpersonal Psychology* 4, n. 2, 1972, p. 121-150.

RIKARD, S. M.; STRAHAN, A. E.; SCHMIT, K. M. e GUY JR., G. P. Chronic Pain Among Adults – Estados Unidos, 2019-2021. *Morbidity and Mortality Weekly Report* 72, n. 15, 2023, p. 379-385.

ROBBINS, M. S.; STARLING, A. J.; PRINGSHEIM, T.; BECKER, W. J. e SCHWEDT, T. J. Treatment of Cluster Headache: The American Headache Society Evidence Based Guidelines. *Headache: The Journal of Head and Face Pain* 56, n. 7, 1 de julho de 2016, p. 1093-1106.

ROMERO, S. Demand for This Toad's Psychedelic Toxin Is Booming. Some Warn That's Bad for the Toad. *New York Times*. 30 de marco de 2022. Disponível em: **https://www.nytimes.com/2022/03/20/us/toad-venom-psychedelic.html**. Acesso em: 5 jan. 2023.

ROSENFELD, S. LSD Trafficking Suspect Has Intriguing Backers: D. A. Terence Hallinan and British Aristocrats. *San Francisco Gate*. 19 de dezembro de 2000.

ROSENFELD, S. William Pickard's Long, Strange Trip. *San Francisco Gate*. 10 de junho de 2001. Disponível em: **https://www.sfgate.com/crime/article/William-Pickard-s-long-strangetrip-Suspected-2910096.php**. Acesso em: 1.º fev. 2022.

ROSENTHAL, P. D. Carcillo, the Former Chicago Blackhawks Enforcer, Tells HBO's "Real Sports" That Psychedelic Drugs Helped Him Battle Post-Concussion Effects. *Chicago Tribune*. 24 de novembro de 2020.

ROSS, L. K. e NICKELS, D. Who Am I Fooling? *Cover Story: Power Trip* (podcast). 15 de março de 2022. Disponível em: **https://www.thecut.com/2022/03/cover-story-podcast-who-am-i-fooling-episode-8.html**. Acesso em: 15 jul. 2022.

ROSS, L. K. e NICKLES, D. The Trials of Rick Doblin. *New York Magazine*. 11 de maio de 2022.

ROSS, S.; BOSSIS, A.; GUSS, J.; AGIN-LIEBES, G.; MALONE, T.; COHEN, B.; MENNENGA, S. E.; BELSER, A.; KALLIONTZI, K. e BABB, J. Rapid and Sustained Symptom Reduction Following Psilocybin Treatment for Anxiety and Depression in Patients with Life-Threatening Cancer: A Randomized Controlled Trial. *Journal of Psychopharmacology* 30, n. 12, 2016, p. 1165-1180.

ROSSI, P.; LITTLE, P.; TORRE, E. R. d. l. e PALMARO, A. If You Want to Understand What It Really Means to Live with Cluster Headache, Imagine... Fostering Empathy Through European Patients' Own Stories of Their Experiences. *Functional Neurology* 33, n. 1, 2018, p. 57-59.

ROTHROCK, J. Cluster: A Potentially Lethal Headache Disorder. *Headache* 46, n. 2, 2006, p. 327.

ROZEN, T. D. Cluster Headache Clinical Phenotypes: Tobacco Nonexposed (Never Smoker and No Parental Secondary Smoke Exposure as a Child) *Versus* Tobacco-Exposed: Results from the United States Cluster Headache Survey. *Headache* 58, n. 5, 2018, p. 688-699.

ROZEN, T. D. e FISHMAN, R. S. Cluster Headache in the United States of America: Demographics, Clinical Characteristics, Triggers, Suicidality and Personal Burden. *Headache* 52, n. 1, 2012, p. 99-113.

RUSANEN, S. S.; SUCHETANA d.; SCHINDLER, E. A. D.; ARTTO, V. A. e STORVIK, M. Self-Reported Efficacy of Treatments in Cluster Headache: A Systematic Review of Survey Studies. *Current Pain and Headache Reports* 26, n. 8, 2022, p. 623-637.

RUSSELL, M. B. Epidemiology of Cluster Headach. Em *Cluster Headache and Other Trigeminal Autonomic Cephalgias*, editado por Massimo Leone e Arne May, Cham, Suíça: Springer, 2020, p. 7-10.

RUSSO, E. B. Headache Treatments by Native Peoples of the Ecuadorian Amazon: A Preliminary Cross-Disciplinary Assessment. *Journal of Ethnopharmacology* 36, n. 3, 1 de junho de 1992, p. 193-206. Disponível em: **https://doi.org/10.1016/0378-8741(92)90044-r**. Acesso em:

RUSSO, E. B. Machiguenga: Peruvian Hunter-Gatherers. Weston A. Price Foundation, 7 de setembro de 2002. Disponível em: **https://www.westonaprice.org/health-topics/in-his-footsteps/machiguenga-peruvian-hunter-gatherers/#gsc.tab=0**. Acesso em: 4 mar. 2023.

RUSSO, E. B.; MATHRE, M. L.; BYRNE, A.; VELIN, R. A.; BACH, P. J.; RAMOS, J. S. e KIRLIN, K. A. Chronic Cannabis Use in the Compassionate Investigational New Drug Program. *Journal of Cannabis Therapeutics* 2, n. 1, 2002, p.3-57. Disponível em: **https://doi.org/10.1300/j175v02n01_02**. Acesso em: 22 maio 2023.

SABINA, M. *María Sabina: Selections*. Edited by Jerome Rothenberg. Berkeley: University of California Press, 2003.

SCHINDLER, E. A. D. Psychedelics as Preventive Treatment in Headache and Chronic Pain Disorders. *Neuropharmacology* 215, 2022, p. 109166. Disponível em: **https://doi.org/10.1016/j.neuropharm.2022.109166**. Acesso em: 19 jul 2023.

SCHINDLER, E. A. D. e BURISH, Mark J. Recent Advances in the Diagnosis and Management of Cluster Headache. *British Medical Journal* 376, 2022, e059577.

SCHINDLER, E. A. D.; COOPER, V.; QUINE, D. B.; FENTON, B. T.; WRIGHT, D. A.; WEIL, M. J. e SICO, J. J. "You Will Eat Shoe Polish If You Think It Would Help" – Familiar and Lesser-Known Themes Identified from Mixed-Methods Analysis of a Cluster Headache Survey. *Headache: The Journal of Head and Face Pain* 61, n. 2, 2021, p. 318-328.

SCHINDLER, E. A. D.; GOTTSCHALK, C.H.; WEIL, M. J.; SHAPIRO, R. E.; WRIGHT, D. A. e SEWELL, R. A. Indoleamine Hallucinogens in Cluster Headache: Results of the Clusterbusters Medication Use Survey. *Journal of Psychoactive Drugs* 47, n. 5, 2015, p. 372-381.

SCHINDLER, E. A. D.; SEWELL, R. A.; GOTTSCHALK, C. H.; LUDDY, C.; FLYNN, L. T.; LINDSEY, H.; PITTMAN, B. P.; COZZI, N. V. e D'SOUZA, D. C. Exploratory Controlled Study of the Migraine-Suppressing Effects of Psilocybin. *Neurotherapeutics* 18, n. 1, 2020, p. 534-543.

SCHINDLER, E. A. D.; SEWELL R., A.; GOTTSCHALK, C. H.; LUDDY, C.; FLYNN, L. T.; ZHU, Y.; LINDSEY, H.; PITTMAN, B. P.; COZZI, H. e D'SOUZA, D. C. Exploratory Investigation of a Patient Informed Low Dose Psilocybin Pulse Regimen in the Suppression of Cluster Headache: Results from a Randomized, Double-Blind, Placebo-Controlled Trial. *Headache* 62, n. 10, 2022, p. 1383-1394.

SCHULTES, R. E. The Appeal of Peyote (Lophophora Williamsii) as a Medicine. *American Anthropologist* 40, n. 4, 1938, p. 698-715.

SCHULTES, R. E. Ethnopharmacological Conservation: A Key to Progress in Medicine. *Acta Amazonica* 18, n. 1-2 (supl.), 1988, p. 393-406.

SCHULTES, R. E. e RAFFAUF, R. F. *The Healing Forest: Medicinal and Toxic Plants of the Northwest Amazonia*. Portland, OR: Dioscorides Press, 1990.

SCHUMAKER, E. e FOLEY K. E. We're on the Cusp of Another Psychedelic Era. But This Time Washington Is Along for the Ride". *Politico*. 12 de agosto de

2023. Disponível em: **https://www.politico.com/news/2023/08/12/medical-psychedelicdrugs-congress-00110851**. Acesso em: 27 nov. 2023.

SEMLEY, J. Psychedelic Drugs Have Lost Their Cool. Blame Gwyneth Paltrow and Her Goo". *The Guardian*. 17 de fevereiro de 2020. Disponível em: **https://www.theguardian.com/commentisfree/2020/feb/17/psychedelic-drugs-have-lost-their-cool-blame-gwyneth-paltrow-and-her-goop**. Acesso em: 5 jan. 2022.

SEQUIERA, L. Richard Evans Schultes, 1915-2001. Em *Biographical Memoirs*, 1-15. National Academies Press, 2006. Disponível em: **https://doi.org/10.17226/11807**. Acesso em: 3 abr. 2022.

SEWELL, R. A. Compositions and Methods for Preventing and/or Treating Disorders Associated with Cephalic Pain". Patent 8859579, pedido em 14 de outubro de 2014, emitido em 20 de marco de 2009.

SEWELL, R. A. LSD and Psilocybin in the Treatment of Cluster Headaches: A Report on Proposed Research at Harvard Medical School". *MAPS Bulletin* 15, n. 1, 2005, p. 20-25.

SEWELL, R. A. Response of Cluster Headache to Kudzu. *Headache: The Journal of Head and Face Pain* 49, n. 1, 2009, p. 98-105.

SEWELL, R. A. So You Want to Be a Psychedelic Researcher? *Entheogen Review* 15, n. 2, 2006, p. 42-48.

SEWELL, R. A. So You Want to Be a Psychedelic Researcher?" *MAPS Bulletin* 16, n. 2, 2006, p. 20-25.

SEWELL, R. A. Unauthorized Research on Cluster Headache. *Entheogen Review* 6, n. 4, 2008, p. 117-125.

SEWELL, R. A.; HALPERN, J. H. e POPE, JR. H. G. Response of Cluster Headache to Psilocybin and LSD. *Neurology* 66, n. 12, 2006, p. 1920-1922.

SHAKHNAZAROVA, N. Aaron Rodgers Says Psychedelic Drugs Led to "Best Season of My Career." *New York Post*. 4 de agosto de 2022. Disponível em: **https://nypost.com/2022/08/04/aaron-rodgers-says-psychedelic-drugs-led-to-est-season-of-my-career**. Acesso em: 2 nov. 2023.

SHELDRAKE, M. *Entangled Life: How Fungi Make Our Worlds, Change Our Minds and Shape Our Futures*. Nova York: Penguin Random House, 2021.

SHORT, A. M. Meet Rick Doblin, Psychedelic Pioneer Who Has Expanded the Boundaries of Medicine. *Alternet*. 25 de marco de 2016. Disponível em: **https://www.alternet.org/2016/03/meet-rick-doblin-psychedelic-who-has-expanded-boundaries-medicine**. Acesso em: 8 ago. 2022.

SHRODER, T. *Acid Test: How a Daring Group of Psychonauts Rediscovered the Power of LSD, MDMA, and Other Psychedelic Drugs to Heal Addiction, Depression, Anxiety, and Trauma*. Nova York: Plume, 2014.

SICUTERI, F. The Enrico Greppi International Headache Award: A Tribute to the Memory of One of Medicine's Pioneers. *Cephalalgia* 3, n. 1, 1983, p. 11-13.

SICUTERI, F. L'emicrania: Motivi di Fisiopatogenisi e di Terapia. Artigo apresentado em Relazione al 65th Congresso della Societa Italiana di Medicina Interna Roma, Italia, 1964.

SICUTERI, F. Prophylactic Treatment of Migraine by Means of Lysergic Acid Derivatives. *PubMed* 6, 1963, p. 116-125.

SIFF, Stephen. *Acid Hype: American News Media and the Psychedelic Experience*. Champaign: University of Illinois Press, 2015.

SILBERSTEIN, S. D. e MCCRORY, D. C. Ergotamine and Dihydroergotamine: History, Pharmacology, and Efficacy. *Headache* 43, n. 2, 2003, p. 144-166.

SILBERSTEIN, S. D.; SHREWSBURY, S. B. e HOEKMAN, J. Dihydroergotamine (DHE) – Then and Now: A Narrative Review. *Headache* 60, n. 1, 2020, p. 40-57.

SMIRNOVA, M. X. *The Prescription-to-Prison Pipeline: The Medicalization and Criminalization of Pain*. Durham, NC: Duke University Press, 2023.

SMITH, W. *W.* Nova York: Penguin, 2021.

SOBO, E. J. Parent Use of Cannabis for Intractable Pediatric Epilepsy: Everyday Empiricism and the Boundaries of Scientific Medicine. *Social Science & Medicine* 190, 2017, p. 190-198.

STAMETS, P. *Mycelium Running: How Mushrooms Can Help Save the World*. Berkeley, CA: Ten Speed Press, 2005.

STARK, L. e CAMPBELL, N. D. The Ineffable: A Framework for the Study of Methods Through the Case of Mid-Century Mind-Brain Sciences. *Social Studies of Science* 48, n. 6, 2018, p. 789-820.

STARR, P. *The Social Transformation of American Medicine: The Rise of a Sovereign Profession and the Making of a Vast Industry*. Nova York: Basic Books, 2003.

STEVENS, J. *Storming Heaven: LSD and the American Dream*. 1. ed. Nova York: Atlantic Monthly Press, 1987.

STRASSMAN, R. J. *DMT: The Spirit Molecule: A Doctor's Revolutionary Research into the Biology of Near-Death and Mystical Experiences*. Nova York: Park Street Press, 2000.

Substance Abuse and Mental Health Services Administration. Principais indicadores do uso de drogas e da saúde mental nos Estados Unidos: resultados da National Survey on Drug Use and Health, de 2022 (HHS Publication N. PEP23-07-01-006, NSDUH Series H-58). Center for Behavioral Health Statistics and Quality,

Substance Abuse and Mental Health Services Administration, 2023. Substance Abuse and Mental Health Services Administration. *Racial/Ethnic Differences in Substance Use, Substance Use Disorders, and Substance Use Treatment Utilization Among People Aged 12 or Older (2015-2019)*. Rockville, MD: Center for Behavioral Health Statistics and Quality, 2021.

TAYLOR, V. Social Movement Continuity: The Women's Movement in Abeyance. *American Sociological Review* 54, n. 5, 1989, p. 761-775.

TFELT-HANSEN, P. C. e KOEHLER, P. J. History of the Use of Ergotamine and Dihydroergotamine in Migraine from 1906 and Onward. *Cephalalgia* 28, n. 8, 2008, p. 877-886.

TIMMERMANS, S. e EPSTEIN, S. A World of Standards but Not a Standard World: Toward a Sociology of Standards and Standardization. *Annual Review of Sociology* 36, 2010, p. 69-89.

The Kip Scale. Clusterheadaches. 1999. Disponível em: **https://www.clusterheadaches.com/scale.html**. Acesso em: 12 jul. 2023.

TOBBELL, D. *Pills, Power, and Policy: The Struggle for Drug Reform in Cold War America and Its Consequences*. Berkeley: University of California Press, 2011.

US Congress. Administered Prices in the Drug Industry. *Congressional Record*, 106th Cong., 2.ª sessão, v. 106, pt. 5-6, 1960, e6228.

U.S. Department of Veterans Affairs, Office of Mental Health and Suicide Prevention. National Veteran Suicide Prevention Annual Report, de 2022. Disponível em: **https://www.mentalhealth.va.gov/suicide_prevention/data.asp**. Acesso em: 3 jun. 2023.

VAN DER GRONDE, T. e PIETERS, T. Assessing Pharmaceutical Research and Development Costs. *JAMA Internal Medicine* 178, n. 4, 2018, p. 587-588.

VOITICOVSCHI-IOSOB, C.; ALLENA, M.; DE CILLIS, .; NAPPI, G.; SJAASTAD, O. e ANTONACI, Fabio. Diagnostic and Therapeutic Errors in Cluster Headache: A Hospital-Based Study". *Journal of Headache and Pain* 15, n. 56, 2014.

WASSON, R. G. e WASSON, V. P. *Mushrooms, Russia and History*. Nova York: Pantheon Press, 1957.

WASSON, R. G. Seeking the Magic Mushroom. *Life Magazine*. 13 de maio de 1957.

WASSON, V. P. I Ate the Sacred Mushroom. *This Week*. 19 de maio de 1957.

WILKINSON, P. The Acid King. *Rolling Stone* 872, 2001, p. 113-123.

WILLIAMS, M. T.; DAVIS, A. K.; XIN, Y.; SEPEDA, N. D.; GRIGAS, P. C.; SINNOTT, S. e HAENY, A. M. People of Color in North America Report Improvements in Racial Trauma and Mental Health Symptoms Following Psychedelic Experiences. *Drugs* 28, n. 3, 2021, p. 215-226.

WILLIAMS, M. T.; BARTLETT A.; MICHAELS, T.; SEVELIUS, J. e GEORGE, J. R. Dr. Valentina Wasson: Questioning What We Think We Know About the Foundations of Psychedelic Science. *Journal of Psychedelic Studies* 4, n. 3, 2021, p. 146-148.

WILLIAMS, M. T.; REED S. e AGGARWAL, R. Culturally-Informed Research Design Issues in a Study for MDMA-Assisted Psychotherapy for Posttraumatic Stress Disorder. *Journal of Psychedelic Studies* 4, n. 1, 2020, p. 40-50.

WINSVOLD, B. S.; HARDER, A. V. E.; RAN, C.; CHALMER, M. A.; DALMASSO, M. C.; FERKINGSTAD, E.; TRIPATHI, K. P.; BACCHELLI, E.; BORTE, S. e FOURIER, C. Cluster Headache Genome Wide Association Study and Meta Analysis Identifies Eight Loci and Implicates Smoking as Causal Risk Factor. *Annals of Neurology* 94, n. 4, 2023, p. 713-726.

WIRED S. LSD: The Geek's Wonder Drug?" *Wired*. 16 de janeiro de 2006. Disponível em: **https://www.wired.com/2006/01/lsd-the-geeks-wonder-drug**. Acesso em: 6 maio 2022.

WITT, E. Diary: Burning Man. *London Review of Books* 36, n. 14, 2014. Disponível em: **https://www.lrb.co.uk/the-paper/v36/n14/emily-witt/diary**. Acesso em: 30 set. 2022.

WITT, E. A Field Guide to Psychedelics. *New Yorker*, 15, 2015. Disponível em: **https://www.newyorker.com/magazine/2015/11/23/the-trip-planners**. Acesso em: 17 fev. 2022.

WOLD, Robert. Memoir draft. Lombard, Illinois.

WOLFF, H. G. *Headache and Other Head Pain*. 2.ª ed. Nova York: Oxford University Press, 1963.

YAKOWICZ, W. Why Toms Shoes Founder Blake Mycoskie Is Committing $100 Million to Psychedelic Research. *Forbes Magazine*. 24 de junho de 2023. Disponível em: **https://www.forbes.com/sites/willyakowicz/2023/06/24/why-toms-shoes-founder-blakemycoskie-is-committing-100-million-to-psychedelic-research**. Acesso em: 21 dez. 2023.